Raspberry Pi 最佳入門與應用 (Python)

王玉樹　編著

全華圖書股份有限公司

若需購買本書零件材料包，請洽全華圖書軟體部
電話：02-2262-5666 分機 130
E-Mail：s2@chwa.com.tw

序　言

樹莓派 (Raspberry) 的四核 CPU 高規格配備及其低售價，造成短短幾年銷售超過千萬套的佳績，樹莓派體積非常小，大約僅有一張名片大小，但連接螢幕、鍵盤及滑鼠後，就是一部小型電腦，可以上網、文書作業及撰寫各種程式，例如 Java, Python, Tcl, Pascal, Fortran, Lisp, C/C + + 等語言，而且作業系統、內建的文書作業及程式軟體皆爲免費。作業系統安裝簡單，以常用的 Raspbian 作業系統爲例，整個安裝過程約 30 分鐘就可以完成，過程中完全不需使用者干預，非常方便，而且系統穩定性極高。

樹莓派與個人電腦最大的不同，在於有多達 26 個 GPIO 腳位，可與外部硬體連接，因此很適合開發爲嵌入式系統，本書分爲基礎及實作兩大篇，基礎篇介紹樹莓派基本安裝及 Python 基本語法；實作篇著重於 Python GPIO 程式設計，其中包含有本地端及遠端 LED 控制、紅外線入侵偵測、超音波雷達測距、光度感測、電磁閥控制、直流馬達控制、多媒體控制和手機藍芽控制等應用。所有實驗均經過實體驗證，讀者可以按照書內硬體連線圖接線，並依書中範例程式撰寫 Python 程式，體驗樹莓派的強大功能，並能以此爲基礎，設計功能更強大的嵌入式系統。

感謝家人的支持及全華魏麗娟經理、楊素華副理、蔡奇勝襄理及張繼元的協助，使得本書得以完成。

最後要感謝每一位讀者，選擇此書爲 Python 嵌入式系統程式設計的入門參考，還盼大家能給予批評與指正。

王玉樹

2018 年 9 月 於樹德科技大學

編輯部序

「系統編輯」是我們的編輯方針，我們所提供給您的，絕不只是一本書，而是關於這門學問的所有知識，它們由淺入深，循序漸進。

本書分爲基礎篇及實作篇，共十個章節。基礎篇著重於樹莓派的介紹(含 Pi4B 開發板簡介)、基本安裝以及 Python 基本語法；實作篇則著重於 Python GPIO 程式設計，全書收錄 40 個實驗，所有程式皆有逐行解說，並經 Pi3B 開發板驗證，您可按照書內實體接線圖及範例撰寫操作 Python 程式，循序漸進的實驗安排可使您體驗到樹莓派的強大功能，並以此爲基礎，設計功能更強大的嵌入式系統。

同時，爲了使您能有系統且循序漸進研習相關方面的叢書，我們以流程圖方式，列出各有關圖書的閱讀順序，以減少您研習此門學問的摸索時間，並能對這門學問有完整的知識。若您在這方面有任何問題，歡迎來函聯繫，我們將竭誠爲您服務。

相關叢書介紹

書號：06352047
書名：跟阿志哥學 Python
(第五版)(附範例光碟)
編著：蔡明志
16K/336 頁/450 元

書號：06310007
書名：ARM Cortex-M0 微控制器原理與實踐(附範例光碟)
大陸：蕭志龍
16K/560 頁/620 元

書號：10443
書名：嵌入式微控制器開發 - ARM Cortex-M4F 架構及實作演練
編著：郭宗勝.曲建仲.謝瑛之
16K/352 頁/360 元

書號：0643871
書名：應用電子學(第二版)(精裝本)
編著：楊善國
20K/496 頁/540 元

書號：05212077
書名：單晶片微電腦 8051/8951 原理與應用(第八版)(附多媒體光碟)
編著：蔡朝洋
16K/632 頁/500 元

書號：06413007
書名：嵌入式系統－ myRIO 程式設計(附範例光碟)
編著：陳瓊興.楊家穎
16K/312 頁/470 元

書號：06288007
書名：Xilinx Zynq 7000 系統晶片之軟硬體設計(附範例光碟)
編著：陳朝烈
16K/232 頁/320 元

◎上列書價若有變動，請以最新定價為準。

流程圖

書號：06392027
書名：Python 程式設計：從入門到進階應用(第三版)(附範例光碟)
編著：黃建庭

書號：06352047
書名：跟阿志哥學 Python
(第五版)(附範例光碟)
編著：蔡明志

書號：0643871
書名：應用電子學(第二版)(精裝本)
編著：楊善國

書號：06239027
書名：微電腦原理與應用－Arduino(第三版)(附範例光碟)
編著：黃新賢.劉建源
林宜賢.黃志峰

書號：05419037
書名：Raspberry Pi 最佳入門與應用(Python)(第四版)(附範例光碟)
編著：王玉樹

書號：06028027
書名：單晶片微電腦 8051/8951 原理與應用(C 語言)(第三版)(附範例、系統光碟)
編著：蔡朝洋.蔡承佑

書號：10414
書名：嵌入式系統－以瑞薩 RX600 微控制器為例
編著：洪崇文.張齊文.黎柏均
James M. Conrad
Alexander G. Dean

書號：10391007
書名：瑞薩 R8C/1A、1B 微處理器原理與應用(附學習光碟)
編著：洪崇文.劉正.張玉梅
徐晶.蔡占營

書號：10443
書名：嵌入式微控制器開發 - ARM Cortex-M4F 架構及實作演練
編著：郭宗勝.曲建仲.謝瑛之

目 錄

第壹篇 基礎篇

第 1 章 樹莓派基本安裝

第 2 章 樹莓派圖形介面與命令列操作

第 3 章　樹莓派進階安裝

第 4 章　Python 程式語言 I

第 5 章 Python 程式語言 II

第貳篇　實作篇

第 6 章　樹莓派基礎 GPIO

第 7 章　樹莓派 GPIOZero 程式設計 - 基礎應用

第 8 章　樹莓派 GPIOZero 程式設計 - 進階應用

第 9 章 樹莓派 GPIO Zero 程式設計 - 遠端遙控程式設計

第 10 章 樹莓派 GPIO Zero 程式設計 - 多媒體控制

附錄

基礎篇

1

CHAPTER

樹莓派基本安裝

本章重點

1-1 樹莓派 (Raspberry Pi) 簡介

1-2 安裝所需材料

1-3 作業系統安裝

1-1 樹莓派 (Raspberry Pi) 簡介

1-1-1 樹莓派應用與其優勢

基本上樹莓派推出的最早構想是用於電腦科學教育，但是由於其內建強大功能的中央處理器 (CPU) 及圖形處理器 (GPU)，同時搭配 Wi-Fi 及藍芽網路功能 (Pi3 以後機種)，使得以樹莓派為基礎的網頁伺服器、資料伺服器、郵件伺服器、物聯網伺服器、網路硬碟、無線基地台、機器人控制、智慧家電控制及影像偵測與識別技術，運作時更順暢，也同時增加其實用性。

Arduino 的運用相當廣泛，價格也比較便宜，但是無法直接做為網頁等伺服器，也無法直接處理影像訊號，更無內建高達 1G 的記憶體、Wi-Fi、藍芽網路及網路進行訊息交換，相較於樹莓派的 28 個 GPIO 腳位，Arduino 可用 GPIO 腳位也只有 14 個，因此 Arduino 僅能適用於感測器的應用，功能十分有限。

工業電腦硬體處理速度與效能雖然有的機種超過樹莓派，但價格昂貴，且非開放平台，使用上不方便，此外人機溝通、資料處理上，工業電腦也不如樹莓派方便；樹莓派的各種應用軟體非常完備，而且都是免費軟體，樹莓派開發板在台灣價格約 1,500 元，低廉的價格、開放的平台、開發軟體完備及便於人機溝通的樹莓派，使得工業電腦望塵莫及。

物聯網近年來非常熱門，樹莓派則是最佳選擇，不論是底層的感測器連接、家電的控制、影像偵測與識別及物聯網伺服器的建置，都可以選用樹莓派來建構完整的解決方案。

本書第 1、2 及 3 章介紹如何安裝樹莓派及使用 Linux 指令，第 4、5 章介紹 Python 語言與整合式發展語言環境 (IDLE)，第 6 章至第 10 章則為物聯網底層的感測器連接，家電控制與簡單的影像擷取控制實驗。

1-1-2 樹莓派簡介

樹莓派其中的樹莓兩字原文是“Raspberry”是一種水果，也有人稱作覆盆子，在歐美是常見的水果，傳統上微電腦 (Microcomputer) 習慣以水果命名，甚至電腦公司也以水果命名，例如成立於 1979 年的英國橘子電腦系統公司 (Tangerine Computer Systems)，成立於 1980 年的英國杏仁電腦公司 (Apricot Computers) 及成立於 1978 年的英國橡子電腦公司 (Acorn computers) 均是以水果命名的公司，樹莓派基金會則將此開發板，以樹莓這種水果命名。

而樹莓派中的派，其原文是“Pi”，是代表 Python 語言的意思，樹莓派基金會最早發展樹莓派，其構想是在這個裝置上跑 Python 程式，只不過後來樹莓派強大的功能，已可當作一部小型電腦，這就是 Pi 的由來。

樹莓派是英國的樹莓派基金會研發的一系列教學用開發板，主要的作業系統為 Linux，截至 2019 年底已賣出 3 億片，廣受大眾喜愛的原因，不外是價格低，體積小，容易上手，功能強大。從第一代的樹莓派到現在的第四代 (Pi4B)，功能與規格也不斷提升，現在的第四代 Raspberry Pi4B(圖 1-1)，不但 CPU 升級為 1.5GHz/ 四核心，乙太網路的速度也提升為 1Gbps，記憶體則可以選擇 1、2 或 4G 版本，其規格如表 1-1，本書所有的範例程式都經過 Pi4B、Pi3B+ 及 Pi3B 開發板驗證。

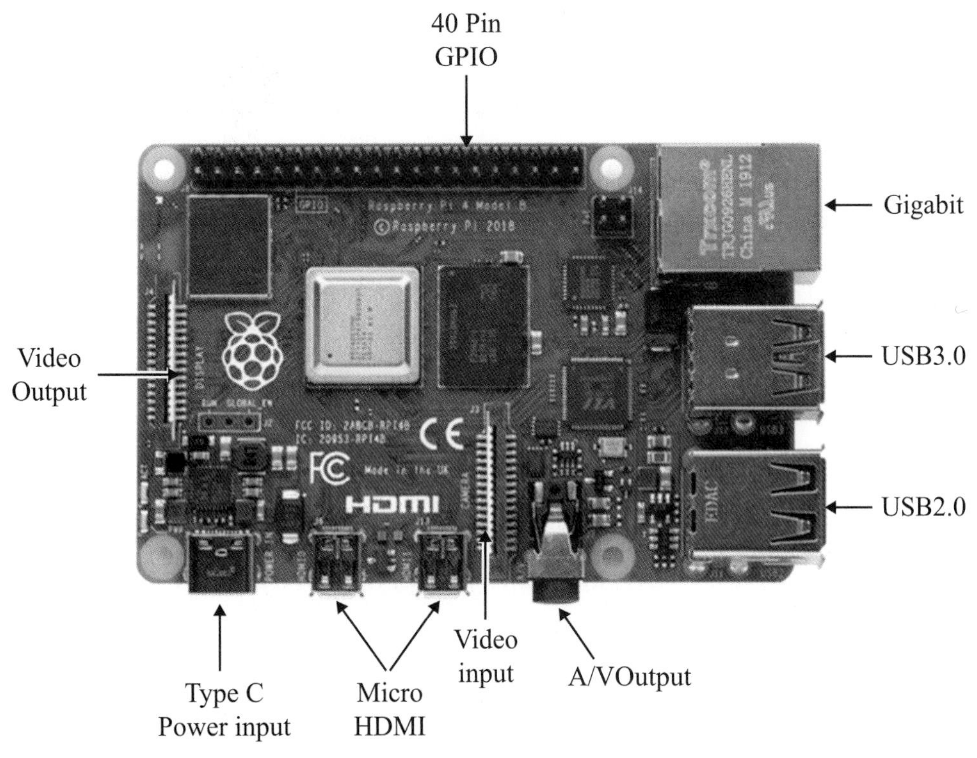

圖 1-1　樹莓派第四代 Raspberry Pi4B

表 1-1　Raspberry Pi4B 規格

項次	名稱	規格
1	系統晶片	Broadcom BCM2711
2	中央處理器	四核心 ARM Cortex-A72, 1.5GHz
3	記憶體	1, 2, 4 or 8GB LPDDR4-3200 SDRAM

表 1-1　Raspberry Pi4B 規格 (續)

項次	名稱	規格
4	網路	有線 Gigabit 、IEEE802.11 b/g/n/ac 無線網路 (2.4, 5GHz)
5	藍牙	藍牙 5.0, Bluetooth Low Energy
6	儲存裝置	Micro SD 卡
7	GPIO	40 pin 公排針座
8	影像輸入	Camera Serial Interface (CSI)
9	影像輸出	2 × micro-HDMI ports
10	USB 埠	USB3.0 × 2; USB2.0 × 2
11	電源插座	Type C
12	作業系統	Raspberry Pi OS

1-2 安裝所需材料

安裝所需材料共有以下四項如圖 1-2 所示。

1. SD 卡。
2. 樹莓派主機。
3. 3A Type C 電源。
4. 機構外殼。

SD 卡的用途爲存放作業系統檔案與儲存資料，建議選用儲存容量 16GByte 以上，存取速度在 class 10 以上的 SD 卡。

樹莓派主機則是選用樹莓派第四代 Raspberry Pi4B，當然舊的第三代及第二代主機板還是可以使用，只是功能與速度比較差。

外接電源部份，建議選用 3A Type C 電源，機構外殼建議一起購買，除了美觀外，也可保護樹莓派主機板，避免內部電路因接觸到外部金屬物質而短路，造成樹莓派主機損壞。此外螢幕的連接部份，需購買 Micro HDMI 轉 VGA 轉換線，如圖 1-3 所示。

Pi4B開發板　　Pi4B外殼

圖 1-2　安裝所需材料

圖 1-3　micro HDMI to VGA 轉換線

1-3 作業系統安裝

樹莓派本身就是一部小電腦，所以和 PC 一樣，需要作業系統才能運作，因此第一件事就是安裝樹莓派的作業系統，安裝後的作業系統儲存於 SD 卡上，可以在其他任何的 Pi4B 開發板上使用，非常方便。

1-3-1 Raspberry Pi OS 作業系統安裝

Raspberry Pi OS 作業系統安裝於 SD 卡上，在安裝前必需將 SD 卡先格式化，步驟如下：

1. 至 https://www.sdcard.org/cht/downloads/formatter_4/eula_windows/index.html 網站下載 SD FORMATTER(圖 1-4)，並於 PC 上進行安裝。

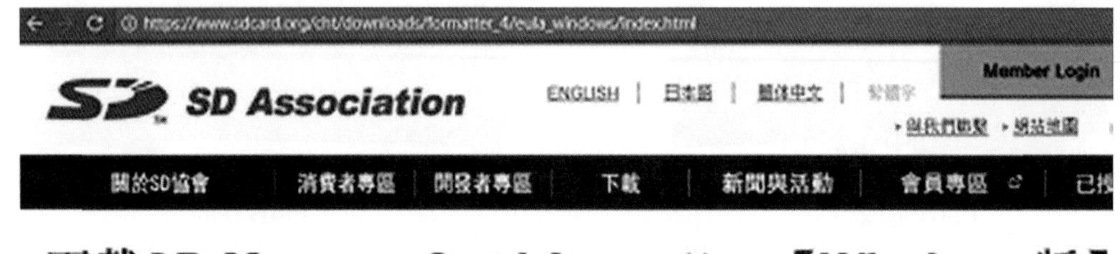

圖 1-4　SD Formatter 網站

2. 格式化 SD 卡：

執行 SDFormatter 程式如圖 1-5 視窗畫面，格式化前，建議先退出不相關的隨身碟，避免不小心刪除資料，接著進行格式化，在圖 1-5 的 Drive 處選擇要格式化的磁碟，確認後，再按下格式化按鍵。

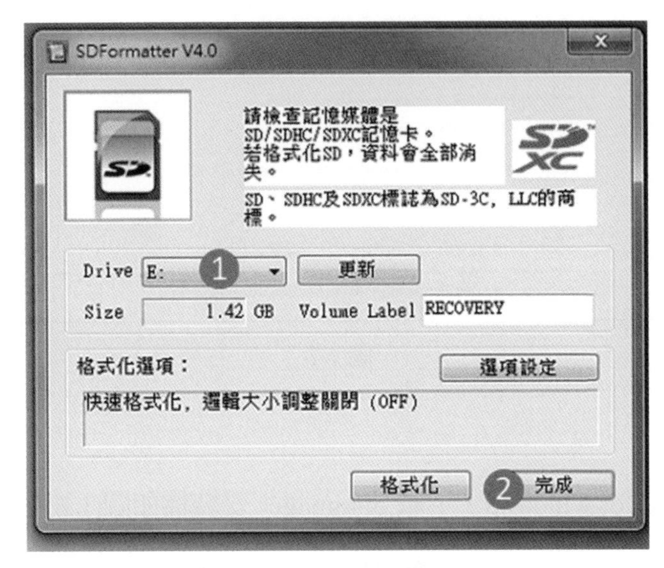

圖 1-5　SD FORMATTER

Raspberry Pi OS 是目前最新的作業系統，安裝前需先下載 Raspberry Pi Imager 工具軟體安裝於 PC 上，於 PC 端開啓此軟體後，插入 SD 卡於 PC 上，確認已連上網路後，即可進行安裝作業系統 (燒錄於 SD 卡)，安裝步驟與基本設定也非常簡單，只要依下列的步驟 1 到 16 進行安裝與設定，樹莓派即可使用，安裝與設定步驟如下：

步驟一：

在 google 瀏覽器中搜尋 raspberry pi os 如圖 1-6 所示。

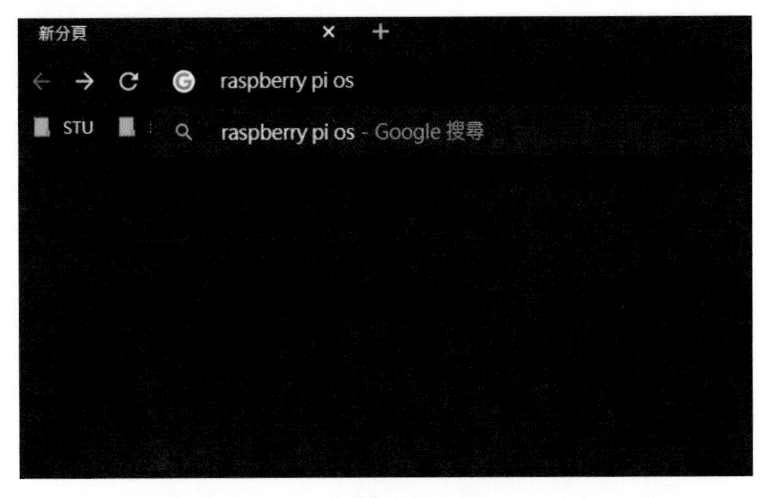

圖 1-6

步驟二：

在 google 瀏覽器中點選第一個搜尋結果如圖 1-7 所示。

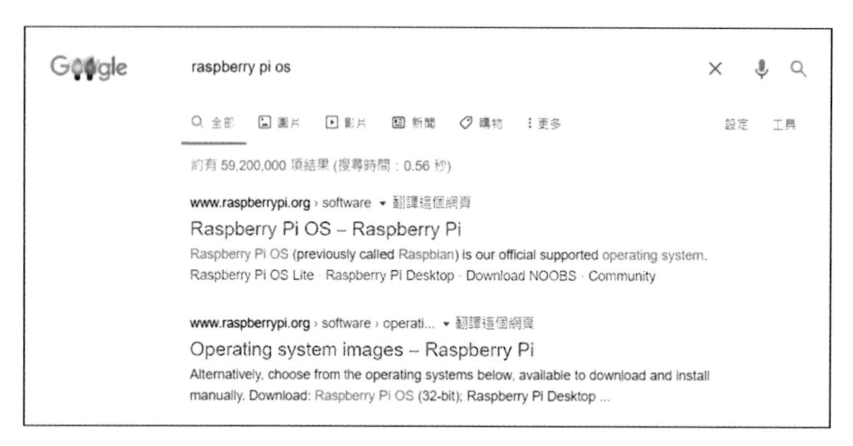

圖 1-7

步驟三：

選擇 Download for windows，下載 pi4 imager 安裝檔如圖 1-8 所示。

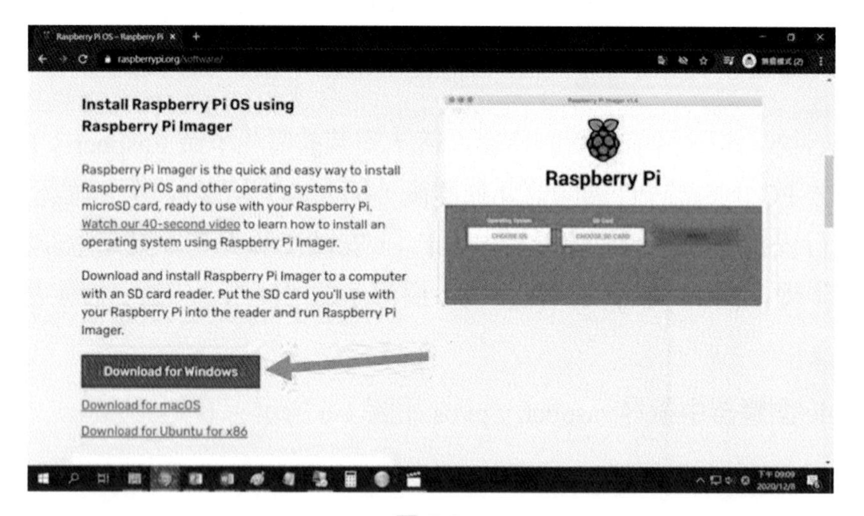

圖 1-8

步驟四：

下載後執行安裝畫面如圖 1-9 ～圖 1-10 所示。

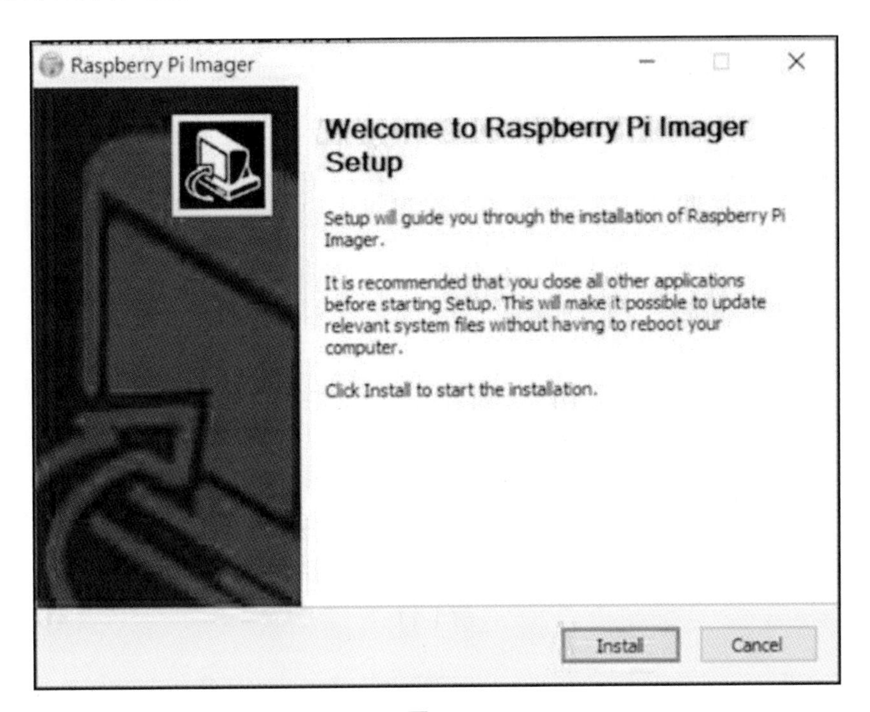

圖 1-9

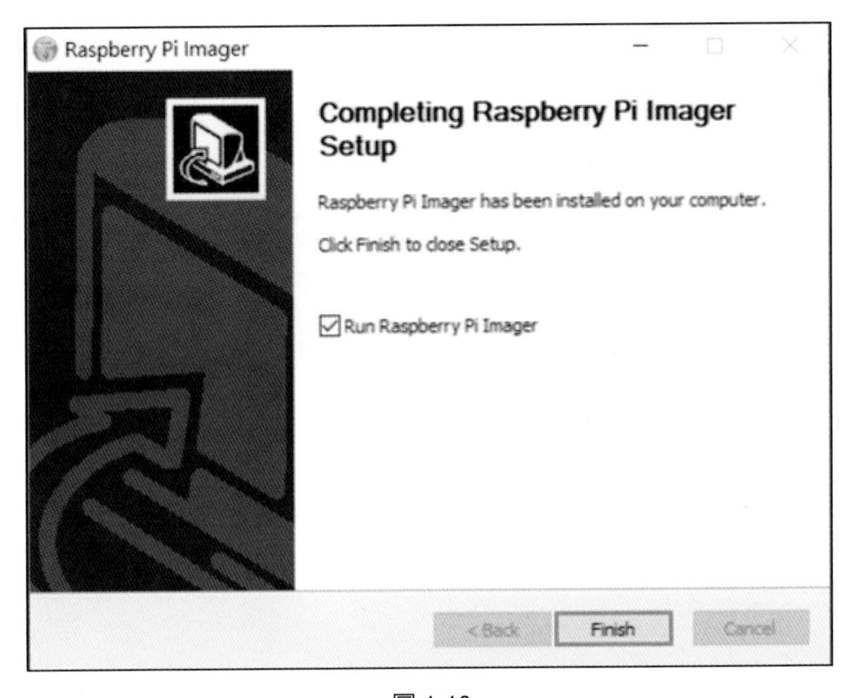

圖 1-10

步驟五：

點選 Raspberry Pi Imager 如圖 1-11 所示，開啓後畫面如圖 1-12 所示。

圖 1-11

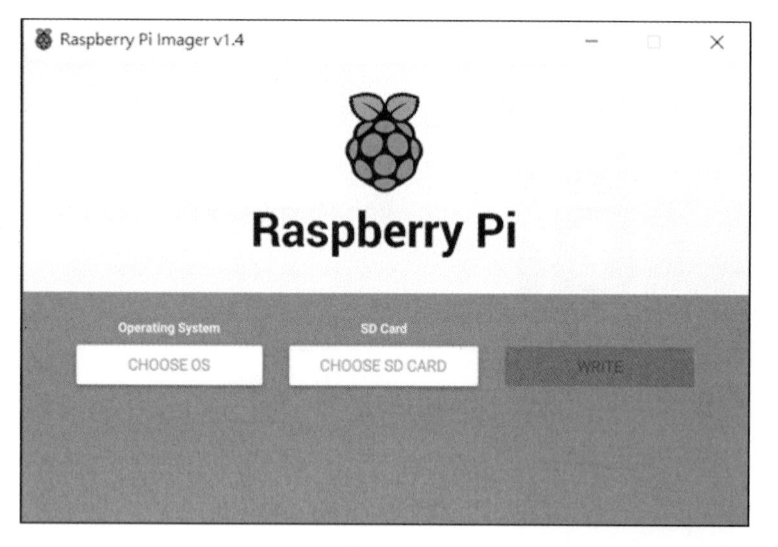

圖 1-12

步驟六：

點選 CHOOSE OS 後，選擇第一個選項 Raspberry Pi OS (32-bit)，如圖 1-13 所示，選擇後畫面如圖 1-14 所示。

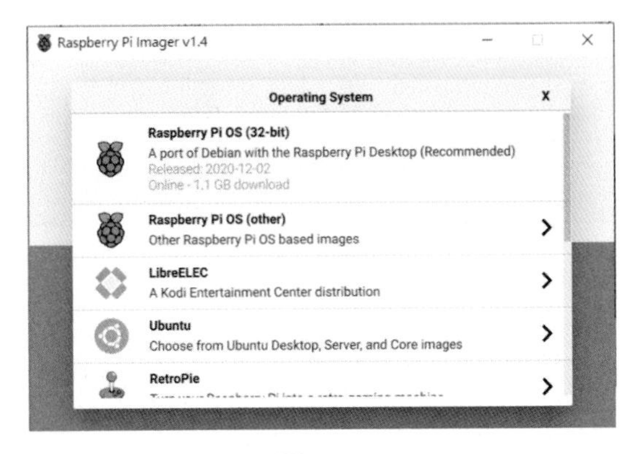

圖 1-13

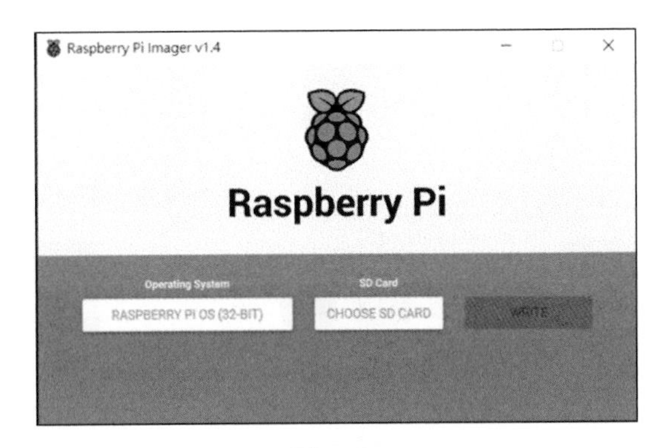

圖 1-14

步驟七：

將 SD 卡插入 PC 中，點選 CHOOSE SD CARD 後，選擇要安裝 Raspberry Pi OS 的 SD 卡如圖 1-15 所示，選擇後畫面如圖 1-16 所示。

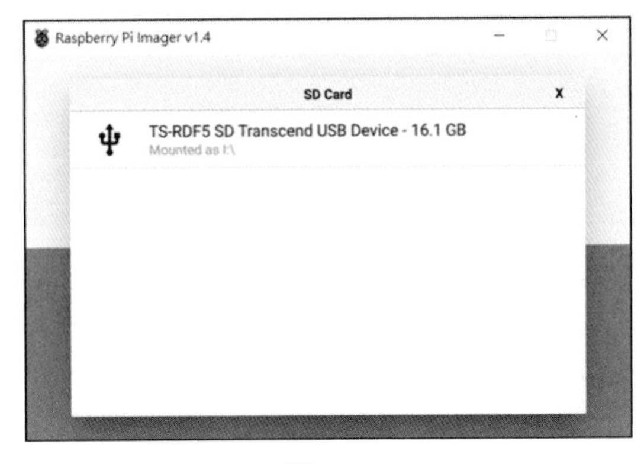

圖 1-15

圖 1-16

步驟八：

點選 WRITE 後，畫面如圖 1-17 所示，選擇 YES 後，畫面如圖 1-18 所示，安裝完成畫面如圖 1-19 所示。

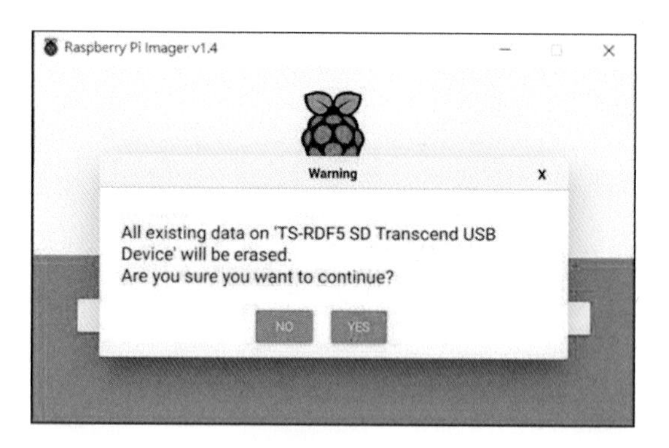

圖 1-17

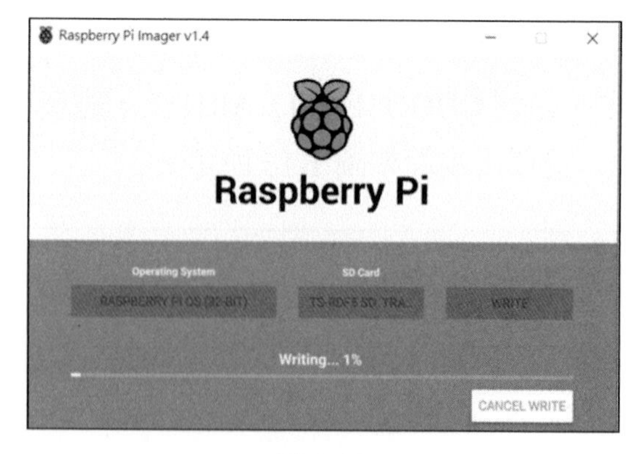

圖 1-18

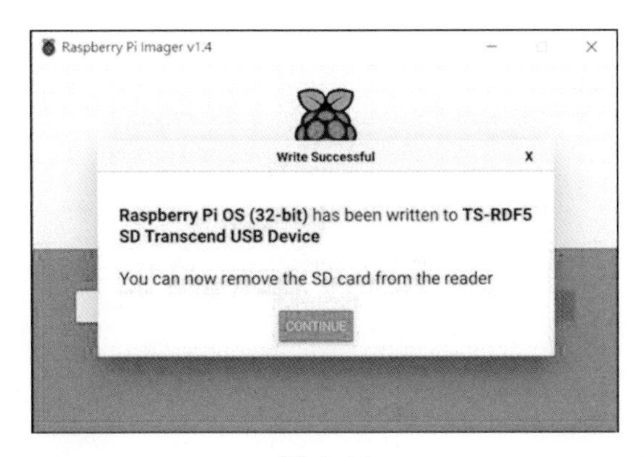

圖 1-19

步驟九：

將 SD 卡放入 Pi4 的插槽後，開啓電源畫面如圖 1-20 所示。

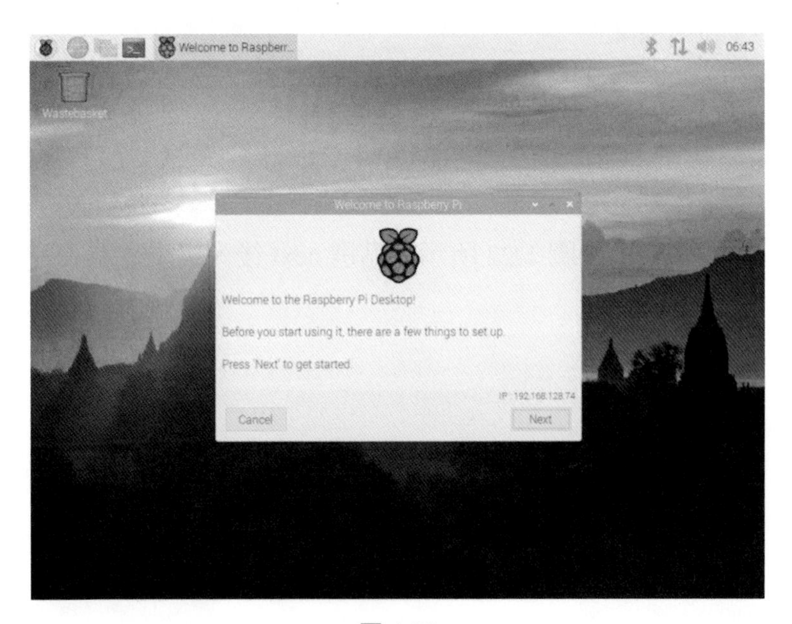

圖 1-20

步驟十：

點選 next，Country 選 Taiwan 後畫面如圖 1-21 所示。

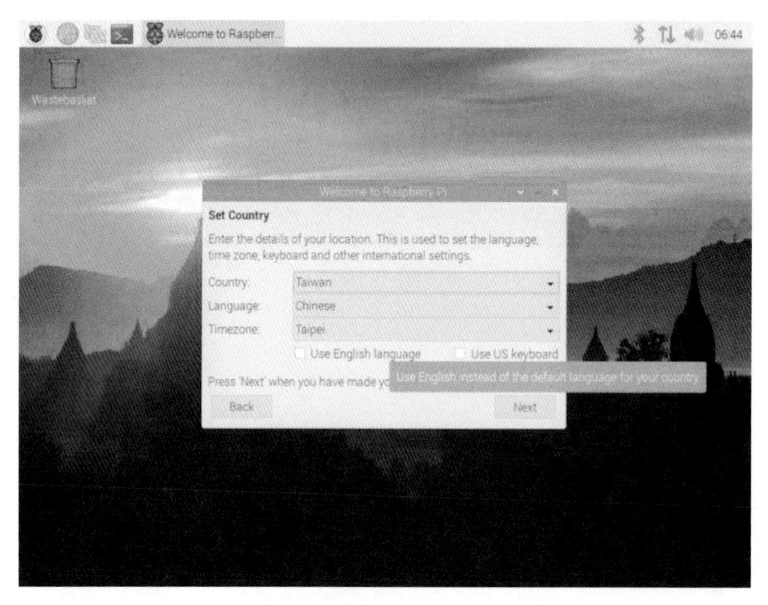

圖 1-21

步驟十一：

勾選 Use US keyboard 如圖 1-22 所示，點選 next 後，出現密碼設定畫面如圖 1-23 所示，再次點選 next。

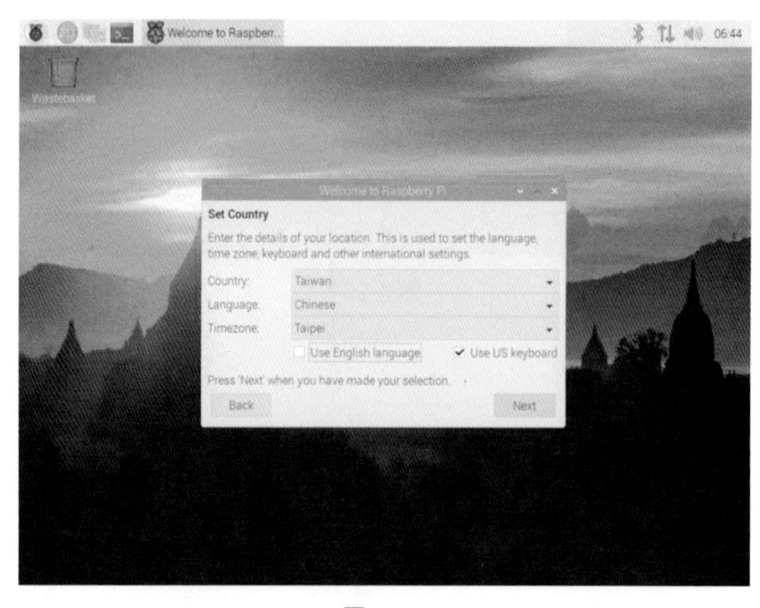

圖 1-22

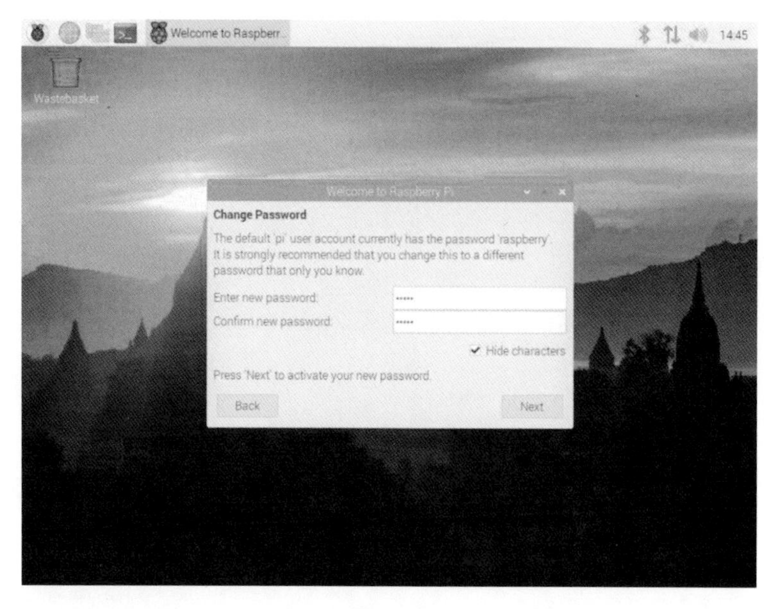

圖 1-23

步驟十二：

如果無法出現全螢幕，勾選圖 1-24 的 The Screen shows... 後，點選 next。

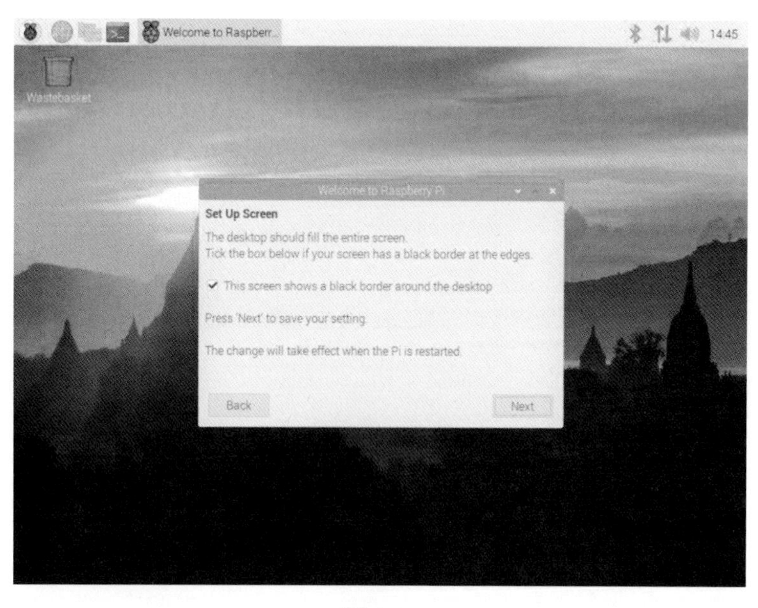

圖 1-24

步驟十三：

選 Skip 跳過 wifi 設定如圖 1-25 所示。

圖 1-25

步驟十四：

選 Next 進行軟體更新如圖 1-26 ～圖 1-28 所示。

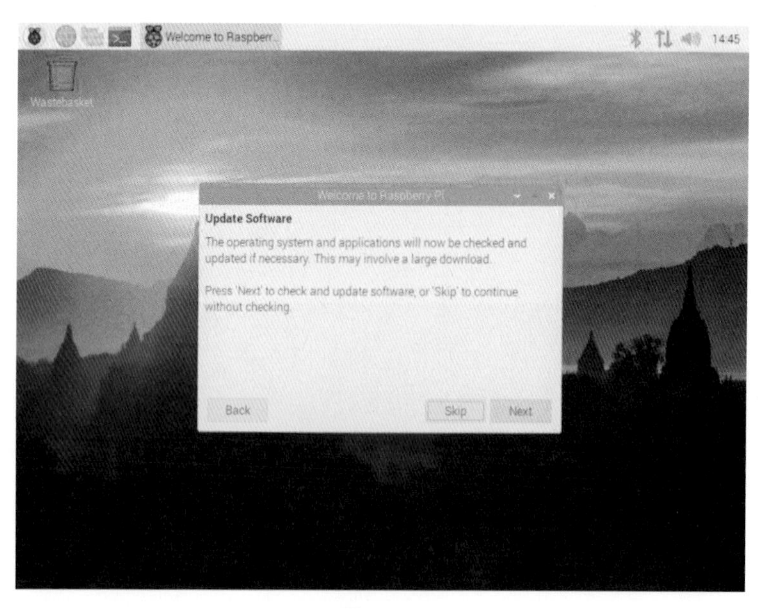

圖 1-26

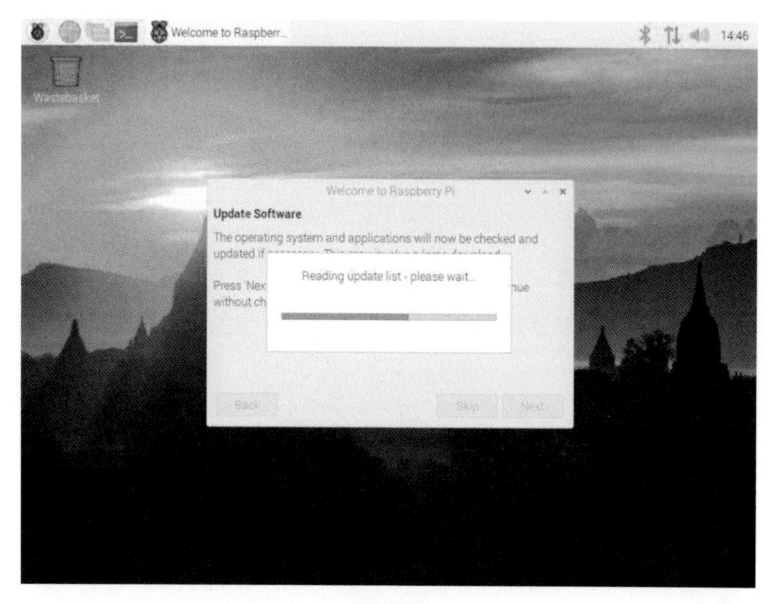
Welcome to Raspberr...
14:46
Wastebasket
Welcome to Raspberry Pi
Update Software
The operating system and applications will now be checked and
Reading update list - please wait...

圖 1-27

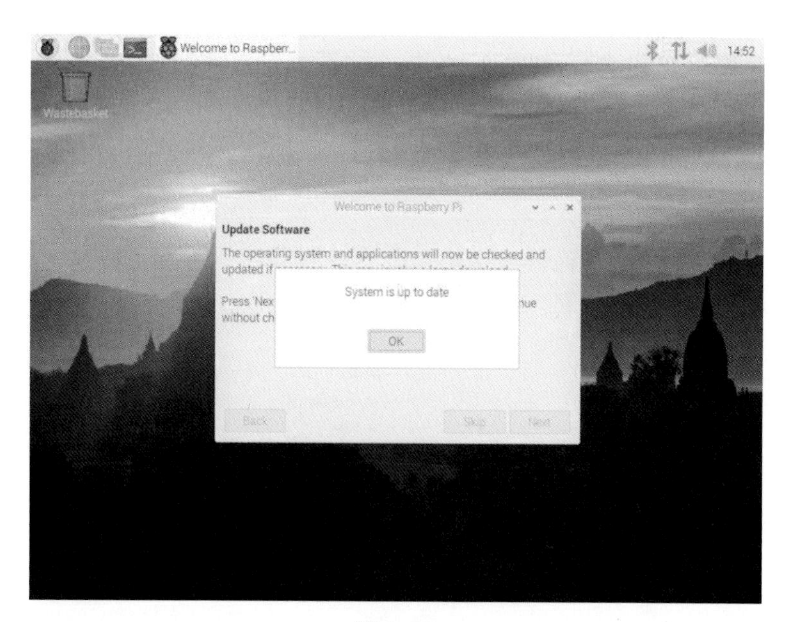
Welcome to Raspberr...
14:52
Wastebasket
Welcome to Raspberry Pi
Update Software
The operating system and applications will now be checked and
System is up to date
OK

圖 1-28

步驟十五：

選 Reboot 重新開機如圖 1-29 所示。

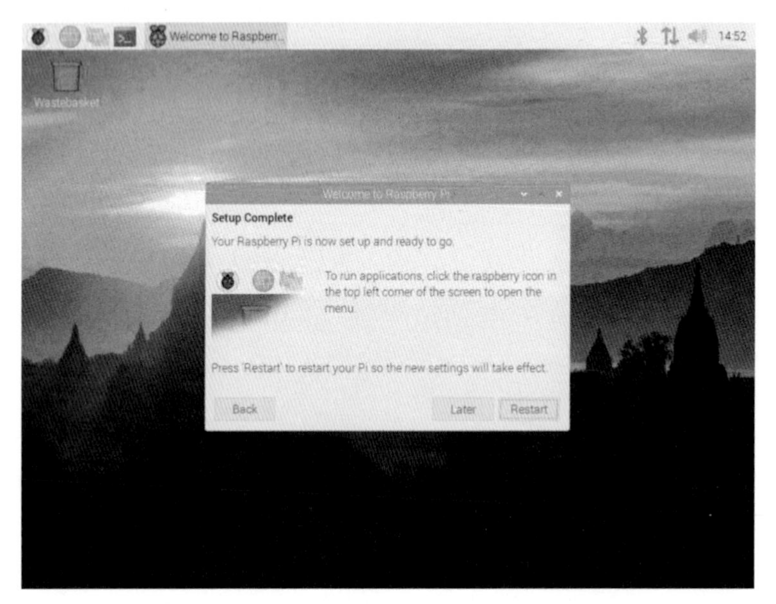

圖 1-29

步驟十六：

更改主機名稱爲自設名稱如圖 1-30 後，按下 Restart 按鈕如圖 1-31 所示。

圖 1-30

圖 1-31

1-3-2 Raspberry Pi OS 作業系統備份與回復：

系統安裝設定好後，強烈建議先做備份，避免因作業系統檔案毀損，且需要再花費時間重灌，此外也建議視需求定期重灌，可減輕因無預期系統毀損所造成的傷害。

建議使用的作業系統備份與回復工具軟體是 win32diskimager，可以到 https://sourceforge.net/projects/win32diskimager/ 網站 (圖 1-32) 下載安裝執行檔 win32diskimager，按下 Download 鍵下載檔案後進行安裝，開啓 windows 桌面上的 Win32DiskImage 圖示如圖 1-33 所示。

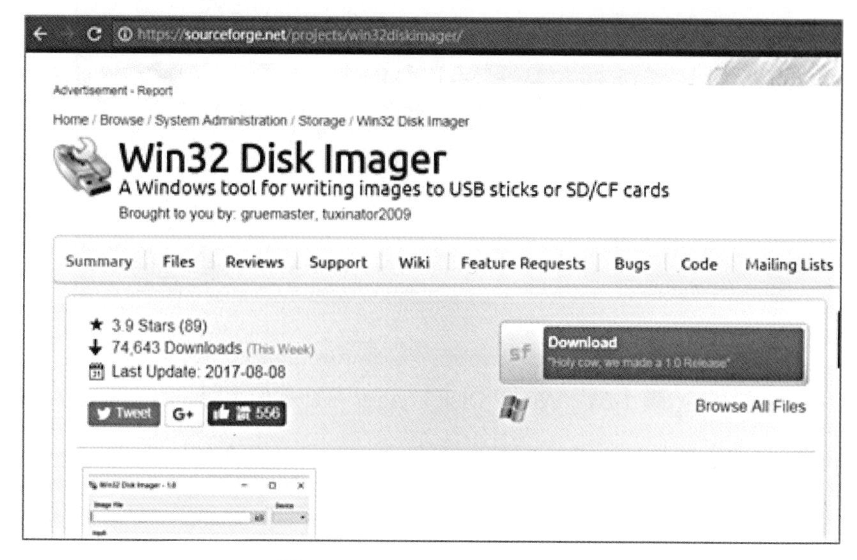

圖 1-32　Win32 Disk Imager

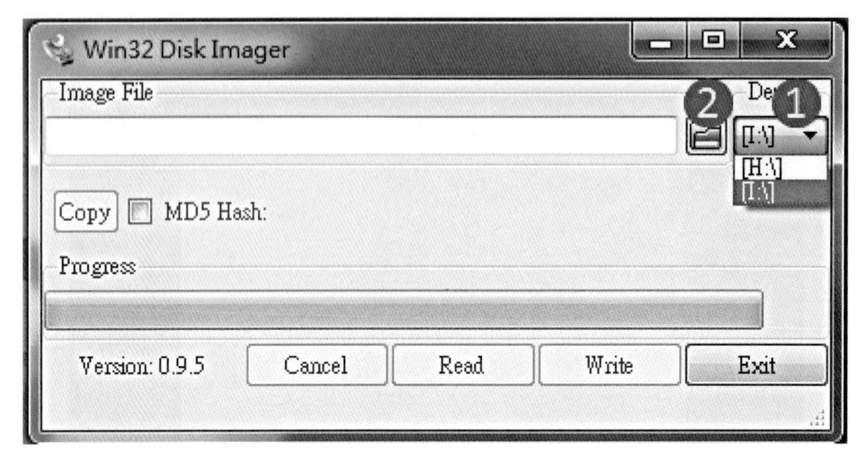

圖 1-33　Win32 Disk Imager 設定

系統備份：執行 windows 桌面上的 Win32DiskImage 程式如圖 1-34，若需執行系統備份，確認 microSD 卡已插好，在 Image File 欄位命名系統備份檔名，例如 Pi3.img，在 Device 欄位選擇 microSD 卡的磁碟機代號，例如 E:\，然後按下“read”即可以開始進行系統備份。

系統回復：執行 windows 桌面上的 Win32DiskImage 程式如圖 1-35，在 Device 欄位選擇 microSD 卡的磁碟機代號，例如 E:\，然後按相鄰左側的藍色按鍵選擇要回復的檔案，例如 Pi3.img，按下“write”鍵，系統開始進行回復動作，需注意的是最好使用相同廠牌，型號及容量的 microSD 卡進行回復，否則須選用的 microSD 卡容量，不得低於要復原的 image 檔。

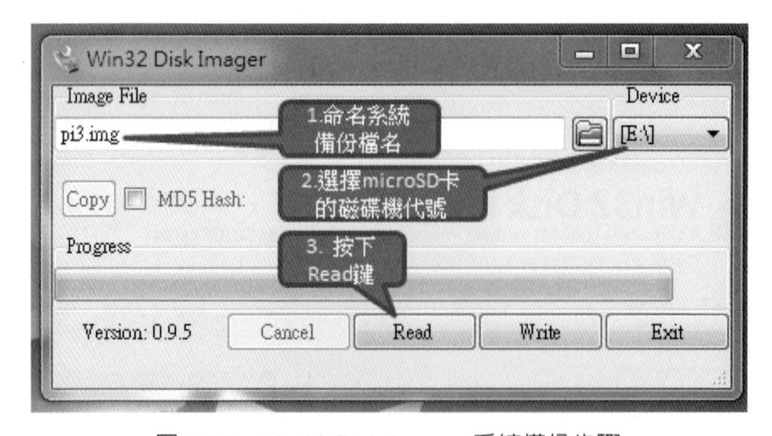

圖 1-34　Win32 Disk Imager 系統備份步驟

圖 1-35　Win32 Disk Imager 系統回復步驟

重點複習

1. 樹莓派本身就是一台電腦主機可以直接外接 USB 滑鼠及鍵盤和 HDMI 顯示器，若使用 VGA 顯示器，須外加 micro HDMI 轉 VGA 轉換器，樹莓派 Pi4B 使用電源電壓為 5V，電源插座規格為 Type C。
2. 樹莓派需作業系統才能運作，作業系統儲存於 SD 卡，SD 卡可以使用於其他 Pi4B 主機。
3. 樹莓派安裝前，需準備好 Type C 電源，Pi4B 主機，SD 卡及外殼，並且下載及安裝 SD Formatter 工具，進行 SD 卡規劃。
4. 樹莓派安裝時，需先下載檔案，將下載安裝檔解壓縮至 PC 或筆電上，安裝時請先接上網路，否則無法成功更新作業系統，安裝完成建議修改主機名稱及密碼。
5. 作業系統及使用者資料均儲存於 SD 卡，可以使用 Win32DiskImager 執行備份。

課後評量

選擇題：

(　　) 1. 樹莓派截至 2019 年 12 月底，共售出多少片？
(A) 3 億　(B) 3000 萬　(C) 300 萬　(D) 30 萬。

(　　) 2. 樹莓派 Wi-Fi 模組工作頻段？
(A) 315MHz 及 433MHz　(B) 868MHz 及 915MHz
(C) 169MHz 及 799MHz　(D) 2.4GHz 及 5GHz。

(　　) 3. 樹莓派的內定帳號名稱爲何？
(A) pi　(B) raspberry　(C) user　(D) 以上皆非。

(　　) 4. 樹莓派的內定密碼名稱爲何？
(A) pi　(B) Raspberry　(C) 1234　(D) password。

(　　) 5. 樹莓派 Pi4B 的 RAM 最大可以配備多少 Gbit ？
(A) 8　(B) 2　(C) 3　(D) 4。

(　　) 6. 樹莓派 Pi4B 的系統晶片編號爲何？
(A) BCM2711　(B) BCM2835　(C) BCM2836　(D) 以上皆非。

(　　) 7. 樹莓派 Pi4B 的外接 USB2.0 埠有幾個？
(A) 1　(B) 2　(C) 3　(D) 4。

(　　) 8. 樹莓派 Pi4B 的外接 USB3.0 埠有幾個？
(A) 1　(B) 2　(C) 3　(D) 4。

(　　) 9. 樹莓派 Pi4B 的 CPU 是幾核心？
(A) 1　(B) 2　(C) 3　(D) 4。

(　　) 10. 樹莓派 Pi4B 的 CPU 是工作時脈是多少？
(A) 800MHz　(B) 900MHz　(C) 1GHz　(D) 1.5GHz。

(　　) 11. 樹莓派 Pi4B 的影像輸出介面爲何？
(A) USB　(B) VGA　(C) HDMI　(D) 以上皆非。

(　　) 12. 樹莓派 Pi4B 的電源規格爲何？
(A) USB Mini　(B) USB Micro
(C) DC5V(外徑 3.5mm，內徑 1.35mm)　(D) Type C。

課後評量

(　　) 13. 樹莓派 Pi4B 的有線網路傳輸最高速度爲何？

(A) 10Mbps　(B) 100Mbps　(C) 1G　(D) 10G。

(　　) 14. 樹莓派 Pi4B 的 microSD 卡，進行系統備份與回復需使用何種軟體？

(A) Win32PiDiskImager　(B) Win64PiDiskImager

(C) Win64DiskImager　(D) Win32DiskImager。

(　　) 15. 樹莓派 Pi4B 的作業系統爲何？

(A) Win XP　(B) Win 8　(C) Win 10　(D) Raspberry Pi OS。

2 CHAPTER

樹莓派圖形介面與命令列操作

本章重點

- 2-1　圖形介面操作
- 2-2　指令列操作

2-1 圖形介面操作

2-1-1 Python 整合開發環境 (IDLE)

新版的作業系統，已無 Python 整合開發環境 (IDLE) 軟體可供使用，但仍可自行安裝使用，步驟如下：

1. sudo apt-get update 指令取得作業系統更新資訊如圖 2-1 所示。
2. sudo apt-get upgrade 指令更新作業系統如圖 2-2 所示。
3. sudo apt-get install python3 idle3 安裝 IDLE 如圖 2-3 所示。
4. 點選樹莓派 -> 軟體開發 ->python 3(IDLE) 開啓 IDLE 開發環境如圖 2-4 所示。
5. IDLE 開發環境如圖 2-5 所示。

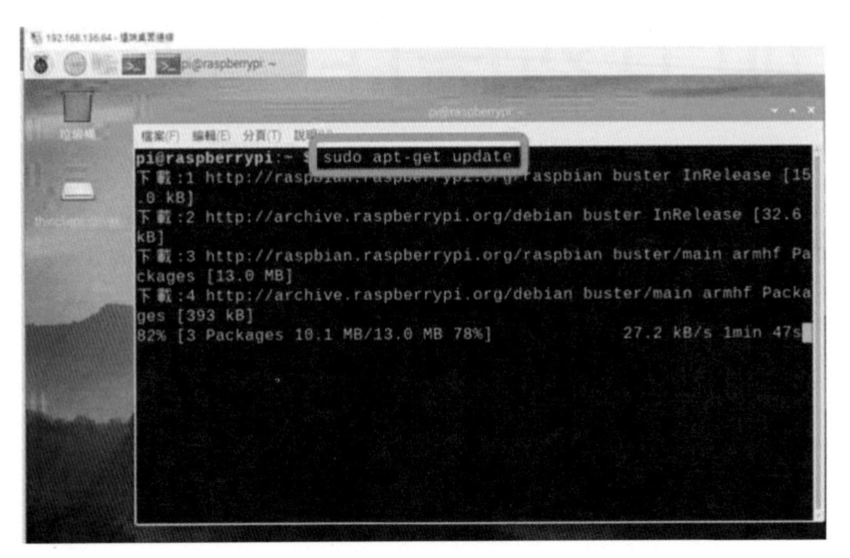

圖 2-1　IDLE 安裝 1

圖 2-2　IDLE 安裝 2

圖 2-3　IDLE 安裝 3

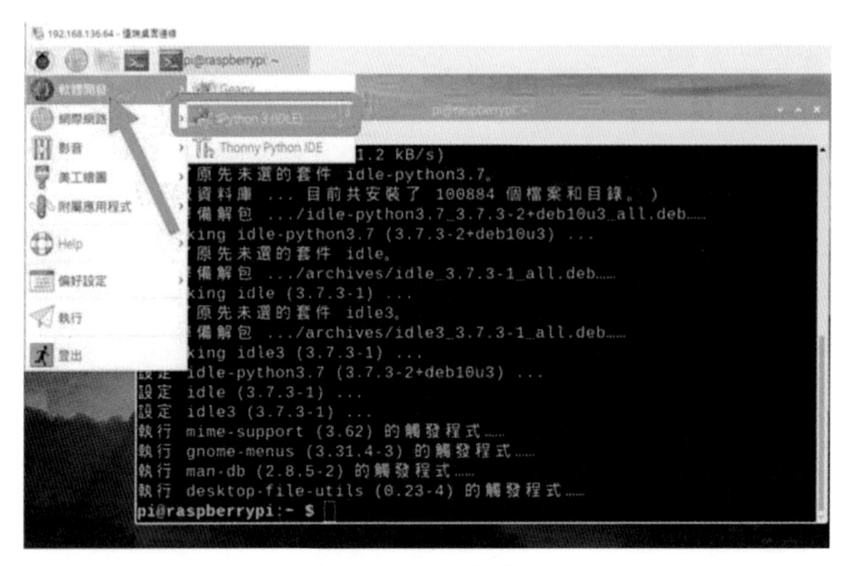

圖 2-4　IDLE 安裝 4

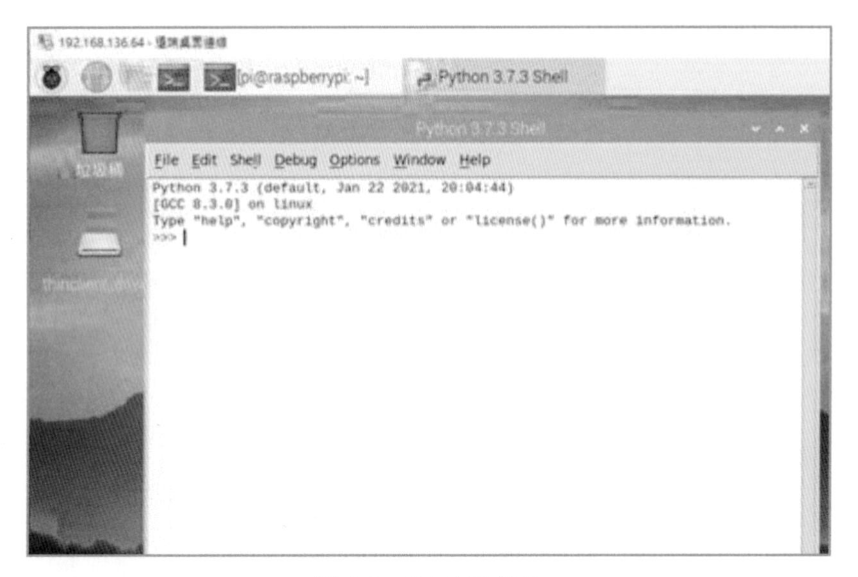

圖 2-5　IDLE 安裝 5

Python 是一種易懂、易學且語法簡潔功能強大的程式語言，與樹莓派硬體結合後，可以執行各種不同應用的專案。Python 是一種使用 REPL (Read-Eval-Print Loop)「讀取 - 求值 - 輸出」循環的應用程式，具有簡單快速與互動式的編程環境特性。

在圖 2-5 中鍵入 4 * 5，按 enter，IDLE 會直接將答案 20 印出，同樣地，再輸入 6 – 9 後按 enter，則可得到 – 3 的答案，若輸入 name = “Robert Wang” 按 enter，再輸入 “Hello” + name 按 enter，可以得到 “Hello Robert Wang” 的文字輸出如圖 2-6 所示。

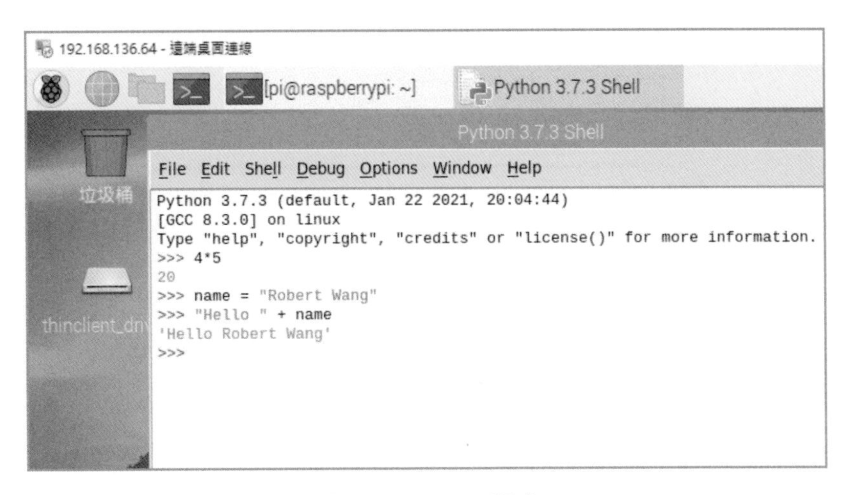

圖 2-6　Python 程式

2-1-2　Thonny Python IDE 整合開發環境

新版的作業系統內建的 Thonny Python IDE 軟體如圖 2-7 所示，編輯視窗及系統執行視窗基本上是在一起的如圖 2-8 所示，並不會額外再彈跳出一個系統執行視窗，開啓新檔、開啓舊檔、存檔、執行、偵錯及停止執行等功能對應的圖示按鈕如圖 2-9 所示。

圖 2-7　開啓 Thonny Python IDE 軟體

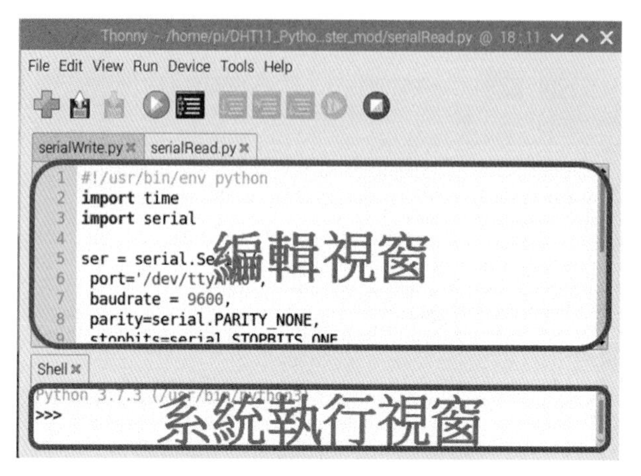

圖 2-8　Thonny Python IDE

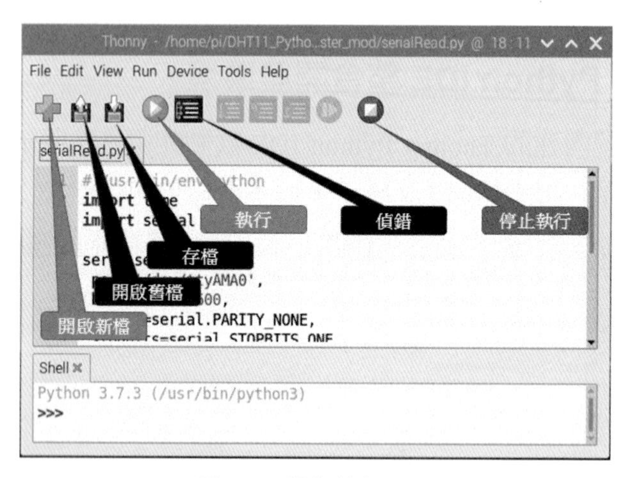

圖 2-9　操作按鈕圖示

2-1-3　辦公軟體

點選圖 2-10 的「辦公」會顯示 LibreOffice Base 等六個選項，LibreOffice Calc 與 Microsoft Office 的 Excel 試算表類似 (圖 2-11)；LibreOffice Impress 與 Microsoft Office 的 Power Point 簡報軟體類似 (圖 2-12)；LibreOffice Writer 則是與 Microsoft Office 的 Word 文書編輯軟體類似 (圖 2-13)。基本上大部分的檔案都是可以互相轉換使用。

圖 2-10　辦公軟體

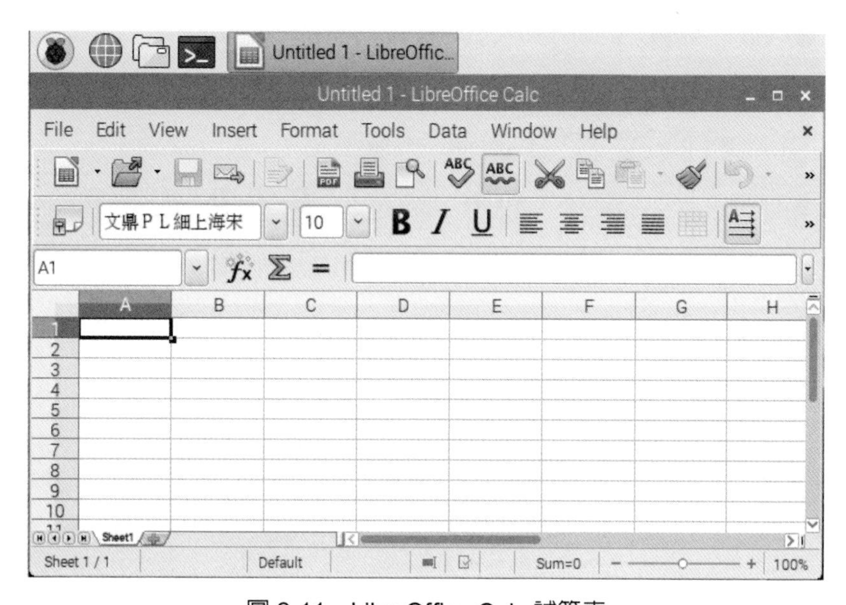

圖 2-11　LibreOffice Calc 試算表

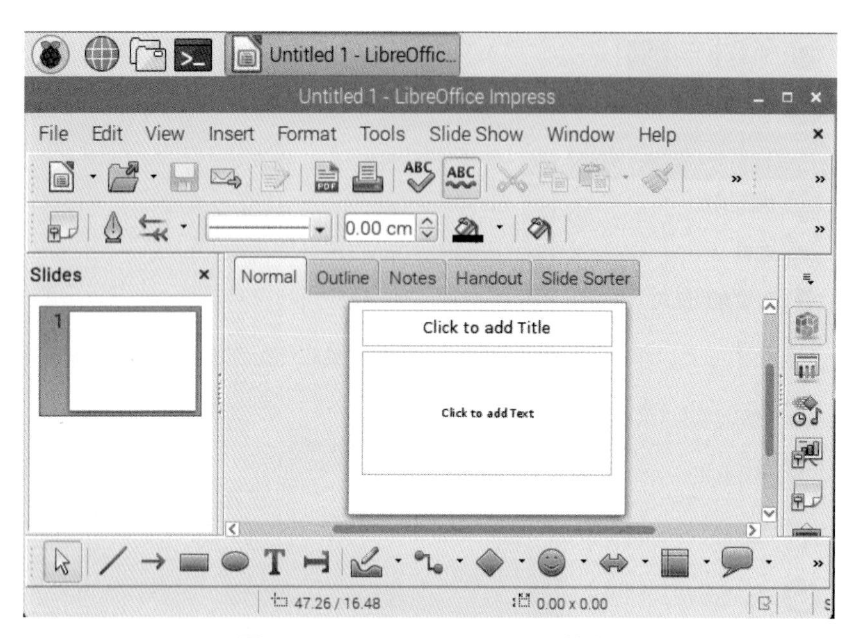

圖 2-12 LibreOffice Impress 簡報

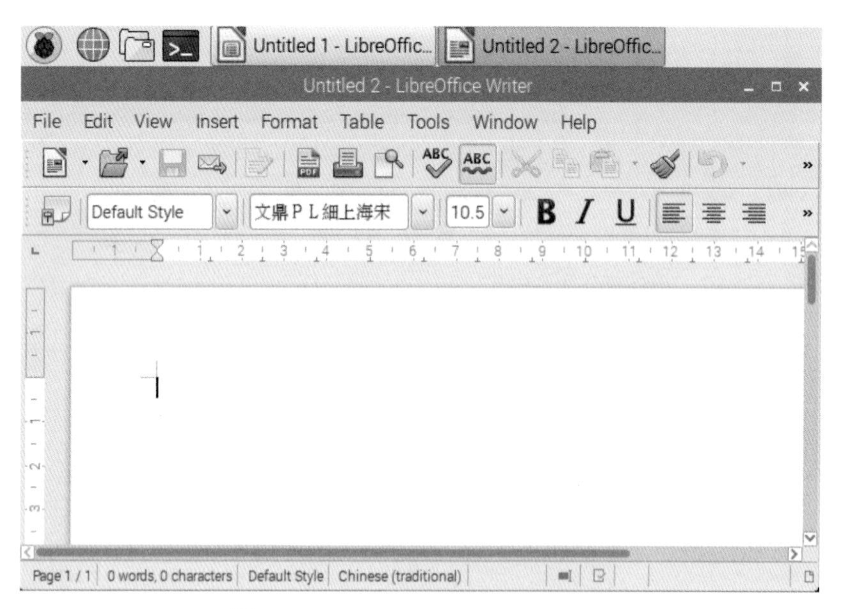

圖 2-13 LibreOffice Writer--Word

2-1-4 網際網路

點選圖 2-14 網際網路選項的 Chromium 網頁瀏覽器 (圖 2-15)，Chromium 基本上和 Chrome 的用法相同，Chrome 是以 Chromium 為基礎而進行開發，Google 則在 Chrome 中額外加入一些功能。

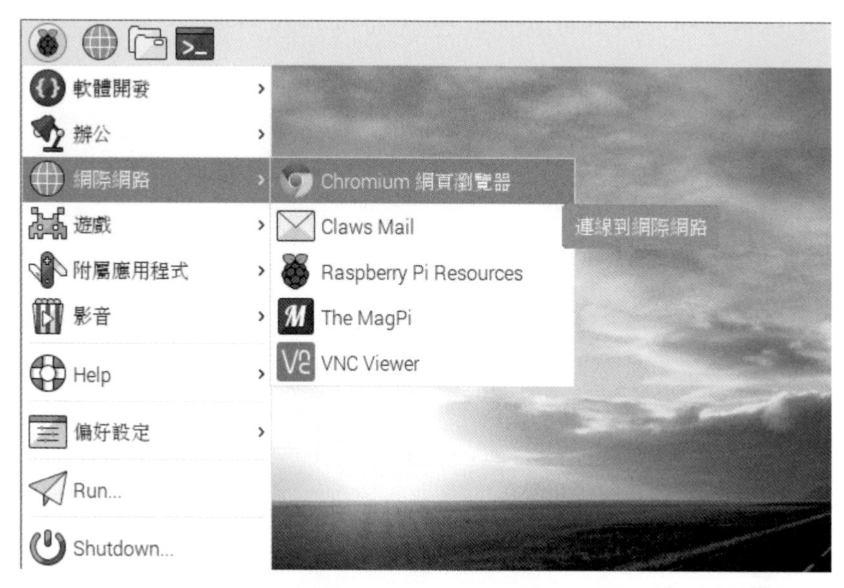

圖 2-14　網頁瀏覽器

圖 2-15　Chromium 網頁瀏覽器

2-1-5 附屬應用程式

如圖 2-16 附屬應用程式下有九個選項，選擇 Text Editor，會出現圖 2-17 的畫面，Text Editor 和 Windows 的 Notepad 非常類似，這個工具軟體叫做 mousepad，建議作爲後續各種組態檔案的修改工具，而不要使用 vi 或 nano 做文字檔案編輯。使用命令列則須以 mousepad“檔案名”呼叫 mousepad 編輯軟體。

圖 2-16　附屬應用程式

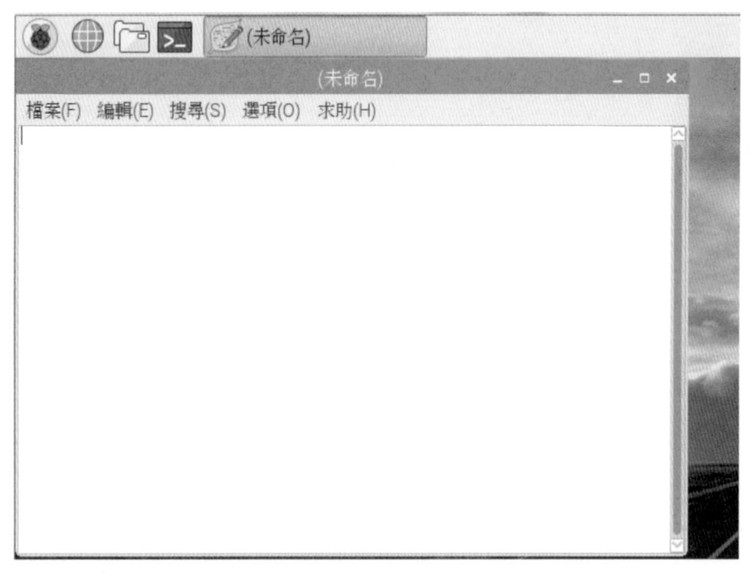

圖 2-17　Text Editor(mousepad)

檔案管理程式則和 windows 作業系統的檔案總管類似 (圖 2-18)，內定顯示的資料夾是 /home/pi，也可以新增資料夾，複製或將檔案移至垃圾桶。右下角會顯示可用空間與總磁碟空間。

圖 2-18　檔案管理程式

2-1-6　Run(執行指令)

如圖 2-19，可以直接輸入執行指令後按確定執行。

圖 2-19　Run(執行指令)

2-1-7 Shutdown(關機)

當使用完畢後，欲關機、重開或登出，則需選擇圖 2-20 的選項，遠端登入結束後，建議一定要進行 Logout(登出)，否則所有執行的應用軟體不會關閉。

遠端關機的方式，有些版本不接受由下拉選單鍵入密碼後關機，必須要在終端視窗內下指令 sudo shutdown-h now 如圖 2-21。

如果不是使用遠端登入，而是直接連接 USB 滑鼠、鍵盤與螢幕則直接經由下拉選單，進行 Shutdown(關機)，當然如果要 Reboot(重新開機) 或 Logout(登出)，直接以滑鼠點選要進行的動作即可。

如果覺得在終端視窗內下指令 sudo shutdown-h now 太長，也可以只打 sudo shutdown，這一個指令會使得系統在約 1 分鐘之後自動關機，如改變想法不想關機，儘速打入 sudo shutdown-c 即可以取消自動關機的指令。

圖 2-20　Shutdown(關機)

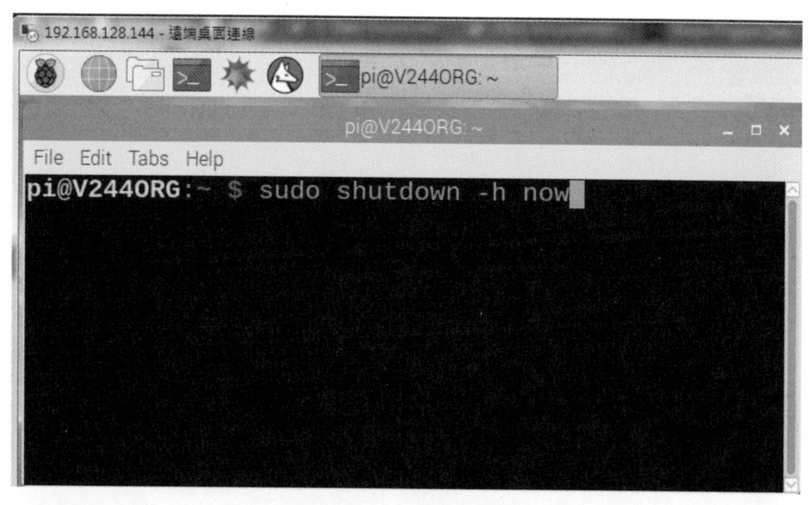

圖 2-21　關機指令

2-2 指令列操作

欲執行指令列操作，須先以圖 2-22 的方式呼叫 LX 終端機，接著再鍵入指令；在 Linux 的作業系統下指令，請注意大小寫的正確性，否則無法得到預期的執行結果，例如鍵入“LS -L”於 LX 終端機中，此指令的英文字母均爲小寫，不可打成大寫，否則系統會回覆錯誤訊息“bash:LS:command not found”如圖 2-23 所示，以下將介紹常用的 Linux 指令。

圖 2-22　執行 LX 終端機方法

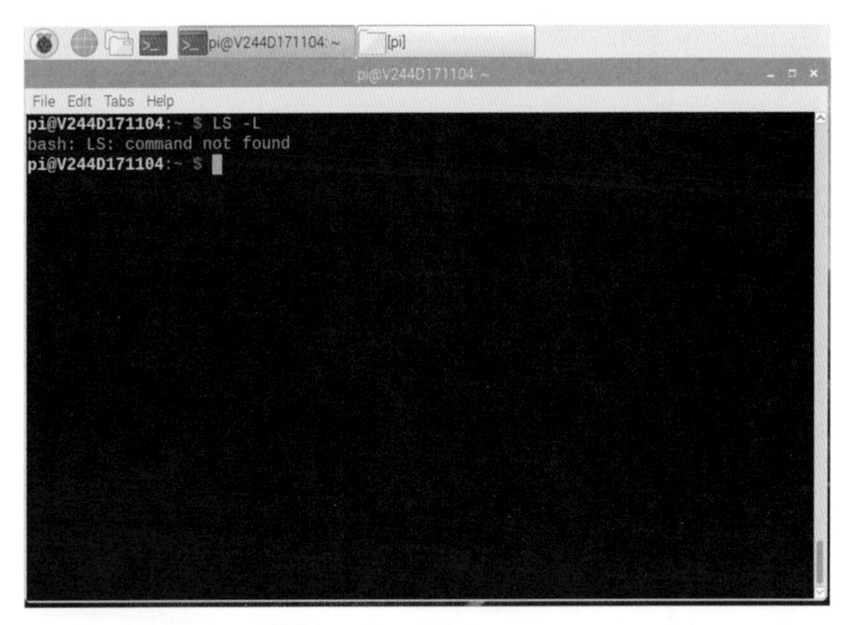

圖 2-23　執行錯誤指令 LS-L

(1) ls：

指令名稱	ls
指令功能	顯示目前資料夾底下的檔案
執行指令範例	ls -l
執行結果	顯示每個檔案的權限、擁有者、群組、大小及最近一次修改時間
執行結果圖示	圖 2-24

```
-rw-r--r--  1 pi   pi        677 Dec 13 23:51 history
-rw-r--r--  1 pi   pi     375224 Nov 11 23:39 input_ch1.jpg
-rw-r--r--  1 pi   pi     156035 Nov 11 23:39 man_ch1.jpg
-rw-r--r--  1 pi   pi      84830 Oct 23 15:54 michigan.jpg
drwxr-xr-x  2 pi   pi       4096 Sep  8  2017 Music
drwxr-xr-x 13 pi   pi       4096 Nov  4 13:29 opencv-3.3.0
drwxr-xr-x 14 pi   pi       4096 Nov 11 04:35 opencvcode+jpg
drwxr-xr-x  6 pi   pi       4096 Jul 31  2017 opencv_contrib-3.3.0
-rw-r--r--  1 pi   pi   55968854 Nov  4 13:14 opencv_contrib.zip
-rw-r--r--  1 pi   pi      31753 Nov  4 18:14 openCV_installation_guide.pptx
-rw-r--r--  1 pi   pi   84873317 Nov  4 13:13 opencv.zip
drwxr-xr-x  2 pi   pi       4096 Sep  8  2017 Pictures
drwxr-xr-x  2 pi   pi       4096 Sep  8  2017 Public
drwxr-xr-x  3 pi   pi       4096 Nov 18 14:47 python_codes1
drwxr-xr-x  2 pi   pi       4096 Sep  7  2017 python_games
drwxr-xr-x  3 pi   pi       4096 Nov 12 19:04 python_tutorial20171023
drwxr-xr-x  2 pi   pi       4096 Sep  8  2017 Templates
drwxr-xr-x  0 root root        0 Jan  1  1970 thinclient_drives
-rw-r--r--  1 pi   pi    7875692 Oct  4  2016 traffic.avi
drwxr-xr-x  2 pi   pi       4096 Nov 20 21:12 Traffic-Counter_OpenCV-master
drwxr-xr-x  4 pi   pi       4096 Nov 18 15:30 vehicleCounter
drwxr-xr-x  2 pi   pi       4096 Sep  8  2017 Videos
drwxr-xr-x  2 pi   pi       4096 Nov 18 17:27 武功秘笈
pi@V244D171104:~ $
```

圖 2-24　執行 ls-l

(2) pwd：

指令名稱	pwd
指令功能	顯示目前資料夾位置
執行指令範例	pwd
執行結果	目前資料夾位置
執行結果圖示	圖 2-25

(3) cd：

指令名稱	cd
指令功能	轉換資料夾位置
執行指令範例 1	cd Pictures
執行結果 1	換到下一層的 Pictures 資料夾
執行指令範例 2	cd..
執行結果 2	轉回到上一層資料夾
執行結果圖示	圖 2-25

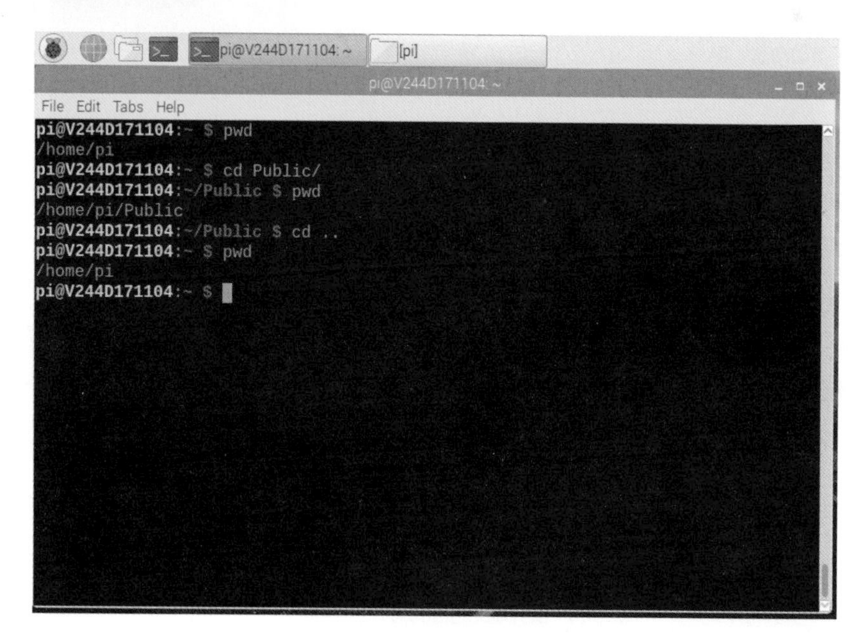

圖 2-25　pwd 及 cd 指令

(4) mkdir：

指令名稱	mkdir
指令功能	新增資料夾
執行指令範例	mkdir test
執行結果	系統會於目前資料夾下建立新的 test 子資料夾
驗證方式	執行 cd test，再執行 pwd
執行結果圖示	圖 2-26

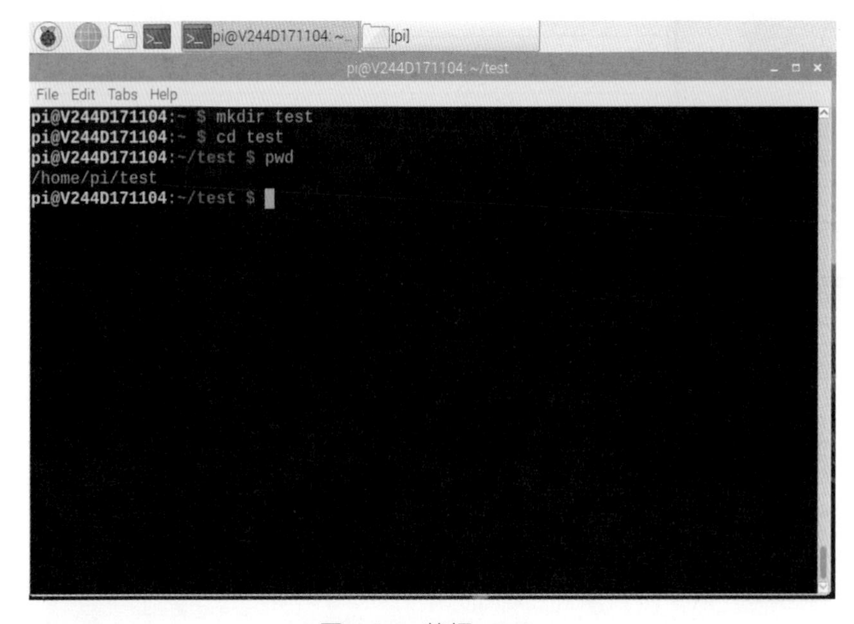

圖 2-26　執行 mkdir

(5) rmdir：

指令名稱	rmdir
指令功能	刪除資料夾
執行指令範例	rmdir test
執行結果	移除 test 子資料夾
驗證方式	執行 ls test，若系統回應 ls:cannot access 'test':No such file or directory，則代表刪除成功
執行結果圖示	圖 2-27
注意事項	若非空資料夾，則無法刪除，系統會回應錯誤訊息 rmdir:failed to remove 'Public/':Directory not empty

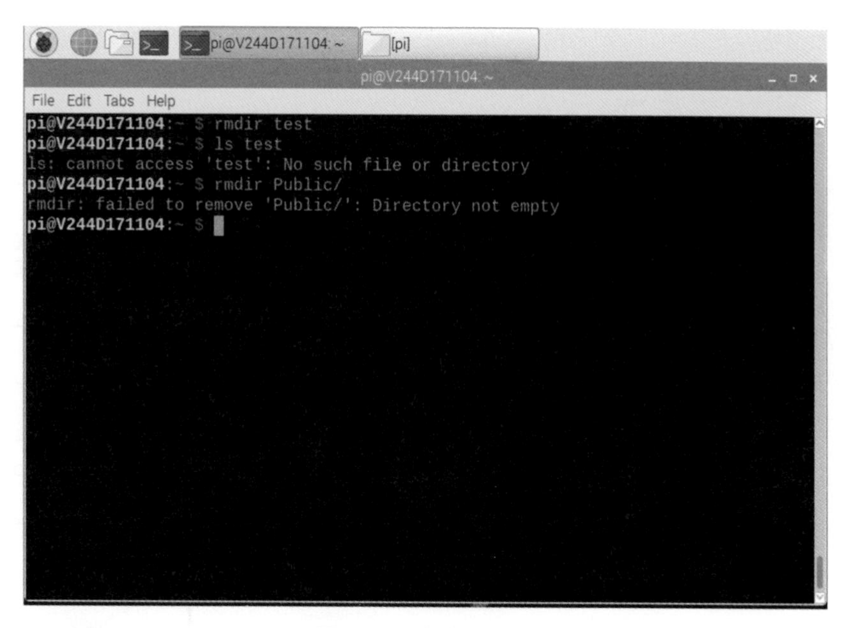

圖 2-27　執行 rmdir

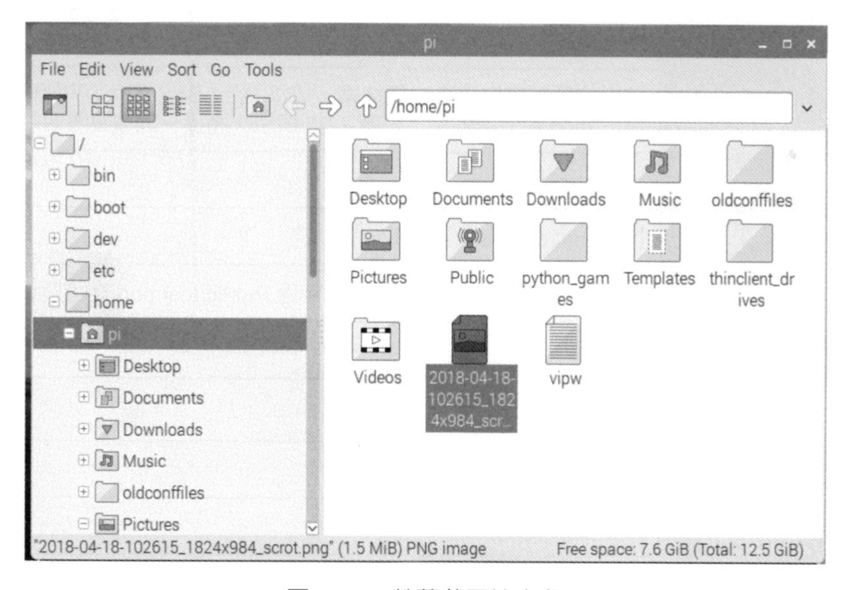

圖 2-28　螢幕截圖檔案名

(6) rm：

指令名稱	rm
指令功能	刪除檔案
前置作業	此指令範例需先建立一個檔案，按下 Print Scrn 鍵，可以得到一張螢幕截圖檔案名為 2018-04-18-102615_1824x984_scrot.png，此檔案名會隨截圖日期不同而有所變更，此檔的預設儲存路徑是 /home/pi 資料夾，如圖 2-28 所示，將這一個檔案改名為 test.png。
執行指令範例	rm test.png
執行結果	移除 test.png 檔案
驗證方式	執行 ls test.png，若系統回應 ls:cannot access 'test.png':No such file or directory，則代表刪除成功
執行結果圖示	圖 2-29

(7) cp：

指令名稱	cp
指令功能	拷貝檔案
前置作業	此指令範例需先建立一個檔案，按下 Print Scrn 鍵，可以得到一張螢幕截圖於 /home/pi 資料夾下如圖 2-25 所示，將這一個檔案改名為 test.png。
執行指令範例	cp test.png Public/
執行結果	拷貝 test.png 檔案至 Public 資料夾
驗證方式	執行 ls Public/test.png，若系統回應 Public/test.png 則拷貝成功。
執行結果圖示	圖 2-29

(8) mv：

指令名稱	mv
指令功能	移動檔案或資料夾
前置作業	此指令範例需先建立一個檔案，按下 Print Scrn 鍵，可以得到一張螢幕截圖於 /home/pi 資料夾下，將這一個檔案改名為 test.png，並將此檔案拷貝到 /home/pi/Public。
執行指令範例 1	mv Public/test.png Documents/
執行結果	移動 Public 資料夾內的 test.png 檔案到 Documents 資料夾內。
驗證方式	執行 ls Public/test.png，若系統回應 ls:cannot access 'Public/test.png':No such file or directory，則代表移動成功。
執行指令範例 2	mv Public Documents/

執行結果 2	移動 Public 整個資料夾到 Documents 資料夾內。
驗證方式 2	執行 ls Public，若系統回應 ls:cannot access 'Public':No such file or directory，則代表移動成功。
執行結果圖示	圖 2-29

```
pi@V245D180212:~ $ rm test.png
pi@V245D180212:~ $ ls test.png
ls: cannot access 'test.png': No such file or directory
pi@V245D180212:~ $ cp test.png Public/
pi@V245D180212:~ $ ls Public/test.png
Public/test.png
pi@V245D180212:~ $ mv Public/test.png Documents/
pi@V245D180212:~ $ ls Public/test.png
ls: cannot access 'Public/test.png': No such file or directo
ry
pi@V245D180212:~ $ mv Public Documents/
pi@V245D180212:~ $ ls Public
ls: cannot access 'Public': No such file or directory
pi@V245D180212:~ $
```

圖 2-29　執行 rm、cp 及 mv

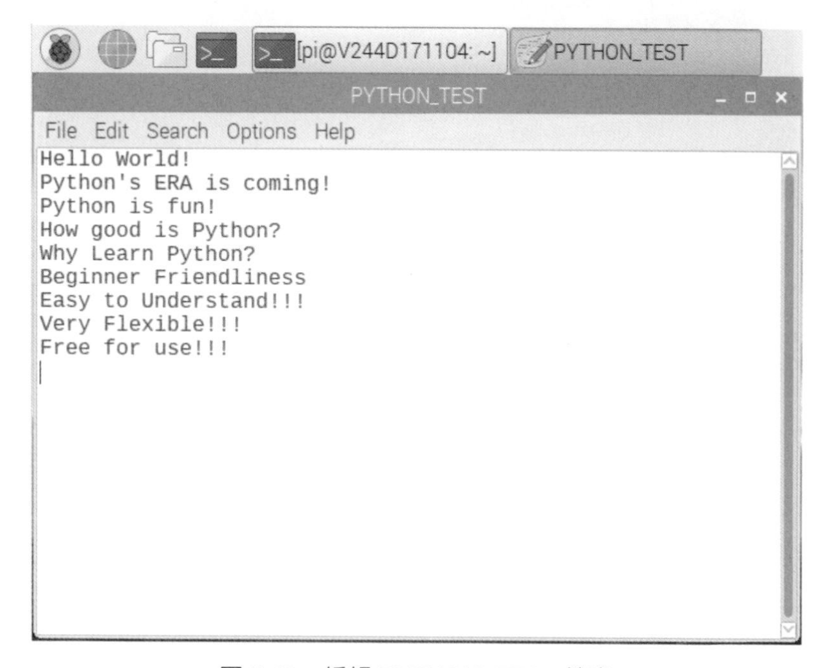

圖 2-30　編輯 PYTHON_TEST 檔案

(9) cat：

指令名稱	cat
指令功能	顯示檔案內容
前置作業	先以“mousepad PYTHON_TEST”編輯檔案如圖 2-30。
執行指令範例	cat PYTHON_TEST
執行結果	PYTHON_TEST 檔案內容會被顯示到螢幕。
驗證方式	觀察螢幕顯示內容是否與 PYTHON_TEST”檔案相同。
執行結果圖示	圖 2-31

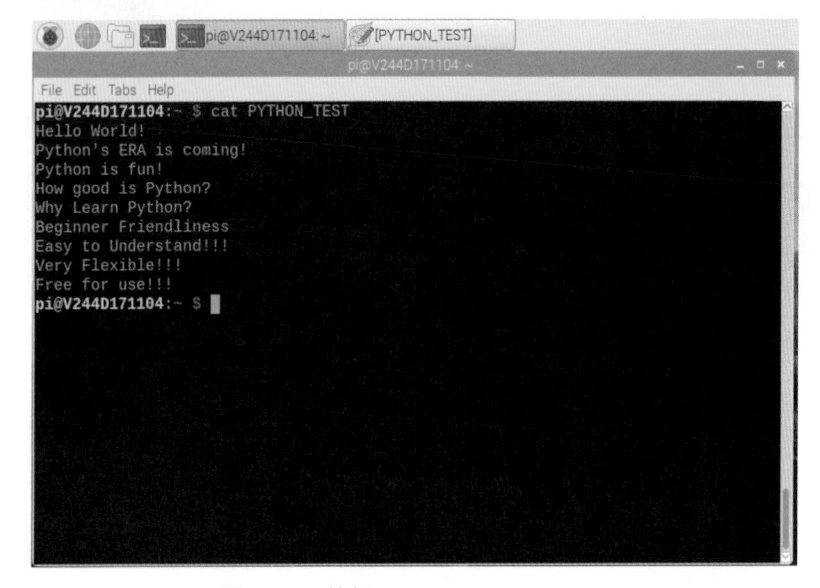

圖 2-31　執行 cat PYTHON_TEST

(10)chmod：

指令名稱	chmod
指令功能	修改檔案權限
前置作業	先以“mousepad PYTHON_TEST”編輯檔案如圖 2-30。
執行指令範例 1	chmod u+x PYTHON_TEST
執行結果 1	檔案 PYTHON_TEST 的執行權限開放給檔案擁有者
驗證方式 1	執行 ls -l，檔案的屬性 -rw-r--r-- 變更為 -rwxr--r--。
執行指令範例 2	chmod g+x PYTHON_TEST
執行結果 2	檔案 PYTHON_TEST 的執行權限開放給群組內使用者
驗證方式 2	執行 ls -l，檔案的屬性 -rw-r--r-- 變更為 -rwxr-xr--。
執行指令範例 3	chmod o+x PYTHON_TEST
執行結果 3	檔案 PYTHON_TEST 的執行權限開放給其他使用者
驗證方式 3	執行 ls -l，檔案的屬性 -rw-r-xr- - 變更為 -rwxr-xr-x。
執行指令範例 4	chmod g+r PYTHON_TEST
執行結果 4	檔案 PYTHON_TEST 的讀取權限開放給群組內使用者
驗證方式 4	執行 ls -l 可以得到檔案的屬性 -rwxr-xr-x 沒有變更。
執行指令範例 5	chmod g+w PYTHON_TEST
執行結果 5	檔案 PYTHON_TEST 的改寫權限開放給群組內使用者
驗證方式 5	執行 ls -l 可以得到檔案的屬性 -rwxr-xr-x 變更為 -rwxrwxr-x。
執行指令範例 6	chmod u+w PYTHON_TEST
執行結果 6	檔案 PYTHON_TEST 的執行權限開放給檔案擁有者
驗證方式 6	執行 ls -l 可以得到檔案屬性，由原先的 -rwxrwxr-x 沒有變更。
執行指令範例 7	chmod 644 PYTHON_TEST
執行結果 7	強制檔案回復到原來的屬性 -rw-r- -r- -，644 中的 6 代表 rw-，第一個 4 代表第一組的 r- -，第二個 4 代表第二組的 r- -
驗證方式 7	執行 ls -l 可以得到檔案屬性，由原先的 -rwxrw-r-x 變更為 -rw-r- -r- -。
執行結果圖示	圖 2-32，圖 2-33

```
pi@V245D180212:~ $ chmod u+x PYTHON_TEST
pi@V245D180212:~ $ ls -l PYTHON_TEST
-rwxr--r-- 1 pi pi 15  四   18 10:57 PYTHON_TEST
pi@V245D180212:~ $ chmod g+x PYTHON_TEST
pi@V245D180212:~ $ ls -l PYTHON_TEST
-rwxr-xr-- 1 pi pi 15  四   18 10:57 PYTHON_TEST
pi@V245D180212:~ $ chmod o+x PYTHON_TEST
pi@V245D180212:~ $ ls -l PYTHON_TEST
-rwxr-xr-x 1 pi pi 15  四   18 10:57 PYTHON_TEST
pi@V245D180212:~ $
```

圖 2-32　執行 chmod 指令 1

```
pi@V245D180212:~ $ chmod g+r PYTHON_TEST
pi@V245D180212:~ $ ls -l PYTHON_TEST
-rwxr-xr-x 1 pi pi 15  四   18 10:57 PYTHON_TEST
pi@V245D180212:~ $ chmod g+w PYTHON_TEST
pi@V245D180212:~ $ ls -l PYTHON_TEST
-rwxrwxr-x 1 pi pi 15  四   18 10:57 PYTHON_TEST
pi@V245D180212:~ $ ^C
pi@V245D180212:~ $ chmod u+w PYTHON_TEST
pi@V245D180212:~ $ ls -l PYTHON_TEST
-rwxrwxr-x 1 pi pi 15  四   18 10:57 PYTHON_TEST
pi@V245D180212:~ $ chmod 644 PYTHON_TEST
pi@V245D180212:~ $ ls -l PYTHON_TEST
-rw-r--r-- 1 pi pi 15  四   18 10:57 PYTHON_TEST
pi@V245D180212:~ $
```

圖 2-33　執行 chmod 指令 2

(11) sudo：

指令名稱	sudo
指令功能	最高權限使用指令
執行指令範例 1	sudo apt-get update
執行結果 1	apt-get update 會根據 /etc/apt/sources.list 中設定到 APT Server 去更新軟體資料庫。
執行指令範例 2	sudo shutdown -h now
執行結果 2	關機指令

(12) unzip：

指令名稱	unzip
指令功能	解壓縮 zip 檔案
執行指令範例	unzip opencv3.3.0.zip
執行結果	將檔案 opencv3.3.0.zip 解壓縮。

(13) tar：

指令名稱	tar
指令功能	壓縮或解壓縮檔案
執行指令範例 1	tar -cvzf test.tar.gz test
執行結果 1	壓縮 test 資料夾內的所有檔案到 test.tar.gz 檔。
執行指令範例 2	tar -xvzf test.tar.gz
執行結果 2	解壓縮 test.tar.gz 檔。

(14) tree：

指令名稱	tree
指令功能	顯示目前資料夾下的子資料夾及檔案
前置作業	1. mkdir Public/pythona 建立 pythona 資料夾 2. mkdir Public/pythona/pythonb 建立 pythonb 資料夾於 Public/pythona 資料夾下 3. mkdir Public/pythona/pythonb/pythonc” 建立 pythonc 資料夾於 Public/pythona/pythonb 資料夾下 4. mkdir Public/pythona/pythonb/pythonc/pythond” 建立 pythond 資料夾於 Public/pythona/pythonb/pythonc 資料夾下
執行指令範例	tree Public
執行結果	顯示 Public 資料夾下的子資料夾及檔案
執行結果圖示	圖 2-34

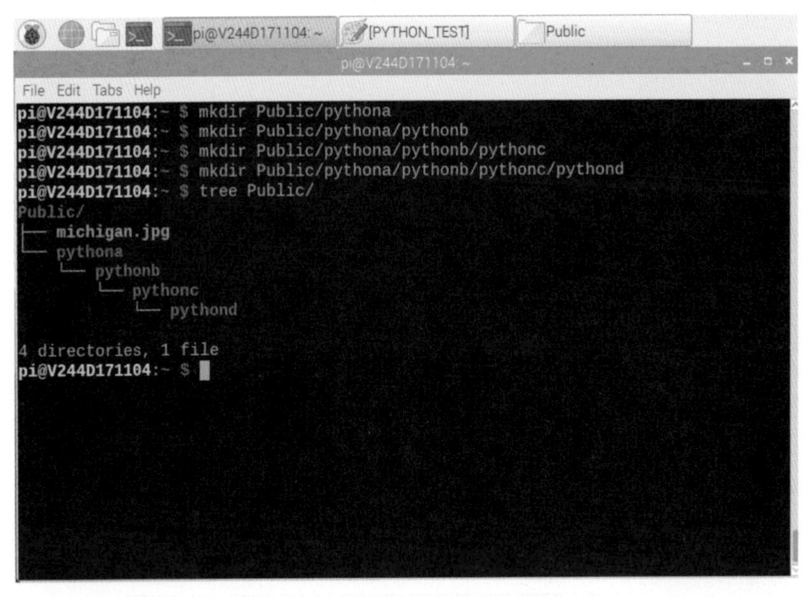

圖 2-34　執行 tree Public 指令

(15)&：

指令名稱	&
指令功能	以背景方式執行程式
執行指令範例	mousepad &
執行結果	mousepad 於背景執行，如果無法以正常方式刪除，則需以 "ps" 找出 mousepad 的 *PID*，再以 "kill-9 *PID*" 刪除
執行結果圖示	圖 2-35

```
pi@V244D171104:~ $ ps
  PID TTY          TIME CMD
 1680 pts/0    00:00:02 bash
 2620 pts/0    00:00:00 nano
 2621 pts/0    00:00:00 vi
 2622 pts/0    00:00:00 python
 2626 pts/0    00:00:00 python3.5
 2630 pts/0    00:00:00 leafpad
 2637 pts/0    00:00:00 ps
pi@V244D171104:~ $ kill -9 2630
pi@V244D171104:~ $ ps
  PID TTY          TIME CMD
 1680 pts/0    00:00:02 bash
 2620 pts/0    00:00:00 nano
 2621 pts/0    00:00:00 vi
 2622 pts/0    00:00:00 python
 2626 pts/0    00:00:00 python3.5
 2645 pts/0    00:00:00 ps
[5]   Killed                  leafpad
pi@V244D171104:~ $
```

圖 2-35　執行 & 指令

(16)df：

指令名稱	df
指令功能	顯示檔案相關資訊
執行指令範例	df
執行結果	顯示檔案相關資訊，例如檔案系統，分配記憶體空間，已使用記憶體空間，剩餘記憶體空間，已使用百分比及掛載點
執行結果圖示	圖 2-36

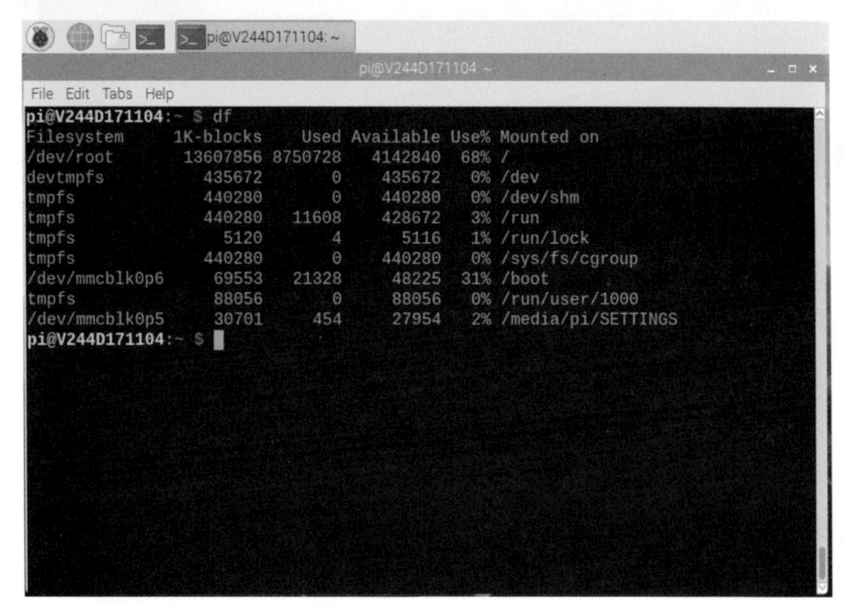

圖 2-36　執行 df 指令

(17)wget：

指令名稱	wget
指令功能	下載網站上的檔案
前置作業	1. 先開啓要下載圖片的網站，例如 http://galined.com/archives/an-encounter-with-university-of-michigan 2. 在圖片上按右鍵，選複製圖片位址
執行指令範例	wget http://galined.com/wp-content/uploads/2016/09/Michigan-Logo1.jpg
執行結果	下載 Michigan-Logo1.jpg 檔案於現行資料夾
驗證方式	ls Michigan-Logo1.jpg，若 Michigan-Logo1.jpg 已儲存到目前的資料夾，則代表指令執行成功
執行結果圖示	圖 2-37

```
pi@V244D171104 ~
File  Edit  Tabs  Help
pi@V244D171104:~ $ wget http://galined.com/wp-content/uploads/2016/09/Michigan-Logo1.jpg
--2018-03-25 18:09:14--  http://galined.com/wp-content/uploads/2016/09/Michigan-Logo1.jpg
Resolving galined.com (galined.com)... 173.201.145.51
Connecting to galined.com (galined.com)|173.201.145.51|:80... connected.
HTTP request sent, awaiting response... 200 OK
Length: 50435 (49K) [image/jpeg]
Saving to: 'Michigan-Logo1.jpg'

Michigan-Logo1.jpg  100%[===================>]  49.25K   268KB/s    in 0.2s

2018-03-25 18:09:18 (268 KB/s) - 'Michigan-Logo1.jpg' saved [50435/50435]

pi@V244D171104:~ $ ls -l Michigan-Logo1.jpg
-rw-r--r-- 1 pi pi 50435 Sep 15  2016 Michigan-Logo1.jpg
pi@V244D171104:~ $
```

圖 2-37　執行 wget 指令

(18) whereis：

指令名稱	whereis
指令功能	找出某指令所在資料夾位置
執行指令範例	whereis ifconfig
執行結果	系統會回覆“ifconfig”這個指令所在的資料夾是在 :/sbin/ifconfig
執行結果圖示	圖 2-38

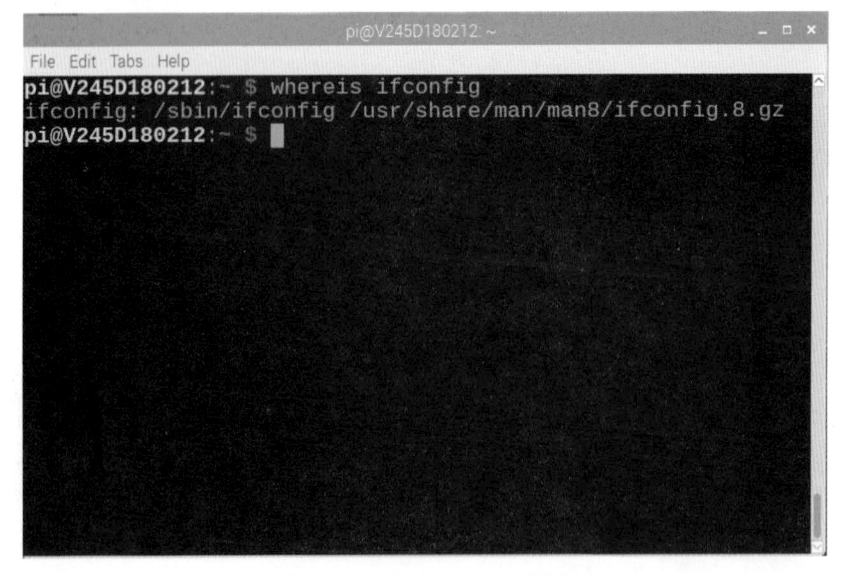

圖 2-38　執行 whereis 指令

(19) grep：

指令名稱	grep
指令功能	找出檔案中的關鍵字
前置作業	先以“mousepad PYTHON_TEST1”編輯檔案如圖 2-39。
執行指令範例	grep PYTHON PYTHON_TEST1
執行結果	系統會在子資料夾底下的所有檔案，尋找有 test 關鍵字的檔案
執行結果圖示	圖 2-40

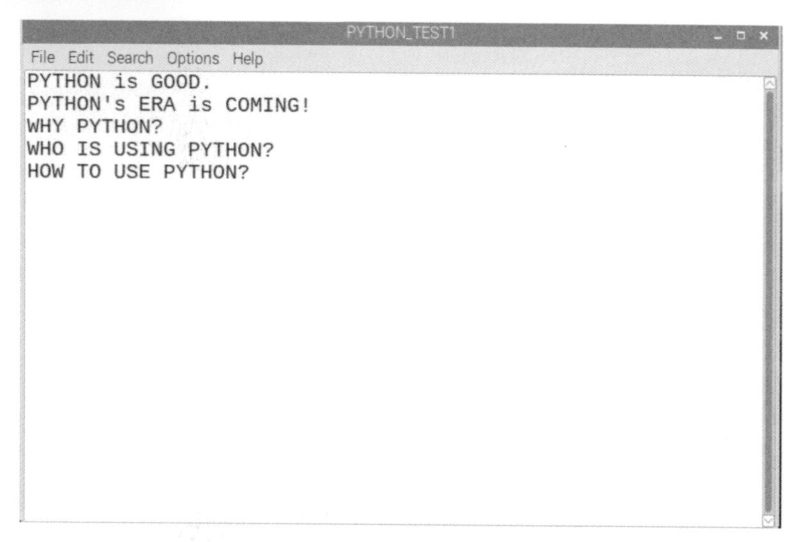

圖 2-39　編輯 PYTHON_TEST1 檔案

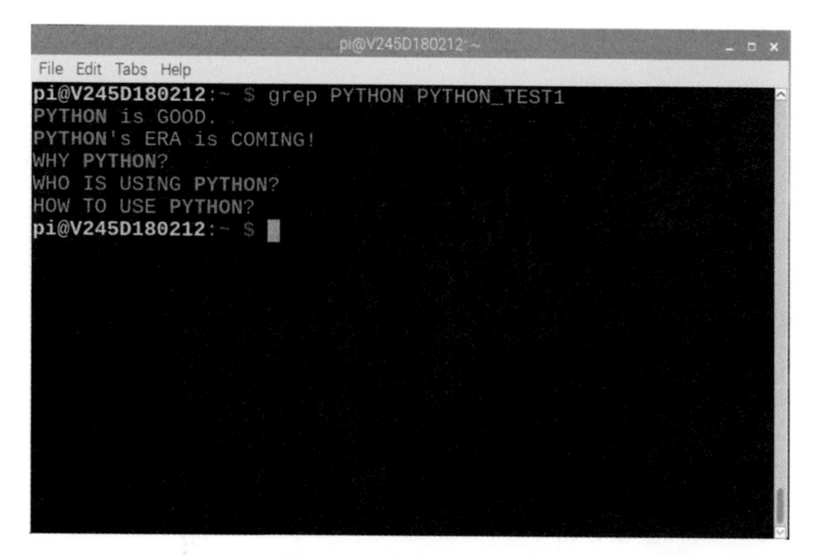

圖 2-40　執行 grep 指令

(20)ping：

指令名稱	ping
指令功能	找尋網路上的其他主機
執行指令範例	ping www.kimo.com
執行結果	顯示主機名稱及回應時間
執行結果圖示	圖 2-41

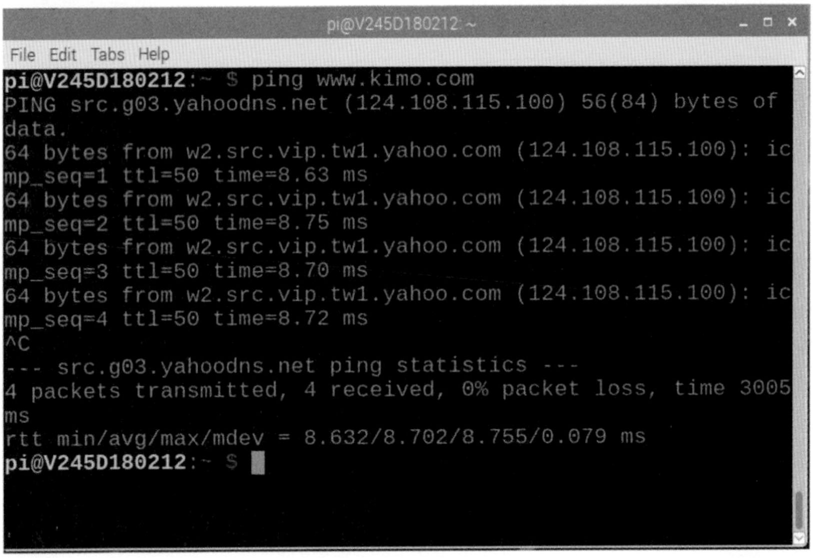
pi@V245D180212: ~
File Edit Tabs Help
pi@V245D180212:~ $ ping www.kimo.com
PING src.g03.yahoodns.net (124.108.115.100) 56(84) bytes of data.
64 bytes from w2.src.vip.tw1.yahoo.com (124.108.115.100): icmp_seq=1 ttl=50 time=8.63 ms
64 bytes from w2.src.vip.tw1.yahoo.com (124.108.115.100): icmp_seq=2 ttl=50 time=8.75 ms
64 bytes from w2.src.vip.tw1.yahoo.com (124.108.115.100): icmp_seq=3 ttl=50 time=8.70 ms
64 bytes from w2.src.vip.tw1.yahoo.com (124.108.115.100): icmp_seq=4 ttl=50 time=8.72 ms
^C
--- src.g03.yahoodns.net ping statistics ---
4 packets transmitted, 4 received, 0% packet loss, time 3005ms
rtt min/avg/max/mdev = 8.632/8.702/8.755/0.079 ms
pi@V245D180212:~ $

圖 2-41　ping 指令

(21)ifconfig：

指令名稱	ifconfig
指令功能	顯示目前網路卡狀態
執行指令範例 1	ifconfig
執行結果 1	顯示目前網路狀態，其中 eth0 代表的是有限網卡的資訊，也可以從這裡看出目前的 IP 位址為 192.168.0.100；lo 則代表內部迴圈的 IP 為 127.0.0.0，並且正常運作中。
執行結果圖示 1	圖 2-42
執行指令範例 2	sudo ifconfig wlan0 down
執行結果 2	wifi 功能關閉
執行結果圖示 2	圖 2-43

執行指令範例 3	sudo ifconfig wlan0 up
執行結果 3	wifi 功能開啓
執行結果圖示 3	圖 2-44

```
pi@V244D171104:~ $ ifconfig
eth0: flags=4163<UP,BROADCAST,RUNNING,MULTICAST>  mtu 1500
        inet 192.168.0.100  netmask 255.255.255.0  broadcast 192.168.0.255
        inet6 fe80::2f98:131b:4658:16a  prefixlen 64  scopeid 0x20<link>
        ether b8:27:eb:ab:43:70  txqueuelen 1000  (Ethernet)
        RX packets 49640  bytes 7044834 (6.7 MiB)
        RX errors 0  dropped 0  overruns 0  frame 0
        TX packets 112987  bytes 125893584 (120.0 MiB)
        TX errors 0  dropped 0 overruns 0  carrier 0  collisions 0

lo: flags=73<UP,LOOPBACK,RUNNING>  mtu 65536
        inet 127.0.0.1  netmask 255.0.0.0
        inet6 ::1  prefixlen 128  scopeid 0x10<host>
        loop  txqueuelen 1  (Local Loopback)
        RX packets 105  bytes 6515 (6.3 KiB)
        RX errors 0  dropped 0  overruns 0  frame 0
        TX packets 105  bytes 6515 (6.3 KiB)
        TX errors 0  dropped 0 overruns 0  carrier 0  collisions 0

pi@V244D171104:~ $
```

圖 2-42　執行 ifconfig 指令

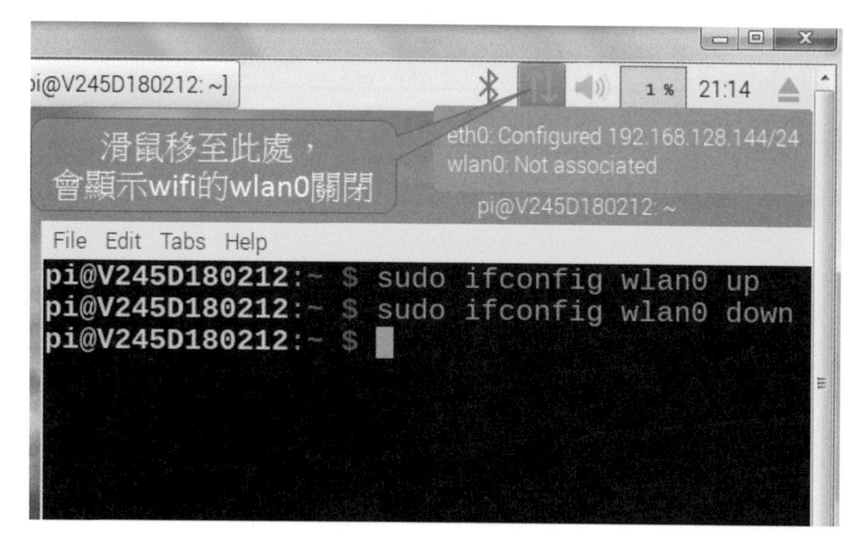

圖 2-43　wifi 功能關閉

圖 2-44　wifi 功能開啓

(22)clear：

指令名稱	clear
指令功能	清除 LX 終端機螢幕訊息
前置作業	先以 ls -l 查看現在資料夾內的所有檔案如圖 2-45。
執行指令範例	clear
執行結果	清空 LX 終端機螢幕顯示空間。
執行結果圖示	圖 2-46

```
-rw-r--r--  1 pi   pi        677 Dec 13 23:51 history
-rw-r--r--  1 pi   pi     375224 Nov 11 23:39 input_ch1.jpg
-rw-r--r--  1 pi   pi     156035 Nov 11 23:39 man_ch1.jpg
-rw-r--r--  1 pi   pi      84830 Oct 23 15:54 michigan.jpg
drwxr-xr-x  2 pi   pi       4096 Sep  8  2017 Music
drwxr-xr-x 13 pi   pi       4096 Nov  4 13:29 opencv-3.3.0
drwxr-xr-x 14 pi   pi       4096 Nov 11 04:35 opencvcode+jpg
drwxr-xr-x  6 pi   pi       4096 Jul 31  2017 opencv_contrib-3.3.0
-rw-r--r--  1 pi   pi   55968854 Nov  4 13:14 opencv_contrib.zip
-rw-r--r--  1 pi   pi      31753 Nov  4 18:14 openCV_installation_guide.pptx
-rw-r--r--  1 pi   pi   84873317 Nov  4 13:13 opencv.zip
drwxr-xr-x  2 pi   pi       4096 Sep  8  2017 Pictures
drwxr-xr-x  2 pi   pi       4096 Sep  8  2017 Public
drwxr-xr-x  3 pi   pi       4096 Nov 18 14:47 python_codes1
drwxr-xr-x  2 pi   pi       4096 Sep  7  2017 python_games
drwxr-xr-x  3 pi   pi       4096 Nov 12 19:04 python_tutorial20171023
drwxr-xr-x  2 pi   pi       4096 Sep  8  2017 Templates
drwxr-xr-x  0 root root        0 Jan  1  1970 thinclient_drives
-rw-r--r--  1 pi   pi    7875692 Oct  4  2016 traffic.avi
drwxr-xr-x  2 pi   pi       4096 Nov 20 21:12 Traffic-Counter_OpenCV-master
drwxr-xr-x  4 pi   pi       4096 Nov 18 15:30 vehicleCounter
drwxr-xr-x  2 pi   pi       4096 Sep  8  2017 Videos
drwxr-xr-x  2 pi   pi       4096 Nov 18 17:27 武功秘笈
pi@V244D171104:~ $ clear
```

圖 2-45　clear 指令

圖 2-46　clear 指令執行結果

重點複習

1. 樹莓派內建 Python 程式開發使用整合式開發環境軟體 (IDLE)，Python 是一種易懂、易學且語法簡潔功能強大的程式語言，與樹莓派硬體結合後，可以執行各種不同應用的專案。
2. 樹莓派內建 Libre Office 軟體有類似 MicrosoftOffice 的辦公軟體功能，提供使用者免費使用。
3. 樹莓派使用 Chromium 瀏覽器，Chromium 是 Google 為發展自家的瀏覽器 Google Chrome 而開啓的計畫，Chromium 相當於 Google Chrome 的試驗版，Chromium 試驗成功的功能，才會移植到 Chrome，所以 Chromium 樹莓派 Chromium 網頁瀏覽器的功能相較於 Chrome 會更新。
4. 樹莓派的編輯軟體建議使用類似 Windows 記事本的 mousepad，而不要使用綁手綁腳的 vi 或 nano。
5. Linux 的基本操作指令是很基本的部份，一定要熟練。

課後評量

選擇題：

(　　) 1. 下列何者為 Python 開發環境？

(A) IDLE　(B) quartusII　(C) ISE　(D) HPICE。

(　　) 2. 目前 Raspberry Pi OS 內建 Python 開發環境為何？

(A) IDLE　(B) Thonny Python IDE　(C) Spyder　(D) PyCharm。

(　　) 3. 如何安裝 IDLE ？

(A) sudo apt install python3 idle3　(B) sudo install python3 idle3

(C) sudo apt install idle3　(D) sudo apt update idle3。

(　　) 4. Raspberry Pi OS 內建網頁瀏覽器為何？

(A) Chromium　(B) Firefox　(C) Opera　(D) IE。

(　　) 5. Raspberry Pi OS 內建文字編輯器為何？

(A) emacs　(B) leafpad　(C) gedit　(D) mousepad。

(　　) 6. Raspberry Pi OS 開機後資料夾為何？

(A) /home/user　(B) /home/pi　(C) /root/pi　(D) /root/user。

(　　) 7. Raspberry Pi OS 關機指令為何？

(A) sudo powerdown　(B) sudo logoff　(C) sudo close　(D) sudo poweroff。

(　　) 8. LibreOffice 的 Impress 與 Microsoft 的何種軟體類似？

(A) Word　(B) Power Point　(C) Excel　(D) Access。

(　　) 9. LibreOffice 的 Writer 與 Microsoft 的何種軟體類似？

(A) Word　(B) Power Point　(C) Excel　(D) Access。

(　　) 10. LibreOffice 的 Calc 與 Microsoft 的何種軟體類似？

(A) Word　(B) Power Point　(C) Excel　(D) Access。

(　　) 11. 欲查看現行所在資料夾底下的檔案及子資料夾，需使用何指令？

(A) ls　(B) rm　(C) cp　(D) mv。

(　　) 12. 列印檔案內容，需使用何指令？

(A) ipconfig　(B) wget　(C) cat　(D) grep。

(　　) 13. 拷貝檔案，需使用何指令？

(A) cp　(B) wget　(C) cat　(D) grep。

(　　) 14. 顯示目前所在資料夾，需使用何指令？

(A) ls　(B) pwd　(C) mv　(D) grep。

(　　) 15. 刪除檔案，需使用何指令？

(A) ls　(B) rm　(C) cp　(D) mv。

(　　) 16. 新增資料夾，需使用何指令？

(A) mkdir　(B) rmdir　(C) cp　(D) mv。

(　　) 17. 刪除資料夾，需使用何指令？

(A) mkdir　(B) rmdir　(C) cp　(D) mv。

(　　) 18 查看 PID，需使用何指令？

(A) ls　(B) ps　(C) cp　(D) mv。

(　　) 19. 刪除 PID，需使用何指令？

(A) rm　(B) rmdir　(C) kill　(D) mv。

(　　) 20. 移動資料夾，需使用何指令？

(A) mkdir　(B) rmdir　(C) cp　(D) mv。

(　　) 21. 清空 LX 終端機螢幕上的文字，需使用何指令？

(A) mkdir　(B) rmdir　(C) cp　(D) clear。

(　　) 22. 上網取得檔案，需使用何指令？

(A) mkdir　(B) wget　(C) cp　(D) clear。

(　　) 23. 查看目前網路卡狀態，需使用何指令？

(A) ifconfig　(B) rmdir　(C) cp　(D) clear。

(　　) 24. 欲查看別的主機是否開機運作，需使用何指令？

(A) ping　(B) rmdir　(C) cp　(D) clear。

(　　) 25. 找出含有關鍵字的所有檔案，需使用何指令？

(A) ping　(B) grep　(C) cp　(D) clear。

(　　) 26. 找出某指令所在資料夾位置，需使用何指令？

(A) ping　(B) grep　(C) whereis　(D) clear。

(　　) 27. 最高權限使用指令為何？

(A) ping　(B) sudo　(C) whereis　(D) clear。

(　　) 28. 修改檔案權限，需使用何指令？

(A) ping　(B) chmod　(C) cp　(D) clear。

(　　) 29. 以樹狀架構顯示所有子資料夾及檔案，需使用何指令？

(A) ping　(B) grep　(C) tree　(D) clear。

(　　) 30. 何者非文書編輯軟體？

(A) Leafpad　(B) vi　(C) nano　(D) IDLE。

NOTE

3 CHAPTER

樹莓派進階安裝

本章重點

3-1 遠端登入設定

一般使用者的工作環境，通常是使用 Windows 作業系統的 PC 或筆電，為了方便使用者也能透過 PC 的環境，與樹莓派連線，使用者只需在自己的電腦上執行遠端連線，就可以執行樹莓派軟體開發或硬體控制的工作，而不需另外再準備鍵盤、滑鼠、HDMI to VGA 螢幕轉接器及螢幕。

在 LX 終端機依序輸入以下指令：

(1) sudo apt-get update

(2) sudo apt-get upgrade

(3) sudo apt-get install xrdp

圖 3-1 為系統回應執行結果，此處若有錯誤訊息產生，則代表安裝失敗。

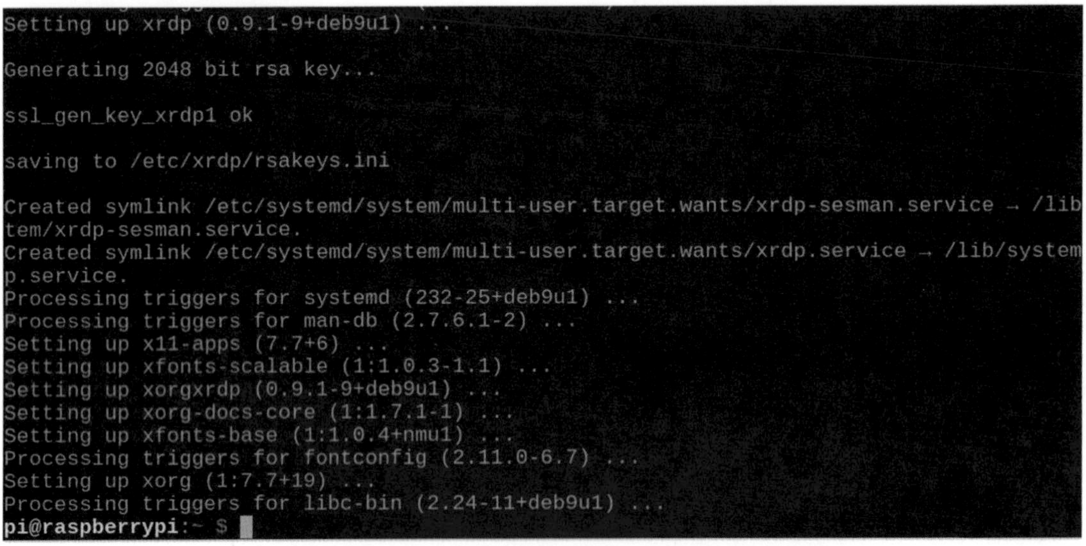

```
Setting up xrdp (0.9.1-9+deb9u1) ...

Generating 2048 bit rsa key...

ssl_gen_key_xrdp1 ok

saving to /etc/xrdp/rsakeys.ini

Created symlink /etc/systemd/system/multi-user.target.wants/xrdp-sesman.service → /lib
tem/xrdp-sesman.service.
Created symlink /etc/systemd/system/multi-user.target.wants/xrdp.service → /lib/system
p.service.
Processing triggers for systemd (232-25+deb9u1) ...
Processing triggers for man-db (2.7.6.1-2) ...
Setting up x11-apps (7.7+6) ...
Setting up xfonts-scalable (1:1.0.3-1.1) ...
Setting up xorgxrdp (0.9.1-9+deb9u1) ...
Setting up xorg-docs-core (1:1.7.1-1) ...
Setting up xfonts-base (1:1.0.4+nmu1) ...
Processing triggers for fontconfig (2.11.0-6.7) ...
Setting up xorg (1:7.7+19) ...
Processing triggers for libc-bin (2.24-11+deb9u1) ...
pi@raspberrypi:~ $
```

圖 3-1 遠端登入套件安裝

請注意一定要按照順序執行，否則執行到第三個安裝步驟時，一定會產生錯誤。

PC 端遠端連線前，必須先確認樹莓派的 IP 位址，才能進行連線，建議可以使用 Angry IP Scanner 這個軟體去搜尋樹莓派的 IP 位址。首先必須去相關網站下載安裝檔，網站的位址是 http://angryip.org/ 如圖 3-2 所示，按下綠色的 Free Download 選項，接著按下 32/64-bit Installer(圖 3-3)，這一個安裝檔會自動偵測 32 或 64bit 的作業系統後，再開始軟體安裝。

安裝完成後，執行 Angry IP Scanner(圖 3-4)，按下 START 的選項，可以找到樹莓派主機名稱為 STU-CC 的主機位於 192.168.0.6，記下 IP 位址後，儘快關閉，因為 Angry IP Scanner 仍然發送網路封包出去，將其關閉，可以減輕網路流量。

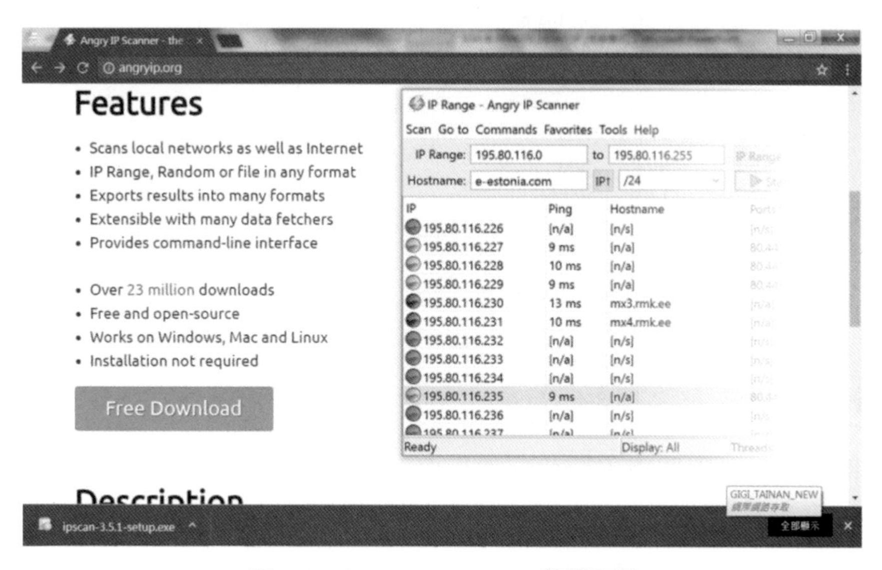

圖 3-2　Angry IP Scanner 軟體下載

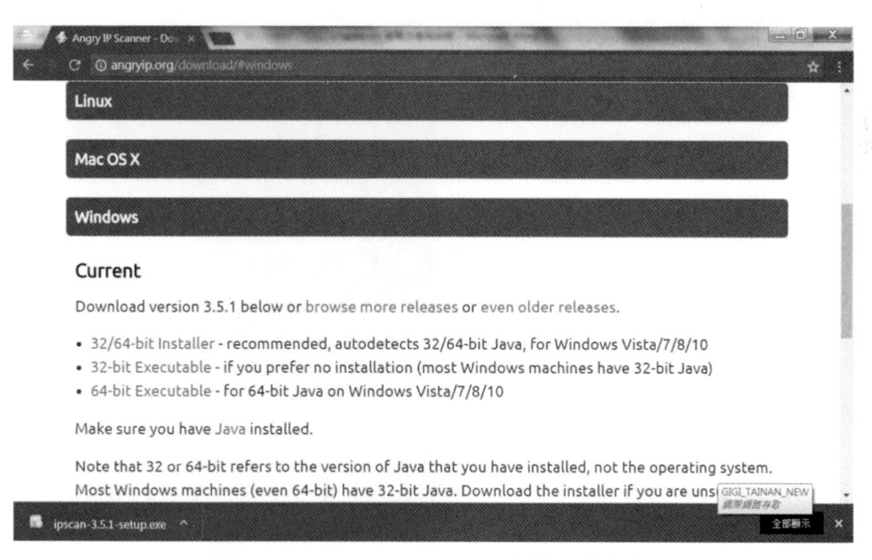

圖 3-3　Angry IP Scanner 軟體下載選擇

IP Range - Angry IP Scanner

Scan Go to Commands Favorites Tools Help

IP Range: 192.168.0.0 to 192.168.0.255 IP Range

Hostname: RIMAN-PC IP Netmask Start

IP	Ping	Hostname	Ports [0+]
192.168.0.1	[n/a]	[n/s]	[n/s]
192.168.0.2	2 ms	[n/s]	[n/s]
192.168.0.3	0 ms	RIMAN-PC.domain.name	[n/s]
192.168.0.4	71 ms	[n/s]	[n/s]
192.168.0.5	[n/a]	[n/s]	[n/s]
192.168.0.6	1 ms	STU-CC	[n/s]
192.168.0.7	[n/a]	[n/s]	[n/s]
192.168.0.8	[n/a]	[n/s]	[n/s]
192.168.0.9	[n/a]	[n/s]	[n/s]
192.168.0.10	[n/a]	[n/s]	[n/s]
192.168.0.11	[n/a]	[n/s]	[n/s]

圖 3-4 Angry IP Scanner 掃描結果

PC 端則需開啓→附屬應用程式→遠端桌面登入如圖 3-5，開啓後鍵入由 Angry IP Scanner 所掃描到的 IP:192.168.0.6(圖 3-6)，按下連線可以得到圖 3-7 的遠端桌面連線訊問視窗，按下「是」後，會進行連線，並出現如圖 3-8 的樹莓派登入畫面，接著在 username 輸入帳號 pi 及密碼，即可進入樹莓派圖形桌面。

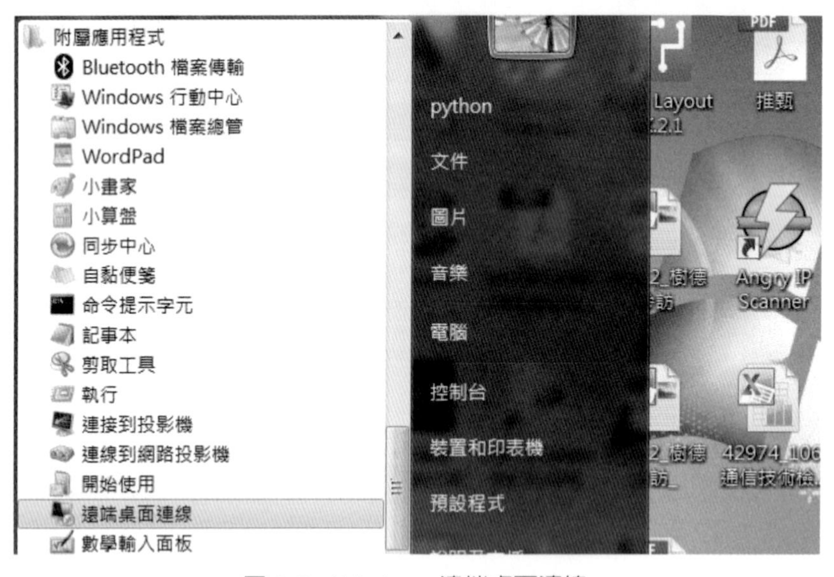

圖 3-5 Windows 遠端桌面連線

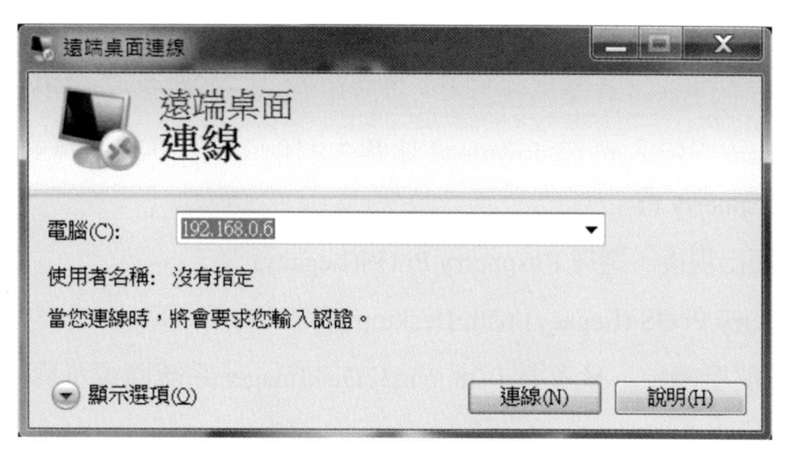

圖 3-6　遠端桌面連線設定

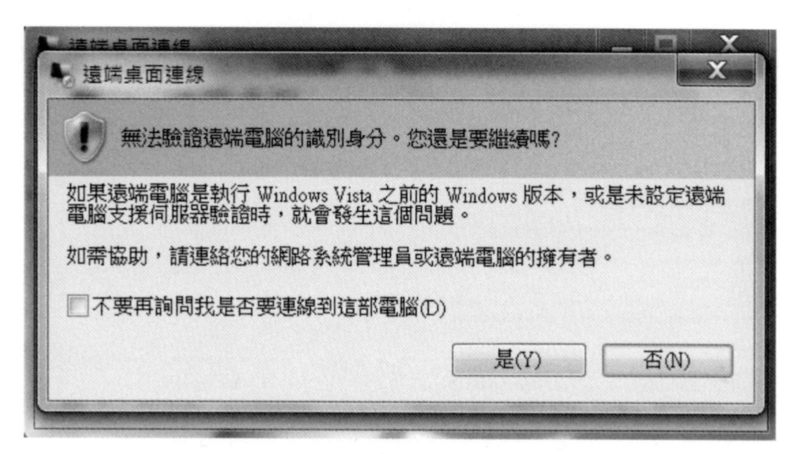

圖 3-7　遠端桌面連線訊問視窗

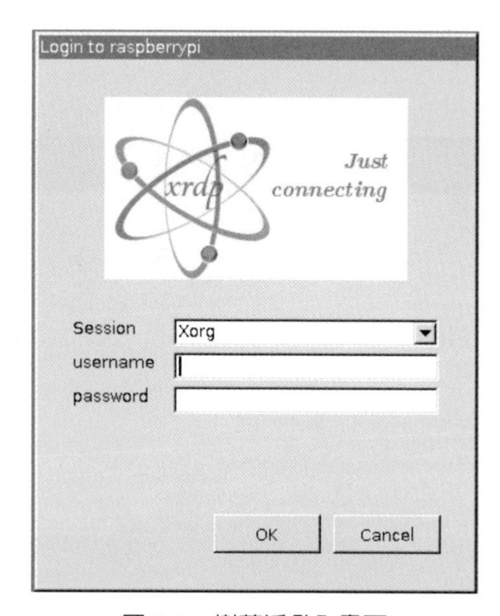

圖 3-8　樹莓派登入畫面

請注意新版本的 bullseye xrdp 目前使用上會有問題，無法顯示圖形桌面，遇此狀況建議使用較早的 Buster 作業系統版本，欲改用 Buster 作業系統步驟如下：

1. google chrome 中輸入 pi os download 如圖 3-9 所示，接下來選擇 Oprating system images – Raspberry Pi。
2. 圖 3-10 畫面出現後，選擇 Raspberry Pi OS(Legacy)
3. 下載 Raspberry Pi OS (Legacy) with Desktop 如圖 3-11 所示。
4. 將 zip 檔案解壓縮後，參考圖 1-28 Win32DiskImager 系統回復步驟，將解壓縮檔案燒錄於 SD 卡。
5. SD 卡置於樹莓派 SD 卡槽，參考圖 1-14 ～ 1-26 進行作業系統安裝。

圖 3-9

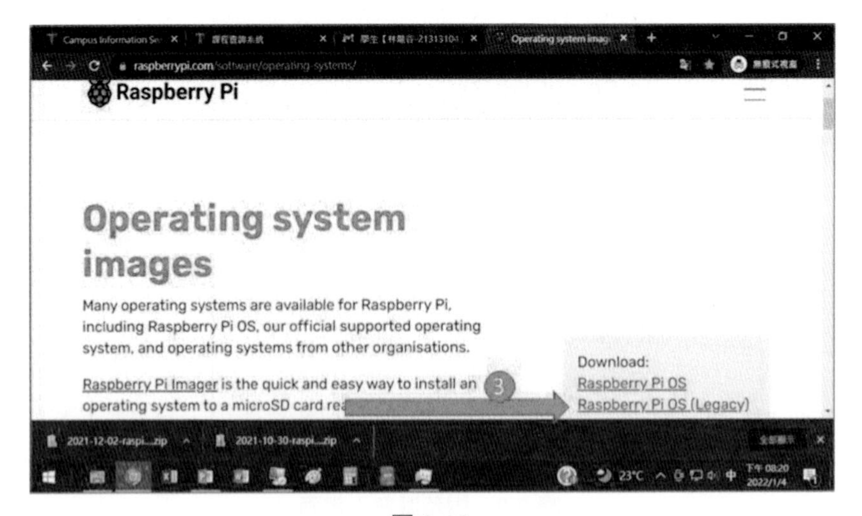

圖 3-10

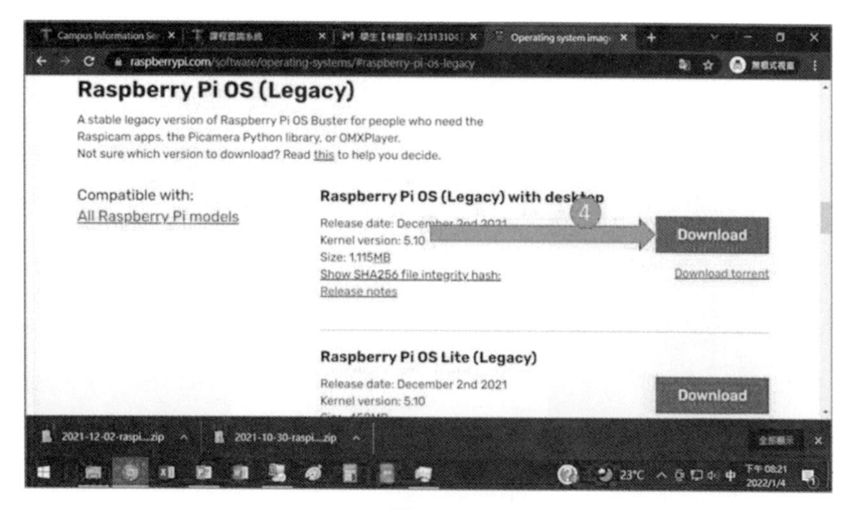

圖 3-11

3-2 PuTTY 終端機遠端登入

除了使用 3-1 節的圖形介面登入方式，也可以使用 PuTTY 終端機的方式登入，優點是當遠端登入時，可以不需佔用太多樹莓派的 CPU 及記憶體資源。許多管理網站主機的人都使用 PuTTY 做為連線工具，PuTTY 支援 IPv4，IPv6 等協定，可以 Telnet，SSH 等方式連線。

使用 PuTTY 登入樹莓派前，需先開啓樹莓派 SSH 功能，步驟如下：

1. 點選 Raspberry Pi 設定如圖 3-12 所示。
2. 接著再點選啓用 SSH 如圖 3-13 所示。

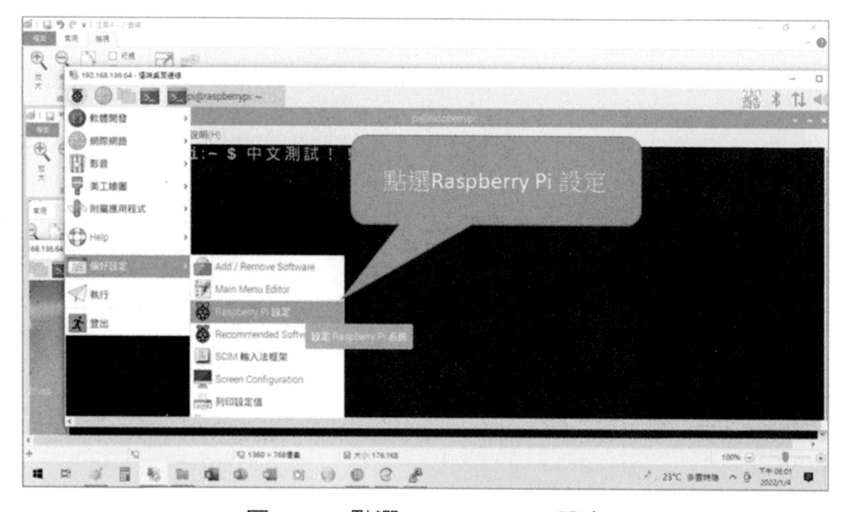

圖 3-12　點選 Raspberry Pi 設定

圖 3-13　點選啓用 SSH

首先須至 https://putty.org/(圖 3-14) 下載 PuTTY 執行檔。

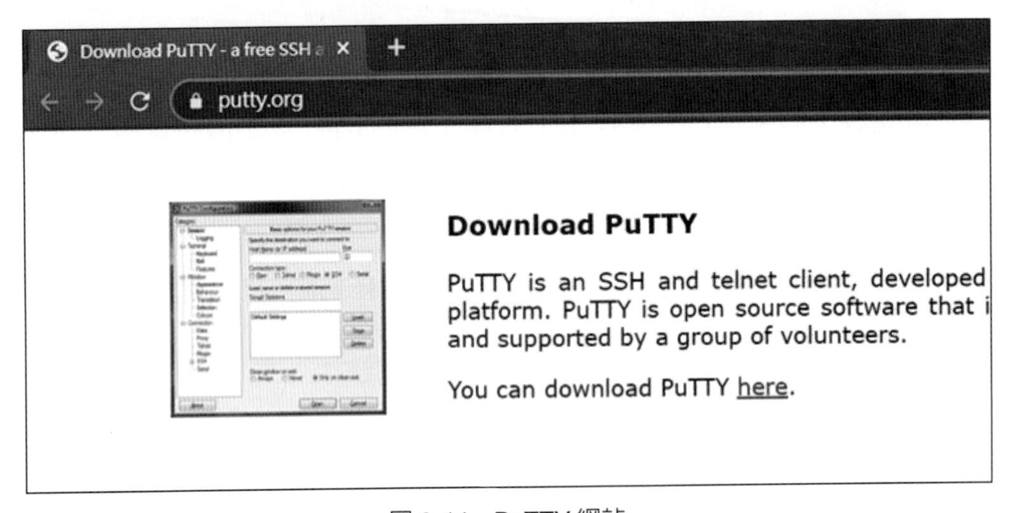

圖 3-14　PuTTY 網站

按下藍色“here”後，畫面會出現很多檔案選項，選擇 Alternative binary files 下的 32 位元或 64 位元 putty.exe 如圖 3-15 所示。

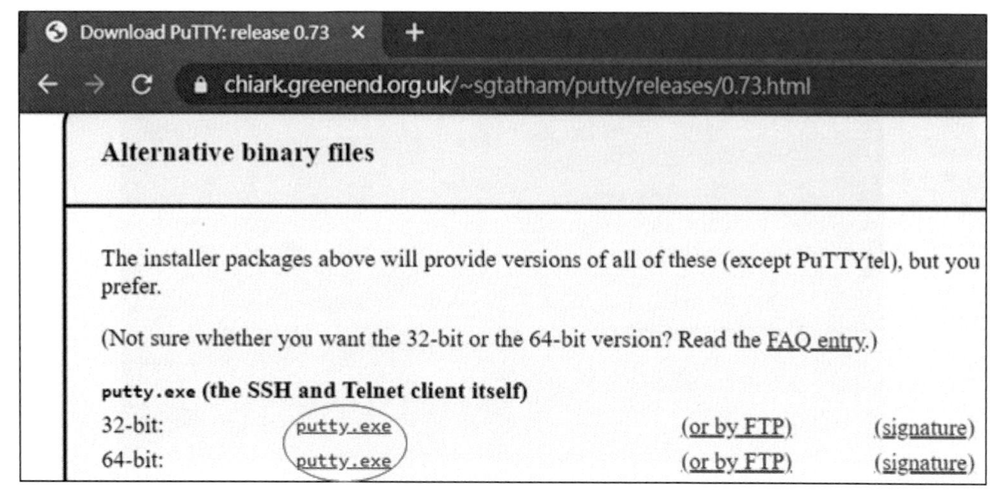

圖 3-15 PuTTY 執行檔

因爲是可執行檔，所以不需安裝，直接以滑鼠雙擊開啓下載的 putty.exe 檔，會出現 PuTTY 組態設定檔 (圖 3-16)，接著輸入所要連結的樹莓派 IP，並於 Saved Sessions 處輸入名稱，按下 Save 可以儲存此次組態方便下次使用，最後按下 open，即可連結樹莓派如圖 3-17。

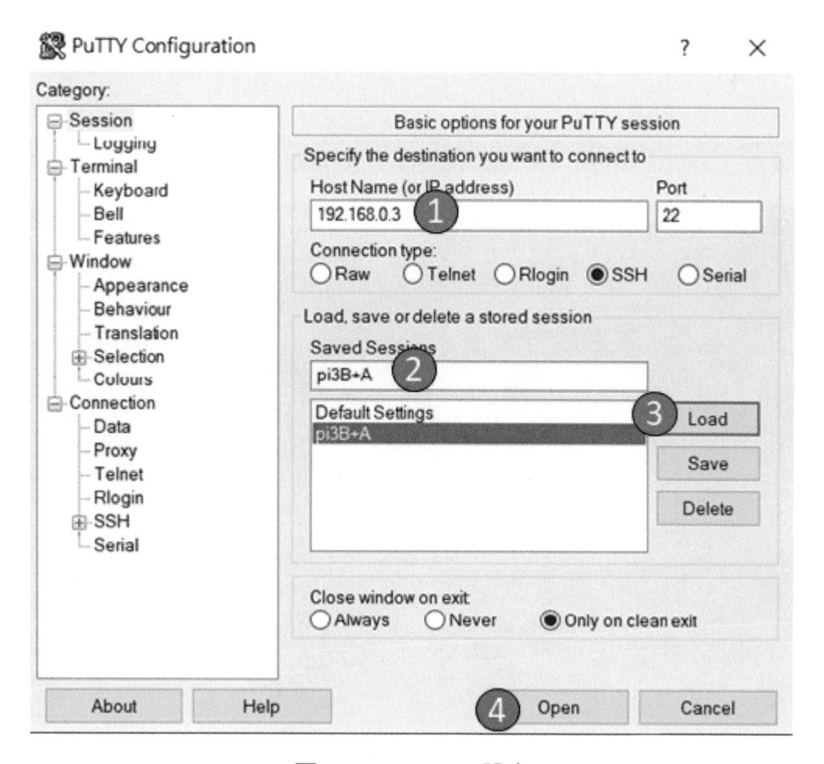

圖 3-16 PuTTY 設定

```
pi@V244X181006PRE16_VN: ~
login as: pi
pi@192.168.0.3's password:
Linux V244X181006PRE16_VN 4.19.57-v7+ #1244 SMP Thu Jul 4
71

The programs included with the Debian GNU/Linux system are
the exact distribution terms for each program are describe
individual files in /usr/share/doc/*/copyright.

Debian GNU/Linux comes with ABSOLUTELY NO WARRANTY, to the
permitted by applicable law.
Last login: Wed Jul 24 20:50:09 2019 from 192.168.128.197
pi@V244X181006PRE16_VN:~ $
```

圖 3-17　PuTTY 登入畫面

3-3 Andriod 手機遠端登入

若樹莓派與 Andriod 手機使用同一個網域上網，樹莓派也可以使用 Andriod 手機遠端登入，其步驟如下：

步驟一：以 sudo raspi-config 指令開啟樹莓派的 SSH 及 VNC 功能如圖 3-18 ～ 3-26。

圖 3-18　sudoraspi-config 指令

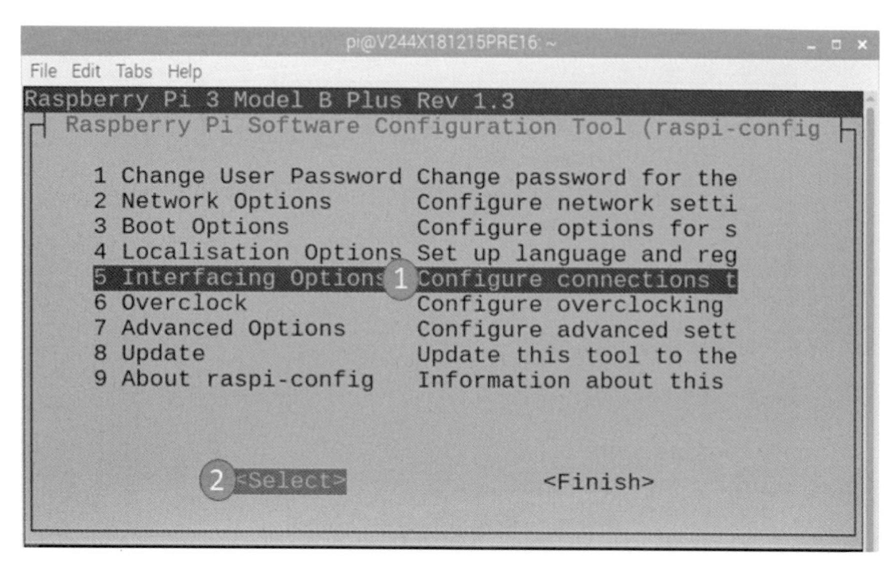

圖 3-19　選擇介面選項

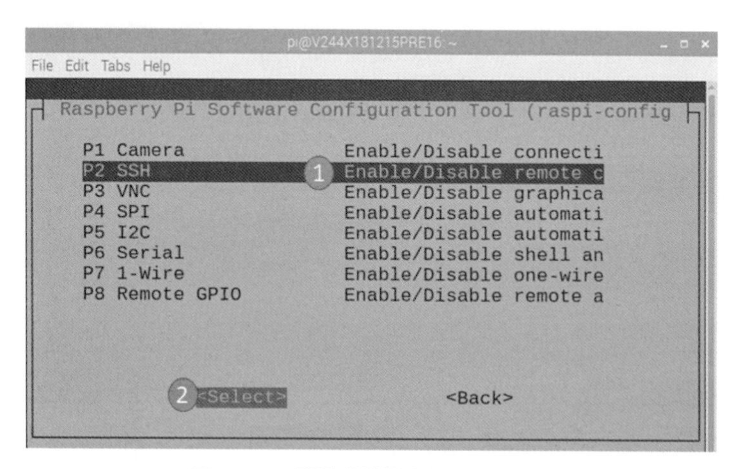

圖 3-20　開啓樹莓派的 SSH 功能

圖 3-21　確認是否要開啓樹莓派的 SSH 功能

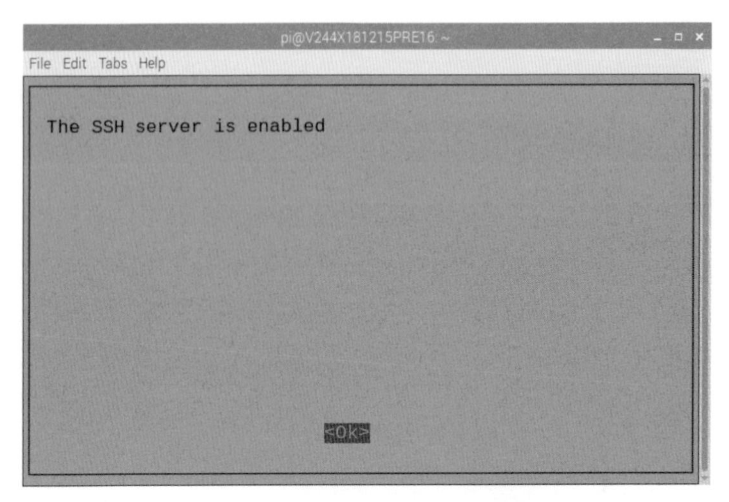

圖 3-22　樹莓派的 SSH 已開啓

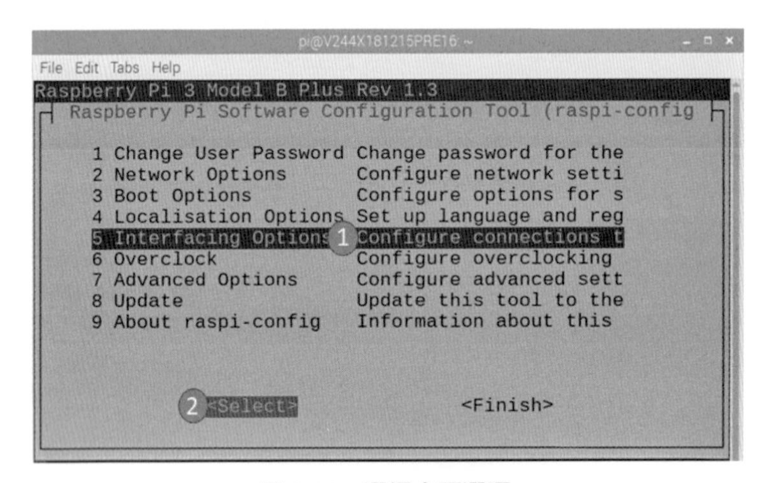

圖 3-23　選擇介面選項

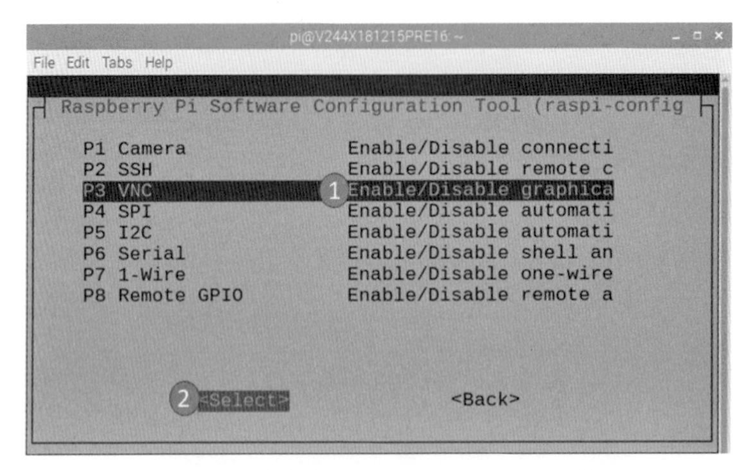

圖 3-24　開啓樹莓派的 SSH 及 VNC 功能

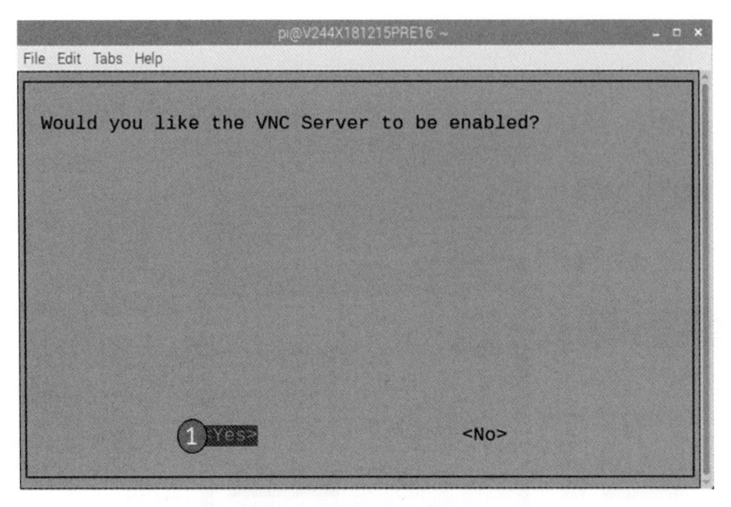

圖 3-25　確認是否要開啓樹莓派的 VNC 功能

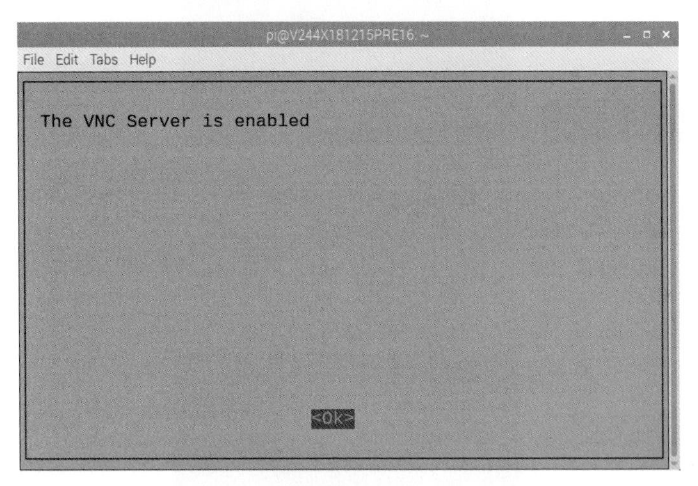

圖 3-26　樹莓派的 VNC 功能已開啓

步驟二：手機打開 GOOGLE PLAY 輸入 TERMUX 後進行安裝 (圖 3-27 ～ 3-29)。

圖 3-27　安裝 TERMUX-1

圖 3-28　安裝 TERMUX-2

圖 3-29　安裝 TERMUX-3

手機開啓 TERMUX 後，以 pkg install openssh 指令安裝 openssh 如圖 3-30。

圖 3-30　安裝 openssh

安裝 openssh 完成畫面如圖 3-31。

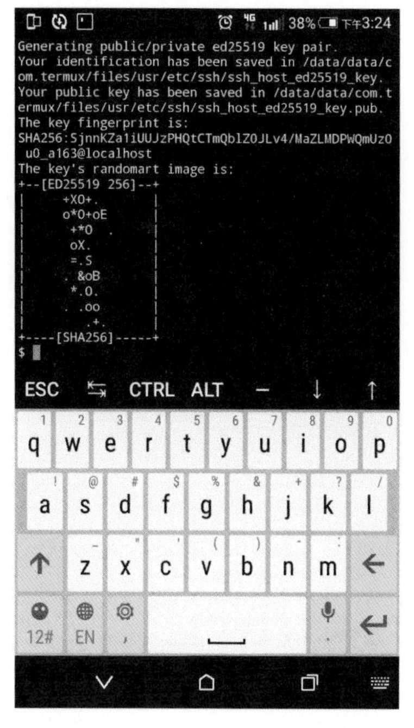

圖 3-31　openssh 安裝完成

於手機上執行 ssh pi@192.168.X.X(請鍵入所使用的樹莓派 IP) 如圖 3-32，連線樹莓派。

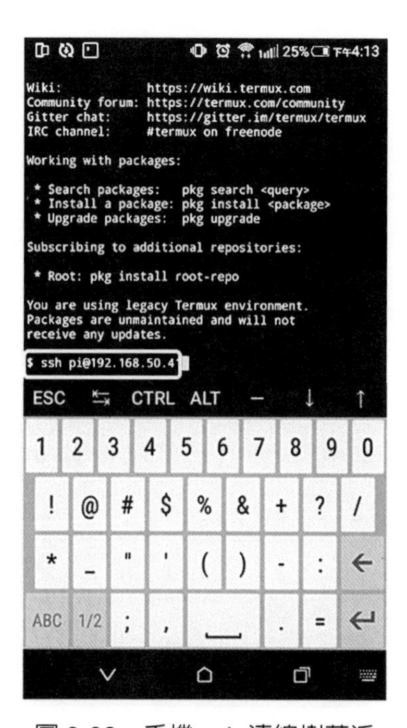

圖 3-32　手機 ssh 連線樹莓派

輸入正確密碼即可登入樹莓派如圖 3-33。

圖 3-33　輸入 pi 的正確密碼

測試完與樹莓派的連線後，接下來先以 logout 及 exit 依序登出樹莓派及手機 SSH 環境如圖 3-34。

圖 3-34　登出樹莓派及手機 SSH 環境

回到 GOOGLE PLAY 下載 VNC VIEWER，輸入關鍵字 VNC 就可以找到 VNC VIEWER 如圖 3-35，然後按下安裝按鍵開始安裝如圖 3-36 ~ 3-38。

圖 3-35　下載 VNC VIEWER

圖 3-36　安裝 VNC VIEWER-1

圖 3-37　安裝 VNC VIEWER-2

圖 3-38　安裝 VNC VIEWER-3

開啓 VNC VIEWER 後，畫面如圖 3-39 ～ 3-41 所示，設定樹莓派 IP 於 Address 欄位及任意主機名稱於 Name 欄位如圖 3-42。

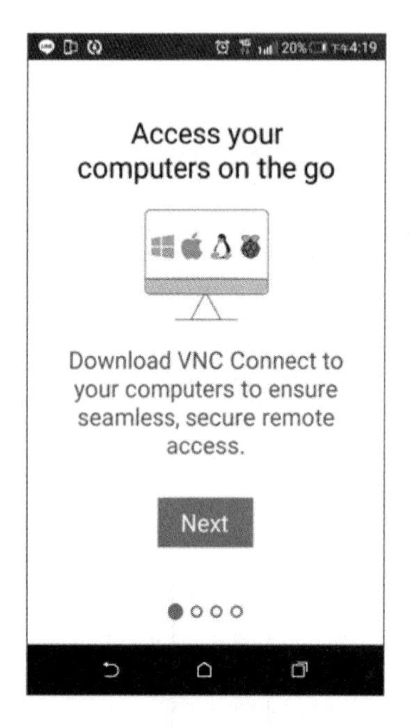

圖 3-39　VNC VIEWER 畫面 -1

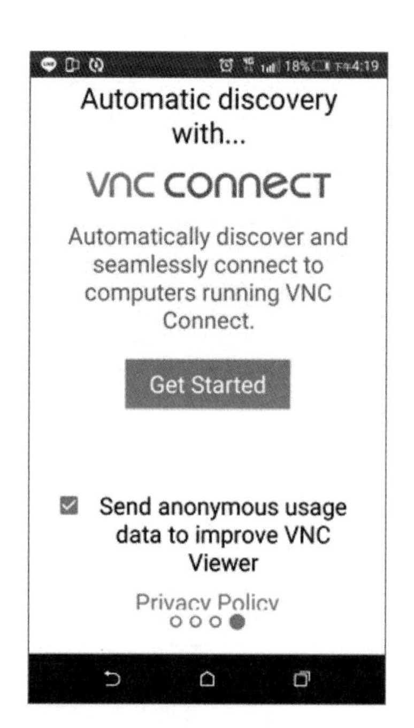

圖 3-40　VNC VIEWER 畫面 -2

圖 3-41　VNC VIEWER 畫面 -3

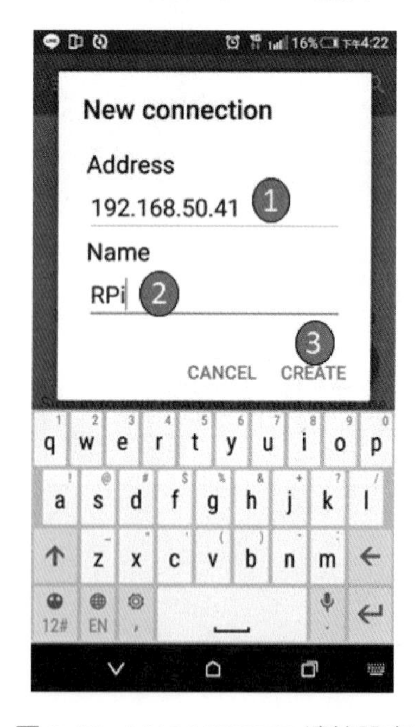

圖 3-42　VNC VIEWER 連線設定

點選圖 3-43 及圖 3-44 所指定位置，接著輸入帳號及密碼 (圖 3-45)，與樹莓派進行連線，接著會出現滑鼠及游標使用說明如圖 3-46。

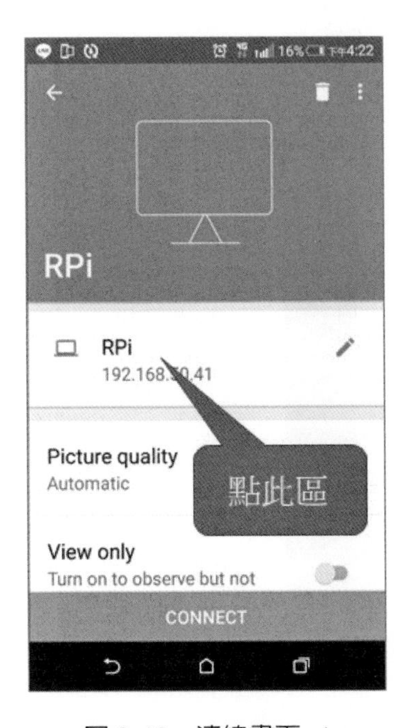

圖 3-43　連線畫面 -1

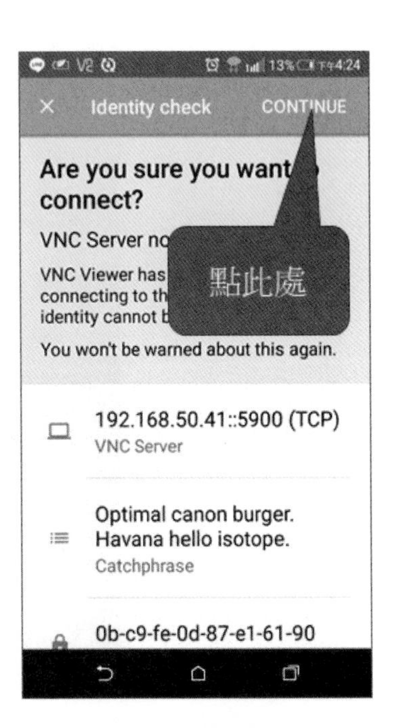

圖 3-44　連線畫面 -2

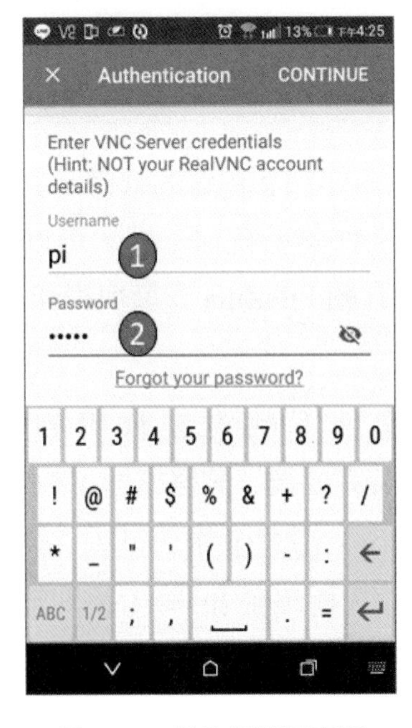

圖 3-45　輸入帳號及密碼

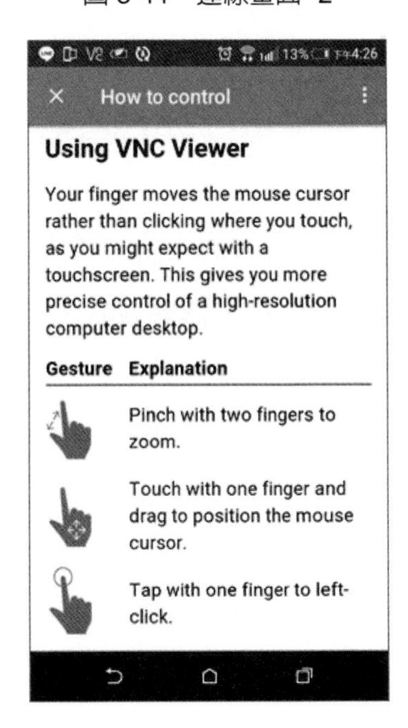

圖 3-46　滑鼠及游標使用說明

手機連接樹莓派畫面如圖 3-47 所示。

圖 3-47　樹莓派畫面

3-4 FileZilla 安裝與操作

FileZilla 是一個快速可靠的跨平台 FTP，FTPS 和 SFTP 免費的軟體，具有許多有用的功能和直觀的操作界面。建議安裝在 windows 作業系統這一端。可以提供樹莓派與 PC 間便捷的檔案傳輸方式，接下來將為大家介紹 FileZilla 安裝與操作方式。

(1) 安裝：

到 https://filezilla-project.org/download.php 網址下載安裝軟體如圖 3-48，FileZilla 軟體支援 windows7, 8, 8.1, 10。安裝完成後，開啓畫面如圖 3-49。

登入畫面後，按檔案 ⇒ 管理站台 (圖 3-50)，接著①新增站台 ⇒ ②協定選 SFTP-SSH File Transfer Protocol ⇒ ③主機填入樹莓派 IP ⇒ ④登入型式選一般 ⇒ ⑤使用者填寫 Pi ⇒ ⑥輸入密碼 ⇒ ⑦確認 (圖 3-51)。

圖 3-48　FileZilla 下載畫面

FileZilla
檔案(F)　編輯(E)　檢視(V)　傳輸(T)　伺服器(S)　書籤(B)　說明(H)　有新版本(N)!
主機(H):　使用者名稱(U):　密碼(W):
本地站台: D:\玉樹\HP_F20190622\download\　遠端站台:
download
EPCIE
FINAL
FINAL PAPERS

圖 3-49　FileZilla 開啟畫面

FileZilla
檔案(F)　編輯(E)　檢視(V)　傳輸(T)　伺服器(S)　書籤(B)　說明(H)　有新版本(N)!
站台管理員(S)...　Ctrl+S
複製目前的連線到站台管理員(C)...
新頁籤(T)　Ctrl+T
關閉頁籤(O)　Ctrl+W
匯出(E)...
匯入(I)...
顯示正被編輯的檔案(H)...　Ctrl+E
離開(X)　Ctrl+Q
密碼(W):
FINAL PAPERS
FINAL0730

圖 3-50　FileZilla 設定畫面 1

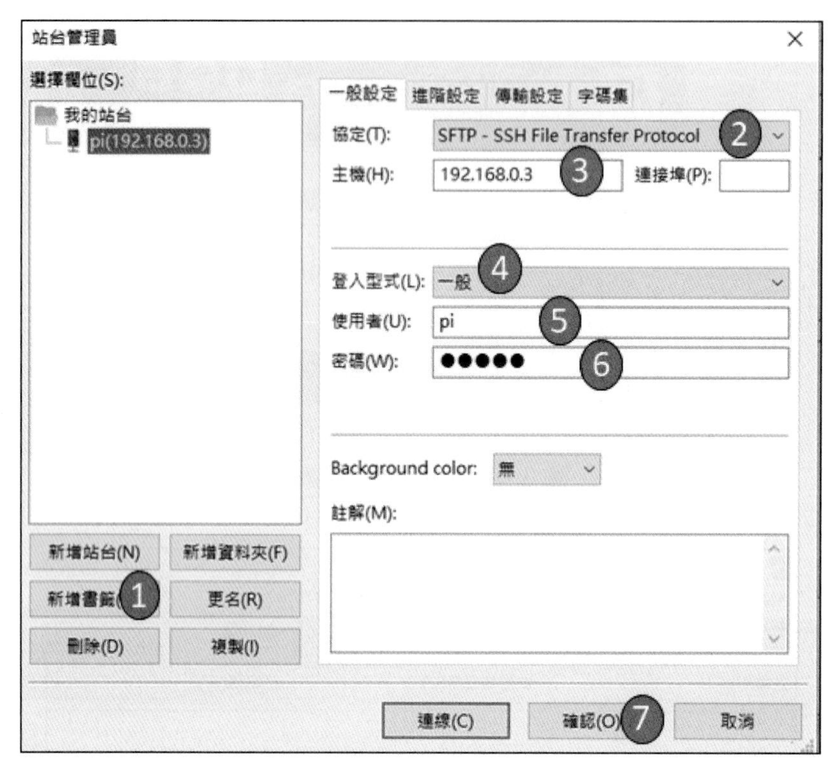

圖 3-51　FileZilla 設定畫面 2

(2) 操作：

欲開啓與樹莓派連線點選檔案下方黑色反三角符號後，會出現原先設定的樹莓派 IP(圖 3-52)，滑鼠移到 IP 上方再點選一次，即可連線至樹莓派，螢幕會列出所有位於 /home/pi 資料夾下的子資料夾與檔案，接下來可以拖拉資料夾或檔案的方式來傳輸檔案如圖 3-53。

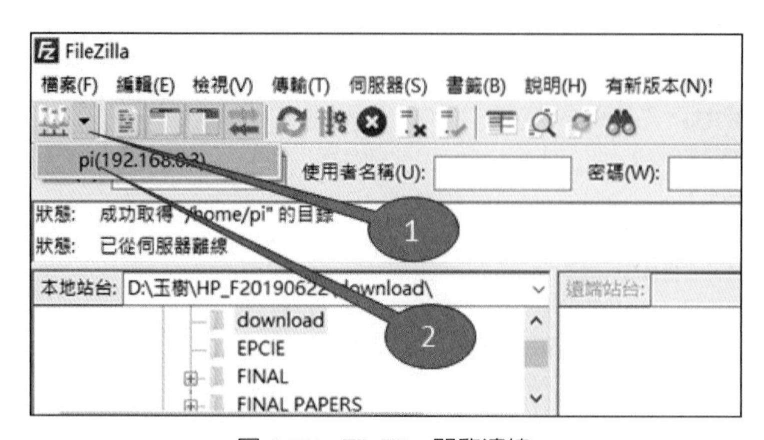

圖 3-52　FileZilla 開啓連線

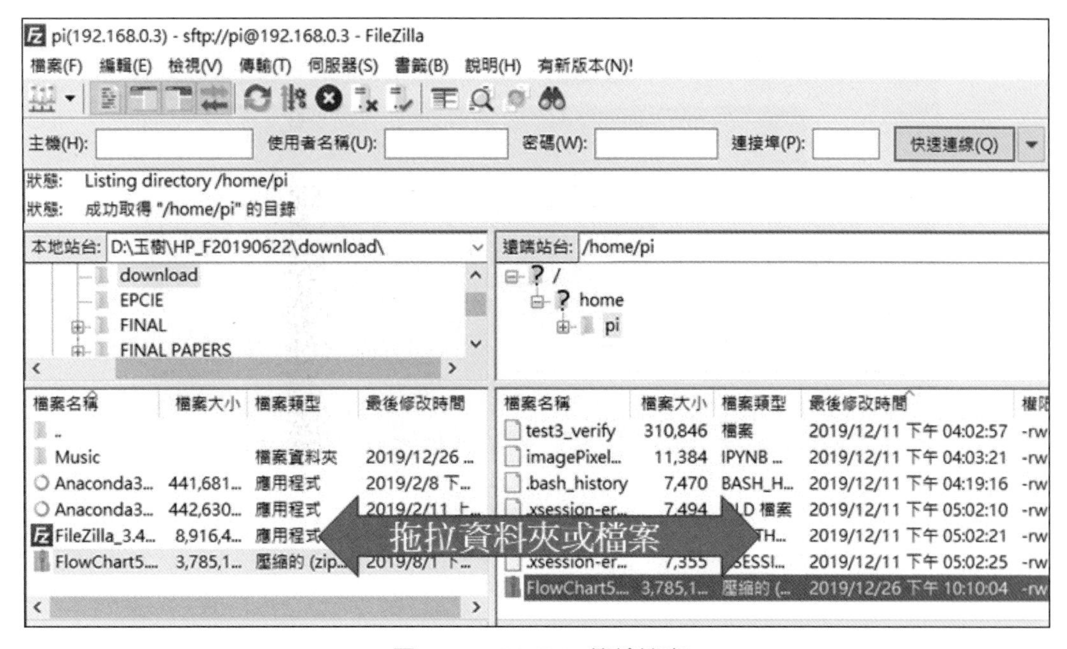

圖 3-53　FileZilla 傳輸檔案

3-5 中文環境安裝

新版作業系統若於安裝時選擇國別 Taiwan，正常狀況下注音輸入法會自動安裝，若無注音輸入法，可於終端機輸入：sudo apt-get install scim-chewing，安裝過程如圖 3-54 ～圖 3-57 所示，安裝完成後同時按下 ctrl+ 空白鍵，即可進入注音輸入系統。

圖 3-54　中文安裝 1

```
ut-zh_HK)
update-alternatives: 在自動模式下以 /etc/X11/xinit/xinput.
d/scim-immodule 來提供 /etc/X11/xinit/xinput.d/zh_SG (xinp
ut-zh_SG)
設定 scim-im-agent (1.4.18-2.1) ...
設定 scim-gtk-immodule:armhf (1.4.18-2.1) ...
g:armhf (0.5.1-3) ...
t (3.62) 的觸發程式......
(3.31.4-3) 的觸發程式......
armhf (3.24.5-1+rpt2) 的觸發程式......
:armhf (2.24.32-3+rpt1) 的觸發程式......
執行 lib (2.28-10+rpt2+rpi1) 的觸發程式......
執行 man-db 8.5-2) 的觸發程式......
執行 desktop-fi utils (0.23-4) 的觸發程式......
pi@raspberrypi:~ $ sudo reboot
```

輸入sudo reboot
重新開機

圖 3-55　中文安裝 2

圖 3-56　中文安裝 3

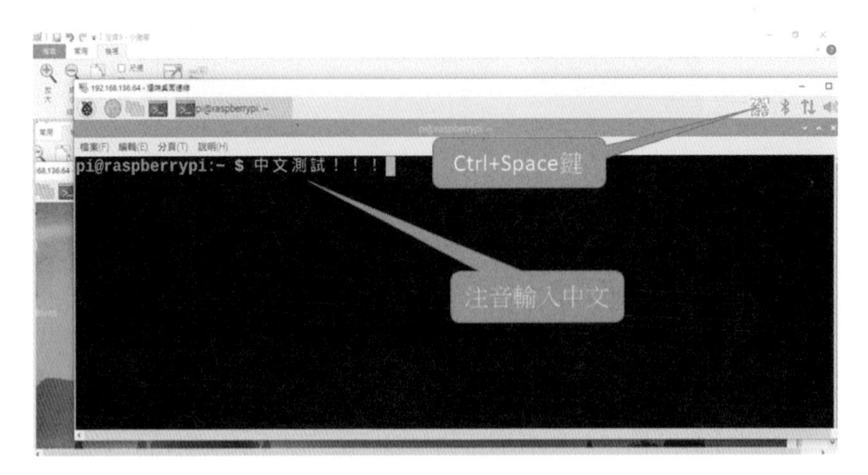

圖 3-57　中文安裝 4

3-6 多使用者設定

通常樹莓派的使用環境都是單人環境，但樹莓派是可以在多人的環境下共同操作，其設定方法如下：

在 LX 終端機下輸入 sudo adduser s000，s000 是要增加的使用者名稱，接著系統會要求輸入密碼兩次，兩次密碼都要一樣，否則須重新設定，密碼輸入後，會要求輸入個人資料，此處為選項並非強制項目，每個問題都可以按 enter 鍵跳過，最後系統則會詢問：Is the information correct?[Y/n]，輸入 Y 即可結束設定如圖 3-58 所示，而系統部份則須設定開機時 Raspberry Pi Configuration → Auto Login 為不勾選。重新開機後輸入使用者名稱 s000 及密碼，即可登入系統，成功登入以後，叫出 LX 終端機畫面可以發現，此時的系統提示變成 s000@V245D180212:~$，而不是 pi@V245D180212:~$，代表目前使用者為 s000 如圖 3-59，而使用者資料夾也同時由 /home/pi 變更為 /home/pi/s000，如圖 3-60 所示。

如需刪除使用者，則使用 sudo userdel -r s000，就可以把 s000 的帳號刪除。

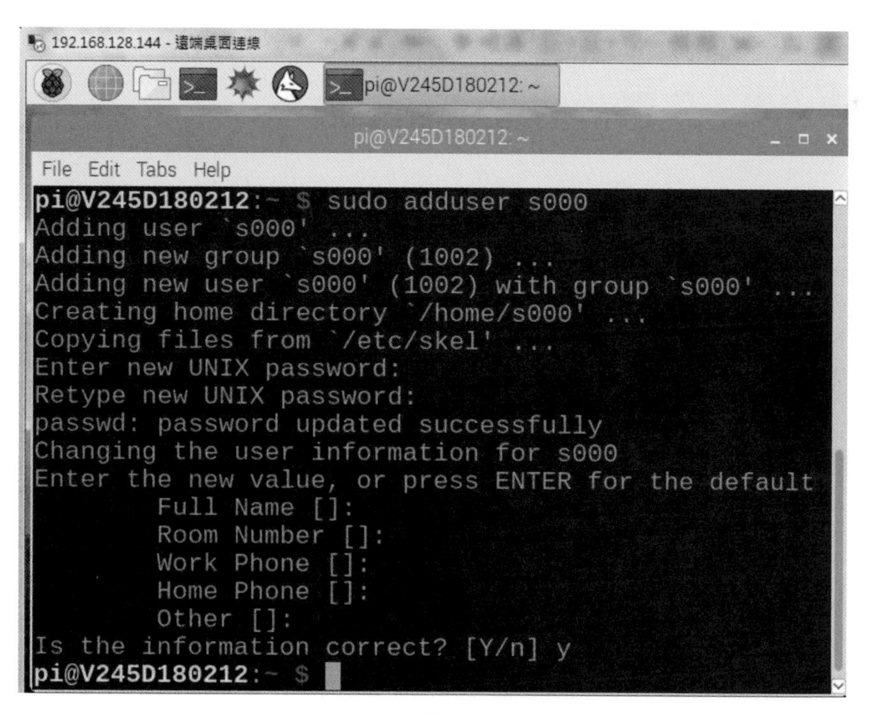

圖 3-58　新增使用者

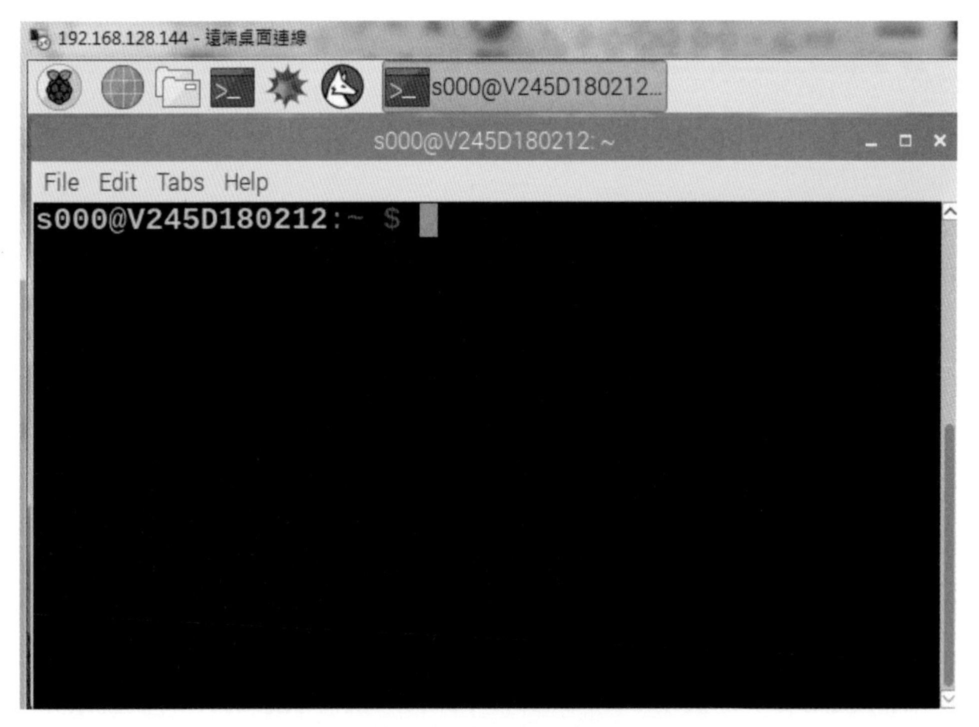

圖 3-59　新使用者桌面

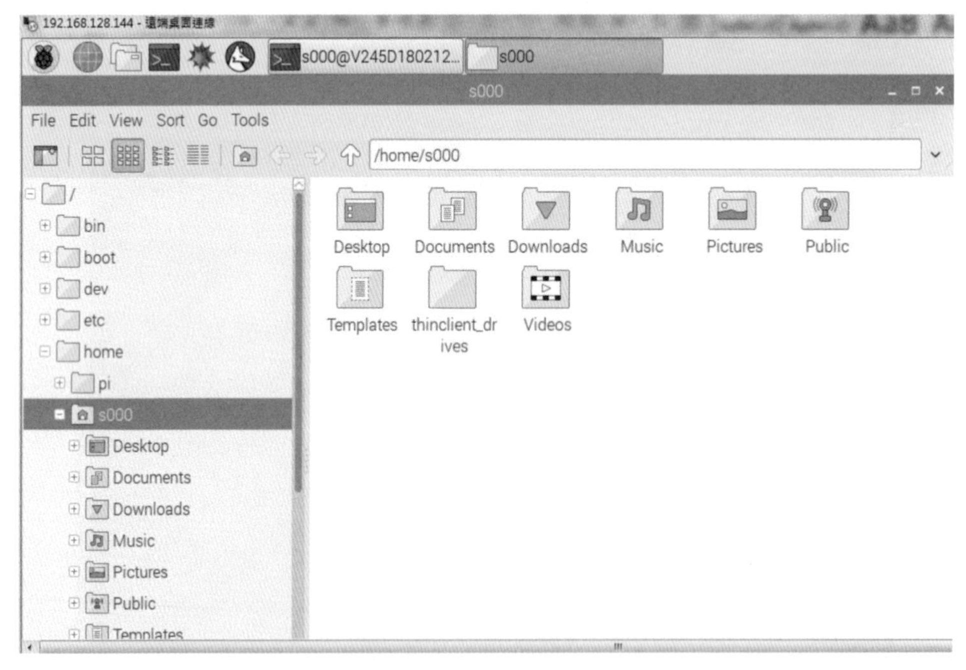

圖 3-60　s000 資料夾

重點複習

1. 樹莓派遠端登入功能非常重要，只要有 PC 或筆電連上網路，開啓遠端桌面連線功能後，即可遠端遙控樹莓派。
2. PuTTY 終端機的方式登入，可以不需佔用太多樹莓派的 CPU 及記憶體資源。
3. Angry IP Scanner 軟體可以掃描 IP 位置，可以提供樹莓派遠端登入時所需的 IP 資料。
4. 若樹莓派與 Andriod 手機使用同一個網域上網，樹莓派也可以使用 Andriod 手機遠端登入，但須先安裝 OPENSSH 及 VNC VIEWER。
5. 樹莓派本身是 Linux 系統，可供多人同時使用。
6. 樹莓派安裝完成後，無法使用中文輸入，因此必須安裝中文環境。

課後評量

選擇題：

(　　) 1. 樹莓派的 PC 遠端登入功能，需安裝何套件？

(A) OpenCV　(B) Python　(C) Samba　(D) Xrdp。

(　　) 2. PuTTY 執行遠端登入前需先開啓樹莓派何種功能？

(A) SSH　(B) VNC　(C) SPI　(D) I2C。

(　　) 3. 以 Andriod 手機遠端登入樹莓派，不需安裝何套件？

(A) openCV　(B) OPENSSH　(C) VNC VIEWER　(D) 以上都需要。

(　　) 4. 以 Andriod 手機遠端登入樹莓派，使用何種軟體？

(A) IE　(B) Chrome　(C) VNC VIEWER　(D) Firefox。

(　　) 5. 何者爲遠端登入程式？

(A) PuTTY　(B) emacs　(C) nano　(D) Leafpad。

(　　) 6. PuTTY 執行遠端登入時 Host Name 欄位需填何種資料？

(A) 欲登入主機 IP　(B) 欲登入主機 MAC

(C) 欲登入主機名稱　(D) 以上皆非。

(　　) 7. 何者爲 FTP 軟體？

(A) PuTTY　(B) FileZilla　(C) spyder　(D) IDLE。

(　　) 8. 何種軟體可以掃描 IP 位置？

(A) Wire Shark　(B) Power Point　(C) Excel　(D) Angry IP Scanner。

(　　) 9. PC 遠端登入軟體位於何處？

(A) 文件　(B) 下載　(C) 系統管理工具　(D) 附屬應用程式。

(　　) 10. 何者爲多使用者作業系統

(A) Win 7　(B) Win 10　(C) Win 8　(D) Raspberry Pi OS。

(　　) 11. Raspberry Pi OS 中英文切換組合鍵爲何？

(A) ctrl+ 空白鍵　(B) ctrl+shift　(C) ctrl+enter　(D) ctrl+alt。

(　　) 12. 多使用者作業系統新增或刪除使用者，需於何種環境下執行？

(A) 終端機　(B) IDLE　(C) emacs　(D) nano。

(　　) 13. 新增使用者，需使用何指令？

(A) useradd　(B) adduser　(C) usradd　(D) addusr。

(　　) 14. 刪除使用者，需使用何指令？

(A) userdel　(B) deluser　(C) usradel　(D) delusr。

(　　) 15. 新增使用者 s000 後，s000 資料夾位於何處？

(A) /home　(B) /pi　(C) /etc　(D) /bin。

NOTE

4 CHAPTER

Python 程式語言 I

本章重點

4-1 Python 程式語言簡介

Python 是一種直譯式的高階程式語言，由 Guido van Rossum 所創造並於 1991 年發佈第一版，它的設計哲學強調代碼的可讀性和語法的簡潔，雖然是直譯式程式語言，若要以檔案方式執行程式，仍可以使用空格縮排劃分代碼塊，將整個程式編輯完再執行。

Python 程式是一種跨平台程式，幾乎所有的作業系統都可以使用。樹莓派的作業系統安裝完畢後，Python 程式開發環境 (IDLE) 也已經同時安裝完成，點選圖 4-1 螢幕左上角樹莓符號後，再以滑鼠點選 Programming 後選擇 Python 3(IDLE)，進入 Python 程式開發介面視窗如圖 4-2 所示，會顯示使用的 Python 語言版本，如果要編輯的是 2.X 舊版的 Python 程式，則可以選擇 Python 2(IDLE)。

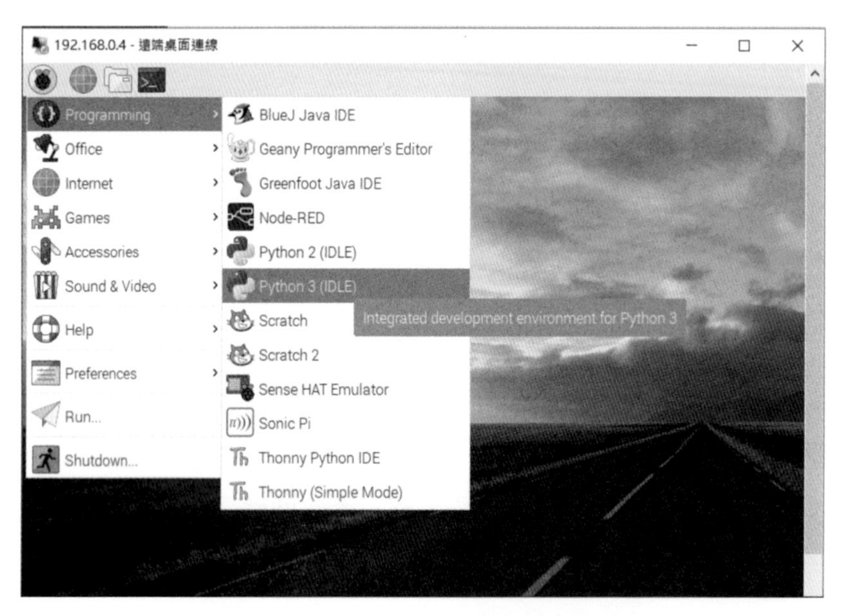

圖 4-1　進入 Python 程式開發環境 (IDLE)

程式的撰寫與執行，分為三種方式：(1) 互動式編輯與執行 (2) 檔案編輯 + IDLE 執行 (3) 檔案編輯 + 命令列執行，分述於 4.1.1、4.1.2 及 4.1.3 節。

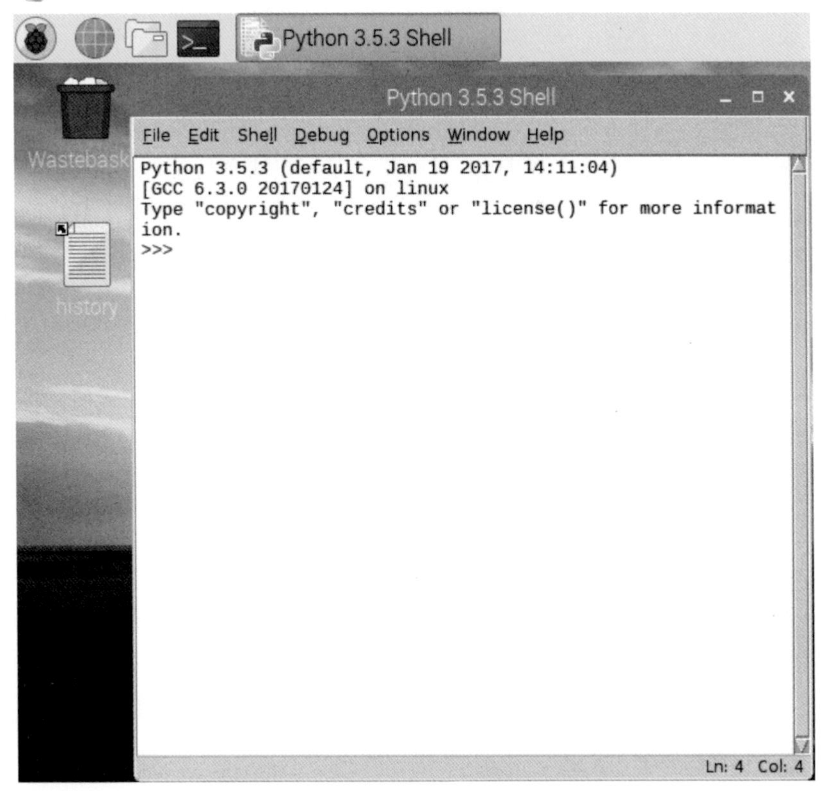

圖 4-2 Python 程式開發介面視窗

4-1-1 互動式編輯與執行

在圖 4-2 的視窗內依序輸入：

```
>>>A = 1
>>>B = 2
>>>C = A + B
>>>C
```

可以得到 C = 3。

輸入

```
>>>print('Hello World')
```

可以輸出 Hello World 字串如圖 4-3 所示。

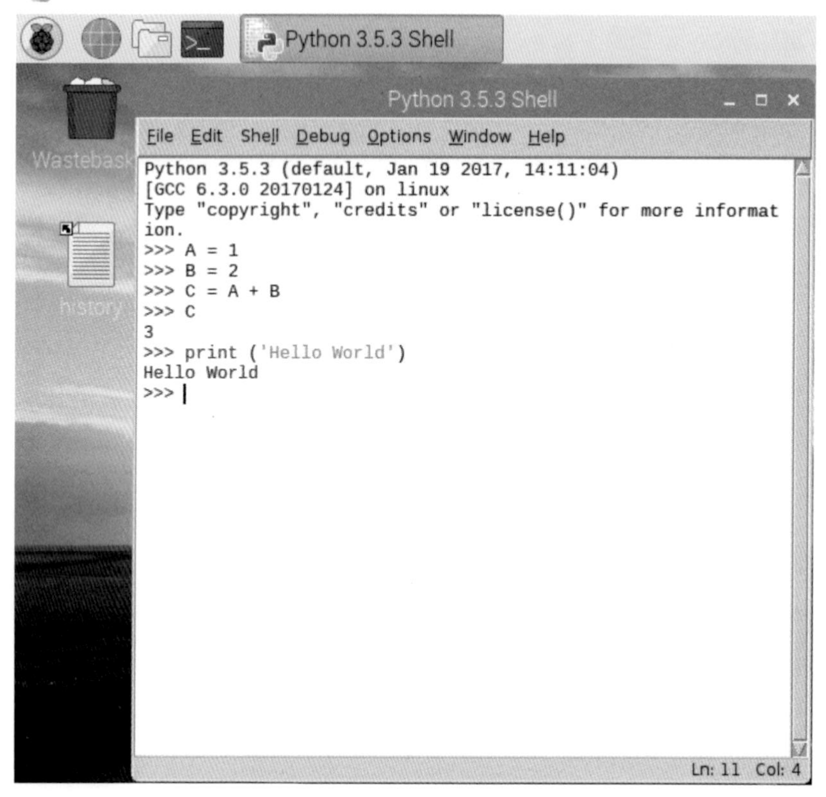

圖 4-3　互動式編輯與執行

4-1-2　檔案編輯 + IDLE 執行

Python 程式撰寫也可以檔案編輯的方式進行，這一種程式撰寫的方式，類似其他高階語言如 C + + 的操作方式，在程式編輯視窗內，先撰寫程式碼，再進行直譯及執行，不同的是，Python 沒有編譯而是直譯後就直接執行。

檔案編輯式輸入的操作方式是先選擇 Python 程式開發介面視窗左上角的 File → New File 如圖 4-4 所示，然後在彈跳出來的新視窗如圖 4-5，輸入 A = 1, B = 2, C = A + B, print(C)，但因爲是直譯式程式語言，所以需要注意其程式碼撰寫方式，並非是自由格式，必須以適當的縮排方式呈現，否則程式會在執行時一直出現錯誤，這一點請務必留意。

圖 4-4　新增 Python 檔案

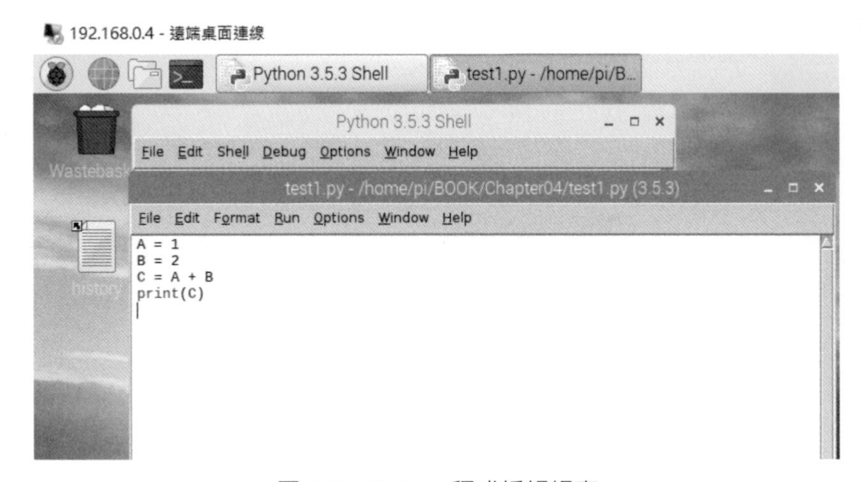

圖 4-5　Python 程式編輯視窗

程式撰寫完成後，先進行存檔，存檔爲 test1.py 如圖 4-6。

圖 4-6　程式存檔

程式存檔後，在 IDLE 開發環境視窗的選項列選擇 Run → Run Module 或按 F5 執行 Python 程式如圖 4-7，可以得到結果如圖 4-8。

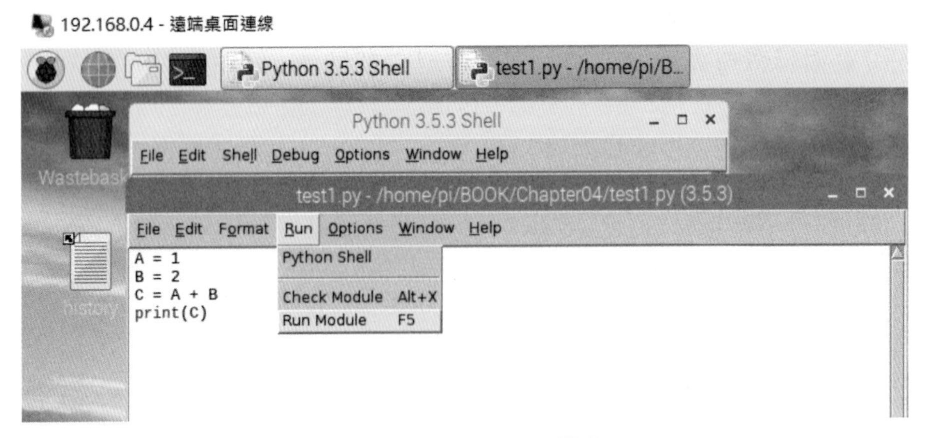

圖 4-7　執行 Python 程式

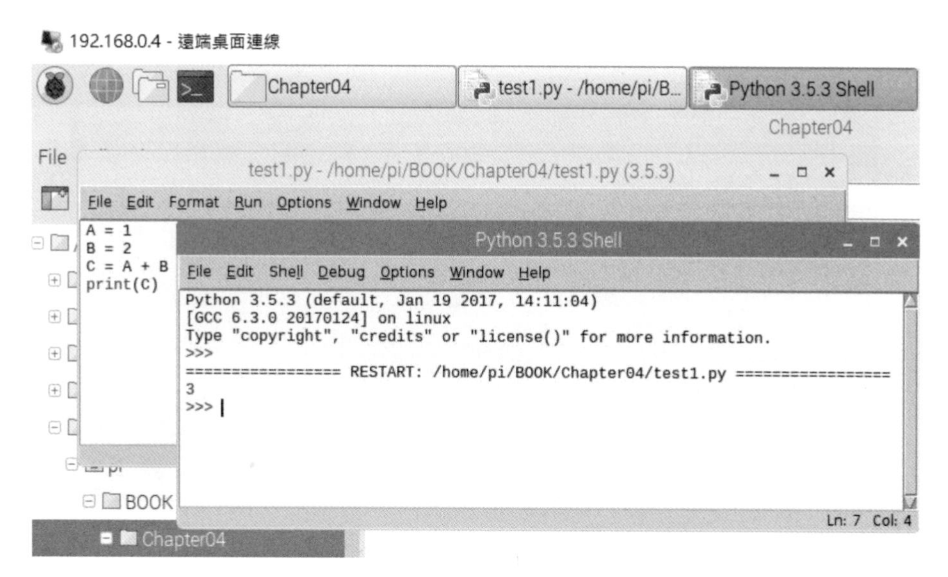

圖 4-8　test1.py 程式執行結果

4-1-3　檔案編輯 + 命令列執行

檔案編輯與存檔的步驟同圖 4-4 至圖 4-6，執行的部份則有所不同，其執行方式需在終端機 (Terminal) 內，鍵入命令，例如 ~$ python test1.py，但必須先將現行資料夾轉至 test1.py 所在資料夾才能執行，否則會找不到 test1.py 的檔案。

爲避免找不到 test1.py 的檔案，所以必須先呼叫終端機視窗如圖 4-9，先以 pwd 命令確認一下現行資料夾爲何，通常現行資料夾都是 /home/pi，再鍵入 ls 查看檔案是否於此資料夾中，因爲 test1.py 檔案存放於 /home/pi/BOOK/Chapter4，所以必須先鍵入 cd BOOK/Chapter4 以變更現行資料夾到 /home/pi/BOOK/Chapter4 如圖 4-10，最後再鍵入 python test1.py 即可執行 test1.py 程式，如果 test1.py 檔案是存放於 /home/pi，則直接鍵入 python test1.py 執行 test1.py 程式即可如圖 4-11。最後可以得到和前兩節相同的結果，只不過其結果是顯示於終端機視窗上。

通常這一種檔案編輯 + 命令列執行方式，常應用於程式需要使用到系統參數呼叫或在 OpenCV 的特殊環境下工作，因爲 IDLE 的開發環境視窗無法執行這些程式。

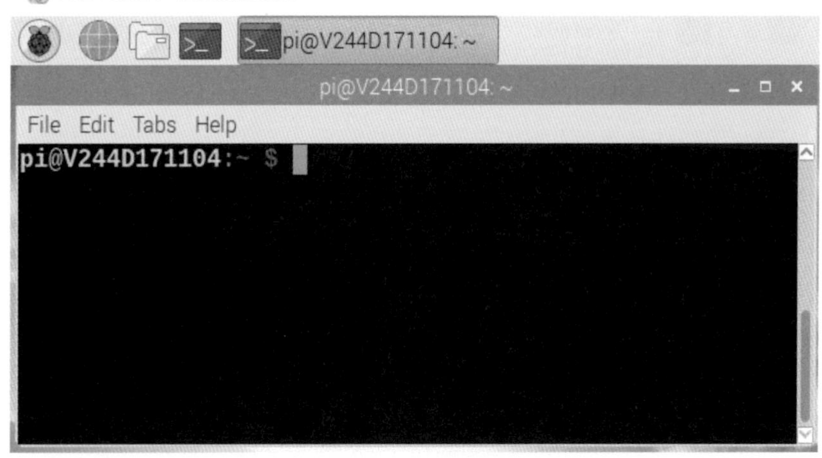

圖 4-9　終端機

圖 4-10　資料夾變更

圖 4-11　命令列執行結果

4-2 資料型態

4-2-1 數字

Python 也有計算機功能，可以把數學運算式，直接輸入到互動式的螢幕上，按下 enter 鍵，就可以得到計算結果，加減乘除四則運算符號，和其他程式語言的用法相同，分別是 (+ , -, *, /)。

```
>>>3 + 3
6
>>>60 - 4*5
40
>>>(60 - 5*4) / 4
10.0
>>>9 / 5
1.8
```

在此處 (3, 4, 5, 6, 9, 40, 60) 都是整數，(10.0, 1.8) 則是浮點數，若使用除法 (/)，得到的結果皆為浮點型態，使用地板整數除法 (//) 則可以得到捨棄小數點後數字的整數結果，若要輸出除法的餘數，則需使用 (%)。

```
>>>20 / 3
6.666666666666667
>>>20 // 3
6
>>>20 % 3
2
```

指令及輸出結果如圖 4-12

```
File Edit Shell Debug Options Window Help
Python 3.5.3 (default, Jan 19 2017, 14:11:04)
[GCC 6.3.0 20170124] on linux
Type "copyright", "credits" or "license()" for more information.
>>> 3 + 3
6
>>> 60 - 4 * 5
40
>>> (60 - 5 * 4) / 4
10.0
>>> 9 / 5
1.8
>>> 20 // 3
6
>>> 20 / 3
6.666666666666667
>>> 20 % 3
2
>>> |
```

圖 4-12　四則運算

冪次方運算符號是 (**)

>>>2 ** 2

4

>>>2 ** 10

1024

若要指定某一個數的值給一個變數，可以使用等號 (=)。

>>>Pi = 3.14

>>>r = 5

>>>Area = Pi * r * r

>>>Area

78.5

若變數未被指定任何數值，直接使用會出現錯誤。

>>>x

則會出現下列錯誤訊息

Traceback(most recent call last):

File "<pyshell#13>", line 1, in <module>

x

NameError:name 'x' is not defined

指令及輸出結果如圖 4-13

```
File Edit Shell Debug Options Window Help
Python 3.5.3 (default, Jan 19 2017, 14:11:04)
[GCC 6.3.0 20170124] on linux
Type "copyright", "credits" or "license()" for more information.
>>> 2 ** 2
4
>>> 2 ** 10
1024
>>> Pi = 3.14
>>> r = 5
>>> Area = Pi * r * r
>>> Area
78.5
>>> x
Traceback (most recent call last):
  File "<pyshell#6>", line 1, in <module>
    x
NameError: name 'x' is not defined
Ln: 18 Col: 4
```

圖 4-13　其他運算 1

在互動模式下，最後被輸出的數字，會被存成 (_)。

```
>>>width = 5
>>>width * 1.5
7.5
>>>Height = 10
>>> Height * _
75.0
```

Python 也有複數運算功能

```
>>>x = (3 + 4j)
>>>y = (5 + 6j)
>>>x + y
(8 + 10j)
>>>x - y
(- 2 - 2j)
>>>x * y
(- 9 + 38j)
```

>>>x / y

(0.6393442622950819 + 0.03278688524590165j)

指令及輸出結果如圖 4-14

```
File Edit Shell Debug Options Window Help
Python 3.5.3 (default, Jan 19 2017, 14:11:04)
[GCC 6.3.0 20170124] on linux
Type "copyright", "credits" or "license()" for more information.
>>> width = 5
>>> width * 1.5
7.5
>>> Height = 10
>>> Height * _
75.0
>>> x = (3 + 4j)
>>> y = (5 + 6j)
>>> x + y
(8+10j)
>>> x * y
(-9+38j)
>>> x / y
(0.6393442622950819+0.03278688524590165j)
>>> |
Ln: 18 Col: 4
```

圖 4-14　其他運算 2

4-2-2　字串

除了數字，Python 與其他程式語言一樣，也可以使用字串，字串使用單引號 (' 字串 ') 或雙引號 (“字串”) 都可以得到一樣的結果，當使用的字串內有單引號，例如 I don't like 要使用時必須再加上 \ 符號，正確的程式撰寫方式是’I don\'t like' 或使用雙引號 "I don't like " 也可以，同樣地，含有雙引號的句子，也可以使用 \ 符號或單引號解決字串讀取不正確的問題如圖 4-15 所示。

在列印含有 \ 符號的字串時爲了避免直譯器誤解程式，可以在字串前加上一個 r，例如：

>>>print('D:\test\newdir')

因爲字串中的 \t 是向右跳格而 \n 連起來是換新的一行的意思，因此執行後，會輸出：

D:　　est

Ewdir

輸出明顯不是程式設計者所要的 D:\test\newdir，因爲 \t 和 \n 被誤認爲控制指令；此外若使用 print(r'D:\test\newdir') 也可以輸出正確結果 D:\test\newdir 如圖 4-16 所示。

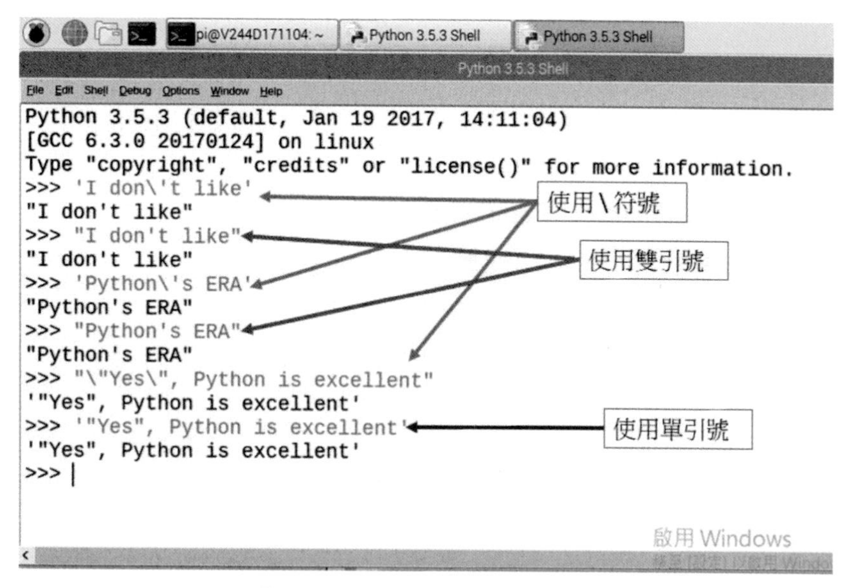

圖 4-15　單、雙引號的使用方式

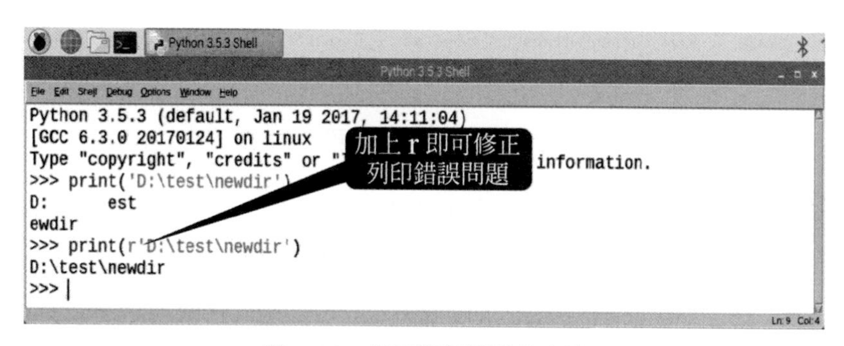

圖 4-16　修正列印錯誤的方法

Python 也有類似 C 的 /*……*/ 整段註解的功能，例如：

使用 3 個單引號：

>>>print('''

Keys:

ESC-exit

SPACE-save current frame to <shot path> directory

''')

將會輸出

Keys:

ESC-exit

SPACE-save current frame to <shot path> directory

同樣地，3 個雙引號也可以有一樣的效果，如圖 4-17。

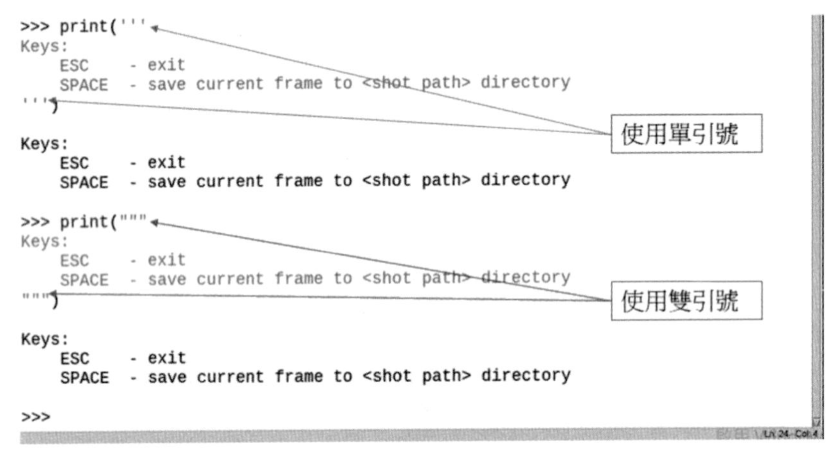

圖 4-17　多行註解

字串可以乘號 * 複製，也可以 + 號連結起來，例如：

>>>2 * 'python' + 'ER' + 'A'

可以輸出

'pythonpythonERA'

也可以將個別的字串連接起來，例如：

>>>'SHU-' 'TE' ' UNIVERSITY'

會輸出

'SHU-TE UNIVERSITY' 如圖 4-18

```
Python 3.5.3 Shell
File Edit Shell Debug Options Window Help
Python 3.5.3 (default, Jan 19 2017, 14:11:04)
[GCC 6.3.0 20170124] on linux
Type "copyright", "credits" or "license()" for more information.
>>> 2 * 'python' + 'ER' + 'A'
'pythonpythonERA'
>>> 'SHU-' 'TE' ' UNIVERSITY'
'SHU-TE UNIVERSITY'
```

圖 4-18　字串合併

若令 name = 'SHU-TE UNIVERSITY'，則 name[0] = 'S' 代表的是字串 name 中的第一個字母，name[1] 則是第二個字母 'H'，以此類推。

name[0:2] = 'SH' 代表的是第一和第二個字母，請注意此處並不含第三個字母，name[- 1] 則是倒數第一個字母 'Y'，name[2:] 是指第三個字母到最後一個字母所以是 'U-TE UNIVERSITY'，name[- 6:] 則是倒數第六個字母到最後一個字母 'ERSITY'，name[6:] 則是 'UNIVERSITY' 如圖 4-19。遇範圍數字空白時，若空白在冒號 (:) 前，則代表從第一個字元開始，若空白在冒號 (:) 後，則代表最後一個字元爲結束，基本上一個空白 (space) 也算一個字元。

此外可以 len(字串) 取得字串長度資訊。例如：

>>>len(name) 的輸出爲

17………(包含空白字元)

```
File Edit Shell Debug Options Window Help
Python 3.5.3 (default, Jan 19 2017, 14:11:04)
[GCC 6.3.0 20170124] on linux
Type "copyright", "credits" or "license()" for more information.
>>> name = 'SHU-TE UNIVERSITY'
>>> name[0]
'S'
>>> name[1]
'H'
>>> name[0:2]
'SH'
>>> name[-1]
'Y'
>>> name[2: ]
'U-TE UNIVERSITY'
>>> name[-6: ]
'ERSITY'
>>> name[6: ]
' UNIVERSITY'
>>>
```

圖 4-19　字串索引方式

4-2-3　串列

串列 (List) 是將若干元素放置於中括號內，並以逗號間隔元素，串列內的元素可以是不同的資料型態，但通常串列的元素都是相同的資料型態。

可定義串列 powerOf2 = [2, 4, 8, 16, 32, 64]，用法類似字串，例如：

>>>powerOf2 = [2, 4, 8, 16, 32, 64]

>>>powerOf2[0]

2

>>>powerOf2 + [128, 256]

[2, 4, 8, 16, 32, 64, 128, 256]

通常字串內容是固定不變的，但串列是可變的，若要修改串列中某值，例如將第一個元素 2 替換成 1，只需執行下列指令：

>>>powerOf2[0] = 1

驗證修改過的串列：

>>>powerOf2

[1, 4, 8, 16, 32, 64, 128, 256]

增加串列元素也可以使用 append 指令，例如要在現在的 powerOf2 串列加入 512，可以使用如下指令：

>>> powerOf2.append(512)

上述操作指令如圖 4-20 所示。

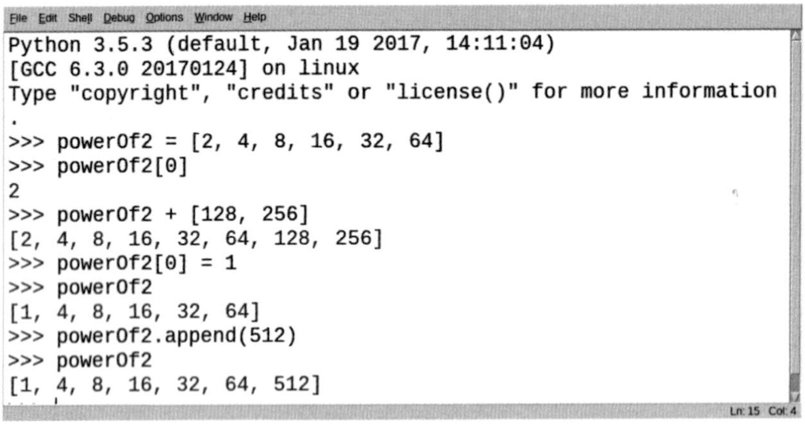

```
File Edit Shell Debug Options Window Help
Python 3.5.3 (default, Jan 19 2017, 14:11:04)
[GCC 6.3.0 20170124] on linux
Type "copyright", "credits" or "license()" for more information
.
>>> powerOf2 = [2, 4, 8, 16, 32, 64]
>>> powerOf2[0]
2
>>> powerOf2 + [128, 256]
[2, 4, 8, 16, 32, 64, 128, 256]
>>> powerOf2[0] = 1
>>> powerOf2
[1, 4, 8, 16, 32, 64]
>>> powerOf2.append(512)
>>> powerOf2
[1, 4, 8, 16, 32, 64, 512]
Ln: 15 Col: 4
```

圖 4-20　串列運作

同樣地，如果要取得串列的長度，只要以 len(powerOf2) 即可得到 powerOf2 串列所含的元素數量爲 7。

>>> len(powerOf2)

7

輸出結果有 7 個元素包含在 powerOf2 串列中。

多個字串也可以合成一個字串，然後以多維陣列的方式進行存取。

>>> name = ['Robert', 'Mary', 'John']

>>>age = [23, 21, 26]

>>>employee = [name, age]

此時兩個串列合併，可以視爲一個二維陣列。

>>> employee[0][1]

Mary

輸出結果請參考圖 4-21。

>>> employee[0][2]

John

>>> employee[1][1]

21

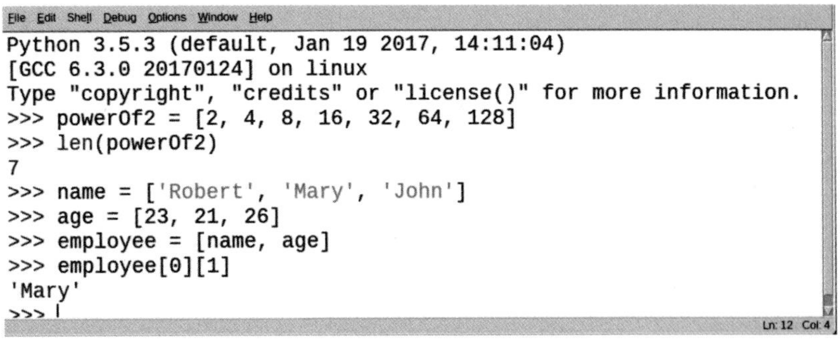

```
File Edit Shell Debug Options Window Help
Python 3.5.3 (default, Jan 19 2017, 14:11:04)
[GCC 6.3.0 20170124] on linux
Type "copyright", "credits" or "license()" for more information.
>>> powerOf2 = [2, 4, 8, 16, 32, 64, 128]
>>> len(powerOf2)
7
>>> name = ['Robert', 'Mary', 'John']
>>> age = [23, 21, 26]
>>> employee = [name, age]
>>> employee[0][1]
'Mary'
>>> |
                                                        Ln: 12 Col: 4
```

圖 4-21　串列合併

刪除串列中的元素，可以令要刪除的元素爲空串列。

>>> name = ['Robert', 'Mary', 'John', 'Janet', 'Jenny', 'Justin']

>>>name[1:4] = []

刪除 name 中的第二、三、四元素。

>>> name

['Robert', 'Jenny', 'Justin']

輸出結果請參考圖 4-22。

```
File Edit Shell Debug Options Window Help
Python 3.5.3 (default, Jan 19 2017, 14:11:04)
[GCC 6.3.0 20170124] on linux
Type "copyright", "credits" or "license()" for more information.
>>> name = ['Robert', 'Mary', 'John', 'Janet', 'Jenny', 'Justin']
>>> name[1:4] = []
>>> name
['Robert', 'Jenny', 'Justin']
Ln: 8 Col: 4
```

圖 4-22　串列元素刪除

4-2-4　串列指令函數

本節將對常用的串列指令做介紹：

append(x) 函數，可以將 x 插入串列的最尾端例如：

```
>>>a = [1, 2]
a.append(3)
>>>a
[1, 2, 3]
```

如圖 4-23 所示。

```
File Edit Shell Debug Options Window Help
Python 3.5.3 (default, Jan 19 2017, 14:11:04)
[GCC 6.3.0 20170124] on linux
Type "copyright", "credits" or "license()" for more information.
>>> a = [1,2]
>>> a.append(3)
>>> a
[1, 2, 3]
>>> |
Ln: 8 Col: 4
```

圖 4-23　append 函數

extend(x) 函數，可以將 x 整個複製擴展到串列最後。

```
>>> a = [1, 2]
a.extend(a)
>>>a
[1, 2, 1, 2]
```

如圖 4-24 所示。

```
File Edit Shell Debug Options Window Help
Python 3.5.3 (default, Jan 19 2017, 14:11:04)
[GCC 6.3.0 20170124] on linux
Type "copyright", "credits" or "license()" for more inform
ation.
>>> a = [1,2]
>>> a.extend(a)
>>> a
[1, 2, 1, 2]
Ln: 8 Col: 4
```

圖 4-24　extend 函數

insert(i, x) 函數，可以將 x 插入到串列中 i 的位置，insert(1, 3) 則是將 3 這一個元素插入到 1 的位置，也就是要插入串列的第二個位置，當然也可以插入一整個串列 [7, 8]。

```
>>>a = [1, 2]
>>>a.insert(1, 3)
>>>a
[1, 3, 2]
>>> b = [7, 8]
>>> a.insert(1, b)
>>> a
[1, [7, 8], 3, 2]
```

如圖 4-25 所示。

```
File Edit Shell Debug Options Window Help
Python 3.5.3 (default, Jan 19 2017, 14:11:04)
[GCC 6.3.0 20170124] on linux
Type "copyright", "credits" or "license()" for more information.
>>> a = [1,2]
>>> a.insert(1, 3)
>>> a
[1, 3, 2]
>>> b = [7, 8]
>>> a.insert(1, b)
>>> a
[1, [7, 8], 3, 2]
Ln: 12 Col: 4
```

圖 4-25　insert 函數

remove(x) 函數，移除串列中的 x 元素，若無此元素，會出現錯誤。

```
>>>a = [1, 2]

>>>a.remove(3)

Traceback (most recent call last):

File "<pyshell#1>", line 1, in <module>

a.remove(3)

ValueError:list.remove(x):x not in list

>>>a.remove(2)

>>>a

[1]
```

如圖 4-26 所示。

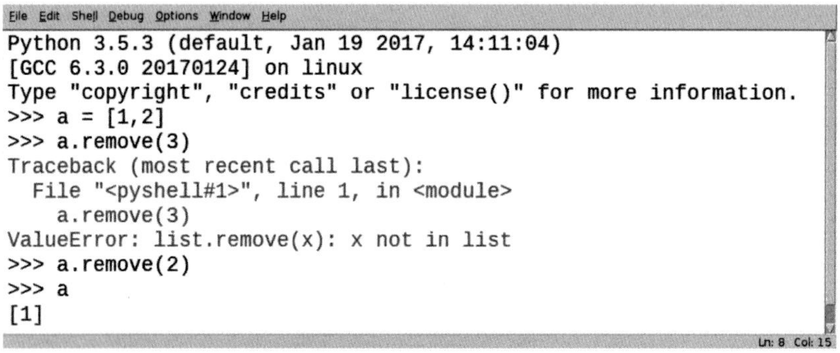

```
File  Edit  Shell  Debug  Options  Window  Help
Python 3.5.3 (default, Jan 19 2017, 14:11:04)
[GCC 6.3.0 20170124] on linux
Type "copyright", "credits" or "license()" for more information.
>>> a = [1,2]
>>> a.remove(3)
Traceback (most recent call last):
  File "<pyshell#1>", line 1, in <module>
    a.remove(3)
ValueError: list.remove(x): x not in list
>>> a.remove(2)
>>> a
[1]
                                                        Ln: 8  Col: 15
```

圖 4-26　remove 函數

pop(i) 函數，移除串列中的 i 個元素，若無指定元素，則移除串列最後一個元素。

```
>>> a = [1, 2, 3, 4]

>>> a.pop(2)

3

>>> a

[1, 2, 4]

>>> a = [1, 2, 3, 4]

>>> a.pop()

4
```

>>> a

[1, 2, 3]

如圖 4-27 所示。

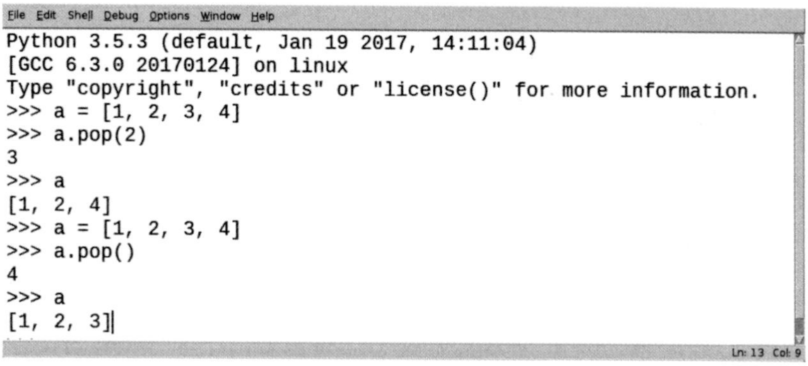

```
File  Edit  Shell  Debug  Options  Window  Help
Python 3.5.3 (default, Jan 19 2017, 14:11:04)
[GCC 6.3.0 20170124] on linux
Type "copyright", "credits" or "license()" for more information.
>>> a = [1, 2, 3, 4]
>>> a.pop(2)
3
>>> a
[1, 2, 4]
>>> a = [1, 2, 3, 4]
>>> a.pop()
4
>>> a
[1, 2, 3]
Ln: 13  Col: 9
```

圖 4-27　pop 函數

clear() 函數，移除串列中的所有元素。

>>> a = [1, 2]

>>> a.clear()

>>> a

[]

如圖 4-28 所示。

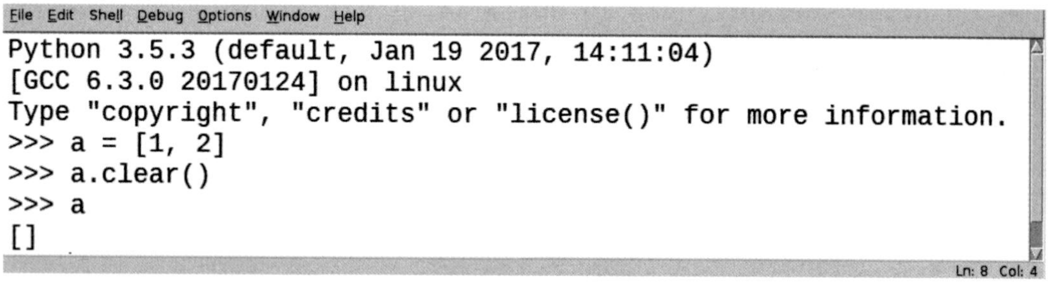

```
File  Edit  Shell  Debug  Options  Window  Help
Python 3.5.3 (default, Jan 19 2017, 14:11:04)
[GCC 6.3.0 20170124] on linux
Type "copyright", "credits" or "license()" for more information.
>>> a = [1, 2]
>>> a.clear()
>>> a
[]
Ln: 8  Col: 4
```

圖 4-28　clear 函數

index(x) 或 index(x, s, e) 函數，index(x) 可以指出 x 元素所在位置，index(x,s,e) 中 s 及 e 均是數字，s 代表要搜尋的起點位置，e 代表要搜尋的終點位置。

>>> a = [1, 2, 3, 4]

>>> a.index(1)

```
0
>>> a.index(2, 0, 3)
1
```

如圖 4-29 所示。

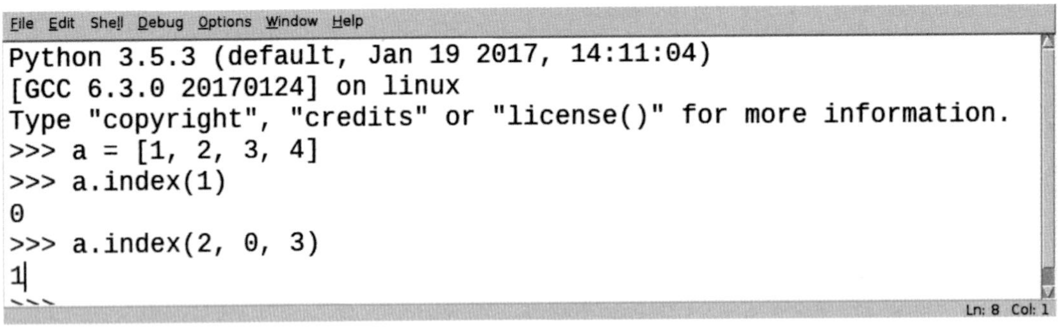

```
File Edit Shell Debug Options Window Help
Python 3.5.3 (default, Jan 19 2017, 14:11:04)
[GCC 6.3.0 20170124] on linux
Type "copyright", "credits" or "license()" for more information.
>>> a = [1, 2, 3, 4]
>>> a.index(1)
0
>>> a.index(2, 0, 3)
1
Ln: 8 Col: 1
```

圖 4-29　index 函數

count(x) 函數，會回傳 x 元素在串列中出現的次數。

```
>>> a = [1, 2, 1, 2, 1, 2]
>>> a.count(2)
3
```

如圖 4-30 所示。

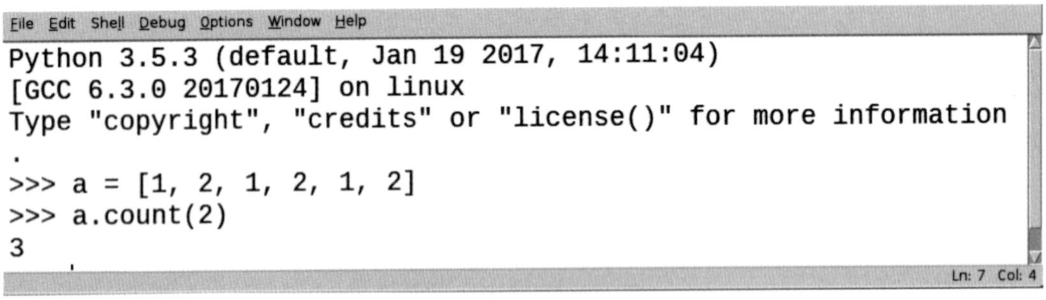

```
File Edit Shell Debug Options Window Help
Python 3.5.3 (default, Jan 19 2017, 14:11:04)
[GCC 6.3.0 20170124] on linux
Type "copyright", "credits" or "license()" for more information
.
>>> a = [1, 2, 1, 2, 1, 2]
>>> a.count(2)
3
Ln: 7 Col: 4
```

圖 4-30　count 函數

sort() 函數，可以將串列由小到大排序，若加入 reverse = True 參數則會由大到小排序。

```
>>> a = [9, 2, 8, 5, 4, 3]
>>> a.sort()
>>> a
```

[2, 3, 4, 5, 8, 9]

>>> a.sort(reverse = True)

>>> a

[9, 8, 5, 4, 3, 2]

如圖 4-31 所示。

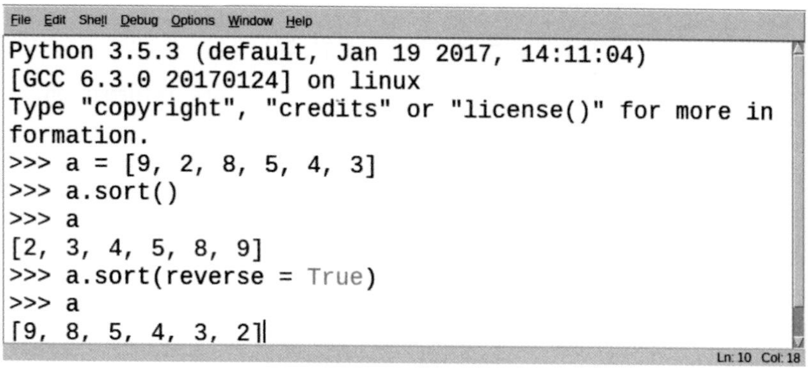

```
File Edit Shell Debug Options Window Help
Python 3.5.3 (default, Jan 19 2017, 14:11:04)
[GCC 6.3.0 20170124] on linux
Type "copyright", "credits" or "license()" for more in
formation.
>>> a = [9, 2, 8, 5, 4, 3]
>>> a.sort()
>>> a
[2, 3, 4, 5, 8, 9]
>>> a.sort(reverse = True)
>>> a
[9, 8, 5, 4, 3, 2]
Ln: 10 Col: 18
```

圖 4-31 sort 函數

reverse() 函數，可以將串列反向重排，這裏需注意的是 reverse() 函數並不會做串列大小排序，只做串列反向重排。

>>> a = [9, 2, 8, 5, 4, 3]

>>> a.reverse()

>>> a

[3, 4, 5, 8, 2, 9]

如圖 4-32 所示。

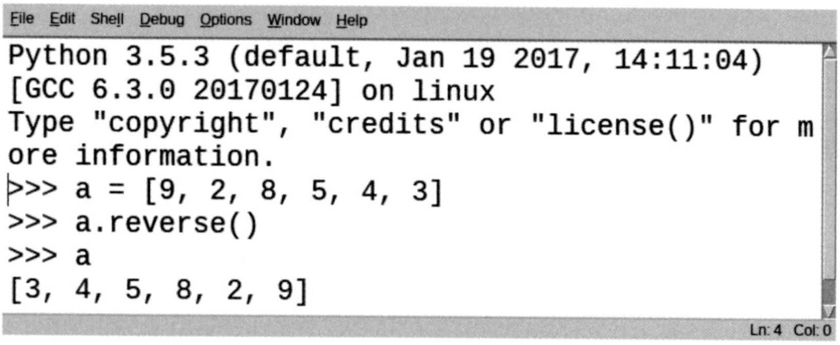

```
File Edit Shell Debug Options Window Help
Python 3.5.3 (default, Jan 19 2017, 14:11:04)
[GCC 6.3.0 20170124] on linux
Type "copyright", "credits" or "license()" for m
ore information.
>>> a = [9, 2, 8, 5, 4, 3]
>>> a.reverse()
>>> a
[3, 4, 5, 8, 2, 9]
Ln: 4 Col: 0
```

圖 4-32 reverse 函數

copy() 函數，可以將串列做拷貝並直接輸出拷貝結果。

```
>>> a = [9, 2, 8, 5, 4, 3]
>>> a.copy()
[9, 2, 8, 5, 4, 3]
```

如圖 4-33 所示。

```
File Edit Shell Debug Options Window Help
Python 3.5.3 (default, Jan 19 2017, 14:11:04)
[GCC 6.3.0 20170124] on linux
Type "copyright", "credits" or "license()" for more information.
>>> a = [9, 2, 8, 5, 4, 3]
>>> a.copy()
[9, 2, 8, 5, 4, 3]
>>> |
Ln: 7 Col: 4
```

圖 4-33　copy 函數

4-2-5 巢狀串列

如果要轉換一個 3 × 5 的矩陣，爲 5 × 3 的串列型態，可以使用下列方法：

```
>>>matrix = [
[1, 2, 3, 4, 5],
[6, 7, 8, 9, 10],
[11, 12, 13, 14, 15]
]
>>>matrixTransposed = []
>>>for i in range(5) :
... matrixTransposed.append([row[i] for row in matrix])
>>> matrixTransposed
[[1, 6, 11], [2, 7, 12], [3, 8, 13], [4, 9, 14] , [5, 10, 15]]
```

如圖 4-34 所示。

```
File  Edit  Shell  Debug  Options  Window  Help
Python 3.5.3 (default, Jan 19 2017, 14:11:04)
[GCC 6.3.0 20170124] on linux
Type "copyright", "credits" or "license()" for more information
.
>>> matrix = [
[1, 2, 3, 4, 5],
[6, 7, 8, 9, 10],
[11, 12, 13, 14, 15]
]
>>> matrixTransposed = []
>>> for i in range(5) :
        matrixTransposed.append([row[i] for row in matrix])


>>> matrixTransposed
[[1, 6, 11], [2, 7, 12], [3, 8, 13], [4, 9, 14], [5, 10, 15]]
>>> |
                                                    Ln: 16  Col: 4
```

圖 4-34　矩陣轉換應用

上述的轉換，也可以用 zip() 函數完成。

```
>>>matrix = [
[1, 2, 3, 4, 5],
[6, 7, 8, 9, 10],
[11, 12, 13, 14, 15]
]
>>>list(zip(*matrix))
[(1, 6, 11), (2, 7, 12), (3, 8, 13), (4, 9, 14), (5, 10, 15)]
```

如圖 4-35 所示。

```
File  Edit  Shell  Debug  Options  Window  Help
Python 3.5.3 (default, Jan 19 2017, 14:11:04)
[GCC 6.3.0 20170124] on linux
Type "copyright", "credits" or "license()" for more information.
>>> matrix = [
[1, 2, 3, 4, 5],
[6, 7, 8, 9, 10],
[11, 12, 13, 14, 15]
]
>>> list(zip(*matrix))
[(1, 6, 11), (2, 7, 12), (3, 8, 13), (4, 9, 14), (5, 10, 15)]
>>> |
                                                    Ln: 11  Col: 4
```

圖 4-35　zip 矩陣打包函數

4-2-6 組合 (Tuple)

組合是由一些以逗號分開的元素所組成，例如組合 T 可以表示為：

```
>>>T = 'python', 'is', 'excellent'
>>>T[1]
'is'
```

組合 T 可與 ('Hello', 'World') 以下列方式合併：

```
>>> mergeT = T, ('Hello', 'World')
>>> mergeT
(('python', 'is', 'excellent'), ('Hello', 'World'))
```

如圖 4-36 所示。

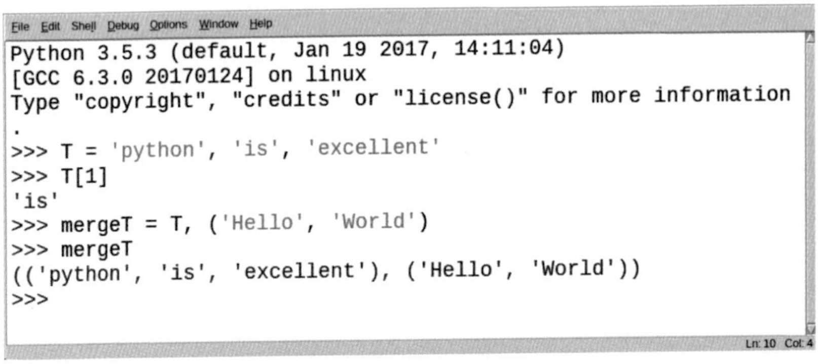

```
File Edit Shell Debug Options Window Help
Python 3.5.3 (default, Jan 19 2017, 14:11:04)
[GCC 6.3.0 20170124] on linux
Type "copyright", "credits" or "license()" for more information
.
>>> T = 'python', 'is', 'excellent'
>>> T[1]
'is'
>>> mergeT = T, ('Hello', 'World')
>>> mergeT
(('python', 'is', 'excellent'), ('Hello', 'World'))
>>>
Ln: 10 Col: 4
```

圖 4-36　組合合併

基本上，組合內部的元素值是不可變更的，但串列則是可以變更內部的元素值，例如要將 T = 2, 2, 3, 4 的組合的第三個元素使用敘述句 T[2] = 4 改為 4，會產生型態錯誤。

```
>>>T = 2, 2, 3, 4
>>>T[2] = 4
Traceback (most recent call last):
File "<pyshell#7>", line 1, in <module>
T[2] = 4
TypeError: 'tuple' object does not support item assignment
>>>T
```

(2, 2, 3, 4)

但串列 T，則可以改變內部元素值

>>>T = [2, 2, 3, 4]

>>>T[2] = 4

>>>T

[2, 2, 4, 4]

如圖 4-37 所示。

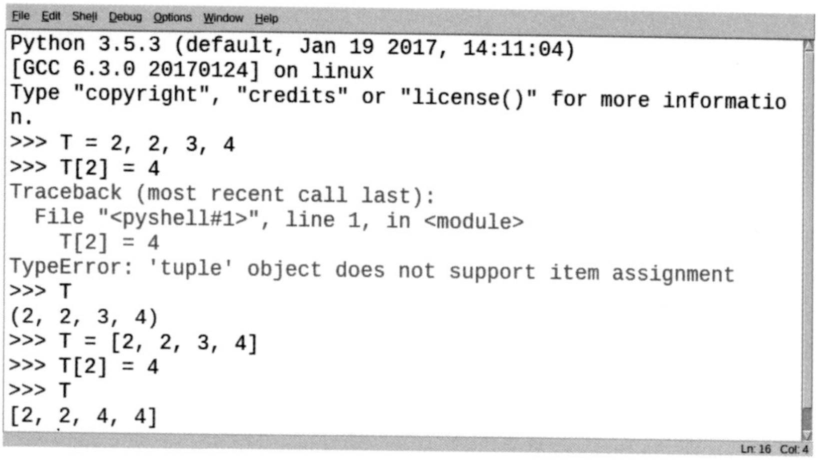

```
File  Edit  Shell  Debug  Options  Window  Help
Python 3.5.3 (default, Jan 19 2017, 14:11:04)
[GCC 6.3.0 20170124] on linux
Type "copyright", "credits" or "license()" for more informatio
n.
>>> T = 2, 2, 3, 4
>>> T[2] = 4
Traceback (most recent call last):
  File "<pyshell#1>", line 1, in <module>
    T[2] = 4
TypeError: 'tuple' object does not support item assignment
>>> T
(2, 2, 3, 4)
>>> T = [2, 2, 3, 4]
>>> T[2] = 4
>>> T
[2, 2, 4, 4]
                                                    Ln: 16  Col: 4
```

圖 4-37　組合元素值不可指定變更

組合與串列均具有反向指定的功能，例如：

>>> T = 3, 3, 2, 4

>>> L = [2, 2, 3, 4]

>>> A, B, C, D = T

>>> D

4

>>> E, F, G, H = L

>>> F

2

>>> G

3

如圖 4-38 所示。

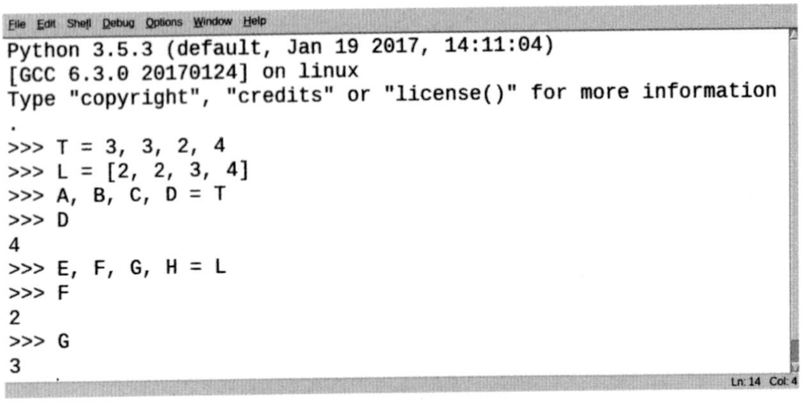

```
File Edit Shell Debug Options Window Help
Python 3.5.3 (default, Jan 19 2017, 14:11:04)
[GCC 6.3.0 20170124] on linux
Type "copyright", "credits" or "license()" for more information
.
>>> T = 3, 3, 2, 4
>>> L = [2, 2, 3, 4]
>>> A, B, C, D = T
>>> D
4
>>> E, F, G, H = L
>>> F
2
>>> G
3
Ln: 14 Col: 4
```

圖 4-38　組合與串列反向指定

4-2-7 集合

集合元素會放在大括號內，並以逗點分開，元素內容如有重複，會只保留一個，例如：

>>> S = {9, 8, 21, 11, 100, 3, 3, 2, 4, 1}

>>> S

{1, 2, 3, 100, 4, 8, 9, 11, 21}

可以查詢 100 是否為集合的一個元素：

>>>100 in S

True

如圖 4-39 所示。

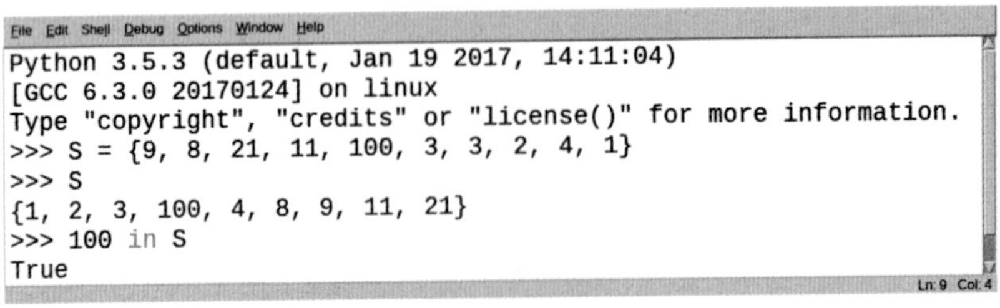

```
File Edit Shell Debug Options Window Help
Python 3.5.3 (default, Jan 19 2017, 14:11:04)
[GCC 6.3.0 20170124] on linux
Type "copyright", "credits" or "license()" for more information.
>>> S = {9, 8, 21, 11, 100, 3, 3, 2, 4, 1}
>>> S
{1, 2, 3, 100, 4, 8, 9, 11, 21}
>>> 100 in S
True
Ln: 9 Col: 4
```

圖 4-39　集合

其實對於查詢元素是否在集合內，然後系統會回覆 'True' 或 'False'，同樣的用法也適用於串列 (List) 與組合 (Tuple)，例如：

```
>>> L = [9, 8, 21, 11, 100, 3, 3, 2, 4, 1]
>>> 100 in L
True
>>> T = 9, 8, 21, 11, 100, 3, 3, 2, 4, 1
>>> 11 in T
True
>>> 99 in T
False
```

如圖 4-40 所示。

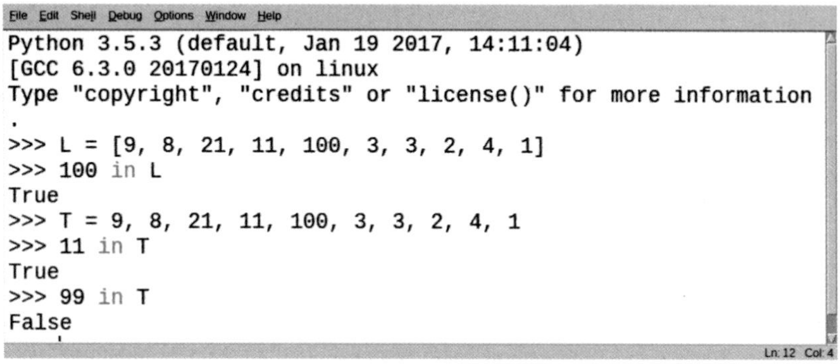

```
File Edit Shell Debug Options Window Help
Python 3.5.3 (default, Jan 19 2017, 14:11:04)
[GCC 6.3.0 20170124] on linux
Type "copyright", "credits" or "license()" for more information
.
>>> L = [9, 8, 21, 11, 100, 3, 3, 2, 4, 1]
>>> 100 in L
True
>>> T = 9, 8, 21, 11, 100, 3, 3, 2, 4, 1
>>> 11 in T
True
>>> 99 in T
False
Ln: 12 Col: 4
```

圖 4-40　串列與組合元素搜尋

set() 函數可以用來產生集合，空集合的表示方法為 set()，set() 函數可以做簡單的運算例如：

```
>>> a = set('20180210')
>>> b = set('20190209')
>>> a
{'0','2', '8', '1'}
>>> b
{'0', '2', '1', '9'}
>>> a - b
{'8'}
>>> a | b
```

{'9', '8', '2', '0', '1'}

>>> a & b

{'0', '2', '1'}

>>> a ^ b

{'8', '9'}

如圖 4-41 所示。

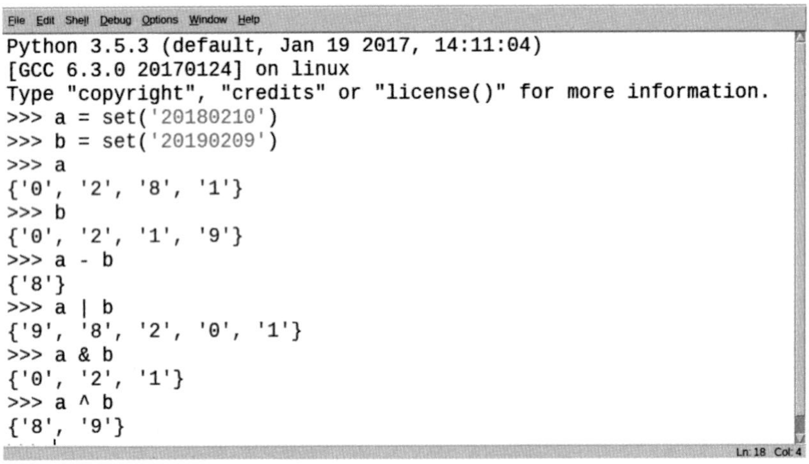
File Edit Shell Debug Options Window Help
Python 3.5.3 (default, Jan 19 2017, 14:11:04)
[GCC 6.3.0 20170124] on linux
Type "copyright", "credits" or "license()" for more information.
>>> a = set('20180210')
>>> b = set('20190209')
>>> a
{'0', '2', '8', '1'}
>>> b
{'0', '2', '1', '9'}
>>> a - b
{'8'}
>>> a | b
{'9', '8', '2', '0', '1'}
>>> a & b
{'0', '2', '1'}
>>> a ^ b
{'8', '9'}
Ln: 18 Col: 4
圖 4-41　set 的簡單運算

4-2-8　字典 (Dictionaries)

字典的格式為 {'key':'value'}，key 是索引，value 是值，班上同學名冊可以使用字典的方式，以同學的名字做索引查出學號 (值)，但是不能反向查詢，例如：

>>> nameList = {'Robert': 'S10117357', 'Mary': 'S10117356'}

>>> nameList['Robert']

'S10117357'

>>> nameList['Mary']

'S10117356'

不能反向查詢例子如下：

>>> nameList['S10117357']

Traceback (most recent call last):

File "<pyshell#12>", line 1, in <module>

nameList['S10117357']

KeyError: 'S10117357'

如圖 4-42 所示。

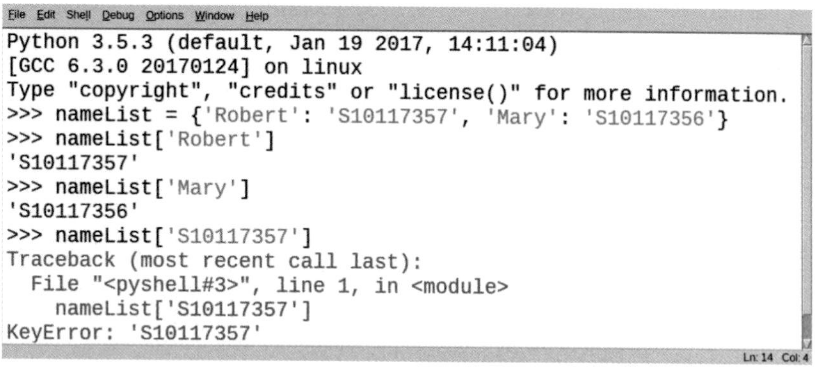

```
File  Edit  Shell  Debug  Options  Window  Help
Python 3.5.3 (default, Jan 19 2017, 14:11:04)
[GCC 6.3.0 20170124] on linux
Type "copyright", "credits" or "license()" for more information.
>>> nameList = {'Robert': 'S10117357', 'Mary': 'S10117356'}
>>> nameList['Robert']
'S10117357'
>>> nameList['Mary']
'S10117356'
>>> nameList['S10117357']
Traceback (most recent call last):
  File "<pyshell#3>", line 1, in <module>
    nameList['S10117357']
KeyError: 'S10117357'
                                                    Ln: 14  Col: 4
```

圖 4-42　字典應用

字典內容的擴增可以使用指定的方式，而字典內容的刪除可以使用 del：

```
>>> nameList = {'Robert': 'S10117357', 'Mary': 'S10117356'}

>>> nameList['Janet'] = 'S10117358'

>>> nameList

{'Robert': 'S10117357', 'Janet': 'S10117358', 'Mary': 'S10117356'}

>>> del nameList['Mary']

>>> nameList

{'Robert': 'S10117357', 'Janet': 'S10117358'}
```

如圖 4-43。

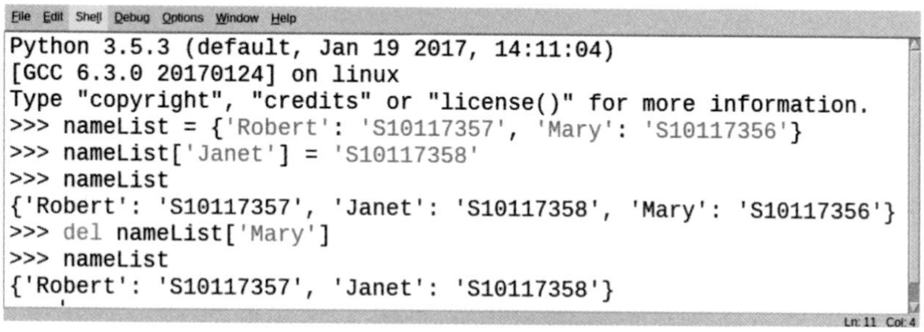

```
File  Edit  Shell  Debug  Options  Window  Help
Python 3.5.3 (default, Jan 19 2017, 14:11:04)
[GCC 6.3.0 20170124] on linux
Type "copyright", "credits" or "license()" for more information.
>>> nameList = {'Robert': 'S10117357', 'Mary': 'S10117356'}
>>> nameList['Janet'] = 'S10117358'
>>> nameList
{'Robert': 'S10117357', 'Janet': 'S10117358', 'Mary': 'S10117356'}
>>> del nameList['Mary']
>>> nameList
{'Robert': 'S10117357', 'Janet': 'S10117358'}
                                                    Ln: 11  Col: 4
```

圖 4-43　字典內容新增與刪除

字典的製作，也可以使用以下的兩種方法：

>>> nameList = dict([('Robert', 'S10117357'), ('Mary', 'S10117356')])

>>> nameList

{'Mary': 'S10117356', 'Robert': 'S10117357'}

>>> nameList = dict(Robert = 'S10117357', Janet = 'S10117358')

>>> nameList

{'Robert': 'S10117357', 'Janet': 'S10117358'}

如圖 4-44 所示。

```
File Edit Shell Debug Options Window Help
Python 3.5.3 (default, Jan 19 2017, 14:11:04)
[GCC 6.3.0 20170124] on linux
Type "copyright", "credits" or "license()" for more information.
>>> nameList = dict([('Robert', 'S10117357'), ('Mary', 'S10117356')])
>>> nameList
{'Mary': 'S10117356', 'Robert': 'S10117357'}
>>> nameList = dict(Robert = 'S10117357', Janet = 'S10117358')
>>> nameList
{'Robert': 'S10117357', 'Janet': 'S10117358'}
Ln: 7 Col: 19
```

圖 4-44　不同的字典製作法

4-3 迴圈與判斷

4-3-1　while 迴圈

while 迴圈與 C 語言的用法非常類似，當後方的判斷式爲 True，則程式會執行 while 迴圈內的程式，若判斷式爲 False，則跳過 while 迴圈，繼續執行 while 迴圈外程式，例如：

>>>count = 1

>>>while count < 5 :

print('Python ERA')

count + = 1

程式碼 count + = 1 是 count = count + 1 的縮寫版；於上述程式按兩次 enter 就可以執行程式，得到 Python ERA 被列印四次如圖 4-45。此外若要終止執行中的 while 迴圈，可以直接按 Ctrl-C。

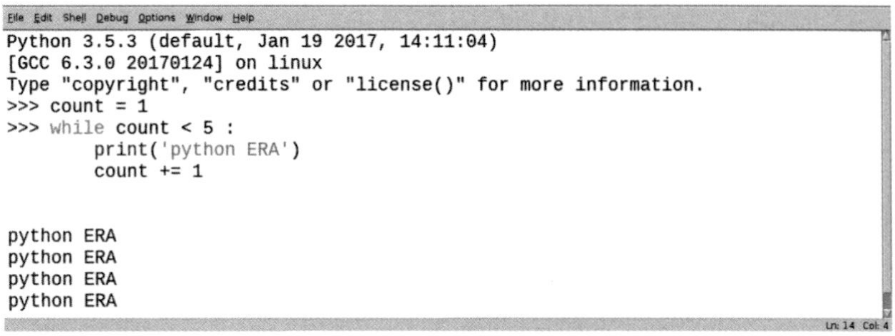

```
File Edit Shell Debug Options Window Help
Python 3.5.3 (default, Jan 19 2017, 14:11:04)
[GCC 6.3.0 20170124] on linux
Type "copyright", "credits" or "license()" for more information.
>>> count = 1
>>> while count < 5 :
        print('python ERA')
        count += 1


python ERA
python ERA
python ERA
python ERA
Ln: 14 Col: 4
```

圖 4-45　while 列印迴圈

while 指令可以搭配 break，執行離開迴圈的動作如下：

>>> while True:

cmd = input('Do you want to quit? Enter \'q\'!')

if cmd = = 'q':

break

如圖 4-46。

若輸入 q 程式會跳出 while 迴圈，輸入其他值則無法跳出迴圈如圖 4-46，此處的 input 函數可以在螢幕上輸出自訂的字串 Do you want to quit? Enter 'q'!，並將鍵盤輸入值儲存到 cmd，當偵測到輸入的字元是 q，就結束 while 迴圈，跳回 python IDLE 提示符號，如果輸入的字元是不是 q，則程式持續於迴圈內執行。

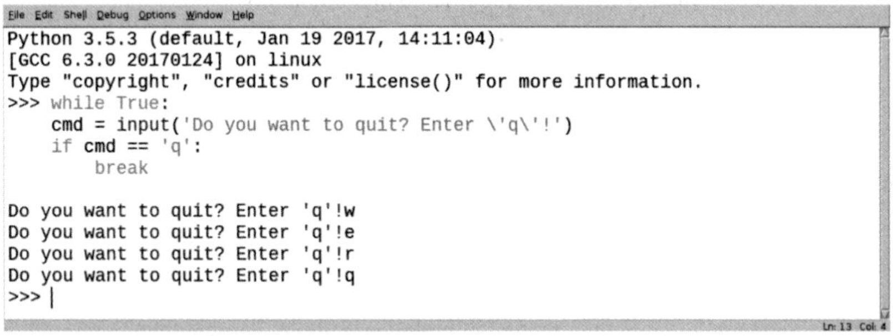

```
File Edit Shell Debug Options Window Help
Python 3.5.3 (default, Jan 19 2017, 14:11:04)
[GCC 6.3.0 20170124] on linux
Type "copyright", "credits" or "license()" for more information.
>>> while True:
    cmd = input('Do you want to quit? Enter \'q\'!')
    if cmd == 'q':
        break

Do you want to quit? Enter 'q'!w
Do you want to quit? Enter 'q'!e
Do you want to quit? Enter 'q'!r
Do you want to quit? Enter 'q'!q
>>> |
Ln: 13 Col: 4
```

圖 4-46　break 指令

4-3-2　if 敘述式

if 這一個指令幾乎在所有的程式裏，都可以看得到，if 敘述式可以單獨存在，也可以搭配 elif 及 else 指令使用。

>>> x = input('Who is my boss? Your answer:')

Who is my boss? Your answer:Robert

>>> if x = = 'John':

print('He is my teacher')

elif x = = 'Mary':

print('She is my classmate')

elif x = = 'Robert':

print('You are right')

else:

print('guess again')

You are right

輸出結果。

輸入 Robert 後，將得到 You are right 的輸出如圖 4-47。

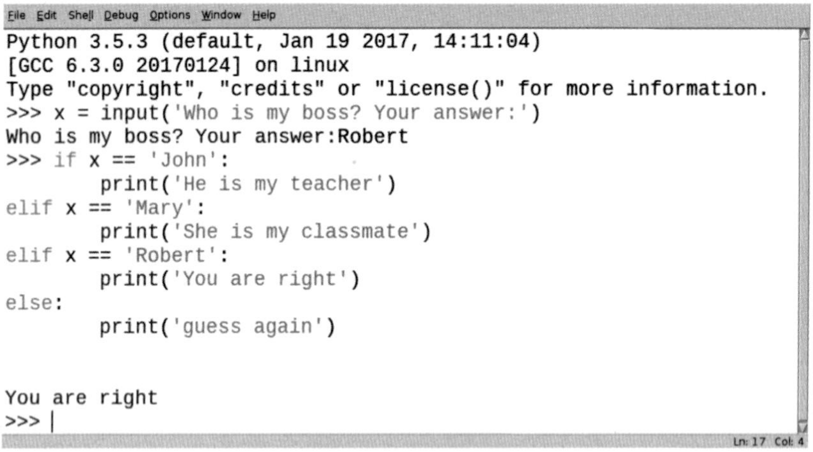

```
File Edit Shell Debug Options Window Help
Python 3.5.3 (default, Jan 19 2017, 14:11:04)
[GCC 6.3.0 20170124] on linux
Type "copyright", "credits" or "license()" for more information.
>>> x = input('Who is my boss? Your answer:')
Who is my boss? Your answer:Robert
>>> if x == 'John':
        print('He is my teacher')
elif x == 'Mary':
        print('She is my classmate')
elif x == 'Robert':
        print('You are right')
else:
        print('guess again')


You are right
>>> |
Ln: 17 Col: 4
```

圖 4-47　if 敘述式

4-3-3 for 敘述式

for 指令的用法與 C 語言不太一樣，可以將整個串列中的元素依序叫出應用。

```
>>> name = ['Robert', 'Mary', 'John']
>>> for n in name:
print(n)


Robert
Mary
John
```

輸出結果如圖 4-48。

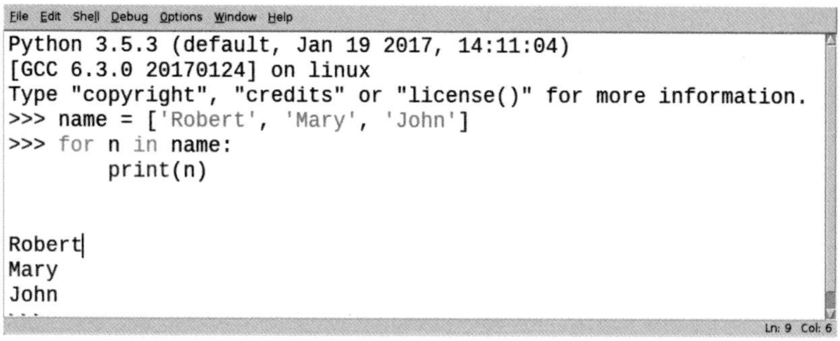

```
File Edit Shell Debug Options Window Help
Python 3.5.3 (default, Jan 19 2017, 14:11:04)
[GCC 6.3.0 20170124] on linux
Type "copyright", "credits" or "license()" for more information.
>>> name = ['Robert', 'Mary', 'John']
>>> for n in name:
        print(n)


Robert
Mary
John
                                                        Ln: 9 Col: 6
```

圖 4-48　for 敘述式 1

for 敘述式也可依需要，只呼叫串列中一部份的元素。

```
>>> name = ['Robert', 'Mary', 'John', 'Janet', 'Jenny', 'Justin']
>>> for n in name[1:4]:
print(n)


Mary
John
Janet
```

輸出結果如圖 4-49。

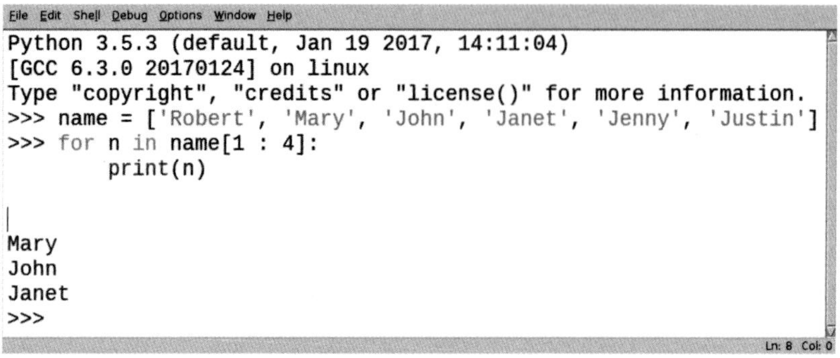

```
File Edit Shell Debug Options Window Help
Python 3.5.3 (default, Jan 19 2017, 14:11:04)
[GCC 6.3.0 20170124] on linux
Type "copyright", "credits" or "license()" for more information.
>>> name = ['Robert', 'Mary', 'John', 'Janet', 'Jenny', 'Justin']
>>> for n in name[1 : 4]:
        print(n)


Mary
John
Janet
>>>
Ln: 8 Col: 0
```

圖 4-49　for 敘述式 2

4-3-4　range 敘述式

range 敘述式是另外一個好用的漸進式呼叫串列元素的方法。

>>> name = ['Robert', 'Mary', 'John', 'Janet', 'Jenny', 'Justin']

>>> for i in range(6):

print (name[i])

Robert

Mary

John

Janet

Jenny

Justin

輸出結果如圖 4-50。

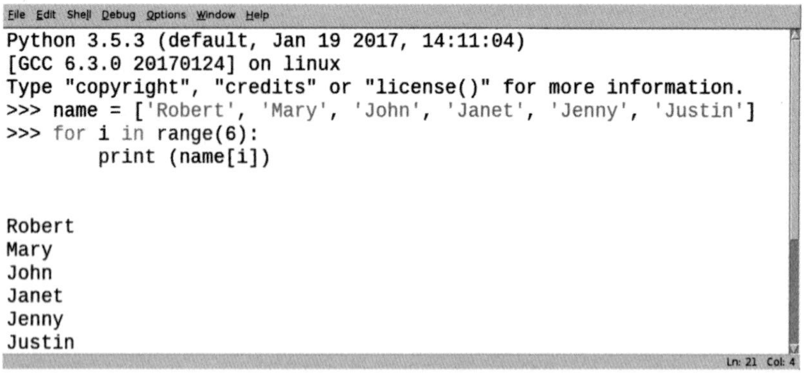

```
File Edit Shell Debug Options Window Help
Python 3.5.3 (default, Jan 19 2017, 14:11:04)
[GCC 6.3.0 20170124] on linux
Type "copyright", "credits" or "license()" for more information.
>>> name = ['Robert', 'Mary', 'John', 'Janet', 'Jenny', 'Justin']
>>> for i in range(6):
        print (name[i])


Robert
Mary
John
Janet
Jenny
Justin
Ln: 21 Col: 4
```

圖 4-50　range 敘述式 1

for i in range(6) 是指 i 會有 6 個元素，如果將 for i in range(6) 改爲 for i in range(2)，則只會輸出兩個元素 Robert 和 Mary。

```
>>> name = ['Robert', 'Mary', 'John', 'Janet', 'Jenny', 'Justin']
>>> for i in range(2):
print (name[i])


Robert
Mary
```

輸出結果如圖 4-51。

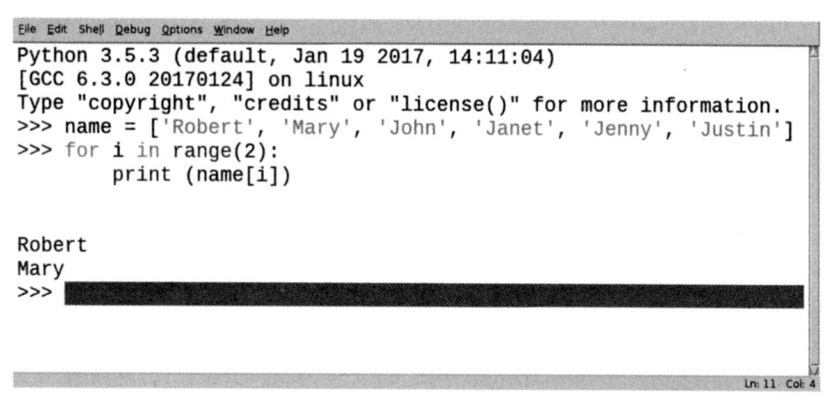

圖 4-51　range 敘述式 2

也可以列印 name 串列中的第三元素到第五元素。

```
>>> name = ['Robert', 'Mary', 'John', 'Janet', 'Jenny', 'Justin']
>>> for i in range(2, 5):
print (name[i])


John
Janet
Jenny
```

輸出結果如圖 4-52。

```
File Edit Shell Debug Options Window Help
Python 3.5.3 (default, Jan 19 2017, 14:11:04)
[GCC 6.3.0 20170124] on linux
Type "copyright", "credits" or "license()" for more information.
>>> name = ['Robert', 'Mary', 'John', 'Janet', 'Jenny', 'Justin']
>>> for i in range(2, 5):
	print (name[i])


John
Janet
Jenny
>>>
Ln: 7 Col: 0
```

圖 4-52　range 敘述式 3

此外 range 可與串列結合。

>>>list(range(5, 10)) 代表 5 到 9 數字的串列 [5, 6, 7, 8, 9]。

>>> list(range(10)) 代表 0 到 9 數字的串列 [0, 1, 2, 3, 4, 5, 6, 7, 8, 9]

>>> list(range(1, 10, 2)) 代表從 1 開始，下一個元素加 2 到 9 為止的數字串列 [1, 3, 5, 7, 9]。

>>> list(range(10, 1, -1)) 代表從 10 開始，下一個元素減 1 到 2 為止的數字串列 [10, 9, 8, 7, 6, 5, 4, 3, 2] 如圖 4-53 所示。

```
File Edit Shell Debug Options Window Help
Python 3.5.3 (default, Jan 19 2017, 14:11:04)
[GCC 6.3.0 20170124] on linux
Type "copyright", "credits" or "license()" for more information.
>>> list(range(5, 10))
[5, 6, 7, 8, 9]
>>> list(range(10))
[0, 1, 2, 3, 4, 5, 6, 7, 8, 9]
>>> list(range(1, 10, 2))
[1, 3, 5, 7, 9]
>>> list(range(10, 1, -1))
[10, 9, 8, 7, 6, 5, 4, 3, 2]
>>> |
Ln: 12 Col: 4
```

圖 4-53　range 與串列結合應用

4-3-5　break 與 continue

程式執行到 break 就會跳出兩層迴圈，不再執行；程式執行到 continue 也會跳出迴圈，但只跳出一層迴圈。

>>>for n in range(6):

if len(name[n]) > 5:

```
print(name[n])

break


Robert
```

程式執行到 break 以後就停止，因此只有輸出第一個符合條件的元素如圖 4-54。

此程式的 len(name[n]) 函數，其值爲 name 串列中地 n 個元素的字元長度，雖然 Robert 和 Justin 兩個元素均符合大於 5 個字元的條件，但程式中的 break 會讓程式中止執行，因此輸出 Robert 元素後就停止了。

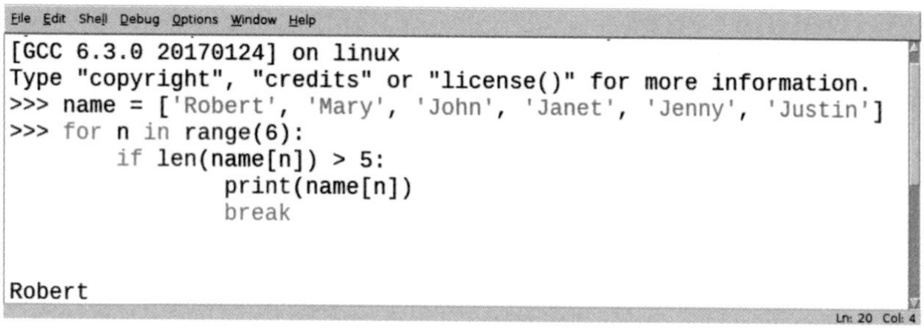

```
File Edit Shell Debug Options Window Help
[GCC 6.3.0 20170124] on linux
Type "copyright", "credits" or "license()" for more information.
>>> name = ['Robert', 'Mary', 'John', 'Janet', 'Jenny', 'Justin']
>>> for n in range(6):
        if len(name[n]) > 5:
                print(name[n])
                break


Robert
Ln: 20 Col: 4
```

圖 4-54　break 用法

將 break 改爲 continue 後，狀況就不一樣了，只要符合條件的元素都會輸出。

```
>>> for n in range(6):

if len(name[n]) > 5:

print(name[n])

continue

Robert

Justin
```

因爲原程式的 break 改爲 continue，所以只要是字元長度大於 5 的元素，都會被輸出如圖 4-55。

```
File Edit Shell Debug Options Window Help
Python 3.5.3 (default, Jan 19 2017, 14:11:04)
[GCC 6.3.0 20170124] on linux
Type "copyright", "credits" or "license()" for more information.
>>> name = ['Robert', 'Mary', 'John', 'Janet', 'Jenny', 'Justin']
>>> for n in range(6):
        if len(name[n]) > 5:
                print(name[n])
                continue


Robert
Justin
>>>
                                                        Ln: 13 Col: 4
```

圖 4-55　continue 用法

4-3-6　定義 (define) 函數

定義函數在 Python 中經常被使用，通常使用以下語法出現。

def functionname(parameters):

"function_docstring"

function_suite

return [expression]

def 是定義函數的關鍵字 (Keyword)，functionname 則為程式設計人自行定義的定義函數名稱，"function_docstring" 則是定義函數內容的註解文件，而接下來的 function suite 則是定義函數的內容，最後以 return[expression] 返回主程式。

例如可以先定義一個含有六個串列元素的 name_list 串列，然後定義 printName 函數，使其可以對定義函數中的 name 串列參數，進行所有元素的列印工作，最後再以 return 返回。

>>> name_lsit = ['Robert', 'Mary', 'John', 'Janet', 'Jenny', 'Justin']

>>> def printName(name):

for n in name:

print(name[n])

return

>>> printName(name_lsit)

Robert

Mary

John

Janet

Jenny

Justin

輸出如圖 4-56。

```
File Edit Shell Debug Options Window Help
Python 3.5.3 (default, Jan 19 2017, 14:11:04)
[GCC 6.3.0 20170124] on linux
Type "copyright", "credits" or "license()" for more information.
>>> name_list = ['Robert', 'Mary', 'John', 'Janet', 'Jenny', 'Justin']
>>> def printName(name):
        for n in name:
                print(n)
        return

>>> printName(name_list)
Robert
Mary
John
Janet
Jenny
Justin
>>>
                                                        Ln: 17 Col: 4
```

圖 4-56　列印串列定義函數

接下來這一個定義函數，具有累加數的功能。

```
>>> def accumulate(n):
b = 0
for i in range(n + 1):
i = i + b
b = i
return(b)


>>> accumulate(10)
55
```

從 1 到 10 累加答案爲 55。

```
>>> accumulate(100)
5050
```

從 1 到 100 累加答案為 5050。

```
>>> accumulate(10000)
500500
```

從 1 到 100 累加答案為 500500 如圖 4-57。

```
File Edit Shell Debug Options Window Help
Python 3.5.3 (default, Jan 19 2017, 14:11:04)
[GCC 6.3.0 20170124] on linux
Type "copyright", "credits" or "license()" for more information.
>>> def accumulate(n):
        b = 0
        for i in range(n+1):
                i = i + b
                b = i
        return(b)

>>> accumulate(10)
55
>>> accumulate(100)
5050
>>> accumulate(1000)
500500
                                                        Ln: 17 Col: 4
```

圖 4-57　累加定義函數

4-3-7　lamda 敘述式

lamda 可以用來定義一個簡單的運算式，例如結合定義函數，定義一個稅金計算公式：lamda taxRate:income * taxRate：

```
>>> def payTax(income):
return lambda taxRate:income * taxRate
```

>>> f = payTax(1000000) # 先將 payTax 定義函數指定給 f，1000000 就是 income。

>>> f(0.05) # 0.05 是 taxRate，可以得到：

```
50000.0
```

輸出如圖 4-58。

若需變更稅率，只需在 f() 函數內變更參數即可，例如：

>>> f(0.06)

60000.0

>>> f(0.1)

100000.0

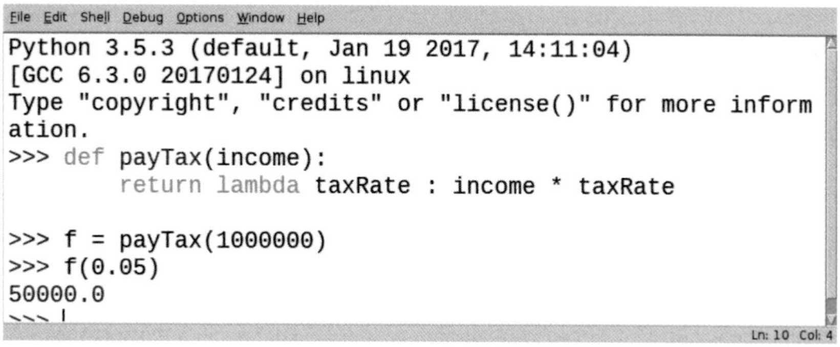

```
File Edit Shell Debug Options Window Help
Python 3.5.3 (default, Jan 19 2017, 14:11:04)
[GCC 6.3.0 20170124] on linux
Type "copyright", "credits" or "license()" for more inform
ation.
>>> def payTax(income):
        return lambda taxRate : income * taxRate

>>> f = payTax(1000000)
>>> f(0.05)
50000.0
>>> |
                                                Ln: 10 Col: 4
```

圖 4-58　lambda 敘述式

4-3-8　其他迴圈

列舉函數 (enumerate) 使用在迴圈內，可以標註序列內的索引號數。

>>> for i, name in enumerate(['Robert', 'Janet', 'Mary']):

print(i, name)

0 Robert

1 Janet

2 Mary

輸出如圖 4-59。

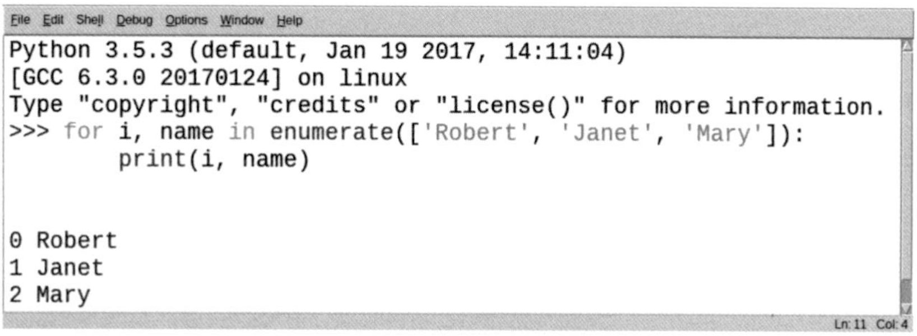

```
File Edit Shell Debug Options Window Help
Python 3.5.3 (default, Jan 19 2017, 14:11:04)
[GCC 6.3.0 20170124] on linux
Type "copyright", "credits" or "license()" for more information.
>>> for i, name in enumerate(['Robert', 'Janet', 'Mary']):
        print(i, name)


0 Robert
1 Janet
2 Mary
                                                Ln: 11 Col: 4
```

圖 4-59　enumerate 函數

reversed() 是反向函數，可以將序列中的所有元素反向排列。

```
>>> name = ('Robert', 'Janet', 'Mary')
>>> for i in reversed(name):
print(i)


Mary
Janet
Robert
```

輸出如圖 4-60。

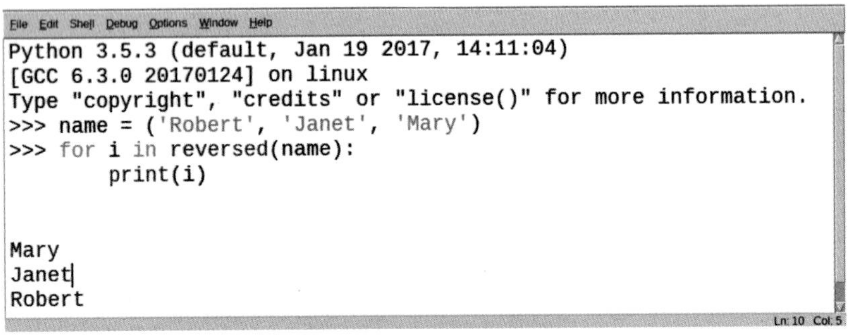

```
File Edit Shell Debug Options Window Help
Python 3.5.3 (default, Jan 19 2017, 14:11:04)
[GCC 6.3.0 20170124] on linux
Type "copyright", "credits" or "license()" for more information.
>>> name = ('Robert', 'Janet', 'Mary')
>>> for i in reversed(name):
        print(i)


Mary
Janet
Robert
Ln: 10 Col: 5
```

圖 4-60　reversed 函數

sorted() 函數則可以將序列內的元素，依序排列。

```
>>> name = ('Robert', 'Janet', 'Mary')
>>> for NAME in sorted(set(name)):
print(NAME)


Janet
Mary
Robert
```

輸出如圖 4-61。

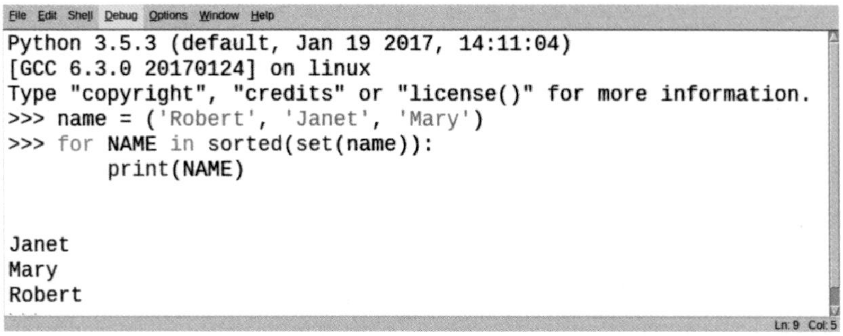

```
Python 3.5.3 (default, Jan 19 2017, 14:11:04)
[GCC 6.3.0 20170124] on linux
Type "copyright", "credits" or "license()" for more information.
>>> name = ('Robert', 'Janet', 'Mary')
>>> for NAME in sorted(set(name)):
        print(NAME)


Janet
Mary
Robert
```

圖 4-61　sorted 函數

zip() 函數，前面章節已經有介紹過，此處爲其進階應用，可以將兩個序列中的姓名及學號依序印出。

```
>>> names = ('Robert', 'Janet', 'Mary')

>>> ID = ('S10117357', 'S10117358', 'S10117356')

>>> for n, I in zip(names, ID):

print('Your name is {0} and your ID is {1}.'.format(n, I))


Your name is Robert and your ID is S10117357.

Your name is Janet and your ID is S10117358.

Your name is Mary and your ID is S10117356.
```

輸出如圖 4-62。

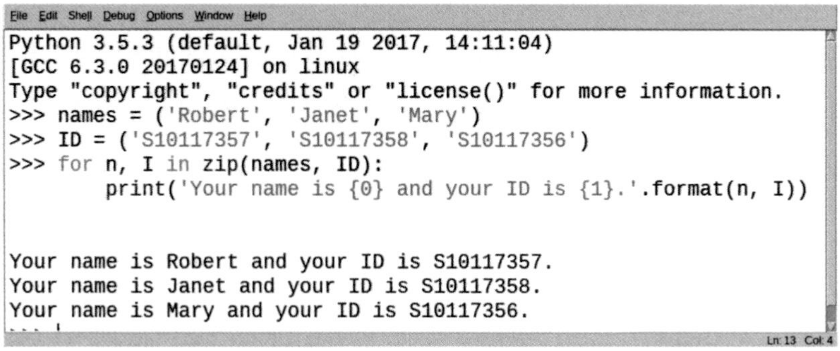

```
Python 3.5.3 (default, Jan 19 2017, 14:11:04)
[GCC 6.3.0 20170124] on linux
Type "copyright", "credits" or "license()" for more information.
>>> names = ('Robert', 'Janet', 'Mary')
>>> ID = ('S10117357', 'S10117358', 'S10117356')
>>> for n, I in zip(names, ID):
        print('Your name is {0} and your ID is {1}.'.format(n, I))


Your name is Robert and your ID is S10117357.
Your name is Janet and your ID is S10117358.
Your name is Mary and your ID is S10117356.
```

圖 4-62　zip 函數

重點複習

1. Python 是一種直譯式的高階程式語言。
2. 程式的撰寫與執行，分爲三種方式：(1) 互動式編輯與執行 (2) 檔案編輯 + IDLE 執行 (3) 檔案編輯 + 命令列執行。
3. Python 也有計算機功能，可以把數學運算式，直接輸入到互動式的螢幕上，按下 enter 鍵，就可以得到計算結果，加減乘除四則運算符號，和其他程式語言的用法相同。
4. Python 除法 (/)，得到的結果皆爲浮點型態，使用地板整數除法 (//) 則可以得到捨棄小數點後數字的整數結果，若要輸出除法的餘數，則需使用 (%)。
5. Python 冪次方運算符號是 (**)。
6. 在互動模式下，最後被輸出的數字，會被存成 (_)。
7. 字串中的 \t 是向右跳格而 \n 連起來是換新的一行的意思。
8. 組合 (Tuple) 是由一些以逗號分開的元素所組成。
9. 組合內部的元素值是不可變更的，但串列 (List) 則是可以變更內部的元素值。
10. 集合 (Set) 元素會放在大括號內，並以逗點分開，元素內容如有重複，會只保留一個。
11. set() 函數可以用來產生集合，空集合的表示方法爲 set()
12. 字典的格式爲 {'key':'value'}，key 是索引，value 是值；可以用索引查值，但不可以用值反查索引。
13. while 迴圈與 C 語言的用法非常類似，當後方的判斷式爲非零，程式會執行 while 迴圈內的程式，若判斷式爲零，則跳過 while 迴圈，繼續執行程式。
14. for 指令的用法與 C 語言不太一樣，可以將整個串列中的元素依序叫出應用。
15. range 敘述式是另外一個好用的漸進式呼叫串列元素的方法。
16. 列舉函數 (enumerate) 使用在迴圈內，可以標註序列內的索引號數。
17. reversed() 是反向函數，可以將序列中的所有元素反向排列。
18. sorted() 函數可以將序列內的元素依序排列。

課後評量

選擇題：

(　　) 1. Python 語言 20 // 3 等於多少？

(A) 6.67　(B) 6.7　(C) 6.667　(D) 6。

(　　) 2. Python 語言 20 % 9 等於多少？

(A) 2.22　(B) 2　(C) 2.222　(D) 2.2。

(　　) 3. Python 語言 2 ** 3 等於多少？

(A) 6　(B) 7　(C) 8　(D) 9。

(　　) 4. 在互動模式下，最後被輸出的數字，會被存成？

(A) $　(B) %　(C) ^　(D) _。

(　　) 5. print('D:\test') 的輸出爲何？

(A) D:\test　(B) D:test　(C) D:　est　(D) D:\tesmv。

(　　) 6. 2 * 'python' + 'ER' + 'A' = ？

(A) 2pythonERA　(B) 2pythonpythonERA

(C) pythonERA　(D) pythonpythonERA。

(　　) 7. name = 'SHU-TE UNIVERSITY'，則 name[2:5] = ？

(A) SH　(B) U-T　(C) U-　(D) -T。

(　　) 8. name = 'SHU-TE UNIVERSITY'，則 len(name) = ？

(A) 15　(B) 16　(C) 17　(D) 18。

(　　) 9. powerOf2 = [2, 4, 8, 16, 32, 64]，powerOf2 + [256] = ？

(A)[2, 4, 8, 16, 32, 64, 128, 256]　(B)[2, 4, 8, 16, 32, 64, 256]

(C)[2, 4, 8, 16, 32, 256, 64, 128]　(D)[2, 4, 8, 16, 32, 256, 64]。

(　　) 10. name = ['Robert', 'Mary', 'John']，age = [23, 21, 26]，employee = [name, age]，則 employee[1][2] = ？

(A) John　(B) Mary　(C) 21　(D) 26。

(　　) 11. a = ['Robert', 'Mary']，則 a.extend(a)= ？

(A) ['Robert', 'Mary', 'Robert', 'Mary']　(B) ['Robert', 'Mary']　(C) ['Robert']

(D) ['Mary', 'Robert', 'Mary']。

(　　) 12. a = [1, 3, 2]，b = [7, 8]，a.insert(1, b)，則 a = ？

(A) [1, [7, 8], 3, 2]　(B) [1, 7, 8, 3, 2]　(C) [1, 3, [7, 8], 2]　(D) [[7, 8], 3, 2]。

(　　) 13. a = [1, 2, 3, 4]，a.pop(3)，則 a = ？

(A) [1, 2, 3, 4]　(B) [1, 2, 4]　(C) [1, 2, 3]　(D) [2, 3, 4]。

(　　) 14. a = [1, 2]，a.clear()，則 a = ？

(A) [1, 2]　(B) [1]　(C) [2]　(D) []。

(　　) 15. a = [1, 2, 3, 4]，a.index(1) = ？

(A) 3　(B) 1　(C) 0　(D) 2。

(　　) 16. a = [1, 2, 3, 4]，a.index(3, 0, 3) = ？

(A) 1　(B) 2　(C) 3　(D) 4。

(　　) 17. a = [1, 2, 1, 2, 1, 2, 1]，a.count(1) = ？

(A) 1　(B) 2　(C) 3　(D) 4。

(　　) 18. T = [2, 2, 3, 4]，T[2] = 4，則 T = ？

(A) [2, 2, 3, 4]　(B) [2, 2, 4, 4]　(C) [2, 3, 4]　(D) [3, 4]。

(　　) 19. a = set('20180210')，b = set('20190209')，則 a – b = ？

(A) {'8'}　(B) {'8', '9'}　(C) {'8', '2', '1', '0'}　(D) {'8', '9', '2', '1', '0'}。

(　　) 20. list(range(5, 10)) = ？

(A) [5, 6, 7, 8, 9]　(B) [4, 5, 6, 7, 8, 9]　(C) [6, 7, 8, 9, 10]

(D) [5, 6, 7, 8, 9, 10]。

(　　) 21. list(range(1, 10, 2)) = ？

(A) [2, 4, 6, 8]　(B) [1, 3, 5, 7, 9]　(C) [2, 4, 6, 8, 10]　(D) [1, 3, 5, 7]。

程式題：

1. 撰寫計算圓周長的程式 (圓周率 = 3.14) ？
2. 撰寫轉換 3 × 4 矩陣到 4 × 3 矩陣程式

   3 × 4 矩陣爲 [1, 2, 3, 4]，[5, 6, 7, 8,]，[9, 10, 11, 12]
3. 以 for 迴圈從串列 name = ['Robert', 'Mary', 'John', 'Janet', 'Jenny', 'Justin'] 讀出第三到第五元素。
4. 以 for 迴圈加上 range 重做第 3 題
5. 撰寫定義函數 printName(name)，印出 name_list = ['Robert', 'Mary', 'John', 'Janet', 'Jenny', 'Justin'] 串列的所元素。
6. 寫出下列程式執行結果：

   ```
   >>> name = ('Robert', 'Janet', 'Mary')
   >>> for NAME in sorted(set(name)):
   print(NAME)
   ```

NOTE

5 CHAPTER

Python 程式語言 II

本章重點

5-1 模組 (Module)

Python 以文書編輯器先進行檔案編輯後，存成 xxx.py 的檔案，可以類似其他編譯式的高階程式語言，進行除錯或執行 xxx.py 檔案的動作，而這個檔案，基本上在 Python 語言裡，可以定義爲模組，通常在程式不大的狀況下，還不太需要用到模組，但是當程式變大以後，勢必要使用模組化的概念來設計程式，因爲高度模組化的結構，使得程式易讀及除錯容易。

對應於 Python 程式檔案 xxx.py，模組名稱爲 xxx，通常模組內部含有許多定義函數，當使用到此模組時，需先做 import 的動作，才可以在程式中呼叫使用它，例如我們先以 IDLE 整合開發環境工具，開啓新檔案編輯視窗如圖 5-1，編輯一個數字會累加的 Python 檔案 acc.py 如圖 5-2。

再次強調，Python 是一種直譯式語言，不能像編譯式程式語言 C + + 等語言一樣，使用自由格式編輯程式，必須注意應縮排的地方，例如 acc.py 程式中 b = 0 及 for 迴圈就需要進行縮排的動作，而 for 迴圈的內容 i = i + b 及 b = i 則相對於 for 迴圈，須更進一步縮排，若未按規定縮排，程式一定會產生錯誤，無法執行，所以編輯程式時，一定要留意縮排的議題。

要呼叫 acc 模組時，可以使用 IDLE 整合開發環境工具編輯視窗上的 Run 選項下的 Run Module，或直接按 F5 如圖 5-3。

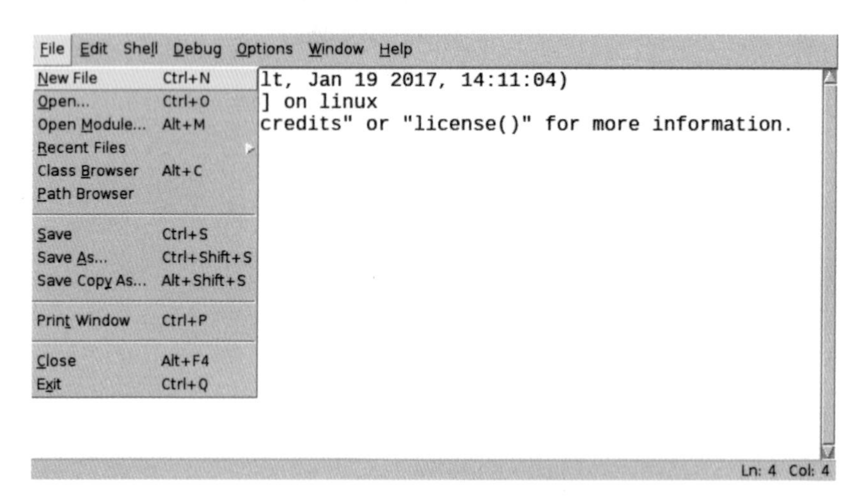

圖 5-1 開啓 IDLE 編輯視窗

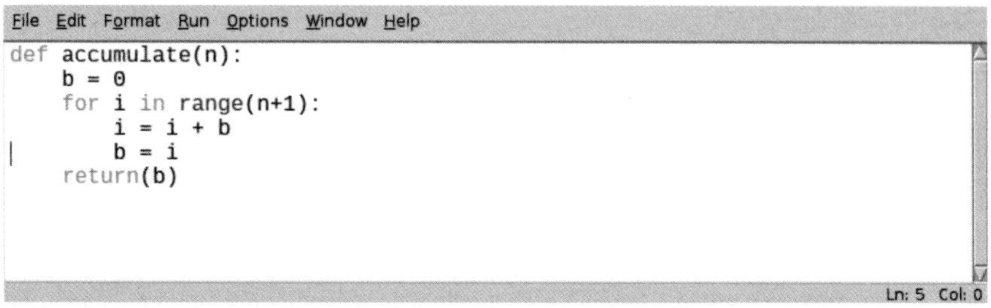

```
File  Edit  Format  Run  Options  Window  Help
def accumulate(n):
    b = 0
    for i in range(n+1):
        i = i + b
        b = i
    return(b)
                                              Ln: 5  Col: 0
```

圖 5-2　編輯 acc.py 程式

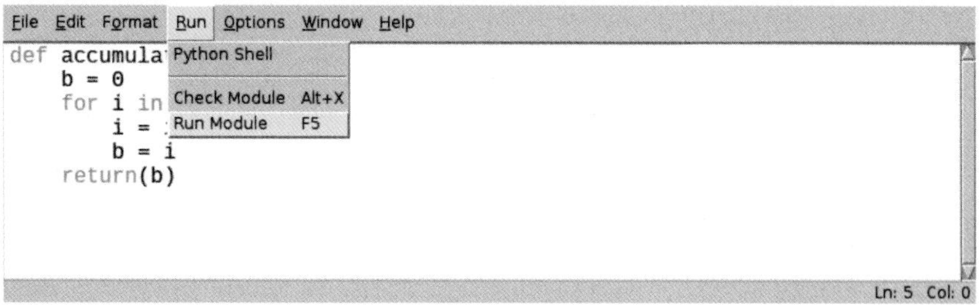

```
File  Edit  Format  Run  Options  Window  Help
def accumula  Python Shell
    b = 0
    for i in  Check Module  Alt+X
        i = : Run Module    F5
        b = i
    return(b)
                                              Ln: 5  Col: 0
```

圖 5-3　執行 acc 模組

點選 IDLE 整合開發環境工具，編輯視窗上 Run 選項下的 Run Module 或 F5 快速鍵後，會出現另外一個 IDLE 系統視窗，首先輸入 import acc，載入 acc 模組，然後再輸入 accumulate(10) 可以得到 1 累加到 10 的總和為 55，輸入 accumulate(100) 則可以得到 1 累加到 100 的總和為 5050 如圖 5-4。

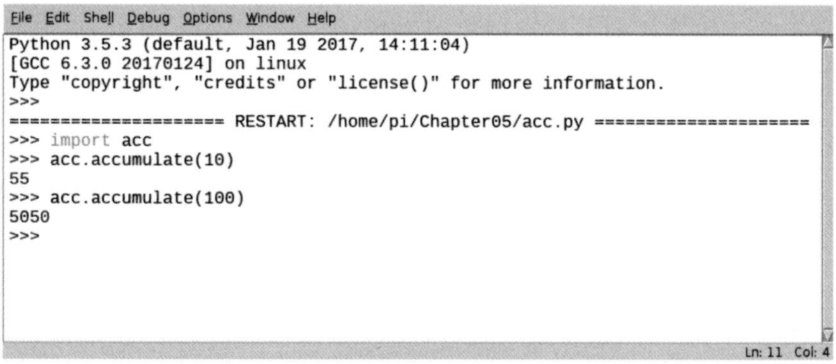

```
File  Edit  Shell  Debug  Options  Window  Help
Python 3.5.3 (default, Jan 19 2017, 14:11:04)
[GCC 6.3.0 20170124] on linux
Type "copyright", "credits" or "license()" for more information.
>>>
===================== RESTART: /home/pi/Chapter05/acc.py =====================
>>> import acc
>>> acc.accumulate(10)
55
>>> acc.accumulate(100)
5050
>>>
                                              Ln: 11  Col: 4
```

圖 5-4　IDLE 執行 accumulate 定義函數

另外一種執行 acc 模組的方法是使用終端機的命令提示列，先開啓終端機，接著變更資料夾到 acc.py 所在的位置，輸入 python 進入 python 環境，接著再依序輸入 import acc，acc.accumulate(10) 與 acc.accumulate(100)，可以得到和圖 5-4 一樣的結果，如圖 5-5 所示。

```
File Edit Tabs Help
pi@raspberrypi:~ $ cd Chapter05/
pi@raspberrypi:~/Chapter05 $ python3.5
Python 3.5.3 (default, Jan 19 2017, 14:11:04)
[GCC 6.3.0 20170124] on linux
Type "help", "copyright", "credits" or "license" for more
information.
>>> import acc
>>> acc.accumulate(10)
55
>>> acc.accumulate(100)
5050
>>>
```

圖 5-5　終端機執行 accumulate 定義函數

```
File Edit Format Run Options Window Help
def accumulate(n):
    b = 0
    for i in range(n+1):
        i = i + b
        b = i
    print(b)
if __name__ == "__main__":
    import sys
    accumulate(int(sys.argv[1]))
                                                  Ln: 1 Col: 0
```

圖 5-6　accumulate 定義函數改寫

如果要直接在終端機的提示後方執行程式並提供參數給累加程式，在 acc.py 程式的最後一行需要加入下列三行程式碼並存檔為 accArgv.py(圖 5-6)，否則無法正確執行。

if __name__ = = "__main__":

import sys

accumulate(sys.argv[1])

這一種方式是直接呼叫 python 執行 accAgrv.py，並同時指定參數 argv[1]，使用的指令為 python accAgrv.py argv[1]，argv[1] 即是我們所要累加的數，例如 10 或 100，請注意此處並未進入 python 環境，執行結果如圖 5-7。

__name__ 是當前模組名稱，當模組被直接執行時，例如“python accArgv.py 10”，模組名稱為 __main__，if 下方的程式碼將被執行，當模組是被呼叫 (import) 時，if 下方的程式碼將不被執行。

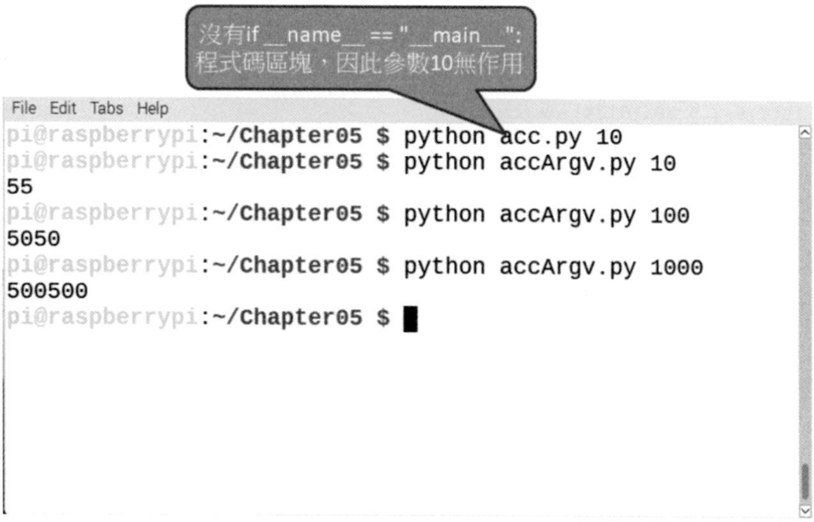
沒有if __name__ == "__main__":
程式碼區塊，因此參數10無作用
File Edit Tabs Help
pi@raspberrypi:~/Chapter05 $ python acc.py 10
pi@raspberrypi:~/Chapter05 $ python accArgv.py 10
55
pi@raspberrypi:~/Chapter05 $ python accArgv.py 100
5050
pi@raspberrypi:~/Chapter05 $ python accArgv.py 1000
500500
pi@raspberrypi:~/Chapter05 $

圖 5-7　系統命令提示執行 accumulate 定義函數

5-2 輸入與輸出

5-2-1 print 函數

print 這一個函數，相信大家都已經非常的熟悉，但如何使得列印輸出更整齊，卻常常被忽略，format 函數可以解決此問題。以圖 5-8 程式爲例，如果沒有使用 format 函數，則輸出無法標齊對正如圖 5-9，設計者需費心自行調整，才能使得輸出變得整齊排列；但如果 print 函數搭配 format 函數使用，程式如圖 5-10 所示，因此輸出可以整齊的排列，變得更容易讀取與辨識如圖 5-11 所示。

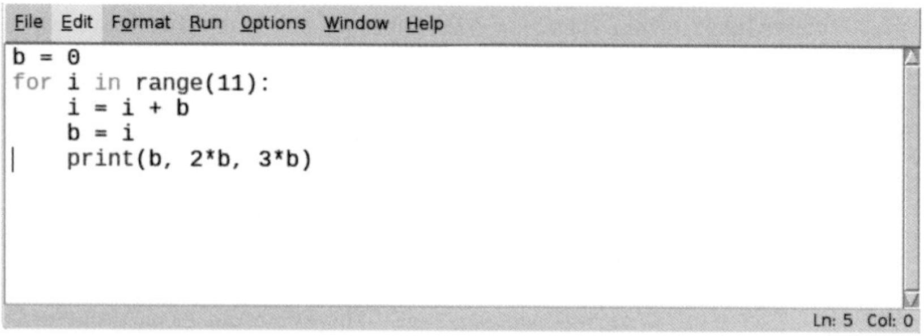
File Edit Format Run Options Window Help
b = 0
for i in range(11):
    i = i + b
    b = i
    print(b, 2*b, 3*b)
Ln: 5 Col: 0

圖 5-8　沒有 format 函數程式

```
Python 3.5.3 Shell
File Edit Shell Debug Options Window Help
Python 3.5.3 (default, Jan 19 2017, 14:11:04)
[GCC 6.3.0 20170124] on linux
Type "copyright", "credits" or "license()" for more information.
>>>
================ RESTART: /home/pi/Chapter05/printNoformat.py ====
============
0 0 0
1 2 3
3 6 9
6 12 18
10 20 30
15 30 45
21 42 63
28 56 84
36 72 108
45 90 135
55 110 165
>>>
Ln: 17 Col: 4
```

圖 5-9　沒有 format 函數程式執行結果

```
File Edit Format Run Options Window Help
b = 0
for i in range(11):
    i = i + b
    b = i
    print('{0:2d} {1:3d} {2:4d}'.format(b, 2*b, 3*b))

Ln: 6 Col: 0
```

圖 5-10　有 format 函數程式

```
File Edit Shell Debug Options Window Help
Python 3.5.3 (default, Jan 19 2017, 14:11:04)
[GCC 6.3.0 20170124] on linux
Type "copyright", "credits" or "license()" for more information
.
>>>
================= RESTART: /home/pi/Chapter05/printFormat.py ==
===============
 0   0    0
 1   2    3
 3   6    9
 6  12   18
10  20   30
15  30   45
21  42   63
28  56   84
36  72  108
45  90  135
55 110  165
>>> 
Ln: 17 Col: 4
```

圖 5-11　有 format 函數程式執行結果

在圖 5-10 程式中 {0:2d}，其中 0 指的是 3 列數字中的第一列，2d 則代表輸出會佔用 2 個數字的位置。{0:2d} 和 {1:3d} 中間的空白位置，則不列入計算例如將 {0:2d} 改爲 {2:10d}(圖 5-12)，則原輸出的第一列會輸出第三列的值，並佔用 10 個數字位置如圖 5-13 所示。

```
File  Edit  Format  Run  Options  Window  Help
b = 0
for i in range(11):
    i = i + b
    b = i
    print('{2:10d} {1:3d} {2:4d}'.format(b, 2*b, 3*b))
                                                    Ln: 5  Col: 54
```

圖 5-12　列印格式更改

```
File  Edit  Shell  Debug  Options  Window  Help
Python 3.5.3 (default, Jan 19 2017, 14:11:04)
[GCC 6.3.0 20170124] on linux
Type "copyright", "credits" or "license()" for more information.
>>>
=============== RESTART: /home/pi/Chapter05/printFormatTest.py =====
==========
         0   0    0
         3   2    3
         9   6    9
        18  12   18
        30  20   30
        45  30   45
        63  42   63
        84  56   84
       108  72  108
       135  90  135
       165 110  165
>>>
                                                    Ln: 17  Col: 4
```

圖 5-13　列印格式更改輸出結果

print 和 format 兩個函數的結合，也可以使用下列的幾種用法，直接將字串置於 format 內 (圖 5-14)：

```
File  Edit  Shell  Debug  Options  Window  Help
Python 3.5.3 (default, Jan 19 2017, 14:11:04)
[GCC 6.3.0 20170124] on linux
Type "copyright", "credits" or "license()" for more information.
>>> print('{0}, {1} and {2} are friends' . format('Robert', 'Mary
', 'John'))
Robert, Mary and John are friends
>>> print('{2}, {1} and {0} are friends' . format('Robert', 'Mary
', 'John'))
John, Mary and Robert are friends
>>>
                                                    Ln: 8  Col: 4
```

圖 5-14　print 與 format 函數字串列印

如果不考慮次序或重排等議題，上述指令中的數字編號 {0}，{1}，{2} 可以直接省略，會依序輸出字串如圖 5-15。

```
File  Edit  Shell  Debug  Options  Window  Help
Python 3.5.3 (default, Jan 19 2017, 14:11:04)
[GCC 6.3.0 20170124] on linux
Type "copyright", "credits" or "license()" for more information.
>>> print('{}, {} and {} are friends' . format('Robert', 'Mary',
'John'))
Robert, Mary and John are friends
>>> |
                                                    Ln: 6  Col: 4
```

圖 5-15　無數字編號字串列印

小數點後數字的列印格式指令，可以使用 {0:.4f} 指令，0 代表應對 format 函數中的第一個元素，4f 代表要印出小數點後四位的數字，例如下列要印出 a 與 b 的程式 (圖 5-16)，可以觀察到，a 的輸出格式為小數點後四位的數字，輸出結果為 0.3333；而 b 的輸出格式為小數點後三位的數字，其輸出結果為 0.667。

```
File  Edit  Shell  Debug  Options  Window  Help
Python 3.5.3 (default, Jan 19 2017, 14:11:04)
[GCC 6.3.0 20170124] on linux
Type "copyright", "credits" or "license()" for more information.
>>> a = 1 / 3
>>> b = 2 / 3
>>> print ('a = {0:.4f}; b = {1:.3f}'.format(a, b))
a = 0.3333; b = 0.667
>>> |
                                                    Ln: 8  Col: 4
```

圖 5-16　小數點輸出格式程式

5-2-2　檔案開啓與讀寫

檔案開啓與讀寫常用的敘述式為：

f = open('fileName', 'w')

其中 open 是開啓檔案的函數，fileName 參數則是欲開啓的檔案名稱，w 參數代表欲執行的動作是寫入資料於檔案 fileName 中。

除了 w 參數以外，還有 r 參數代表讀取 fileName 檔案的資料，r + 參數代表可以讀取與寫入資料於 fileName 檔案，a 參數代表可以增加資料於 fileName 檔案內。

例如要讀取 acc.py 檔案，可以使用簡單程式 readFile 如圖 5-17，以 open() 函數開啓檔案做讀取的動作，再以 for 迴圈輸出讀取結果如圖 5-18

```
File  Edit  Format  Run  Options  Window  Help
f = open ('acc.py', 'r')
for line in f:
    print(line, end = '')
f.close()

                                              Ln: 5  Col: 0
```

圖 5-17　readFile 程式

```
File  Edit  Shell  Debug  Options  Window  Help
Python 3.5.3 (default, Jan 19 2017, 14:11:04)
[GCC 6.3.0 20170124] on linux
Type "copyright", "credits" or "license()" for more information.
>>>
================== RESTART: /home/pi/Chapter05/readFile.py ==========
========
def accumulate(n):
    b = 0
    for i in range(n+1):
        i = i + b
        b = i
    return(b)
>>>
                                              Ln: 12  Col: 4
```

圖 5-18　readFile 程式輸出結果

讀取檔案還有 read() 及 readline() 兩個函數可以使用，read() 會讀出所有檔案內容，readline() 會每次讀取一行，使用這兩個函數前，需先確認檔案是否已經開啓 (open)，read() 函數的使用方法及結果輸出如圖 5-19 所示。

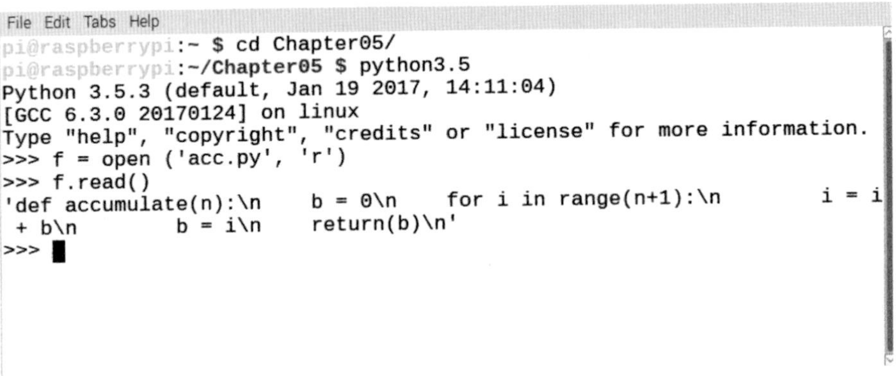

```
File  Edit  Tabs  Help
pi@raspberrypi:~ $ cd Chapter05/
pi@raspberrypi:~/Chapter05 $ python3.5
Python 3.5.3 (default, Jan 19 2017, 14:11:04)
[GCC 6.3.0 20170124] on linux
Type "help", "copyright", "credits" or "license" for more information.
>>> f = open ('acc.py', 'r')
>>> f.read()
'def accumulate(n):\n    b = 0\n    for i in range(n+1):\n        i = i
 + b\n        b = i\n    return(b)\n'
>>> 
```

圖 5-19　read() 函數

readline() 函數的使用方式，也是需要先開啓檔案後，才能逐行讀取，每次僅能讀取一行，整個檔案讀完後，繼續再執行 readline() 函數，會出現空白字元。

```
>>> f = open('acc.py', 'r')
>>> f.readline()
'def accumulate(n):\n'
>>> f.readline()
'    b = 0\n'
>>> f.readline()
'    for i in range(n + 1):\n'
>>> f.readline()
'        i = i + b\n'
>>> f.readline()
'        b = i\n'
>>> f.readline()
'    return(b)\n'
```

檔案已讀完，再執行 readline() 函數，會得到空白字元。

```
>>> f.readline()
''
```

輸出如圖 5-20 所示

```
File Edit Tabs Help
pi@raspberrypi:~/Chapter05 $ python3.5
Python 3.5.3 (default, Jan 19 2017, 14:11:04)
[GCC 6.3.0 20170124] on linux
Type "help", "copyright", "credits" or "license" for more informat
ion.
>>> f = open ('acc.py', 'r')
>>> f.readline()
'def accumulate(n):\n'
>>> f.readline()
'    b = 0\n'
>>> f.readline()
'    for i in range(n+1):\n'
>>> f.readline()
'        i = i + b\n'
>>> f.readline()
'        b = i\n'
>>> f.readline()
'    return(b)\n'
>>> f.readline()
''
```

圖 5-20　readline() 函數

如要寫入資料到 testWrite.py 檔案，再將寫入檔案讀出，可以使用簡單程式 writeFile.py 如圖 5-21，此程式也需要先以 open() 函數開啓檔案，並標註所要做的是寫入 (w) 的動作，接著以 write() 函數寫入資料於檔案內，再以原先的 readFile.py 程式碼讀出剛剛寫入的資料如圖 5-22 所示，此處要注意的是一旦檔案被開啓爲寫的屬性後，原先儲存的資料會被清空；此外一定要在寫完資料後，下 close() 的指令，否則永遠讀不到檔案內容。

```
File Edit Format Run Options Window Help
f = open ('testWrite.py', 'w')
f.write('Rober, Mary, John\rJanet, Jenny, Jennifer')
f.close()
f = open ('testWrite.py', 'r')
for line in f:
    print(line,'')
f.close()
                                              Ln: 4  Col: 28
```

圖 5-21　writeFile 程式

```
File Edit Shell Debug Options Window Help
Python 3.5.3 (default, Jan 19 2017, 14:11:04)
[GCC 6.3.0 20170124] on linux
Type "copyright", "credits" or "license()" for more information.
>>>
================= RESTART: /home/pi/Chapter05/writeFile.py ========
==========
Rober, Mary, John

Janet, Jenny, Jennifer
>>> |
                                                        Ln: 9 Col: 4
```

圖 5-22　writeFile 程式執行結果

如果要同時讀寫一個檔案，則需使用 r + 這一個開啓檔案的選項，當檔案開啓後，原先所存入的檔案內容依然不變，可以進行讀取動作，但剛寫入的資料，在還未呼叫 close() 函數前，是無法讀到的。

在已經存入 Robert 的檔案 testRW.py 中，先以 r + 屬性開啓此一檔案，再以 write() 函數加入 Mary 與 John 資料進去，然後以 print() 函數讀取如程式 rwFile.py(圖 5-23)，可以發現只有讀到 Robert(圖 5-24)，讀不到 Mary 與 John 資料，需等到 close() 函數執行，下一次的讀取動作，程式 rwFile1.py(圖 5-25)，才讀得到 Mary 與 John 資料如圖 5-26。

```
File Edit Format Run Options Window Help
f = open ('testRW.py', 'w')
f.write('Robert, ')
f.close()
f = open ('testRW.py', 'r+')
f.write('Mary, John')
for line in f:
    print(line,'')
f.close()
                                                        Ln: 7 Col: 18
```

圖 5-23　rwFile 程式

```
File  Edit  Shell  Debug  Options  Window  Help
Python 3.5.3 (default, Jan 19 2017, 14:11:04)
[GCC 6.3.0 20170124] on linux
Type "copyright", "credits" or "license()" for more information.
>>>
=================== RESTART: /home/pi/Chapter05/rwFile.py ===========
========
Robert,
>>>
                                                          Ln: 7  Col: 4
```

圖 5-24　rwFile 程式執行結果

```
File  Edit  Format  Run  Options  Window  Help
f = open ('testRW.py', 'w')
f.write('Robert, ')
f.close()
f = open ('testRW.py', 'r+')
f.write('Mary, John')
for line in f:
    print(line,'')
f.close()
f = open ('testRW.py', 'r')
for line in f:
    print(line,'')
f.close()

                                                          Ln: 12  Col: 9
```

圖 5-25　rwFile1 程式

```
File  Edit  Shell  Debug  Options  Window  Help
Python 3.5.3 (default, Jan 19 2017, 14:11:04)
[GCC 6.3.0 20170124] on linux
Type "copyright", "credits" or "license()" for more information.
>>>
=================== RESTART: /home/pi/Chapter05/rwFile1.py ==========
=========
Robert,
Robert, Mary, John
>>>
                                                          Ln: 8  Col: 4
```

圖 5-26　rwFile1 程式執行結果

另外一個開啓檔案的屬性是附加資料，其參數是 a，當檔案是附加資料屬性，可以 write() 函數將資料附加於檔案後方，將已含有 Robert, Mary, John 等資料的 testRW.py 檔案，再加上 Janet, Jenny, Jennifer 的 appFile.py 程式如圖 5-27，輸出結果如圖 5-28 所示。

```
File  Edit  Format  Run  Options  Window  Help
f = open ('testRW.py', 'a')
f.write(', Janet, Jenny, Jennifer')
f.close()
f = open ('testRW.py', 'r')
for line in f:
    print(line,'')
f.close()
                                                Ln: 3  Col: 9
```

圖 5-27　appFile 程式

```
File  Edit  Shell  Debug  Options  Window  Help
Python 3.5.3 (default, Jan 19 2017, 14:11:04)
[GCC 6.3.0 20170124] on linux
Type "copyright", "credits" or "license()" for more information.
>>>
=================== RESTART: /home/pi/Chapter05/appFile.py =========
==========
Robert, Mary, John, Janet, Jenny, Jennifer
>>> |
                                                Ln: 7  Col: 4
```

圖 5-28　appFile 程式執行結果

檔案資料也可以使用字串函數 str() 做一次性輸入，例如姓名加學號的組合 nameId 其內容爲 ('Robert', 10117357, 'Mary', 10117356, 'John', 10117358)，可以 write() 函數直接呼叫 nameId，寫入開啓的檔案中，程式如圖 5-29，而檔案中所儲存的資料爲 ('Robert', 10117357, 'Mary', 10117356, 'John', 10117358)，輸出結果如圖 5-30。

```
File  Edit  Format  Run  Options  Window  Help
f = open ('testRW.py', 'w')
nameId = ('Robert', 10117357, 'Mary', 10117356, 'John', 10117358)
f.write(str(nameId))
f.close()
f = open ('testRW.py', 'r')
for line in f:
    print(line,'')
f.close()
                                                        Ln: 9  Col: 0
```

圖 5-29　wstrFile 程式

```
File  Edit  Shell  Debug  Options  Window  Help
Python 3.5.3 (default, Jan 19 2017, 14:11:04)
[GCC 6.3.0 20170124] on linux
Type "copyright", "credits" or "license()" for more information.
>>>
================= RESTART: /home/pi/Chapter05/wstrFile1.py ===========
======
('Robert', 10117357, 'Mary', 10117356, 'John', 10117358)
>>> |
                                                        Ln: 7  Col: 4
```

圖 5-30　wstrFile 程式執行結果

最後還有一種特殊開啓檔案用法，其參數爲 rb +，用法和 r + 參數類似，但其寫入資料型態必須爲位元組的格式，可以使用 seek() 函數，做位元組資料定位用，寫入 b'Robert, S10117357, Mary, S10117356, John, S10117358' 後，以 seek() 函數定位第 19 個位元組位置是 M，以 read() 函數讀取 4 個位元組，所得到的資料是 Mary，再以 seek() 函數定位第 25 個位元組位置是 S，以 read() 函數讀取 9 個位元組，所得到的資料是 S10117356，此處需注意的是位置的算法，空白也算是一個位元組，rb+File.py 位元組讀取及定位程式如圖 5-31，其執行結果如圖 5-32 所示。

```
File Edit Format Run Options Window Help
f = open ('testRW.py', 'rb+')
f.write(b'Robert, S10117357, Mary, S10117356, John, S10117358')
position = f.seek(19)
print(position)
dataRead = f.read(4)
print(dataRead)
position = f.seek(25)
print(position)
dataRead = f.read(9)
print(dataRead)
f = open ('testRW.py', 'r')
for line in f:
    print(line,'')
f.close()
                                                    Ln: 2 Col: 35
```

圖 5-31　rb + File 程式

```
File Edit Shell Debug Options Window Help
Python 3.5.3 (default, Jan 19 2017, 14:11:04)
[GCC 6.3.0 20170124] on linux
Type "copyright", "credits" or "license()" for more information.
>>>
================== RESTART: /home/pi/Chapter05/rb+File.py ============
======
19
b'Mary'
25
b'S10117356'
Robert, S10117357, Mary, S10117356, John, S101173587358)
>>>
                                                    Ln: 11 Col: 4
```

圖 5-32　rb + File 程式執行結果

read() 函數執行資料讀取時，若未先執行位元組定位 seek() 的動作，則會由第 0 個位置開始讀取，而 read() 函數內的參數，則代表要讀取的位元組數量，例如 read(4) 則表示讀取連續四個位元組，而定位點則會直接移動到第五個位元，如果再執行一次 read(4)，則定位點則會移動到第九個位元，如需重新定位，則需執行 seek() 函數，例如執行 seek(0)，則會回到第一個位置，如要印出全部資料，則可以使用 read(51) 的這一個指令，以上執行步驟及指令請參考 position.py 程式如圖 5-33，按下選項列 Run 內的 Run Module，可以得到執行結果如圖 5-34。

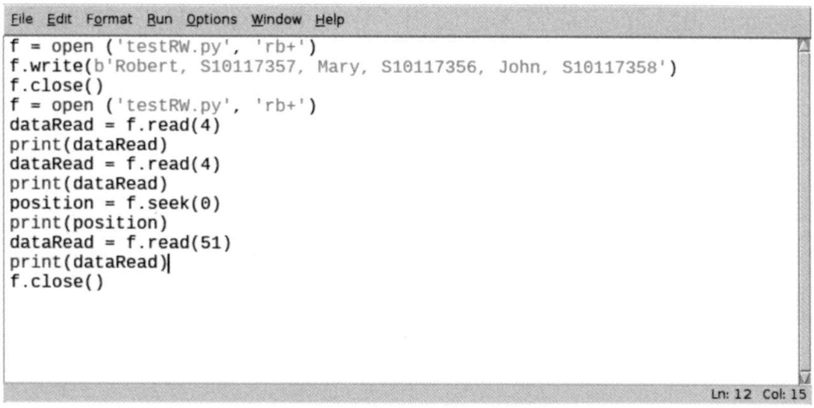

```
File Edit Format Run Options Window Help
f = open ('testRW.py', 'rb+')
f.write(b'Robert, S10117357, Mary, S10117356, John, S10117358')
f.close()
f = open ('testRW.py', 'rb+')
dataRead = f.read(4)
print(dataRead)
dataRead = f.read(4)
print(dataRead)
position = f.seek(0)
print(position)
dataRead = f.read(51)
print(dataRead)
f.close()
                                                    Ln: 12 Col: 15
```

圖 5-33　position 程式

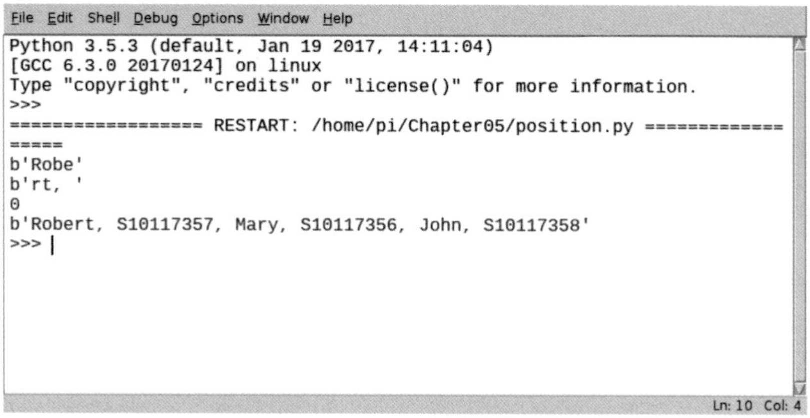

```
File Edit Shell Debug Options Window Help
Python 3.5.3 (default, Jan 19 2017, 14:11:04)
[GCC 6.3.0 20170124] on linux
Type "copyright", "credits" or "license()" for more information.
>>>
================== RESTART: /home/pi/Chapter05/position.py =============
=====
b'Robe'
b'rt, '
0
b'Robert, S10117357, Mary, S10117356, John, S10117358'
>>> |
                                                    Ln: 10 Col: 4
```

圖 5-34　position 程式執行結果

5-3 錯誤與例外

5-3-1 錯誤

語法錯誤是程式設計者，最常遇到的問題，通常都是拼錯字，漏字或縮排錯誤，例如忘記在 for 迴圈的句尾加上冒號：

```
>>> for i in range(10)
print(i)


SyntaxError:invalid syntax
```

系統回覆語法錯誤訊息。

或者應在 range 後方的小括號，卻使用了中括號，都是屬於語法錯誤。

```
>>> for i in range[10]:
print(i)


SyntaxError:invalid syntax
```

系統回覆語法錯誤訊息。

縮排錯誤也會產生語法錯誤：

```
>>> for i in range(10):
print(i)
SyntaxError:expected an indented block
```

系統回覆語法錯誤訊息。

print(i) 改 print('i') 同樣地也會產生語法錯誤：

```
>>> for i in range(10):
print('i')


SyntaxError:invalid syntax
```

系統回覆語法錯誤訊息。

語法錯誤範例請參考圖 5-35。

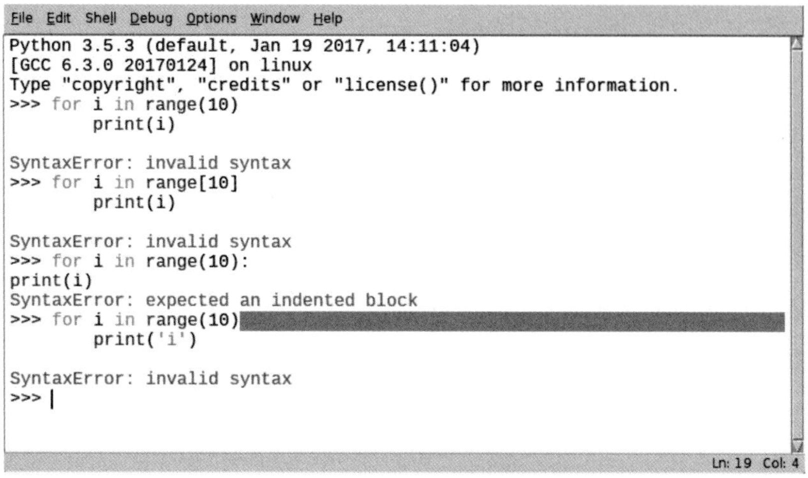

```
File Edit Shell Debug Options Window Help
Python 3.5.3 (default, Jan 19 2017, 14:11:04)
[GCC 6.3.0 20170124] on linux
Type "copyright", "credits" or "license()" for more information.
>>> for i in range(10)
	print(i)

SyntaxError: invalid syntax
>>> for i in range[10]
	print(i)

SyntaxError: invalid syntax
>>> for i in range(10):
print(i)
SyntaxError: expected an indented block
>>> for i in range(10)
	print('i')

SyntaxError: invalid syntax
>>> |
Ln: 19 Col: 4
```

圖 5-35　語法錯誤範例

5-3-2　例外

名稱錯誤 (NameError) 與型態錯誤 (TypeError) 被歸類於例外，通常是在執行程式時，所產生的一種錯誤，例如 for 迴圈的 range 拼成 ramge，則會產生名稱錯誤 (NameError)：

```
>>> for i in ramge(10):
print(i)


File "<pyshell#10>", line 1, in <module>
for i in ramge(10):
NameError:name 'ramge' is not defined
```

系統回覆名稱錯誤訊息。

將 str(a) 指定給 i 時，因爲 a 未定義，所以會產生名稱錯誤。

```
>>> i = str(a)
Traceback(most recent call last):
File "<pyshell#21>", line 1, in <module>
i = str(a)
NameError:name 'a' is not defined
```

系統回覆名稱錯誤訊息。

名稱錯誤範例請參考圖 5-36。

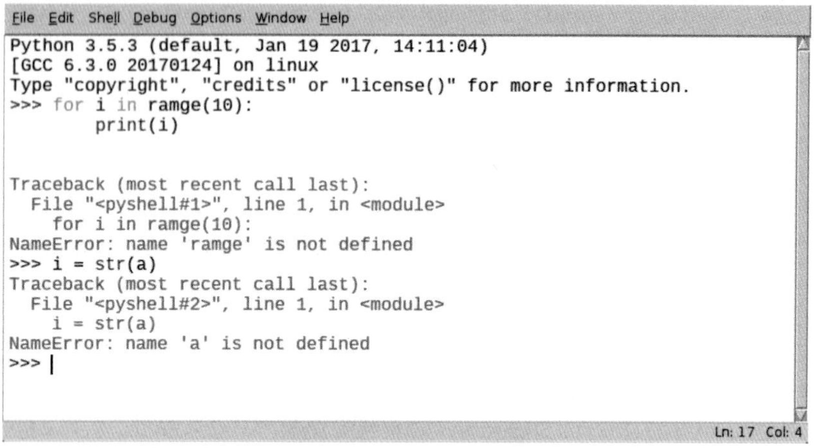

```
File  Edit  Shell  Debug  Options  Window  Help
Python 3.5.3 (default, Jan 19 2017, 14:11:04)
[GCC 6.3.0 20170124] on linux
Type "copyright", "credits" or "license()" for more information.
>>> for i in ramge(10):
        print(i)


Traceback (most recent call last):
  File "<pyshell#1>", line 1, in <module>
    for i in ramge(10):
NameError: name 'ramge' is not defined
>>> i = str(a)
Traceback (most recent call last):
  File "<pyshell#2>", line 1, in <module>
    i = str(a)
NameError: name 'a' is not defined
>>> |
                                                    Ln: 17  Col: 4
```

圖 5-36　名稱錯誤範例

將字元 'a' 與數字 10 相加，因爲兩者型態不同，所以會產生型態錯誤。

```
>>> 'a' + 10
Traceback(most recent call last):
File "<pyshell#23>", line 1, in <module>
'a' + 10
TypeError:Can't convert 'int' object to str implicitly
```

系統回覆型態錯誤訊息。

同樣的錯誤可能發生在下列的程式中，使用 input() 函數將鍵盤輸入數值存到 a，此時 a 的型態是字串，並非數字，所以無法與其他數字進行任何的運算。

```
>>> a = input('please input a number:')
please input a number:2
>>> a + 2
Traceback(most recent call last):
File "<pyshell#9>", line 1, in <module>
a + 2
TypeError:Can't convert 'int' object to str implicitly
```

系統回覆型態錯誤訊息，型態錯誤範例請參考圖 5-37。

```
File  Edit  Shell  Debug  Options  Window  Help
Python 3.5.3 (default, Jan 19 2017, 14:11:04)
[GCC 6.3.0 20170124] on linux
Type "copyright", "credits" or "license()" for more information.
>>> 'a' + 10
Traceback (most recent call last):
  File "<pyshell#0>", line 1, in <module>
    'a' + 10
TypeError: Can't convert 'int' object to str implicitly
>>> a = input('please input a number: ')
please input a number: 2
>>> a + 2
Traceback (most recent call last):
  File "<pyshell#2>", line 1, in <module>
    a + 2
TypeError: Can't convert 'int' object to str implicitly
>>> |
                                                    Ln: 16  Col: 4
```

圖 5-37　型態錯誤範例

5-3-3　例外掌控

當有例外出現時，程式通常會停止執行，但針對這種狀況，可以使用 try 與 except 的組合解決程式停止執行的狀況。

圖 5-38 程式在未指定 x 值之前，執行 x = x + 1 敘述，會產生 NameError，但我們使用 except NameError: 敘述控制程式執行 except NameError: 所定義的敘述 try，要求輸入 x 的值，若輸入的值為非數字，會產生 ValueError，程式會執行 except ValueError: 所定義的敘述，告訴程式設計者，輸入的不是一個數字，因此會回到與此 except ValueError: 對應的 try:，繼續輸入數字，若偵測到此次是輸入數字，則程式會回到最上層的 try:，並將此輸入的 x 數值做 x = x + 1 的運算，接著 print 函數輸出後，即執行 break 跳出程式，回到 python 提示符號。

```
File  Edit  Format  Run  Options  Window  Help
y = 3
while y > 1:
        try:
            x = x + 1
            print('x + 1= {}'.format(x))
            break
        except NameError:
            print("'x' is unknown!")
            try :
                x = int(input("Please assign a number to 'x': "))
            except ValueError:
                print("It's not a number. Please try again!")
                                                    Ln: 12  Col: 27
```

圖 5-38　tryExcept 程式

執行 tryExcept 時，因為 x 值為未知，所會出現 'x' is unknown! 這一行字，接下來因為此錯誤是 NameError，所以出現 Please assign a number to 'x':，如果我們輸入 d，此時會造成數值錯誤，出現要求重新輸入一個數值的句子 It's not a number. Please try again!，程式又重新回到第一層，此時 x 的值為 d，仍然不是一個數值，再次產生 NameError，並因此而出現第二次警告 'x' is unknown!，接下來程式控制權轉移到下一層的 try:，此次我們輸入一個數值 888，可以得到輸出 x + 1 = 889，tryExcept.py 程式執行結果如圖 5-39 所示。

```
File  Edit  Shell  Debug  Options  Window  Help
Python 3.5.3 (default, Jan 19 2017, 14:11:04)
[GCC 6.3.0 20170124] on linux
Type "copyright", "credits" or "license()" for more information.
>>>
======================= RESTART: /home/pi/tryExcept.py =================
======
'x' is unknown!
Please assign a number to 'x': d
It's not a number. Please try again!
'x' is unknown!
Please assign a number to 'x': 888
x + 1= 889
>>> |
                                                          Ln: 12  Col: 4
```

圖 5-39　tryExcept 程式執行結果

5-4 類別

程式設計時有的物件經常被使用，頻繁的出現在程式中，例如定義函數，可能會佔用較多的程式撰寫空間，我們可以將這些物件存在類別之中，在呼叫時不需重複撰寫所有的程式碼，可以使程式看起來更簡潔與結構化。此外定義好類別後，類別內的物件可以不斷被呼叫使用，非常方便。

例如要建立一個學生名冊，可以宣告一個學生名冊類別 nameList，程式開始先以 __init__ 函數定義初始學生名冊為空集合，學生名字、性別及學號的原始資料則定義於 orgStd 定義函數內，並定義人員新增資料於 newStd 定義函數，名冊列印由 printList 函數負責，程式如圖 5-40 所示。

orgStd 定義函數內的初始資料為：

['Robert', 'male', 'S10117357',

'Mary', 'female', 'S10117356',

'John', 'male', 'S10117358']

將利用 newStd 定義函數輸入的兩筆新同學資料：

['Jason', 'male', 'S10117359']

['Janet', 'female', 'S10117355']

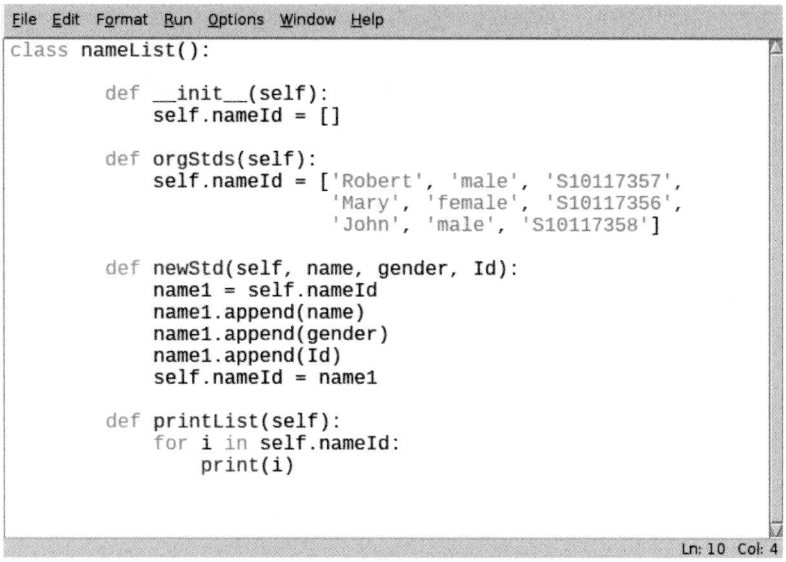

```
File  Edit  Format  Run  Options  Window  Help
class nameList():

        def __init__(self):
            self.nameId = []

        def orgStds(self):
            self.nameId = ['Robert', 'male', 'S10117357',
                           'Mary', 'female', 'S10117356',
                           'John', 'male', 'S10117358']

        def newStd(self, name, gender, Id):
            name1 = self.nameId
            name1.append(name)
            name1.append(gender)
            name1.append(Id)
            self.nameId = name1

        def printList(self):
            for i in self.nameId:
                print(i)
                                                        Ln: 10  Col: 4
```

圖 5-40　nameList 程式

執行新增第一筆同學資料前，必須先按 F5 或 run namelist.py 這一個程式如圖 5-41 及 5-42 所示。

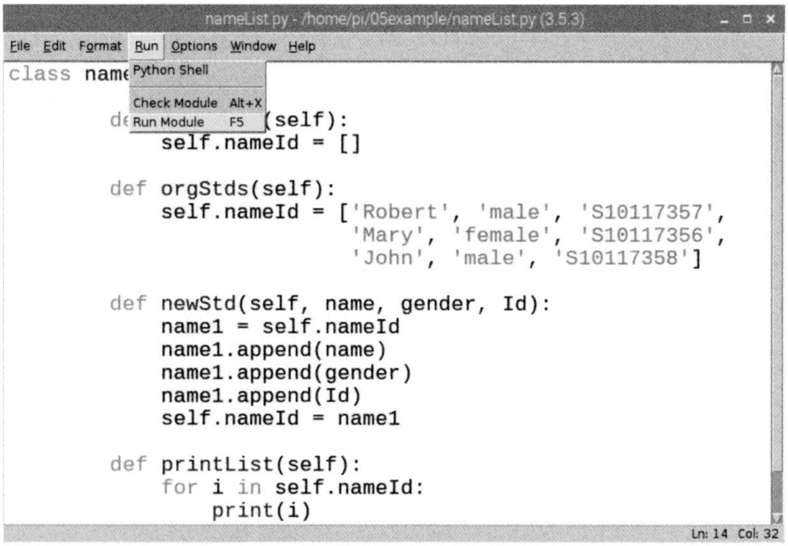

```
nameList.py - /home/pi/05example/nameList.py (3.5.3)
File  Edit  Format  Run  Options  Window  Help
class name  Python Shell

            Check Module  Alt+X
        de  Run Module    F5   (self):
            self.nameId = []

        def orgStds(self):
            self.nameId = ['Robert', 'male', 'S10117357',
                           'Mary', 'female', 'S10117356',
                           'John', 'male', 'S10117358']

        def newStd(self, name, gender, Id):
            name1 = self.nameId
            name1.append(name)
            name1.append(gender)
            name1.append(Id)
            self.nameId = name1

        def printList(self):
            for i in self.nameId:
                print(i)
                                                        Ln: 14  Col: 32
```

圖 5-41　執行 nameList 程式 1

圖 5-42 執行 nameList 程式 2

接著在系統提示符號內輸入圖 5-43 的敘述，執行新增第一筆 Jason 同學的資料，新增第二筆 Janet 同學的資料如圖 5-44 所示。

```
File Edit Shell Debug Options Window Help
Python 3.5.3 (default, Jan 19 2017, 14:11:04)
[GCC 6.3.0 20170124] on linux
Type "copyright", "credits" or "license()" for more information.
>>>
================= RESTART: /home/pi/Chapter05/nameList.py =================
>>> x = nameList()
>>> x.orgStds()
>>> x.newStd('Jason', 'male', 'S10117359')
>>> x.printList()
Robert
male
S10117357
Mary
female
S10117356
John
male
S10117358
Jason
male
S10117359
>>> |
Ln: 22 Col: 4
```

圖 5-43 新增第一筆 Jason 同學的資料

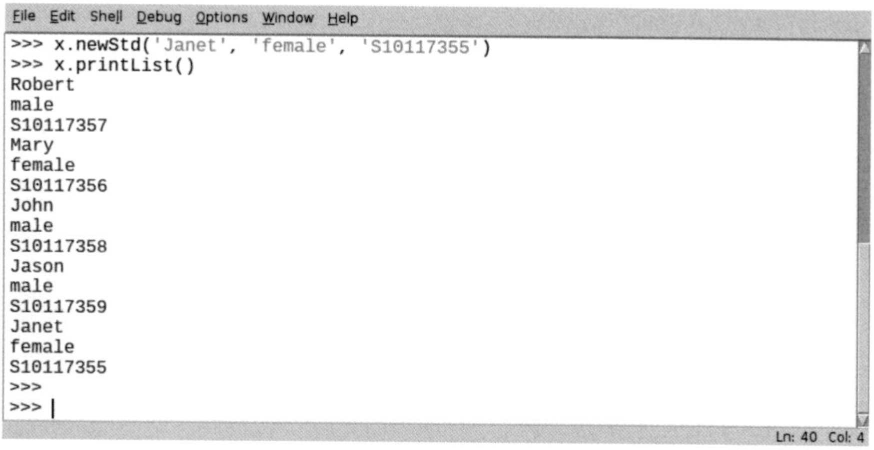

```
File  Edit  Shell  Debug  Options  Window  Help
>>> x.newStd('Janet', 'female', 'S10117355')
>>> x.printList()
Robert
male
S10117357
Mary
female
S10117356
John
male
S10117358
Jason
male
S10117359
Janet
female
S10117355
>>>
>>> |
                                                   Ln: 40  Col: 4
```

圖 5-44　新增第二筆 Janet 同學的資料

重點複習

1. Python 程式本身可以當作一個模組使用，當撰寫程式需要用到此模組時，只需以 import 方式呼叫即可。
2. 在使用整合式 IDLE 系統視窗的狀況下，可以點選開發環境工具編輯視窗上 Run 選項下的 Run Module 或 F5 快速鍵，執行該模組。
3. 列印函數 print 輸出要整齊易讀，則需搭配類似 format 這一類的函數，使得輸出排列整齊，而不需要程式設計者自行調整。例如 print('a = {0:.4f}; b = {1:.3f}'.format(a, b)) 這一個敘述將 a 的輸出格式爲小數點後四位的數字，b 的輸出格式爲小數點後三位的數字。
4. 檔案開啓與寫入可以使用 f = open('fileName', 'w')，r 參數代表讀取 fileName 檔案的資料，r + 參數代表可以讀取與寫入資料於 fileName 檔案，a 參數代表可以增加資料於 fileName 檔案內。
5. read() 會讀出所有檔案內容，readline() 會每次讀取一行，使用這兩個函數前，需先確認檔案是否已經開啓 (open)。
6. 語法錯誤是程式設計者，最常遇到的問題，通常都是拼錯字、漏字或縮排錯誤。
7. 名稱錯誤 (NameError) 與型態錯誤 (TypeError) 被歸類於例外，通常是在執行程式時，所產生的一種錯誤。
8. 當有例外出現時，程式通常會停止執行，但針對這種狀況，可以使用 try 與 except 的組合解決程式停止執行的狀況。
9. 程式設計時常發現，有的物件經常被使用，頻繁的出現在程式中會佔用較多的程式撰寫空間，我們可以將這些物件存在類別之中，在呼叫時不需重複撰寫所有的程式碼，可以使程式看起來更簡潔與結構化。
10. 在 IDLE 上使用類別時，必須先執行此類別 Python 程式，再輸入指令敘述於系統提示符號上。

課後評量

選擇題：

(　　) 1. Python 程式本身可以當作一個模組使用，當撰寫程式需要用到此模組時，只需以何種指令呼叫即可？

(A) if　(B) for　(C) while　(D) import。

(　　) 2. 於 IDLE 執行程式，快速鍵爲何？

(A) F4　(B) F5　(C) F6　(D) F7。

(　　) 3. 檔案開啓與寫入可以使用何指令？

(A) f = open('fileName', 'r')　(B) f = open('fileName', 'a')

(C) f = open('fileName', 'w')　(D) 以上皆非。

(　　) 4. 檔案開啓與唯讀可以使用何指令？

(A) f = open('fileName', 'r')　(B) f = open('fileName', 'a')

(C) f = open('fileName', 'w')　(D) 以上皆非。

(　　) 5. 檔案開啓與增加資料可以使用何指令？

(A) f = open('fileName', 'r')　(B) f = open('fileName', 'a')

(C) f = open('fileName', 'w')　(D) 以上皆非。

(　　) 6. print ('a = {0:.4f}; b = {1:.3f}'.format(a, b))a 小數點有幾位？

(A) 1　(B) 2　(C) 3　(D) 4。

(　　) 7. f = open('fileName', 'r + ') 敘述句意義爲何？

(A) 僅可以讀取資料　(B) 僅可以寫入資料　(C) 可以讀取與寫入資料

(D) 僅可以附加資料。

(　　) 8. read() 函數功能爲何？

(A) 讀出一行資料　(B) 讀出所有資料　(C) 讀出奇數行資料

(D) 讀出偶數行資料。

(　　) 9. readline() 函數功能爲何？

(A) 讀出一行資料　(B) 讀出所有資料　(C) 讀出奇數行資料

(D) 讀出偶數行資料。

(　　) 10. 名稱錯誤 (NameError) 通常發生於何階段？

(A) 編輯　(B) 直譯　(C) 執行　(D) 以上皆非。

(　　) 11. 型態錯誤 (TypeError) 通常發生於何階段？

(A) 編輯　(B) 直譯　(C) 執行　(D) 以上皆非。

(　　) 12. print('{0}, {1} and {2} are friends' . format('Robert', 'Mary', 'John')) 敘述句中，{0} 代表？

(A) Robert　(B) Mary　(C) John　(D) 0。

(　　) 13. print('{2}, {1} and {0} are friends' . format('Robert', 'Mary', 'John')) 敘述句中，{2} 代表？

(A) Robert　(B) Mary　(C) John　(D) 0。

(　　) 14. 程式 acc.py 的內容如下：

```
def accumulate(n):
b = 0
for i in range(n + 1):
i = i + b
b = i
return(B)
```

若檔案已開啓爲唯讀 (f = open('acc.py', 'r'))，則連續執行兩次 f.readline()，結果爲何？

(A) 'def accumulate(n):t\n'　(B) 'for i in range(n + 1):\n'　(C) 'i = i + b\n'
(D) 'b = 0\n'。

程式題：

1. 程式 acc.py 如圖 5-45，則 acc.accumulate(50) = ？

```
acc.py - /home/pi/05example/acc.py (3.5.3)
File Edit Format Run Options Window Help
def accumulate(n):
    b = 0
    for i in range(n+1):
        i = i + b
        b = i
    return(b)
                                                Ln: 1 Col: 0
```

圖 5-45　程式題第 1 題

2. 程式 accArgv.py 如圖 5-46，則 LX 終端機的指令句 python accArgv.py 20 = ？

```
*accArgv.py - /home/pi/05example/accArgv.py (3.5.3)*
File Edit Format Run Options Window Help
def accumulate(n):
    b = 0
    for i in range(n+1):
        i = i + b
        b = i
    print(b)
if __name__ == "__main__":
    import sys
    accumulate(int(sys.argv[1]))
                                                Ln: 4 Col: 17
```

圖 5-46　程式題第 2 題

3. 撰寫程式使得螢幕可以得到下列輸出如圖 5-47。

```
Python 3.5.3 Shell
File Edit Shell Debug Options Window Help
Python 3.5.3 (default, Jan 19 2017, 14:11:04)
[GCC 6.3.0 20170124] on linux
Type "copyright", "credits" or "license()" for more informat
ion.
>>>
======= RESTART: /home/pi/05HW/HW03_printFormat.py =======
  0   0    0
  1   2    3
  3   6    9
  6  12   18
 10  20   30
 15  30   45
 21  42   63
 28  56   84
 36  72  108
 45  90  135
 55 110  165
 66 132  198
 78 156  234
 91 182  273
105 210  315
120 240  360
136 272  408
153 306  459
171 342  513
190 380  570
Ln: 26  Col: 4
```

圖 5-47　程式題第 3 題

4. 寫出圖 5-48 程式題第 4 題執行結果

```
HW04_writeFile.py - /home/pi/05HW/HW04_writeFile.py (3.5.3)
File Edit Format Run Options Window Help
f = open ('testWrite.py', 'w')
f.write('Rober, Mary, John, Janet\rJenny, Jennifer')
f.close()
f = open ('testWrite.py', 'r')
for line in f:
    print(line,'')
f.close()
Ln: 8  Col: 0
```

圖 5-48　程式題第 4 題

5. 寫出圖 5-49 程式題第 5 題執行結果

```
HW05_rb+File.py - /home/pi/05HW/HW05_rb+File.py (3.5.3)
File  Edit  Format  Run  Options  Window  Help
f = open ('testRW.py', 'rb+')
f.write(b'Robert, S10117357, Mary, S10117356, John, S1011735
position = f.seek(20)
print(position)
dataRead = f.read(5)
print(dataRead)
position = f.seek(27)
print(position)
dataRead = f.read(10)
print(dataRead)
f = open ('testRW.py', 'r')
for line in f:
    print(line,'')
f.close()
Ln: 13  Col: 0
```

圖 5-49　程式題第 5 題

NOTE

第貳篇

實作篇

6
CHAPTER

樹莓派基礎 GPIO

本章重點

6-1 樹莓派排針功能簡介

樹莓派的 Pi Model B/B + 開發板，共有 40 個外接排針，其中包含電源，GPIO，PWM，SPI，I²C 及序列通訊界面，其對應排針位置如表 6-1 所示。

表 6-1　Pi Model B/B + 開發板排針對應位置

排針功能	排針位置名稱	PCB 板編號
5V 電源	5V	(2, 4)
3.3V 電源	3.3V	(1, 17)
GND 接地	GND	(6, 9, 14, 20, 25, 30, 34 39)
軟體 PWM	所有 GPIO	
硬體 PWM	GPIO12, GPIO13, GPIO18, GPIO19	32 33 12 35
SPI0	MOSI(GPIO10); MISO(GPIO9); SCLK(GPIO11); CE0(GPIO8), CE1(GPIO7)	19 21 23 24 26
SPI1	MOSI(GPIO20); MISO(GPIO19); SCLK(GPIO21); CE0(GPIO18); CE1(GPIO17); CE2(GPIO16)	38 35 40 12 11 36
I²C	Data:(GPIO2); Clock(GPIO3) EEPROM Data:(GPIO0);EEPROMClock(GPIO1)	3 5 27 28
Serial	TX(GPIO14); RX(GPIO15)	8 10

6-1-1 GPIO

GPIO 的全名是 General Purpose Input/Output，中文名稱是通用型之輸入輸出，是屬於數位接腳，早期以 8051 驅動其 GPIO 的應用非常廣泛，不論是大電力或弱電系統，都可以使用具有 GPIO 的 8051 擔任控制器，以其輸出電位的高低控制後端應用電路；近年廣受大家歡的 Arduino 也是一種 GPIO 的控制器，Arduino 有 14 個 GPIO 控制腳如圖 6-1 所示。

GPIO 在嵌入式系統扮演非常重要的角色，例如連接外部的溫濕度感測器、2.4G 無線傳輸模組、三軸加速器、雷射近接距離感測器、紅外線偵測器、CO 濃度感測器、CO2 濃度感測器、PM2.5 感測模組、水位高度偵測模組、聲音強度感測器、壓力感測模組、繼電器模組、蜂鳴器模組、光度感測等模組。

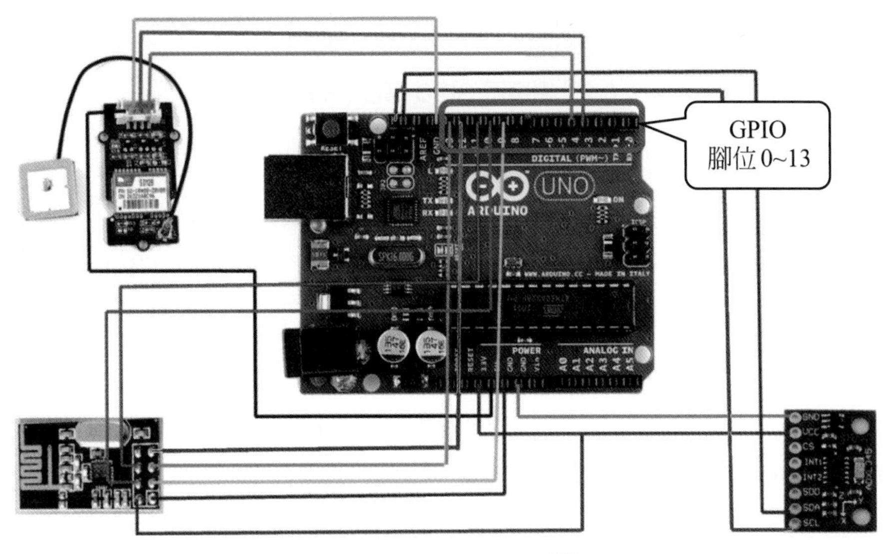

圖 6-1　Arduino GPIO 腳位

GPIO 本身具有輸入與輸出的功能，但通常程式設計者會將其定義爲輸入或輸出的其中一種功能，而程式設計也可以關閉或再起動 GPIO 腳位的功能，一般來說輸入腳位的值是可以讀取的，而輸出腳位的值是可以讀取及寫入的，通常輸入腳位會被用作中斷腳位。

樹莓派 GPIO 其主要功能是應用於嵌入式系統，因此 GPIO 扮演很重要的角色，GPIO 數量多寡，會影響嵌入式系統的擴充性，GPIO 數量愈多，則系統的擴充性愈強。樹莓派 GPIO 的數量依不同機型而有所不同，樹莓派 Pi Model B/B + 的 GPIO 共有 26 個常用的排針 (不含 GPIO0 及 GPIO1)，約爲 Arduino 的兩倍。

參考表 6-1 可以觀察到大部份的 GPIO 腳位，都有複數功能，例如 SPI 與 I^2C 介面所有的接腳都與 GPIO 共用，圖 6-2 的綠色圓點的部分就是 GPIO 排針的位置。

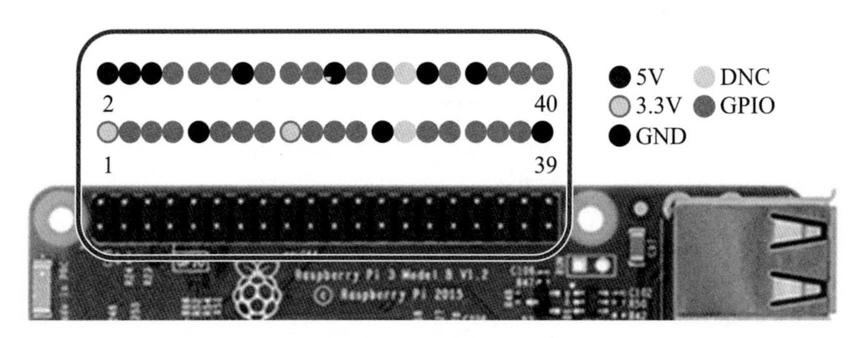

圖 6-2　樹莓派 GPIO 腳位 (Pi B/B +)

基本上 GPIO 與 PCB 排針的編號是不一樣的，因此在 Python 程式撰寫時，需要先宣告是使用 GPIO 編號或 PCB 編號，如需使用 GPIO 編號則需使用敘述句 GPIO.setmode(GPIO.BCM) 宣告，如需使用 PCB 編號則需使用敘述句 GPIO.setmode(GPIO.BOARD) 進行宣告，不論是使用 GPIO 編號或 PCB 編號，最重要的是確認硬體接線是否與宣告腳位定義模式相符，否則無法正確工作。

這兩種編號各有優缺點，使用 GPIO 編號則不需擔心會選到不是 GPIO 的腳位；而使用 PCB 編號時，硬體接線則較為方便，直接連接 PCB 相同腳位即可，無需再做一次 GPIO 到 PCB 編號的轉換，但程式使用者撰寫程式，要指定 GPIO 腳位時，必須先確認指定的腳位是否為 GPIO 腳位，表 6-2 則為 GPIO 與 PCB 編號對照圖。

表 6-2　GPIO 與 PCB 編號對照

排針位置名稱	PCB 板編號	排針位置名稱	PCB 板編號
GPIO2	3	GPIO15	10
GPIO3	5	GPIO16	36
GPIO4	7	GPIO17	11
GPIO5	29	GPIO18	12
GPIO6	31	GPIO19	35
GPIO7	26	GPIO20	38
GPIO8	24	GPIO21	40
GPIO9	21	GPIO22	15
GPIO10	19	GPIO23	16
GPIO11	23	GPIO24	18
GPIO12	32	GPIO25	22
GPIO13	33	GPIO26	37
GPIO14	08	GPIO27	13

6-1-2 SPI

SPI(Serial Peripheral Interface Bus) 是 Motorola(摩托羅拉) 公司開發的串列信號傳輸介面，通常有 SCLK(串列時序)，MOSI(主機輸出，從機輸入)，MISO(主機輸入，從機輸出)，CE(選擇從機) 如圖 6-3 所示。

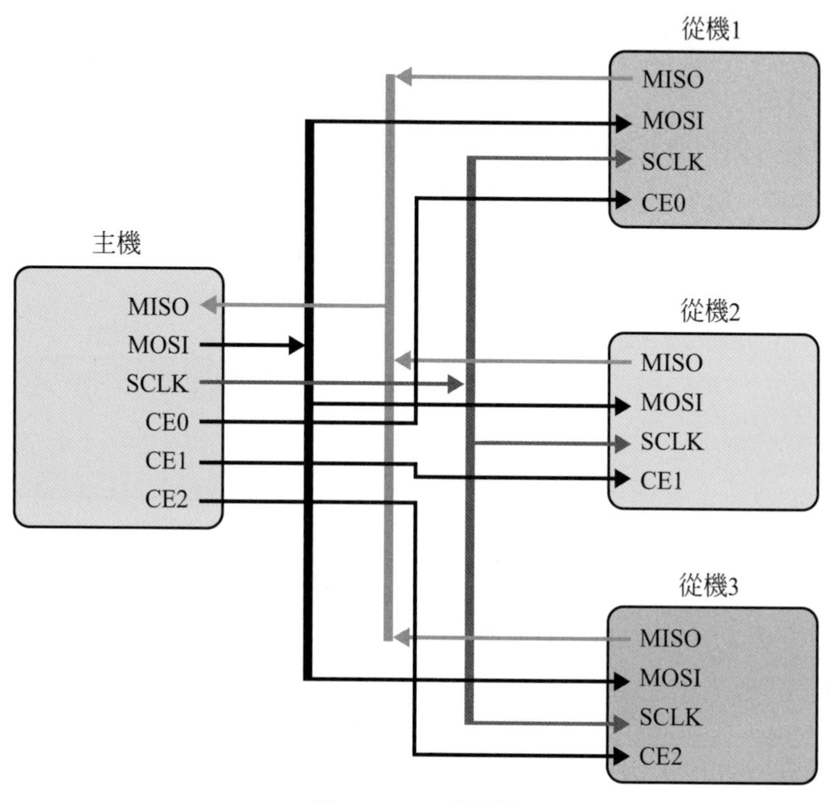

圖 6-3　SPI 接線圖

SPI 的 MISO(主機輸入，從機輸出) 和 MOSI(主機輸出，從機輸入) 負責資料訊號的傳送，因爲輸入與輸出各自獨立，所以是一種全雙工的通信介面，其最快傳輸速度可以達到 10Mbps 以上。

通常一個電子控制系統會連接複數個 SPI 模組，但同一時間，只能與一個模組通訊，因此需要 CE(選擇從機) 訊號，來決定要與系統中特定的 SPI 模組進行通訊。

6-1-3 I²C 介面

I²C(Inter-Integrated Circuit) 串列通訊協定是由飛利浦公司研發制訂的，I²C 和 SPI 一樣也是主從式架構，但腳位比較精簡，沒有類似 SPI 通訊界面的 CE 訊號來選擇從機，也沒有輸入與輸出實體隔離的機制。

I^2C 顧名思義，通訊時只需兩條線即可，這兩條線分別為 SCL(串列時脈) 及 SDA(串列資料)，SCL(串列時脈) 是時序訊號，提供資料傳送與接收的參考點；SDA(串列資料) 則是資料線，但僅此一條，因此要進行雙向傳輸，只能以半雙工方式傳輸訊號，也就是同一時間內，只能選擇訊號傳送或接收訊號功能其中一種，無法和 SPI 一樣地以全雙工模式同時傳送和接收訊號。

I^2C 串列通訊協定沒有類似 SPI 的從機制能訊號 CE，所以必須靠 IC 內部燒錄好的位址進行資料的存取，另外 I^2C 的 SCL 及 SDA 均為 Open Drain 組態，在輸出高電位時會有問題，所以需在應用電路上加上兩個 Pull-up(上拉) 電阻，電阻其中一端連接至 VCC 電源，另外一端則連接至 SCL 或 SDA 訊號，否則訊號傳輸極可能會發生錯誤，I^2C 接線圖如圖 6-4 所示，I^2C 串列通訊協定最快傳輸速度可達 3.2 Mbps。

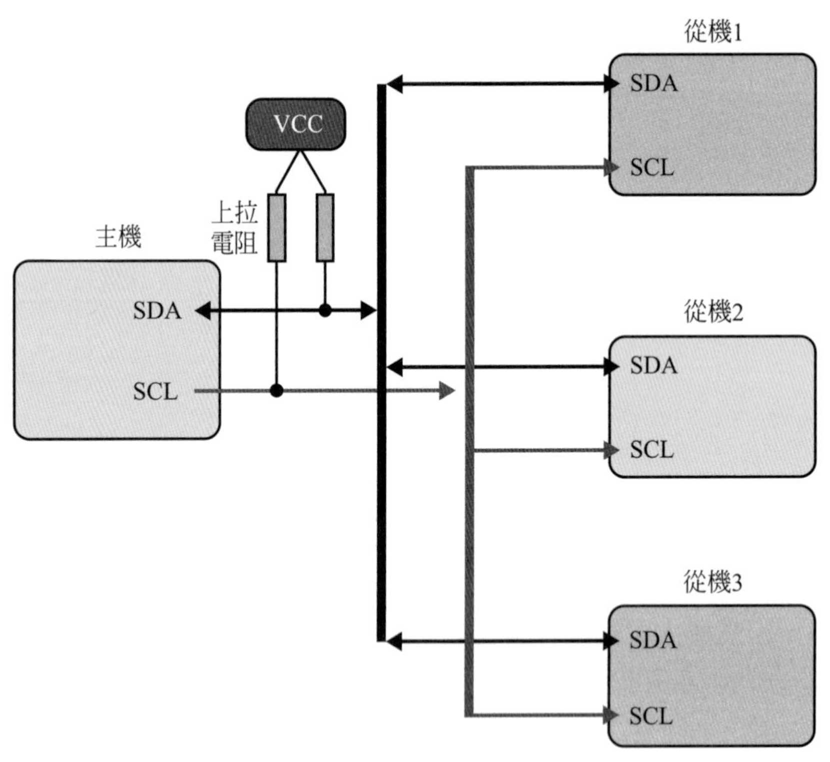

圖 6-4　I^2C 接線圖

6-2 GPIO 硬體接線注意事項

樹莓派的 GPIO 在使用時，須注意到其最大輸出電流爲 16 mA，26 腳位的樹莓派輸出電流總合不得超過 50mA，40 腳位的輸出機種電流總合則不得高於 100 mA。

樹莓派的 GPIO 工作電壓是 3.3V，請勿直接與 5V 準位訊號連接，否則有可能損壞 GPIO，或無法得到預期的輸出結果。樹莓派 GPIO 的 HIGH 與 LOW 準位分別是是 3.3V 與 0V，所以在與其他模組連接時，需注意到準位的轉換，建議可以使用現有的準位轉換模組，直接進行不同準位的訊號轉換，在 www.icshop.com.tw 電子零件網站，搜尋關鍵字：準位轉換，可以找到僅需 30 元的 5V 到 3.3V 的雙通道 (2 channel) 準位轉換模組 T74 Logic Level Converter 邏輯電平轉換器。

參考圖 6-5 的雙向準位轉換電路，以 5V 轉 3.3V 爲例 HV 與 LV 分別爲 5V 及 3.3V，HV_SIGNAL 接 5V 端訊號，LV_SIGNAL 則接 3.3V 端訊號，Q1 是 N 型的 MOSFET。

此雙向準位轉換電路工作原理如下：

1. LV_SIGNAL 爲 HIGH(3.3V)，Q1 不導通，SV_SIGNAL 約等於 HV，因此輸出爲 HIGH(5V)。
2. LV_SIGNAL 爲 LOW(0V)，Q1 導通，HV_SIGNAL 約等於 0V，因此輸出爲 LOW(0V)。
3. HV_SIGNAL 爲 HIGH(5V)，Q1 不導通，LV_SIGNAL 約等於 LV，因此輸出爲 HIGH(3.3V)。
4. HV_SIGNAL 爲 LOW(0V)，Q1 導通，LV_SIGNAL 約等於 0V，因此輸出爲 LOW(0V)。

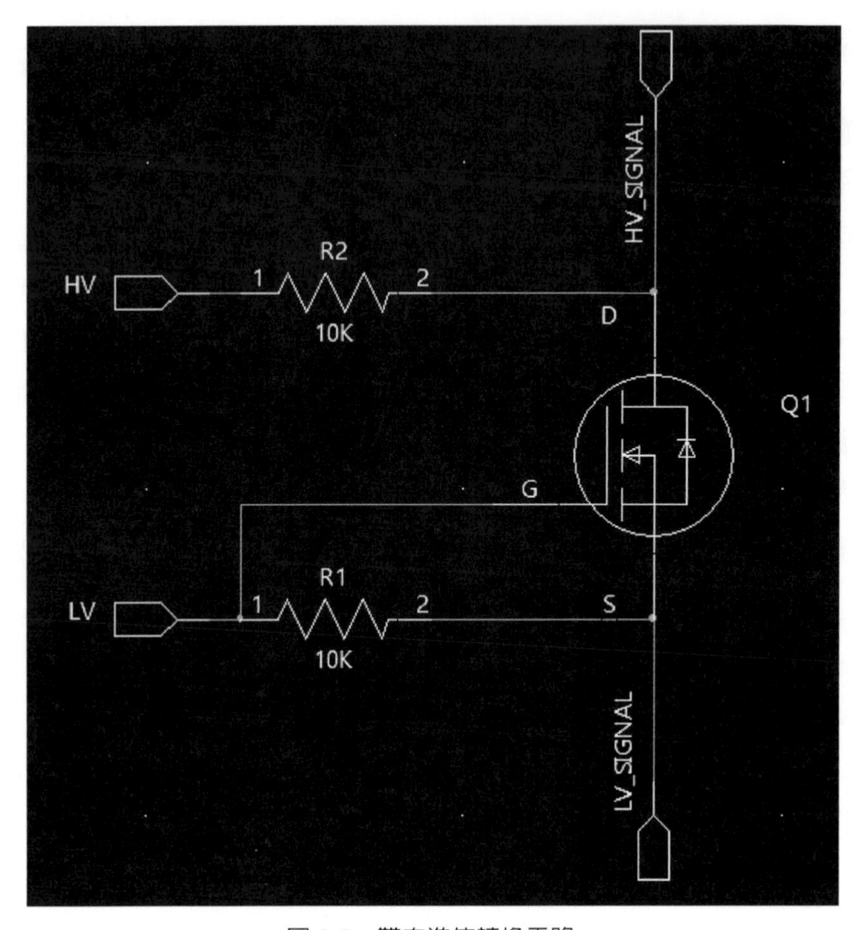

圖 6-5　雙向準位轉換電路

最後，也是一般使用者最容易發生的狀況，常在電源未關機時，為了方便，直接插拔 GPIO 上的連接線，如此也可能會損壞 GPIO 腳位，因此建議使用者，在插拔連接樹莓派的 GPIO 前，先關閉電源。

本章共有七個 GPIO 的實驗，實驗一～實驗七分別為：

實驗一：單顆 LED 亮滅

實驗二：4 顆 LED 跑馬燈之一

實驗三：4 顆 LED 跑馬燈之二

實驗四：溫溼度模組

實驗五：雷射測距模組

實驗六：RTC 計時模組

實驗七：手機遙控 LED 亮滅

6-3 實驗一：單顆 LED 亮滅

第一個設計的程式是一個經典的入門程式，這一個程式以 GPIO2 連接到 LED 先亮 0.2 秒後，再熄滅 0.2 秒，然後執行 5 次後，自動關閉。

需準備實驗材料清單如表 6-3 所示：

表 6-3　LED 亮滅實驗材料

實驗材料名稱	數量	規格	圖片
樹莓派 Pi3B	1	已安裝好作業系統的樹莓派	
麵包板	1	麵包板 8.5*5.5cm	
LED	1	單色插件式，顏色不拘	
電阻	1	插件式 470Ω，1/4W	
跳線	10	彩色杜邦雙頭線 (公 / 母)/20 cm	

在第一次做實驗前，先對所有實驗材料做簡單的介紹：

● 麵包板

紅、藍線所標示的孔位內部已連接，若中間有斷線，則代表內部也沒有連線，通常紅線用來接正電源使用，例如 3.3V 或 5V，藍色用來接地。此外縱向的孔洞，每 5 個為一組，內部也是連通的，如圖 6-6 所示。

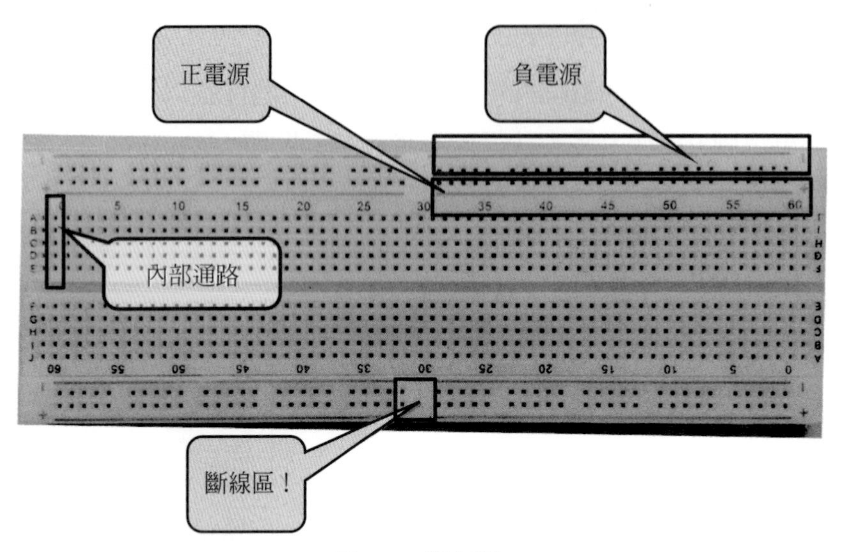

圖 6-6　麵包板

● 電阻

判讀插件式電阻外部印刷的色環，可以得到該電阻的阻值，不同的顏色代表不同的數字如表 6-4 所示。

表 6-4　色環與數字對照表

黑	棕	紅	橙	黃	綠	藍	紫	灰	白
0	1	2	3	4	5	6	7	8	9

電阻的前三環，基本上就可以決定電阻值，第 1、2 環代表數字，第三環代表 10 的冪次方數字。例如本實驗所用的電阻如圖 6-7 所示，其色環爲黃 (4)、紫 (7) 及棕 (1)，電阻值爲 $47 \times 10^1 = 470\Omega$。

圖 6-7　插件式電阻

判斷電阻值，也可以使用三用電表 (圖 6-8) 進行測量，以 470Ω 爲例，先將面板檔位選擇鈕選到 2K 處，再將測試棒分別搭在電阻的兩端，可以觀察到電阻值顯示於三用電表的顯示螢幕上，其量測值爲 466Ω，如圖 6-8 所示。

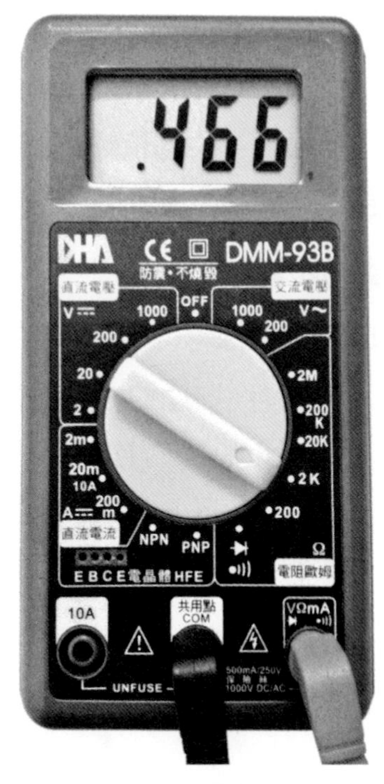

圖 6-8　以三用電表量測電阻

● LED

LED 是發光二極體的英文名稱縮寫，也是二極體的一種，所以腳位有極性之分，參考圖 6-9，可以觀察到兩個腳位長短不一，通常長的那一端是陽極，另一端則是陰極，當接上順向電壓 (高電壓接陽極，低電壓接陰極)，LED 就會發光。

圖 6-9　LED

發光二極體的好壞，也可以使用三用電表進行判斷，先將面板檔位選擇鈕，選到二極體符號處，再將紅色測試棒搭在長腳端，黑色測試棒搭在發光二極體的短端，此時發光二極體會發光，三用電表顯示 1.998 如圖 6-10 所示，1.998 的量測值，代表其導通時的順向電壓 (V_f) 爲 1.998V。

若將紅色測試棒搭在短腳端，黑色測試棒搭在發光二極體的長端，此時發光二極體不會發光，三用電表會顯示 1.0，此 1.0 代表發光二極體不導通爲開路狀態。

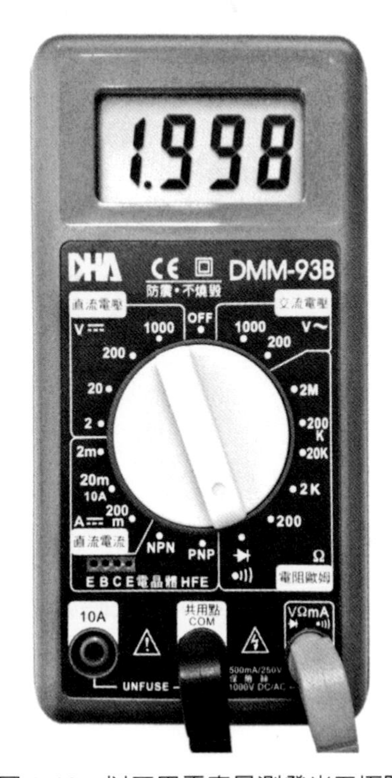

圖 6-10　以三用電表量測發光二極體

實驗摘要

以樹莓派 PCB 編號 3 的腳位，控制 LED 的亮滅，當 PCB 編號 3 的腳位輸出訊號是高準位 (HIGH)，LED 兩端沒有電壓差，因此不會導通，LED 不亮；但如果 PCB 編號 3 的腳位輸出訊號是低準位 (LOW)，LED 兩端產生電壓差，因此會導通，LED 發亮。

實驗步驟

1. 硬體接線：

   將插件式 470Ω 電阻一端接到 3.3V，另外一端與 LED 陽極連接，LED 的陰極則以黑色的杜邦雙頭線 (公 / 母) 接到樹莓派 PCB 編號的第 3 腳，也就是 GPIO2，PCB 編號的第 1 腳 3.3V 以紅色的杜邦雙頭線 (公 / 母)，連接到麵包板的左上角的紅線區如圖 6-11 所示。

圖 6-11　LED 實體接線圖

2. 程式設計：

   ★ PYTHON 程式碼如圖 6-12

```
LED_5times.py - /home/pi/LED_5times.py (3.5.3)
File Edit Format Run Options Window Help
import RPi.GPIO as GPIO
import time

LED_PIN = 3

GPIO.setmode(GPIO.BOARD)
GPIO.setup(LED_PIN, GPIO.OUT)

a=5
while a>0:
  print("HIGH")
  GPIO.output(LED_PIN,GPIO.HIGH)
  time.sleep(0.2)
  print("LOW")
  GPIO.output(LED_PIN,GPIO.LOW)
  time.sleep(0.2)

  a-=1
GPIO.cleanup()
Ln: 12 Col: 0
```

圖 6-12　LED 亮滅程式

★ LED 亮滅程式解說

import RPi.GPIO as GPIO	◆ 呼叫 GPIO 所需程式庫，因名稱較長，故改名為 GPIO。
import time	◆ 呼叫時間模組，後續的 sleep() 函數會用到此模組。
LED_PIN = 3	◆ 設定 LED_PIN 變數為 PCB 編號 3(GPIO2)
GPIO.setmode(GPIO.BOARD)	◆ GPIO 腳位編號模式設定為 PCB 編號方式。
GPIO.setup(LED_PIN, GPIO.OUT)	◆ 設定 LED_PIN 腳位屬性為輸出腳。
a = 5	◆ 設定變數 a 的初始值為 5
while a > 0:	◆ 當 a 的值大於 0，則執行後續的指令。
print("HIGH")	◆ 在螢幕上顯示 HIGH 字樣，提示目前程式執行狀態。
GPIO.output(LED_PIN,GPIO.HIGH)	◆ 設定 PCB 編號第 3 腳位為高邏輯電位 (約 3.3V)，LED 不亮。
time.sleep(0.2)	◆ time 模組的 sleep() 函數，會命令程式維持現狀 0.2 秒。
print("LOW")	◆ 在螢幕上顯示 LOW 字樣。
GPIO.output(LED_PIN,GPIO.LOW)	◆ 設定 LED_PIN(PCB 編號第 3 腳位) 為低邏輯電位 (約 0V)，LED 會發亮。
time.sleep(0.2)	◆ time 模組的 sleep() 函數，會命令程式維持現狀 0.2 秒。
a - = 1	◆ a = a - 1(每次執行到此處 a 的值減 1)
GPIO.cleanup()	◆ GPIO 的 cleanup() 函數會將所有設定的 GPIO 腳位回復原始狀態。

如果省略程式的最後敘述句 GPIO.cleanup() 函數，程式也可以正常運作，但下次執行程式時，會出現警告，警告使用者，LED_PIN 腳位已使用中，但不論如何還是執行目前程式，基本上並不會影響程式執行的正確性，雖然可以忽略它，但每次執行時都會出現這個警告如圖 6-13 所示。

GPIO 的 cleanup() 函數請勿放到程式最前面，因爲放了以後，毫無作用，不會清除任何現有腳位的任何狀態，再次執行時，依然存在錯誤訊息如圖 6-14 所示，但此次錯誤訊息則告訴程式設計者，無任何腳位會被清除，嘗試使用 cleanup() 函數於程式的結尾位置。

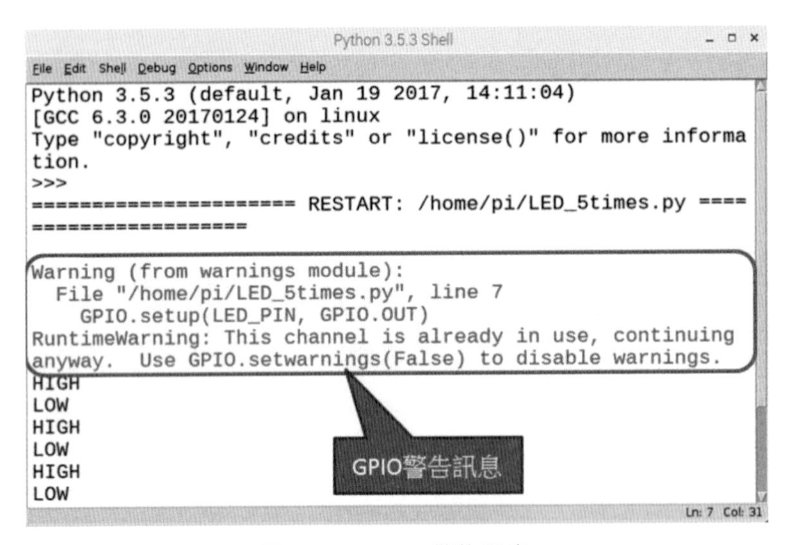

圖 6-13　GPIO 警告訊息

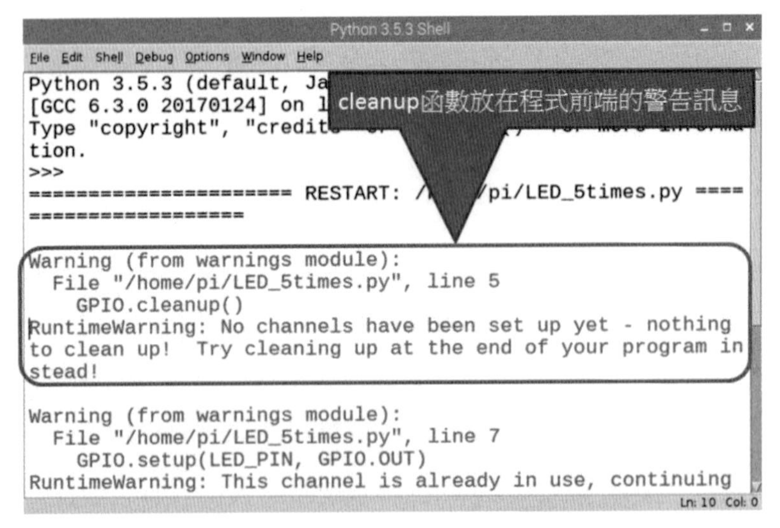

圖 6-14　cleanup 函數放在程式前端的警告訊息

3. 功能驗證：

   將樹莓派電源開啓，需有下列輸出才算執行成功：

   ★ LED 應該每 0.4 秒亮滅一次。

   ★ 螢幕上會顯示 HIGH, LOW 字樣重覆五次如圖 6-15 所示。

   ★ 程式執行完後，LED 恢復未執行前的狀態。

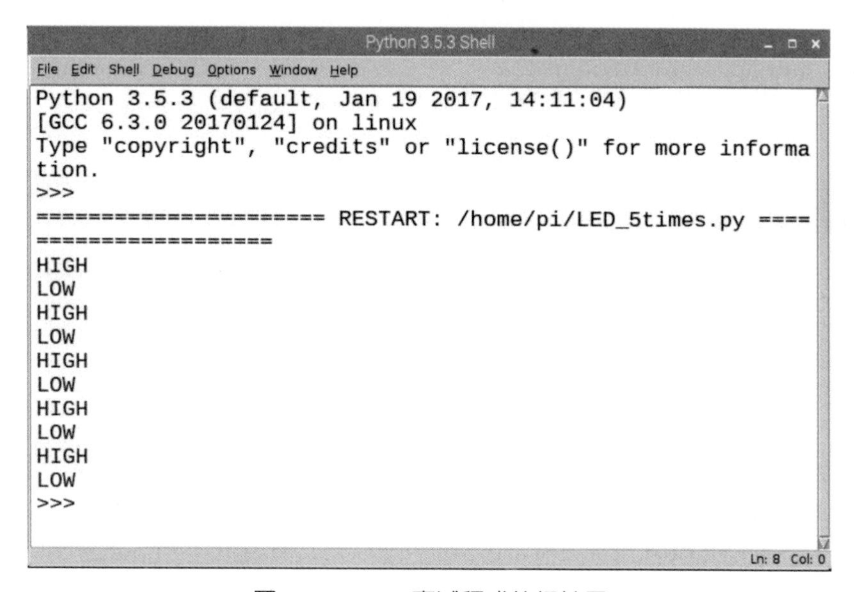

圖 6-15　LED 亮滅程式執行結果

6-4 實驗二：4 顆 LED 跑馬燈之一

實驗摘要

4 顆 LED 跑馬燈程式執行後會讓 4 顆分別接到 GPIO2, 3, 5, 6 的 LED 依序亮滅，每個 LED 亮完後，再換下一個 LED 亮，最後一個 LED 亮完後，再讓第一個 LED 亮，總共執行五次，此次實驗採用的是 GPIO 的編號，而非 PCB 的編號。

實驗步驟

1. 需準備實驗材料清單如表 6-5 所示

表 6-5　實驗材料清單

實驗材料名稱	數量	規格	圖片
樹莓派 Pi3B	1	已安裝好作業系統的樹莓派	
麵包板	1	麵包板 8.5 * 5.5 cm	
LED	4	單色插件式，顏色不拘	
電阻	4	插件式 470Ω，1/4W	
跳線	10	彩色杜邦雙頭線 (公 / 母)/20 cm	

2. 硬體接線：

將 4 個插件式 470Ω 電阻一端分別接到 3.3V，另外一端分別與 4 個 LED 陽極連接，LED 的陰極則以不同顏色的杜邦雙頭線 (公 / 母) 接到樹莓派的 GPIO2, 3, 55 腳，相對於 PCB 編號的第 3, 5, 29, 31 腳，PCB 編號的第 1 腳 3.3V 以紅色的杜邦雙頭線 (公 / 母)，連接到麵包板的上方的藍線區如圖 6-16 所示。

當 GPIO 的輸出訊號是高準位 (HIGH)，LED 兩端沒有電壓差，因此不會導通，LED 不亮；但如果 GPIO 的輸出訊號是低準位 (LOW)，LED 兩端產生電壓差，因此會導通，LED 發亮。

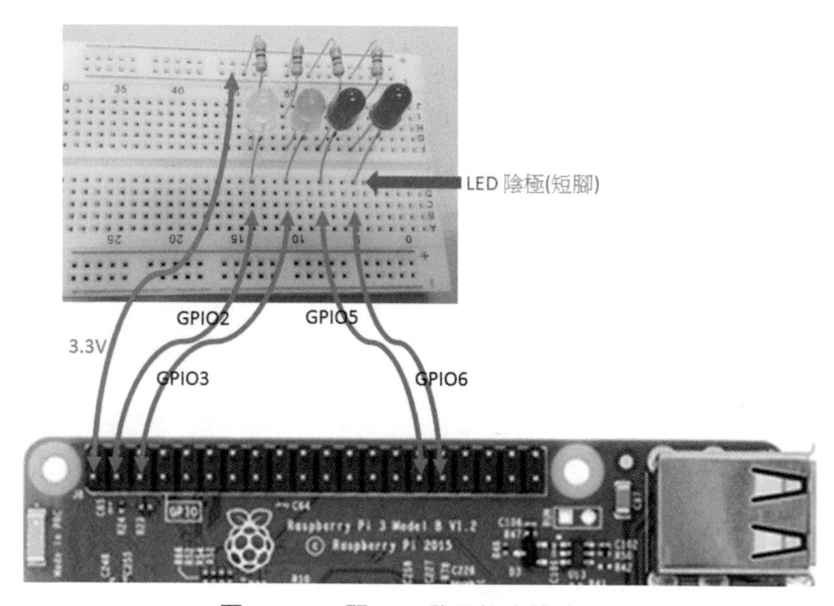

圖 6-16　4 顆 LED 跑馬燈實體接線圖

3. 程式設計：

基本上 4 顆 LED 跑馬燈程式爲前一個實驗的擴充，LED 亮滅的部份是一樣的，因爲要控制 4 顆不同的 LED 依序作動，所以需要先將 GPIO2, 3, 5, 6 使用敘述句 LED_PIN = [2, 3, 5, 6]，以串列 (LIST) 的型式包裝爲一矩陣形態，使用 for 迴圈設定 GPIO2, 3, 5, 6 爲輸出腳位，再用第二個 for 迴圈依序使對應 GPIO2, 3, 5, 6 腳位的 LED 亮滅，while 迴圈則依判斷式 a = 1 執行到 a = 5 共五次。

★ PYTHON 程式碼如圖 6-17

```
EX2_4LED_5timesMarquee.py - /ho...X2_4LED_5timesMarquee.py (3.5.3)
File Edit Format Run Options Window Help
import RPi.GPIO as GPIO
import time

LED_PIN = [2,3,5,6]
GPIO.setmode(GPIO.BCM)
for i in LED_PIN:
 GPIO.setup(i, GPIO.OUT)
 GPIO.output(i,GPIO.HIGH)

a=1
while a<6:
  print("LOOP %d"%a)

  for i in LED_PIN:
    print ('LED %d is ON'%i,end = ', ')
    GPIO.output(i,GPIO.LOW)
    time.sleep(0.2)
    print ("LED %d is OFF"%i)
    GPIO.output(i,GPIO.HIGH)

  a+=1
GPIO.cleanup()
Ln: 14 Col: 1
```

圖 6-17　4 顆 LED 跑馬燈程式

★ 4 顆 LED 跑馬燈程式之一解說

import RPi.GPIO as GPIO	◆ 呼叫 GPIO 所需程式庫，因名稱較長，故改名為 GPIO。
import time	◆ 呼叫時間模組，後續的 sleep() 函數會用到此模組。
LED_PIN = [2, 3, 5, 6]	◆ 設定 LED_PIN 變數為 GPIO2、GPIO3、GPIO5、GPIO6。
GPIO.setmode(GPIO.BCM)	◆ GPIO 腳位編號模式設定為 GPIO 編號方式。
for i in LED_PIN:	◆ i 會依序為 GPIO2、GPIO3、GPIO5、GPIO6。
GPIO.setup(i, GPIO.OUT)	◆ 設定 i 腳位屬性為輸出腳。
GPIO.output(i,GPIO.HIGH)	◆ 設定 i 腳位為高邏輯電位 (約 3.3V)。
a = 1	◆ 設定變數 a 的初始值為 1。
while a < 6:	◆ 當 a 的值小於 6，則執行後續的指令。
print("LOOP %d"%a)	◆ 在螢幕上顯示目前 LOOP 的次數，%d 代表整數，%a 代表數字 a。
for i in LED_PIN:	◆ i 會依序為 GPIO2、GPIO3、GPIO5、GPIO6。
print('LED %d is ON'%i,end = ',')	◆ 在螢幕上顯示 LED X is ON 字樣，end = ‘ ’ 代表末尾不換行，否則程式會依照內定值，直接跳行。
GPIO.output(i,GPIO.LOW)	◆ 設定 i(GPIO2、GPIO3、GPIO5、GPIO6) 腳位為低邏輯電位 (約 0V)，LED 會發亮。

time.sleep(0.2)	◆ time 模組的 sleep() 函數，會命令程式維持現狀 0.2 秒。
print("LED %d is OFF"%i)	◆ 在螢幕上顯示 LED X is OFF 字樣。
GPIO.output(i,GPIO.HIGH)	◆ 設定 i(GPIO2、GPIO3、GPIO5、GPIO6) 為高邏輯電位 (約 3.3V)，LED 不亮。
a + = 1	◆ a = a + 1(每次執行到此處 a 的值，自動加 1)。
GPIO.cleanup()	◆ GPIO 的 cleanup() 函數會將所有設定的 GPIO 腳位回復原始狀態。

4. 功能驗證：

將樹莓派電源開啓，需有下列輸出才算執行成功：

★ 4 顆 LED 應該依照 GPIO2、GPIO3、GPIO5、GPIO6 腳位的順序每 0.2 秒亮滅一次。

★ 螢幕上會顯示 LOOP X、LED X is ON、LED X is OFF 字樣重覆五次如圖 6-18 所示。

★ 程式執行完後，LED 恢復未執行前的狀態。

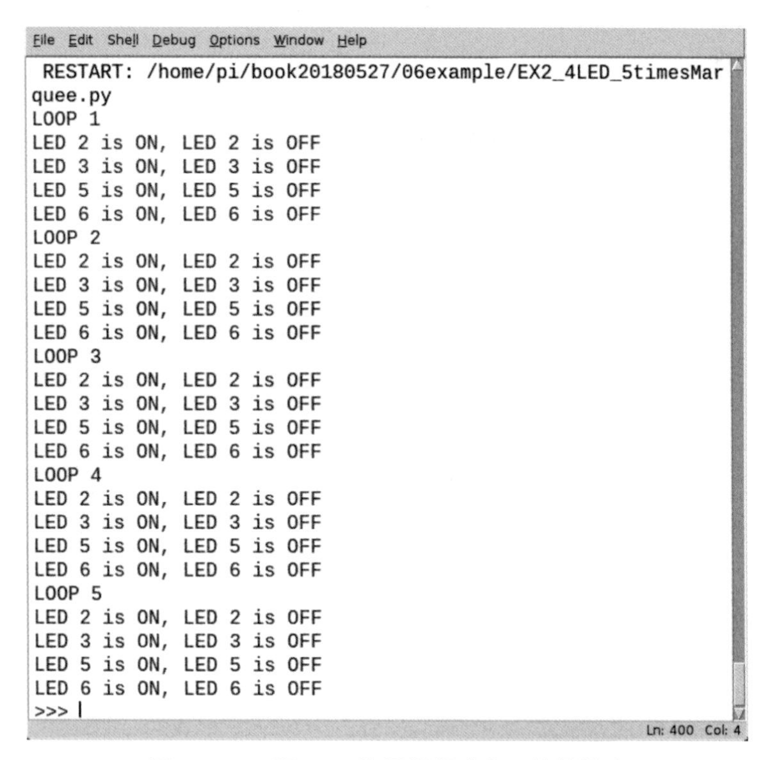
```
File Edit Shell Debug Options Window Help
 RESTART: /home/pi/book20180527/06example/EX2_4LED_5timesMar
quee.py
LOOP 1
LED 2 is ON, LED 2 is OFF
LED 3 is ON, LED 3 is OFF
LED 5 is ON, LED 5 is OFF
LED 6 is ON, LED 6 is OFF
LOOP 2
LED 2 is ON, LED 2 is OFF
LED 3 is ON, LED 3 is OFF
LED 5 is ON, LED 5 is OFF
LED 6 is ON, LED 6 is OFF
LOOP 3
LED 2 is ON, LED 2 is OFF
LED 3 is ON, LED 3 is OFF
LED 5 is ON, LED 5 is OFF
LED 6 is ON, LED 6 is OFF
LOOP 4
LED 2 is ON, LED 2 is OFF
LED 3 is ON, LED 3 is OFF
LED 5 is ON, LED 5 is OFF
LED 6 is ON, LED 6 is OFF
LOOP 5
LED 2 is ON, LED 2 is OFF
LED 3 is ON, LED 3 is OFF
LED 5 is ON, LED 5 is OFF
LED 6 is ON, LED 6 is OFF
>>> |
Ln: 400 Col: 4
```

圖 6-18　4 顆 LED 跑馬燈程式之一螢幕輸出

6-5 實驗三：4 顆 LED 跑馬燈之二

實驗摘要

4 顆 LED 跑馬燈程式執行後會讓 4 顆分別接到 GPIO2, 3, 5, 6 的 LED 依序亮滅，每個 LED 亮完後，再換下一個 LED 亮，最後一個 LED 亮完後，再讓第一個 LED 亮，為了使得程式設計具有更大的彈性，此次實驗使用 input() 函數指定需執行次數。

實驗步驟

1. 實驗材料清單與實驗二相同。
2. 硬體接線與實驗二相同
3. 程式設計：

   基本上 4 LED 跑馬燈程式之二，LED 循環亮滅次數的 while 迴圈是以下數方式 (a- = 1，每次執行此運算式時 a 的值減 1) 完成的，而非使用上數方式 (a + = 1) 做判斷；for 迴圈部份則是一樣的，GPIO2,3,5,6 腳位的 LED 亮滅次數 N 由使用鍵盤輸入的次數來決定，執行完成後自動停止。

   ★ PYTHON 程式碼如圖 6-19

```
EX3_4LED_NtimesMarquee.py - /...4LED_NtimesMarquee.py (3.5.3)
File Edit Format Run Options Window Help
import RPi.GPIO as GPIO
import time

LED_PIN = [2,3,5,6]
GPIO.setmode(GPIO.BCM)
for i in LED_PIN:
 GPIO.setup(i, GPIO.OUT)
 GPIO.output(i,GPIO.HIGH)
N = eval(input('LOOP NUMBER = '))
a = N
while a > 0:
  print("LOOP %d"%a)
  for i in LED_PIN:
   print ('LED %d is ON'%i,end = ', ')
   GPIO.output(i,GPIO.LOW)
   time.sleep(0.2)
   print ("LED %d is OFF"%i)
   GPIO.output(i,GPIO.HIGH)
  a-= 1
GPIO.cleanup()
Ln: 18 Col: 27
```

圖 6-19　4 顆 LED 跑馬燈程式之二

★ 4 顆 LED 跑馬燈程式之二解說

程式	說明
import RPi.GPIO as GPIO	◆ 呼叫 GPIO 所需程式庫，
import time	◆ 呼叫時間模組，後續的 sleep() 函數會用到此模組。
LED_PIN = [2, 3, 5, 6]	◆ 設定 LED_PIN 變數為 GPIO2, 3, 5, 6。
GPIO.setmode(GPIO.BCM)	◆ GPIO 腳位編號模式設定為 GPIO 編號方式。
for i in LED_PIN:	◆ i 會依序為 GPIO2, 3, 5, 6。
GPIO.setup(i, GPIO.OUT)	◆ 設定 i 腳位屬性為輸出腳。
GPIO.output(i,GPIO.HIGH)	◆ 設定 i 輸出腳位為高邏輯電位 (約 3.3V)。
N = eval(input('LOOP NUMBER = '))	◆ 顯示 LOOP NUMBER = 等字樣於螢幕上，輸入的值會存到 N 變數。
a = N	◆ 設定變數 a 的初始值為 N。
while a >0:	◆ 當 a 的值大於 0，則執行後續的指令。
print("LOOP %d"%a)	◆ 在螢幕上顯示目前 LOOP 的次數。
for i in LED_PIN:	◆ i 會依序為 GPIO2, 3, 5, 6。
print('LED %d is ON'%i,end = ', ')	◆ 在螢幕上顯示 LED X is ON 字樣。 ◆ end = ‘ ‘ 代表末尾不換行。
GPIO.output(i,GPIO.LOW)	◆ 設定 i(GPIO2, 3, 5, 6) 為低邏輯電位 (約 0V)，LED 會發亮。
time.sleep(0.2)	◆ time 模組的 sleep() 函數，會命令程式維持現狀 0.2 秒。
print('LED %d is OFF'%i)	◆ 在螢幕上顯示 LED X is OFF 字樣。
GPIO.output(i,GPIO.HIGH)	◆ 設定 LED_PIN(GPIO2, 3, 5, 6) 腳位為高邏輯電位 (約 3.3V)，LED 不亮。
a - = 1	◆ a = a - 1(每次執行到此處 a 的值，自動減 1。
GPIO.cleanup()	◆ GPIO 的 cleanup() 函數會將所有設定的 GPIO 腳位回復原始狀態。

4. 功能驗證：

將樹莓派電源開啓，需有下列輸出才算執行成功：

★ 螢幕會顯示 LOOP NUMBER =

★ 輸入 3

★ 4 顆 LED 應該依照 GPIO2、GPIO3、GPIO5、GPIO6 腳位的順序每 0.2 秒亮滅一次。

★ 螢幕上會顯示 LOOP X，LED X is ON，LED X is OFF 字樣重覆三次如圖 6-20 所示。

★ 程式執行完後，LED 恢復未執行前的狀態。

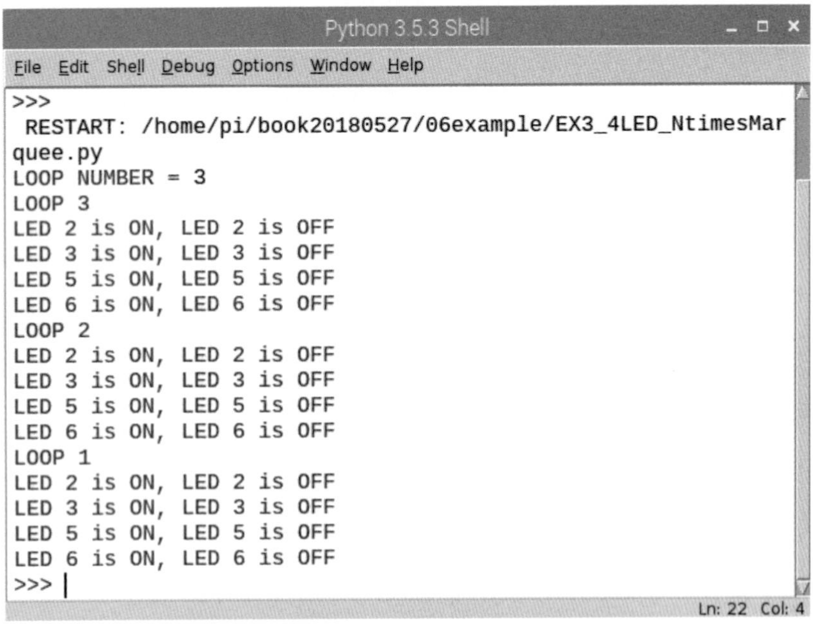

```
Python 3.5.3 Shell
File Edit Shell Debug Options Window Help
>>>
 RESTART: /home/pi/book20180527/06example/EX3_4LED_NtimesMar
quee.py
LOOP NUMBER = 3
LOOP 3
LED 2 is ON, LED 2 is OFF
LED 3 is ON, LED 3 is OFF
LED 5 is ON, LED 5 is OFF
LED 6 is ON, LED 6 is OFF
LOOP 2
LED 2 is ON, LED 2 is OFF
LED 3 is ON, LED 3 is OFF
LED 5 is ON, LED 5 is OFF
LED 6 is ON, LED 6 is OFF
LOOP 1
LED 2 is ON, LED 2 is OFF
LED 3 is ON, LED 3 is OFF
LED 5 is ON, LED 5 is OFF
LED 6 is ON, LED 6 is OFF
>>> |
                                                  Ln: 22  Col: 4
```

圖 6-20　4 顆 LED 跑馬燈程式之二螢幕輸出

6-6 實驗四：溫溼度模組

實驗摘要：

讀取 DHT11 溫溼度模組的溫度與濕度數據，並標註讀取時間。

實驗步驟：

1. 需準備實驗材料清單如表 6-6 所示

表 6-6　實驗材料清單

實驗材料名稱	數量	規格	圖片
樹莓派 Pi3B	1	已安裝好作業系統的樹莓派	
溫溼度感測模組	1	DHT11 溫溼度感測模組	
跳線	3	彩色杜邦雙頭線 (母 / 母)/20cm	

2. 硬體接線：

DHT11 溫溼度模組的 VCC 接到 3.3V，DATA 接 GPIO4，GND 則接到樹莓派的地如圖 6-21 所示。

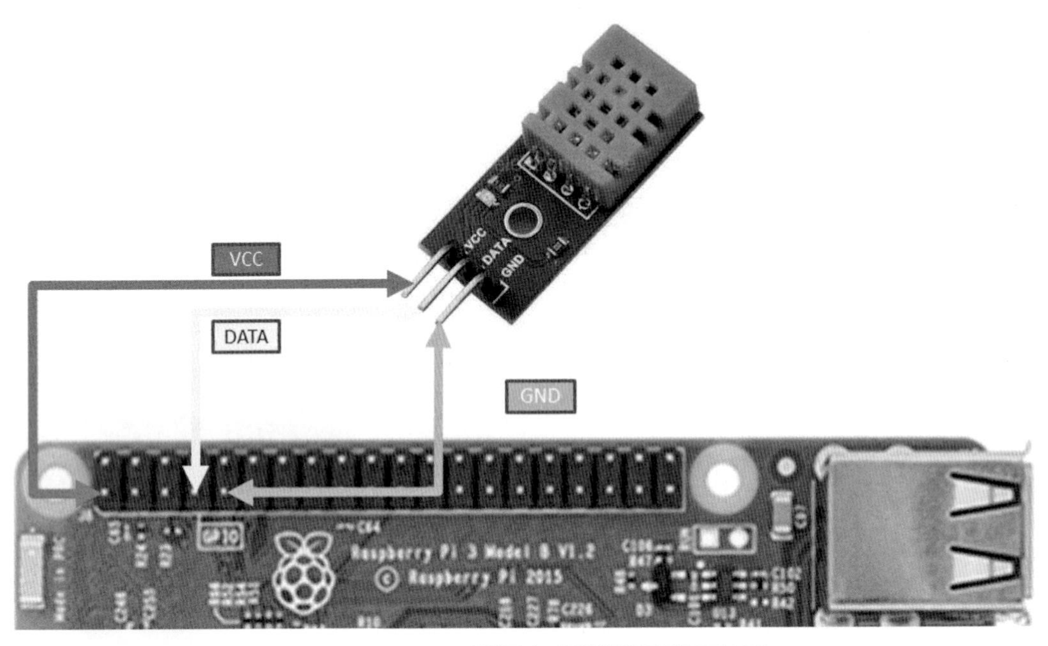

圖 6-21　DHT11 溫溼度感測模組實體連線圖

3. 程式設計：

將書本所附光碟中應用程式中的 DHT11_Python-master.zip 壓縮檔，先在 WINDOWS 系統解壓縮，DHT11_Python-master 資料夾再以 Filezilla 傳輸至樹莓派 /home/pi 資料夾下，執行"cd DHT11_Python-master"、，打開 dht11_example.py 程式如圖 6-22。

dht11_example.py - /home/pi/DHT...n-master/dht11_example.py

File Edit Format Run Options Window Help

```
import RPi.GPIO as GPIO
import dht11
import time

GPIO.setwarnings(True)
GPIO.setmode(GPIO.BCM)

instance = dht11.DHT11(pin=4)

while instance != None:
        result = instance.read()
        if result.is_valid():
                print("last update: " + str(time.ctime()))
                print("Temperature: %.1f C" % result.temperature)
                print("Humidity: %.1f %%" % result.humidity)

                time.sleep(2)
GPIO.cleanup()
```

圖 6-22　dht11_example.py 程式

★ dht11_example.py 程式解說

import RPi.GPIO as GPIO	◆ 呼叫 GPIO 所需的程式庫，因為名稱較長，所以改命名為 GPIO。
import dht11	◆ 呼叫 dht11
import time	◆ 呼叫時間模組，後續的 sleep() 函數會用到此模組。
GPIO.setmode(GPIO.BCM)	◆ GPIO 腳位編號模式設定為 GPIO 編號方式。
instance = dht11.DHT11(pin=4)	◆ 指定 GPIO4 為 DATA 腳位，並將 dht11.DHT11 函數指定給 instance。
whileinstance != None:	◆ 當有溫溼度資料回傳時。
result = instance.read()	◆ 溫溼度資料指定給 result。
if result.is_valid():	◆ 如果溫溼度資料格式是對的。
print("last update: " + str(time.ctime()))	◆ 輸出 last updte: + 現在時間。
print("Temperature: %.1f C" % result.temperature)	◆ 輸出溫度值。
print("Humidity: %.1f %%" % result.humidity)	◆ 輸出濕度值。
time.sleep(2)	◆ 延遲 2 秒。
GPIO.cleanup()	◆ GPIO 的 cleanup() 函數會將所有程式設定的 GPIO 腳位回復原始狀態。

4. 功能驗證：

需先確認 I²C 介面是否已開啓，將樹莓派電源開啓，溫溼度感測模組的資料每兩秒會顯示於螢幕上一次如圖 6-23。

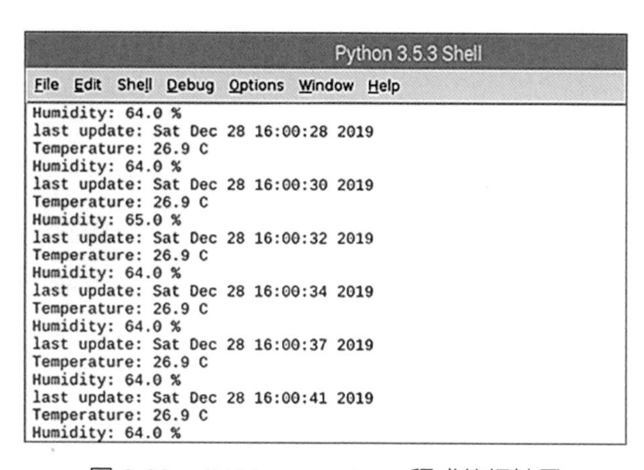
```
Humidity: 64.0 %
last update: Sat Dec 28 16:00:28 2019
Temperature: 26.9 C
Humidity: 64.0 %
last update: Sat Dec 28 16:00:30 2019
Temperature: 26.9 C
Humidity: 65.0 %
last update: Sat Dec 28 16:00:32 2019
Temperature: 26.9 C
Humidity: 64.0 %
last update: Sat Dec 28 16:00:34 2019
Temperature: 26.9 C
Humidity: 64.0 %
last update: Sat Dec 28 16:00:37 2019
Temperature: 26.9 C
Humidity: 64.0 %
last update: Sat Dec 28 16:00:41 2019
Temperature: 26.9 C
Humidity: 64.0 %
```


圖 6-23　dht11_example.py 程式執行結果

6-7 實驗五：雷射測距模組

VL53L0X 雷射測距模組是使用 Time of Flight 的方式測距，以連續發送光脈到目標物，然後接收從物體返回的光，再計算這些發射和接收光脈衝的飛行往返時間求得目標物距離，有效距離約 4 ～ 80cm。

實驗摘要：

讀取 VL53L0X 雷射測距模組的距離數據。

實驗步驟：

1. 需準備實驗材料清單如表 6-7 所示

表 6-7　實驗材料清單

實驗材料名稱	數量	規格	圖片
樹莓派 Pi3B	1	已安裝好作業系統的樹莓派	
雷射測距模組	1	VL53L0X 雷射測距模組	
跳線	4	彩色杜邦雙頭線 (母 / 母)/20cm	

2. 硬體接線：

VL53L0X 雷射測距模組的 VCC 接到 3.3V，SDA 接到 GPIO2(SDA)，SCL 接到 GPIO3(SCL)，GND 則接到樹莓派的地如圖 6-24 所示。

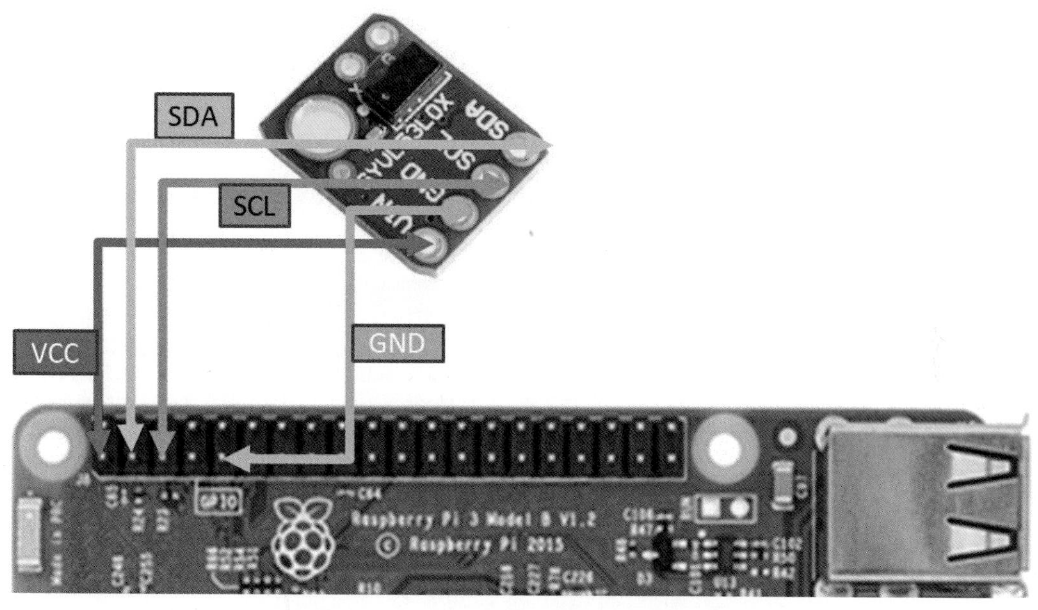

圖 6-24 VL53L0X 雷射測距模組實體連線圖

3. 程式設計：

將書本所附光碟中應用程式中的 VL53L0X_rasp_python-master.zip 解壓縮後，資料夾以 Filezilla SFTP 傳輸至樹莓派 /home/pi 資料夾內如圖 6-25 所示。輸入 cd VL53L0X_rasp_python-master 轉換現行工作資料夾到 VL53L0X_rasp_python-master，接著執行 make 編譯指令如圖 6-26 所示。VL53L0X 雷射測距模組的程式位於 python 資料夾下的 VL53L0X_example.py，以 IDLE 打開程式如圖 6-27。雷射測距模組的測距資料約每 0.02 秒會顯示於螢幕上一次。

pi(192.168.0.3) - sftp://pi@192.168.0.3 - FileZilla
檔案(F)　編輯(E)　檢視(V)　傳輸(T)　伺服器(S)　書籤(B)　說明(H)　有新版本(N)!
主機(H):　使用者名稱(U):　密碼(W):　連接埠(P):
狀態:　Listing directory /home/pi
狀態:　成功取得 "/home/pi" 的目錄
本地站台: F:\全華\第三版\
第三版
出差
遠端站台: /home/pi
? /
? home
pi

檔案名稱	檔案大小	檔案類
..		
03		檔案資
DHT11_Python-master		
VL53L0X_rasp_python-		
目錄		
第三章		檔案資
第六章		檔案資
課後評量解答		檔案資

檔案名稱	檔案大小	檔案類型	最後修改時間
..			
thinclient_d...		檔案資...	197_/1/1
Documents		檔案資...	201_/6/27 上
Music		檔案資...	2018/6/27 上
Pictures		檔案資...	2018/6/27 上
Public		檔案資...	2018/6/27 上

拖曳VL53L0X_rasp_python-master資料夾至樹莓派

圖 6-25　拖曳 VL53L0X_rasp_python-master 資料夾至樹莓派

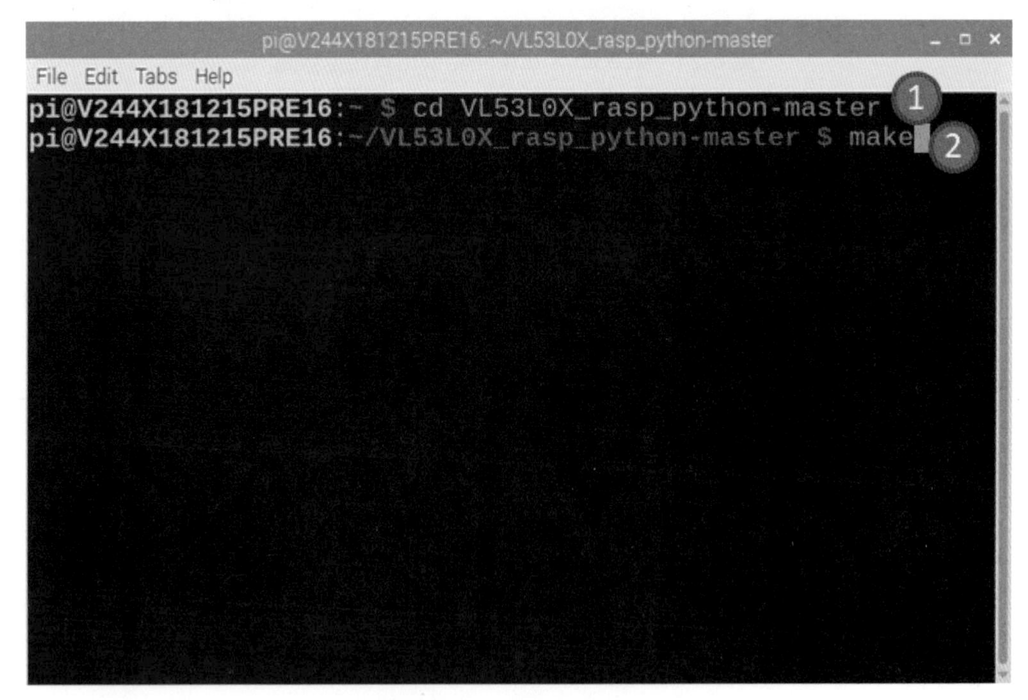

圖 6-26　編譯 C 程式庫

VL53L0X_example.py - /home/pi/VL...ython/VL53L0X_example.py (3.5.3)

File Edit Format Run Options Window Help

```
#!/usr/bin/python

# MIT License
#
# Copyright (c) 2017 John Bryan Moore
#
# Permission is hereby granted, free of charge, to any person obtaining a copy
# of this software and associated documentation files (the "Software"), to deal
# in the Software without restriction, including without limitation the rights
# to use, copy, modify, merge, publish, distribute, sublicense, and/or sell
# copies of the Software, and to permit persons to whom the Software is
# furnished to do so, subject to the following conditions:
# The above copyright notice and this permission notice shall be included in all
# copies or substantial portions of the Software.

import time
import VL53L0X
# Create a VL53L0X object
tof = VL53L0X.VL53L0X()
# Start ranging
tof.start_ranging(VL53L0X.VL53L0X_BETTER_ACCURACY_MODE)
timing = tof.get_timing()
if (timing < 20000):
    timing = 20000
print ("Timing %d ms" % (timing/1000))
for count in range(1,101):
    distance = tof.get_distance()
    if (distance > 0):
        print ("%d mm, %d cm, %d" % (distance, (distance/10), count))
    time.sleep(timing/1000000.00)
tof.stop_ranging()
```

Ln: 6 Col: 0

圖 6-27　VL53L0X_example.py 程式

★ VL53L0X_example.py 程式解說

import time	◆ 呼叫 time 模組。
import VL53L0X	◆ 呼叫 VL53L0X
tof = VL53L0X.VL53L0X()	◆ 以 VL53L0X() 函數建立物件 tof。
tof.start_ranging\ (VL53L0X.VL53L0X_BETTER_ ACCURACY_MODE)	◆ 以較精準模式開始測距。
timing = tof.get_timing()	◆ 以 get_timing() 函數建立物件 timing。
if (timing < 20000): timing = 20000	◆ 如果測試時間小於 20ms，則測試時間設為 20ms。
print ("Timing %d ms" % (timing/1000))	◆ 輸出測試時間。
for count in range(1,101): distance = tof.get_distance()	◆ 測試 100 筆距離資料。

程式	說明
if (distance > 0): print ("%d mm, %d cm, %d" % \ (distance, (distance/10), count)) time.sleep(timing/1000000.00)	◆ 如果距離大於 0 則輸出以公厘及公分為單位的測試距離與總資料筆數。
tof.stop_ranging()	◆ 停止測試。

4. 功能驗證：

將樹莓派電源開啓，並確認 I^{2}C 介面是否已開啓，於約 40 公分處擺置障礙物，需有類似圖 6-28 的輸出才算執行成功：

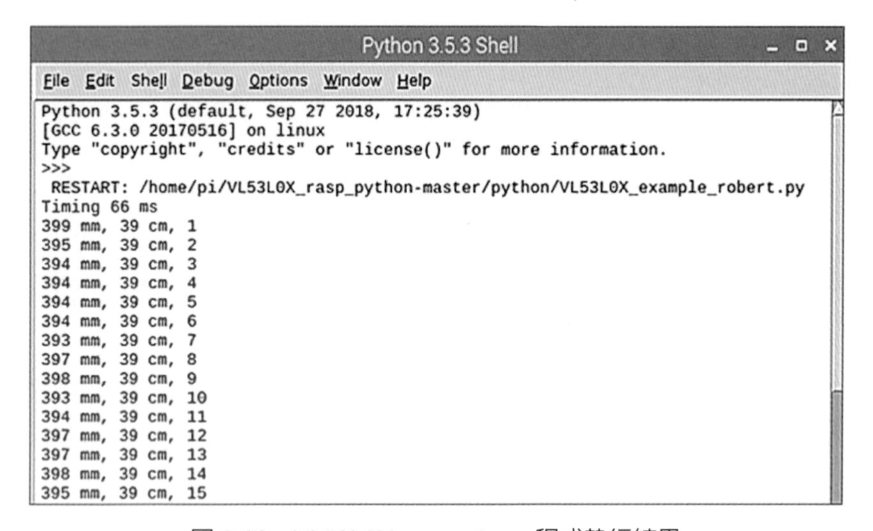

圖 6-28　VL53L0X_example.py 程式執行結果

6-8 實驗六：RTC 計時模組

樹莓派本身並沒有 RTC 模組，D3231 RTC 模組可以提供正確時間給已關機或離線的裝置。

實驗摘要：

以 RTC 模組讀取與設定時間。

實驗步驟：

1. 需準備實驗材料清單如表 6-8 所示

表 6-8　實驗材料清單

實驗材料名稱	數量	規格	圖片
樹莓派 Pi3B	1	已安裝好作業系統的樹莓派	
雷射測距模組	1	D3231 RTC 模組	

2. 硬體接線：

市售的 DS3231 for Pi 模組可以直接插入樹莓派如圖 6-29 (最左邊的腳位接到 3.3V)，使用時不用接跳線，會比較方便，安裝也較穩固。

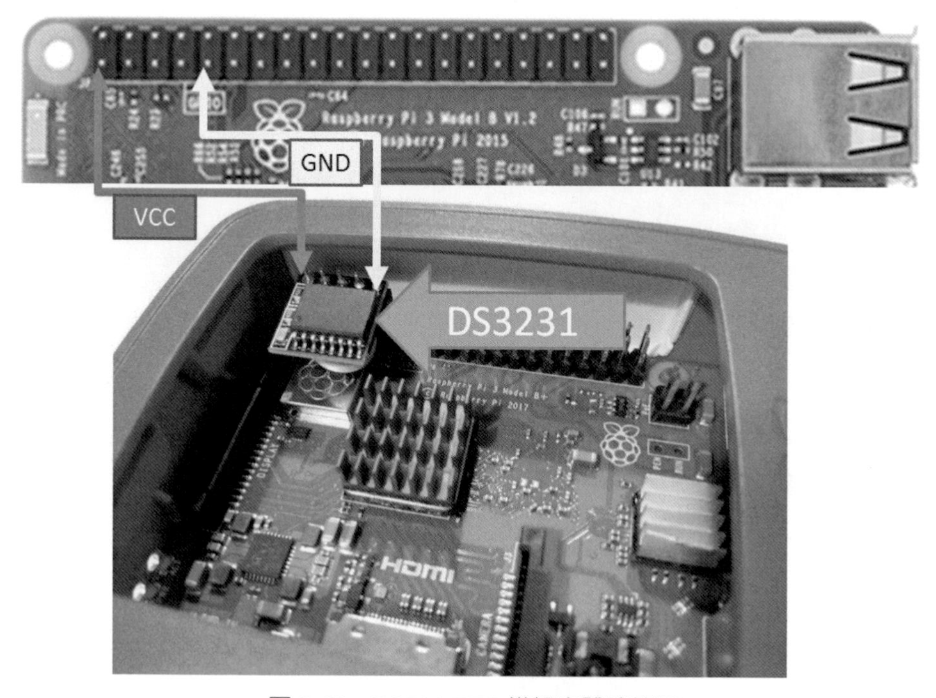

圖 6-29　D3231 RTC 模組實體連線圖

3. 程式設計：

使用指令 sudo nano /boot/config.txt 將 dtoverlay=i2c-rtc,ds3231 這一行指令新增於檔案最後如圖 6-30 及圖 6-31 所示，以 sudo reboot 指令重新開機如圖 6-32，以 IDLE 打開程式如圖 6-33。

圖 6-30　編輯 config.txt 檔 -1

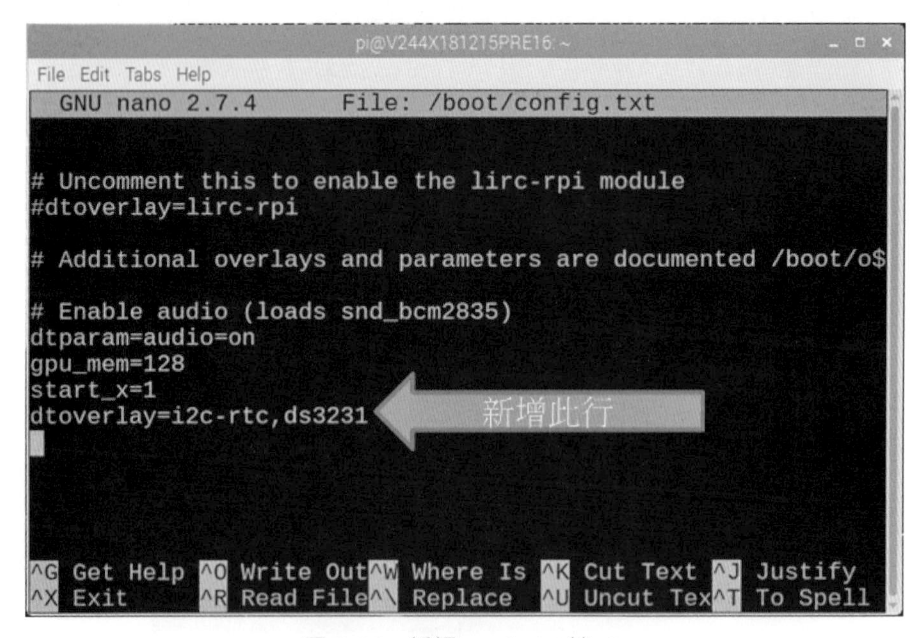

圖 6-31　編輯 config.txt 檔 -2

圖 6-32　重新開機

DS3231_robert.py - /home/pi/RTC_S...31-master/DS3231_robert.py (3.5.3)

File Edit Format Run Options Window Help

```
import os
import time
myCmd = 'sudo hwclock -w'
os.system(myCmd)
myCmd = 'sudo hwclock -r'
os.system(myCmd)
os.system('date')
```

Ln: 1 Col: 0

圖 6-33　DS3231.py 程式

★ DS3231.py 程式解說

import os	◆ 呼叫 os 模組。
import time	◆ 呼叫 time 模組。
myCmd = 'sudo hwclock -w'	◆ 設定 myCmd 字串 (系統時間寫入到 DS3231)。
os.system(myCmd)	◆ 執行 myCmd 指令。
myCmd = 'sudo hwclock -r'	◆ 設定 myCmd 字串 (讀出 DS3231 時間)。
os.system(myCmd)	◆ 執行 myCmd 指令。
os.system('date')	◆ 讀出系統時間。

4. 功能驗證：

★ 需先確認 I²C 介面是否已開啟，在終端機上執行 python3 DS3231.py 程式，螢幕上會出現寫入到 DS3231 的時間與系統時間如圖 6-34。

★ 移除網路線後，重新開機，輸入 sudo hwclock-s 則可以將 DS3231 儲存的時間寫入樹莓派的系統時間。

圖 6-34　DS3231.py 程式執行結果

6-9 實驗七：手機遙控 *LED* 亮滅

手機已經成為現代人的標準配備，日常生活的食、衣、住、行都離不開它，然而手機可以和樹莓派應用結合嗎？答案是肯定的，本實驗將為大家介紹如何以 Android 手機控制 LED 亮滅，樹莓派與手機通訊前，需先設定樹莓派最高權限的 root 帳號的 SSH 通訊功能，接下來再安裝 RaspController 軟體於手機上，最後還需要一台無線 AP 基地台作為通訊的橋樑。

實驗摘要

以手機控制連接至 pin3(GPIO2) 的 LED 亮滅。

實驗步驟

步驟一：樹莓派 SSH 通訊設定

1. 修改 root 的密碼：root 是 linux 作業系統具有最高權限的帳號，在 LX 終端機輸入 sudo passwd root 如圖 6-35 所示，接下來輸入兩次新密碼，即可完成 root 的密碼設定，請記住設定密碼。

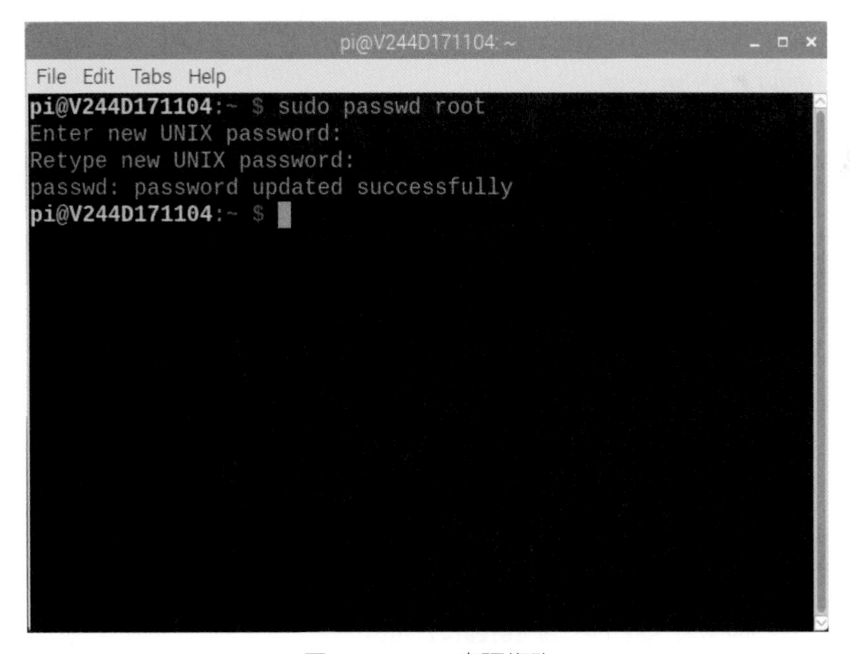

圖 6-35　root 密碼修改

2. 開啓 SSH 功能：當需要在兩台主機間執行指令，可以由遠端主機用 SSH 直接傳送要執行的指令。於樹莓派 LX 終端機輸入 sudo raspi-config 如圖 6-36 所示。

dht11_example.py - /home/pi/DHT...n-master/dht11_example.py

File Edit Format Run Options Window Help

```
import RPi.GPIO as GPIO
import dht11
import time

GPIO.setwarnings(True)
GPIO.setmode(GPIO.BCM)

instance = dht11.DHT11(pin=4)

while instance != None:
        result = instance.read()
        if result.is_valid():
                print("last update: " + str(time.ctime()))
                print("Temperature: %.1f C" % result.temperature)
                print("Humidity: %.1f %%" % result.humidity)

                time.sleep(2)
GPIO.cleanup()
```

圖 6-36　執行樹莓派組態設定指令

➢ 選擇圖 6-37 第 5 項。

Python 3.5.3 Shell

File Edit Shell Debug Options Window Help

```
Humidity: 64.0 %
last update: Sat Dec 28 16:00:28 2019
Temperature: 26.9 C
Humidity: 64.0 %
last update: Sat Dec 28 16:00:30 2019
Temperature: 26.9 C
Humidity: 65.0 %
last update: Sat Dec 28 16:00:32 2019
Temperature: 26.9 C
Humidity: 64.0 %
last update: Sat Dec 28 16:00:34 2019
Temperature: 26.9 C
Humidity: 64.0 %
last update: Sat Dec 28 16:00:37 2019
Temperature: 26.9 C
Humidity: 64.0 %
last update: Sat Dec 28 16:00:41 2019
Temperature: 26.9 C
Humidity: 64.0 %
```

圖 6-37　組態選項

➢ 選擇圖 6-38 第 P2 項。

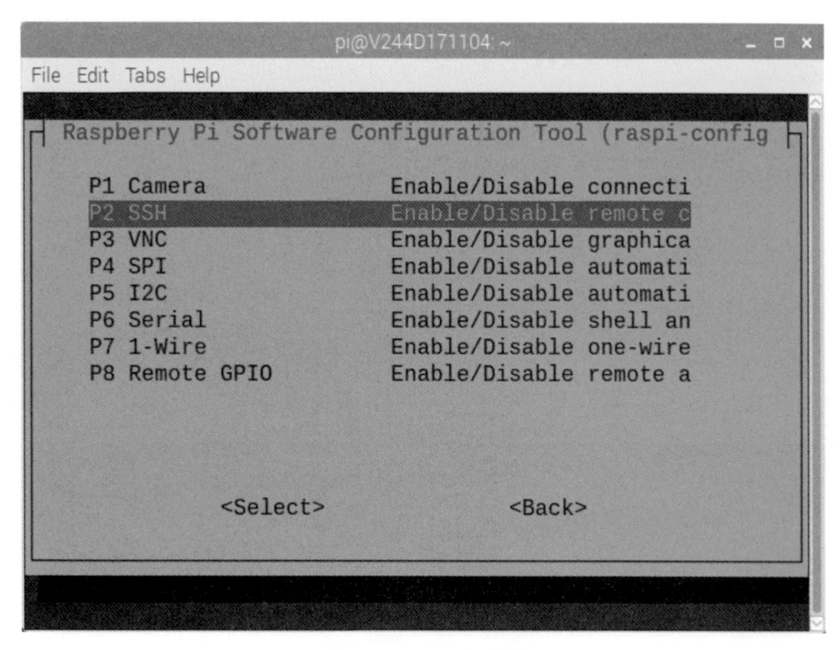

圖 6-38　SSH 選項

➢ 選擇圖 6-39 的 Yes。

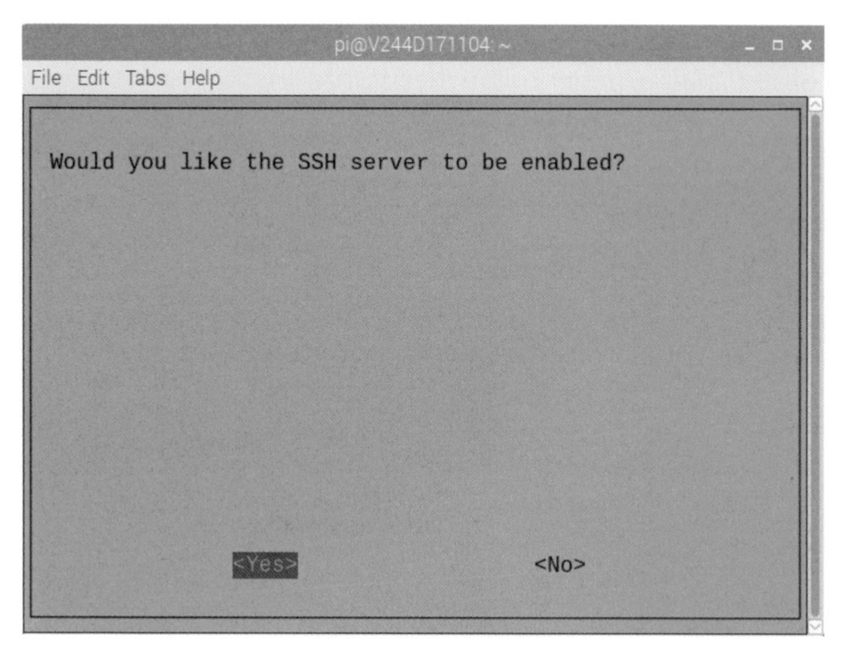

圖 6-39　確認選項

➢ SSH 功能已經開啓，按壓 Ok 即可。

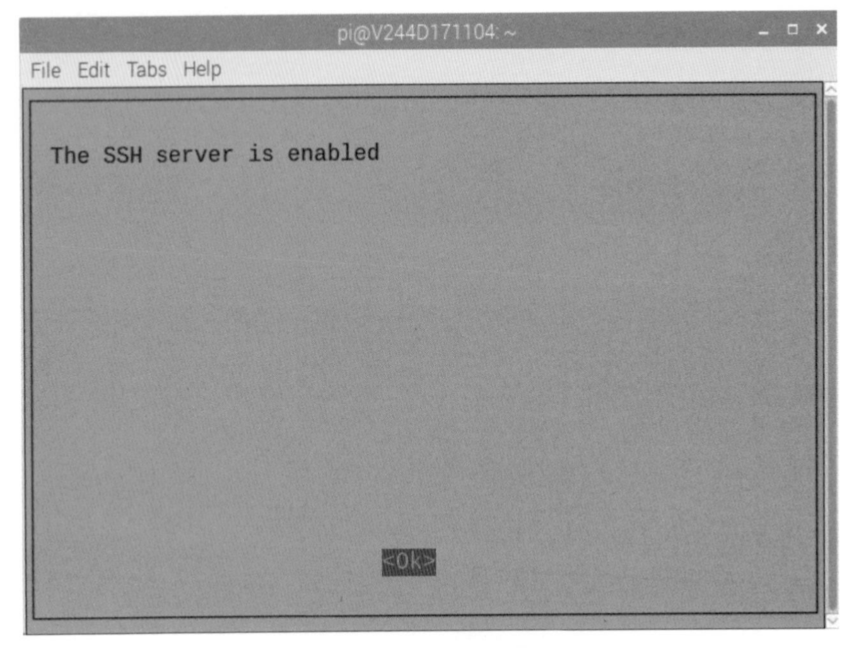

圖 6-40　SSH 確認開啓

➢ SSH 功能設定結束，按壓 Finish 即可。

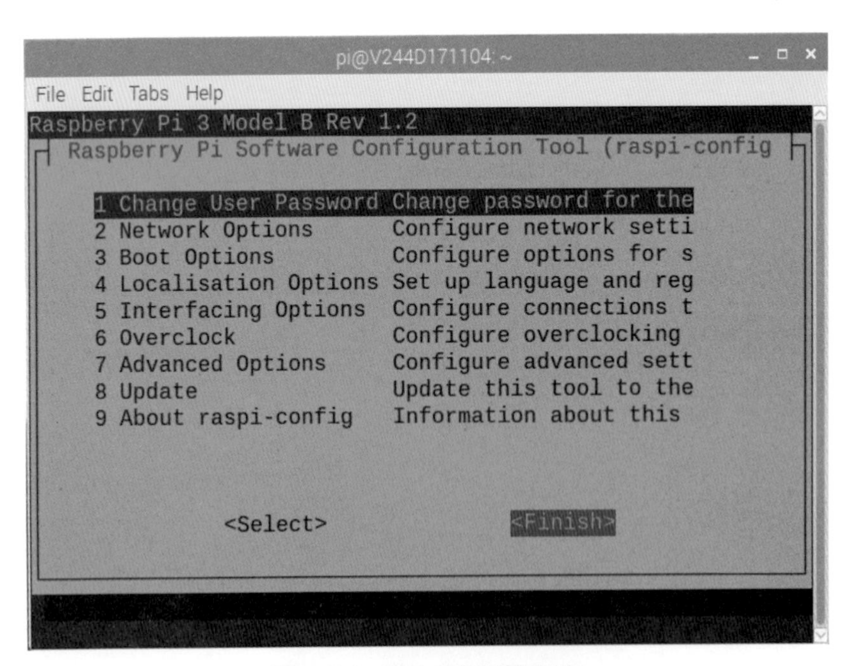

圖 6-41　SSH 功能設定結束

3. 開啓 root 帳號的 SSH 功能：欲開啓 root 帳號的 SSH 功能，需編輯 sshd_config 組態檔，修改相關設定。首先於樹莓派 LX 終端機輸入 sudo nano /etc/ssh/sshd_config，接著按下 ctrl-w 會於視窗左下方出現 search: 字樣如圖 6-42 所示，可以搜尋檔案內文字。

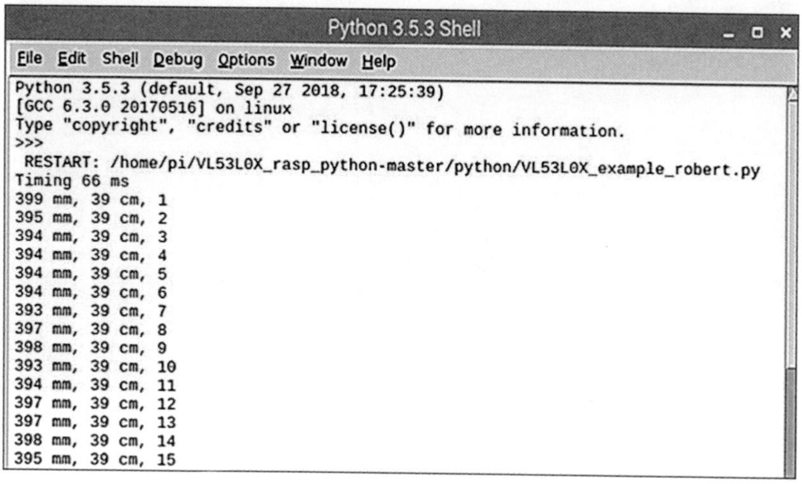

```
Python 3.5.3 Shell
File  Edit  Shell  Debug  Options  Window  Help
Python 3.5.3 (default, Sep 27 2018, 17:25:39)
[GCC 6.3.0 20170516] on linux
Type "copyright", "credits" or "license()" for more information.
>>>
 RESTART: /home/pi/VL53L0X_rasp_python-master/python/VL53L0X_example_robert.py
Timing 66 ms
399 mm, 39 cm, 1
395 mm, 39 cm, 2
394 mm, 39 cm, 3
394 mm, 39 cm, 4
394 mm, 39 cm, 5
394 mm, 39 cm, 6
393 mm, 39 cm, 7
397 mm, 39 cm, 8
398 mm, 39 cm, 9
393 mm, 39 cm, 10
394 mm, 39 cm, 11
397 mm, 39 cm, 12
397 mm, 39 cm, 13
398 mm, 39 cm, 14
395 mm, 39 cm, 15
```

圖 6-42　sshd_config 檔

➢ 再輸入 root 後按 enter 會出現圖 6-43，游標會跳到檔案內有 root 的第一個地方，再將 #PermitRootLogin prohibit-password 這一行英文字改爲 PermitRootLogin yes，允許以 root 帳號登入，最後按下 ctrl-o 將剛剛修改的設定存檔，然後輸入 sudo reboot 進行重新開機的動作，手機才能以 root 帳號與樹莓派進行 SSH 通訊。

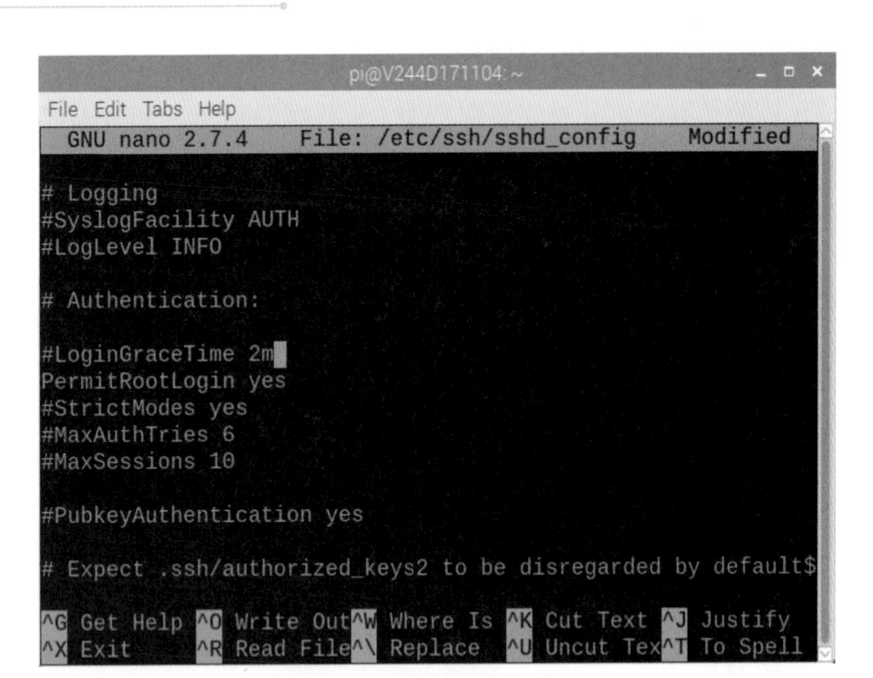

圖 6-43 修改 sshd_config 檔

步驟二：無線基地台設定

1. 無線基地台 (路由器)，可以使用外購的無線基地台 (路由器) 或第二台手機開分享功能。
2. 手機必須開啓 Wi-Fi 功能連到無線基地台 (路由器)。
3. 樹莓派也必須要以網路線或 Wi-Fi 功能連到無線基地台 (路由器)。
4. 請勿將樹莓派直接連線到中華電信的路由器 (小烏龜)，會無法與手機連線。

步驟三：手機端程式安裝

本實驗的手機端程式 RaspController 需到 Play 商店下載如圖 6-44 所示，這個軟體是免費，下載後按下圖示中的綠色安裝按鈕，再按綠色接受按鈕 (圖 6-45)，會出現如圖 6-46 的安裝中…畫面，按下綠色開啓按鈕 (圖 6-47) 後，正式進入 RaspController 軟體如圖 6-48 所示。

圖 6-44　RaspController 安裝 1

圖 6-45　RaspController 安裝 2

圖 6-46　RaspController 安裝 3

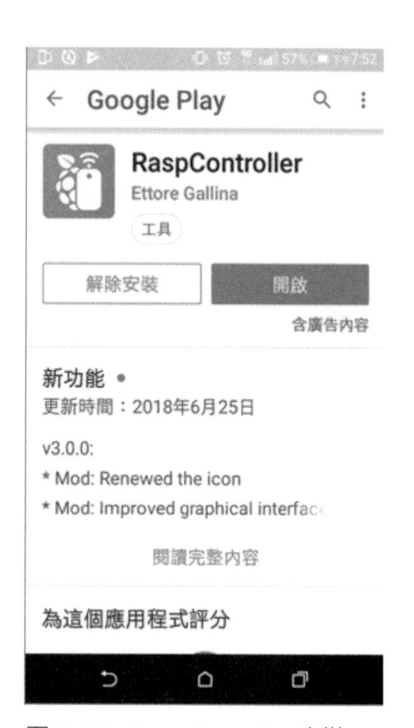

圖 6-47　RaspController 安裝 4

圖 6-48　RaspController 安裝 5

步驟四：手機端程式設定。

點選圖 6-48 右下方的 + 符號，會出現圖 6-49 畫面，於設備名稱處填入自訂主機名稱，例如「V244D171104」或「我的樹莓派」，於主機名 /IP 位址處填入樹莓派的 IP 位址，接著手機往上滑，會出現圖 6-50，在密碼處輸入步驟一所設定的 root 密碼，最後按下保存按鈕就可以將樹莓派的 IP 位址及 root 密碼存檔。

圖 6-49　手機設定 1

圖 6-50　手機設定 2

按下保存按鈕後會出現圖 6-51 的畫面，點選樹莓派標誌可以進入主功能選單如圖 6-52 所示。

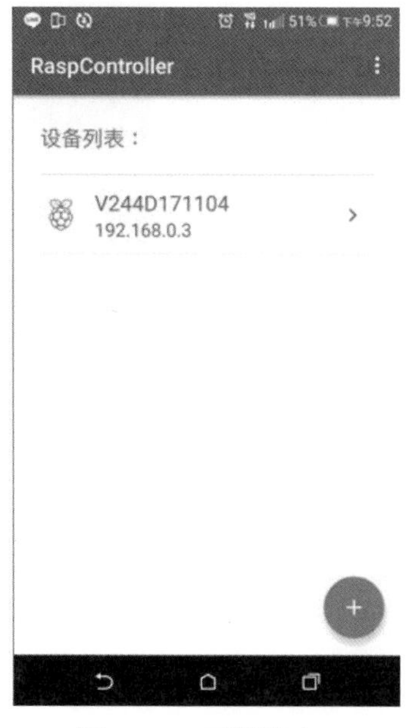

圖 6-51　手機設定 3

圖 6-52　手機設定 4

再點選控制 GPIO 選項會出現圖 6-53 連線中畫面，在連線前請務必確認手機 Wi-Fi 功能是否已經開啓，樹莓派的 IP 位址是否正確，基地台是否正常運作。

如果正確應該會出現圖 6-54 的畫面，出現 GPIO17，GPIO22，GPIO23 及 GPIO24 的相關資訊，此處的 IN 代表該 GPIO 腳位目前設定狀態爲輸入腳位，如果爲 OU，則代表該 GPIO 腳位目前設定狀態爲輸出腳位，右側的 0 代表目前腳位電壓狀態爲低邏輯電位，1 代表目前腳位電壓狀態爲高邏輯電位。

本實驗沿用實驗一的硬體設置，所以只需要使用 GPIO2 來控制 LED 燈的亮滅，因此可以按下按鈕，於圖 6-55 中勾選 GPIO2，並移除 GPIO17，GPIO22，GPIO23 及 GPIO24 的勾選，再點選上方← GPIO 設置，可以得到如圖 6-56 所示的狀態。

圖 6-53　手機設定 5

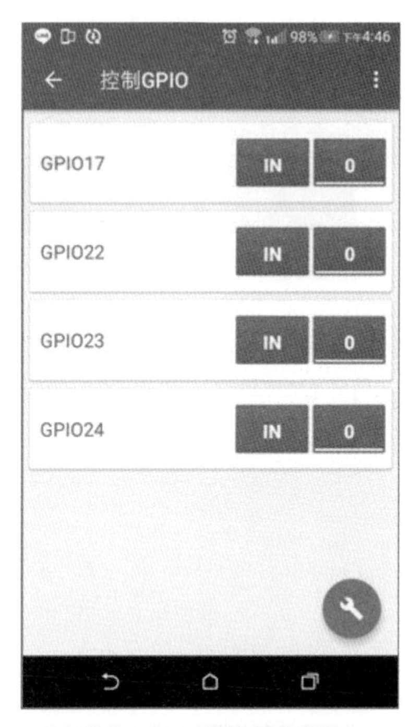

圖 6-54　手機設定 6

圖 6-55　手機設定 7

圖 6-56　手機設定 8

4. 功能驗證：

★ 將圖 6-56 中 GPIO2 的 IN(輸入腳位屬性) 改為 OU(輸出腳位屬性) 如圖 6-57 所示，此時 GPIO2 為高邏輯電位，所以圖 6-58 的 LED 會熄滅。

★ 若將圖 6-57 的 1 改為 0，此時 GPIO2 為低邏輯電位，所以圖 6-58 的 LED 會亮。

圖 6-57　手機控制 GPIO2 接腳

圖 6-58　LED 連線實體圖

重點複習

1. LED 的工作電源爲 3.3V，改接 5.0V 雖然 LED 仍然可以工作，但建議還是要接到 3.3V，可避免過大的電流流過 LED。
2. LED 無法正確亮滅，請確認 LED 的陰極是否接到 PIN3(GPIO2)，LED 陽極是否接到限流電阻。
3. 樹莓派的 Pi Model B/B + 開發板的硬體外接腳位，共有 40 個外接排針，其中包含電源，GPIO，PWM，SPI，I^2C 及序列通訊界面，這些通訊介面的腳位通常會與 GPIO 共用，例如 I^2C 的 SDA 訊號與 GPIO2 共用，I^2C 的 SCL 訊號與 GPIO3 共用等。
4. GPIO 的全名是 General Purpose Input/Output，中文名稱是通用型之輸入輸出，是屬於數位接腳，共有 26 個 GPIO 腳 GPIO2 ～ GPIO27(不含 GPIO0 與 GPIO1)。
5. GPIO 在嵌入式系統，扮演非常重要的角色，通常用以連接外部的感測器訊號。
6. GPIO 輸入腳位的値是可以讀取的，而輸出腳位的値是可以讀取及寫入的，通常輸入腳位會被用作中斷腳位。
7. GPIO 與 PCB 排針的編號是不一樣的，因此在 Python 程式撰寫時，需要先宣告是使用 GPIO 編號或 PCB 編號，如需使用 GPIO 編號則需使用敘述句 GPIO.setmode(GPIO.BCM) 宣告，如需使用 PCB 編號則需使用敘述句 GPIO.setmode(GPIO.BOARD) 進行宣告。
8. 使用 GPIO 編號則不需擔心會選到不是 GPIO 的腳位；而使用 PCB 編號時，硬體接線則較爲方便，直接連接 PCB 相同腳位即可，無需再做一次 GPIO 到 PCB 編號的轉換。
9. 通常一個電子控制系統會連接複數個 SPI 模組，但同一時間，只能與一個模組通訊，因此需要 CE(選擇從機) 訊號，來決定要與系統中特定的 SPI 模組進行通訊。
10. SPI 的 SCL 及 SDA 均爲 Open Drain 組態，在輸出高電位時，會有問題，所以需在應用電路上加上兩個 Pull-up(上拉) 電阻，電阻其中一端連接至 VCC 電源，另外一端則連接至 SCL 或 SDA 訊號，否則訊號傳輸極可能會發生錯誤。
11. 樹莓派的 GPIO 在使用時，須注意到其最大輸出電流爲 16 mA，26 腳位的樹莓派輸出電流總合不得超過 50 mA，40 腳位的輸出機種電流總合則不得高於 100 mA 板。
12. 樹莓派的 GPIO 工作電壓是 3.3V，請勿直接與 5V 準位訊號連接，否則有可能損壞 GPIO。

13. LED 接上順向電壓 (高電壓接陽極，低電壓接陰極) 會發光。

14. PYTHON 程式使用 GPIO 時，需先呼叫 RPi.GPIO 模組程式庫。

15. PYTHON 程式使用時間延遲 sleep() 函數前，需呼叫 time 模組程式庫。

16. GPIO.setmode(GPIO.BOARD) 的指令，用以指明所使用的腳位編號與 PCB 上的編號一致；若指令為 GPIO.setmode(GPIO.BCM) 則代表使用的編號與 GPIO 編號一致。

17. GPIO.setup(LED_PIN, GPIO.OUT) 為設定 LED_PIN 為輸出的指令。

18. GPIO.setup(LED_PIN, GPIO.IN) 為設定 LED_PIN 為輸入的指令。

19. GPIO.output(LED_PIN ,GPIO.HIGH) 設定 PCB 編號 LED_PIN 腳位為高電位 (3.3V)。

20. GPIO.output(LED_PIN ,GPIO.LOW) 設定 PCB 編號 LED_PIN 腳位為低電位 (0V)。

21. GPIO 程式設計，通常會在程式最後，使用 GPIO.cleanup()，GPIO 的 cleanup() 函數會清除所有本程式設定的 GPIO 腳位回到原始狀態，否則下次再執行會出現警告，警告使用者 LED_PIN 腳位已使用中。

22. 在插拔樹莓派 GPIO 的連線前，先關閉電源，避免損壞 IC。

23. 手機執行「控制 GPIO 程式」時出現商業廣告，將關閉廣告後，就可以正常操作。

24. 手機執行「控制 GPIO 程式」時，請檢查手機 Wi-Fi 功能是否開啓，樹莓派和手機是否在同一網域 (IP 位址前三組數字一樣，第四組數字不同)，否則無法與樹莓派連線。

課後評量

選擇題：

(　　) 1. 下列何者爲樹莓派的硬體介面？
(A) SPI　(B) I^2C　(C) GPIO　(D) 以上皆是。

(　　) 2. Pi3 有多少的外接硬體腳位？
(A) 26　(B) 28　(C) 38　(D) 40。

(　　) 3. 樹莓派 GPIO 的電壓準位是多少？
(A) 2.5　(B) 3.3　(C) 1.25　(D) 5。

(　　) 4. 樹莓派 GPIO 的輸入腳
(A) 可讀　(B) 可寫　(C) 可讀、寫　(D) 無法讀、寫。

(　　) 5. 定義樹莓派 GPIO 的腳位編號有幾種？
(A) 2　(B) 3　(C) 4　(D) 5。

(　　) 6. GPIO.setmode(GPIO.BOARD) 宣告 GPIO 腳位編號與何者一致？
(A) PCB　(B) GPIO　(C) 使用者自訂　(D) 以上皆非。

(　　) 7. GPIO.setmode(GPIO.BCM) 宣告 GPIO 腳位編號與何者一致？
(A) PCB　(B) GPIO　(C) 使用者自訂　(D) 以上皆非。

(　　) 8. SPI 選擇從機的訊號是
(A) CE　(B) MISO　(C) SCLK　(D) MOSI。

(　　) 9. SPI 時序訊號是
(A) CE　(B) MISO　(C) SCLK　(D) MOSI。

(　　) 10. I^2C 主機輸出訊號是
(A) CE　(B) MISO　(C) SCLK　(D) MOSI。

(　　) 11. I^2C 的選擇從機的時序訊號是
(A) CE　(B) SDA　(C) SCL　(D) MOSI。

(　　) 12. 40pin 的樹莓派 GPIO 輸出電流總合是多少 mA ？
(A) 50　(B) 90　(C) 100　(D) 110。

(　　) 13. 單一 pin 的樹莓派 GPIO 輸出電流是多少 mA ？
(A) 4　(B) 8　(C) 12　(D) 50。

(　　) 14. 樹莓派 GPIO 輸出高電位是幾伏特？

(A) 1.25　(B) 2.5　(C) 5.0　(D) 3.3。

(　　) 15. 樹莓派 GPIO 輸出低電位是幾伏特？

(A) 1　(B) 0.75　(C) 0.5　(D) 0.0。

(　　) 16. 插件式兩 pin LED 的長端接腳，是

(A) 陽極　(B) 陰極　(C) 接地　(D) 以上皆非。

(　　) 17. 電阻的前三環爲橙、橙及棕，則電阻爲多少 Ω？

(A) 440　(B) 220　(C) 330　(D) 550。

(　　) 18. 插件式兩 pin LED 的短端接腳，是

(A) 陽極　(B) 陰極　(C) 接地　(D) 以上皆非。

(　　) 19. 三用電表二極體檔量測數字若出現非極大值，此値是

(A) 電阻　(B) 順偏壓　(C) 電流値　(D) 無意義。

(　　) 20. GPIO.setwarnings(False) 指令作用爲何？

(A) 設定警告　(B) 消除警告　(C) 警告程式失敗　(D) 以上皆非。

(　　) 21. time.sleep(0.2)，0.2 的單位是

(A) 奈秒　(B) 微秒　(C) 毫秒　(D) 10 秒

(　　) 22. a + = 1 等於

(A) a = a + 1　(B) a = a-1　(C) a = a + a　(D) a + 1 = 1。

(　　) 23. 指令 for i in LED_PIN ？，其中？ =

(A) ，　(B) ；　(C) “　(D) ：。

(　　) 24. GPIO.output(LED_PIN,GPIO.LOW)，設定 LED_PIN 爲

(A) 低電位　(B) 高電位　(C) 浮接　(D) 以上皆非。

(　　) 25. GPIO.output(LED_PIN,GPIO.HIGH)，設定 LED_PIN 爲

(A) 低電位　(B) 高電位　(C) 浮接　(D) 以上皆非。

(　　) 26. GPIO.cleanup() 函數，作用爲何？

(A) 清除所有本程式設定的 GPIO 腳位回到原始狀態　(B) 清除所有本程式設定的 GPIO 腳位，重新高電位　(C) 清除所有本程式設定的 GPIO 腳位，重新低電位　(D) 以上皆非。

(　　) 27. PCB 腳位編號 4 對應的 GPIO 編號為

(A) GPIO4　(B) GPIO3　(C) GPIO2　(D) GPIO1。

(　　) 28. GPIO0 的特殊用途為何？

(A) EEPROM Data　(B) EEPROM Clock　(C) 3.3V　(D) 5.0V。

(　　) 29. GPIO1 的特殊用途為何？

(A) EEPROM Data　(B) EEPROM Clock　(C) 3.3V　(D) 5.0V。

(　　) 30. 序列 (Serial) 傳輸介面的 TX 訊號是

(A) GPIO12　(B) GPIO13　(C) GPIO14　(D) GPIO15。

(　　) 31. 序列 (Serial) 傳輸介面的 RX 訊號是

(A) GPIO12　(B) GPIO13　(C) GPIO14　(D) GPIO15。

程式題：

1. 改寫實驗一：單顆 LED 亮滅程式：

利用 input() 指定變數 LED_PIN，以數字 LED_PIN 控制 GPIO 的編號 (限定使用 PCB 編號)，螢幕輸出結果如圖 6-59 所示。

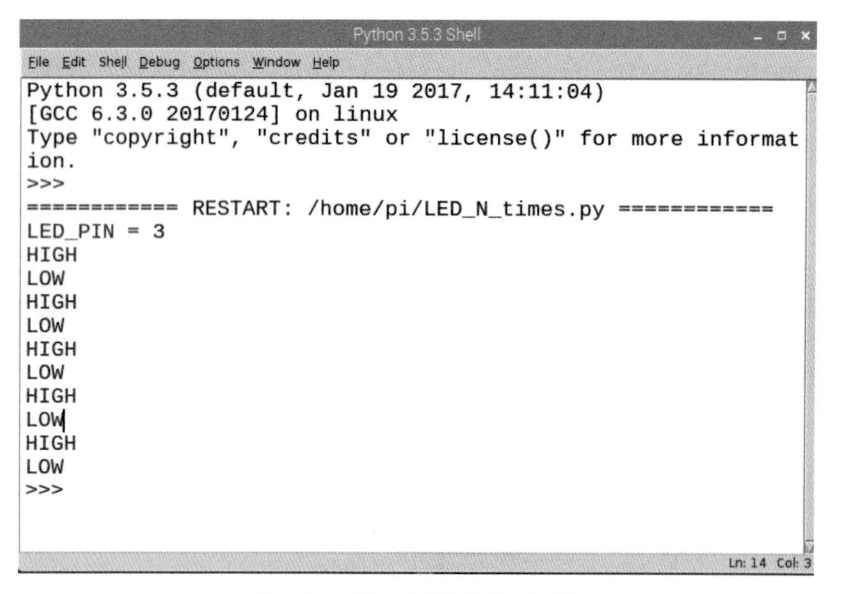

圖 6-59　第 1 題螢幕輸出結果

2. 改寫實驗二：4 顆 LED 跑馬燈之一：

單向跑馬燈使用 8 顆 LED，分別連接 GPIO2 ～ 3，GPIO5 ～ 10 依序亮滅 2 次，螢幕輸出結果如圖 6-60 所示。

圖 6-60　第 2 題螢幕輸出結果

3. 承上題，如何將 8 顆 LED 的亮滅方式改爲雙向跑馬燈，螢幕輸出結果如圖 6-61 所示。

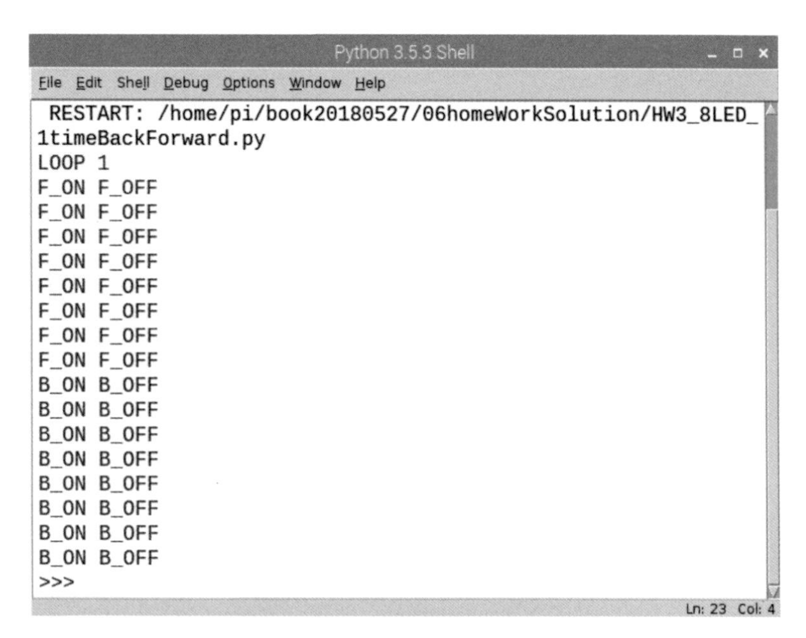

圖 6-61　第 3 題螢幕輸出結果

NOTE

7

CHAPTER

樹莓派 GPIOZero 程式設計 - 基礎應用

本章重點

7-1 樹莓派 GPIOZero 簡介

樹莓派的 GPIOZero，是一種內建 Python 程式庫模組，可以取代大部份 RPi.GPIO 的功能，這個程式庫的創作者是樹莓派基金會的 Ben Nuttall、Dave Jones 及其他貢獻者。使用 GPIOZero 進行程式設計，程式會變的更簡短明瞭，例如 6-2 節的 GPIO 程式換成 GPIOZero 就是一個例子，兩者程式的比較如表 7-1 所示，可以觀察到 GPIOZero 的程式指令都比較簡短，共使用了 (127 字元)，而傳統的 GPIO 則使用了 (235 字元)。

表 7-1　GPIOZero 程式對應 GPIO

GPIOZero	GPIO
from gpiozero import LED from time import sleep red = LED(3) a = 5 while a > 0: print("HIGH") red.on() sleep(0.2) print("LOW") red.off() sleep(0.2) a - = 1	import RPi.GPIO as GPIO import time LED_PIN = 3 GPIO.setmode(GPIO.BOARD) GPIO.setup(LED_PIN, GPIO.OUT) a = 5 while a > 0: print("HIGH") GPIO.output(LED_PIN,GPIO.HIGH) time.sleep(0.2) print("LOW") GPIO.output(LED_PIN,GPIO.LOW) time.sleep(0.2) a - = 1 GPIO.cleanup()

程式設計前，需先確認系統內是否已安裝好 GPIO Zero 模組，目前的 Raspbian 作業系統都內建有 GPIOZero 模組，如果是其他的作業系統，則需按照表 7-2 的步驟進行安裝。

表 7-2　安裝 GPIO Zero

項次	執行事項	備註
步驟 1	update 作業系統： 指令：sudo apt update	
步驟 2	安裝 GPIO Zero： 指令 (for Python3 版本)： sudo apt install python3-gpiozero 指令 (for Python2 版本)： sudo apt install python-gpiozero	建議程式設計者選用 Python3 版本進行程式設計。

介紹完 GPIO Zero 程式庫模組後，後續的實驗將以 GPIO Zero 程式庫模組進行程式設計，實驗一～實驗十分別為：

實驗一：單顆 LED 亮滅。

實驗二：PWM 控制 LED 亮度。

實驗三：微動開關控制 LED 亮滅。

實驗四：微動開關進行關機。

實驗五：複數顆 LED 控制。

實驗六：複數顆 PWM 控制 LED。

實驗七：繼電器控制單顆 LED 亮滅。

實驗八：繼電器控制電磁閥。

實驗九：直流馬達正反轉控制。

實驗十：七段顯示器。

7-2 實驗一：單顆 *LED* 亮滅

第 6 章使用的是 RPi.GPIO 程式庫模組，設計 Python 程式控制 LED 亮滅；本章則改用 GPIO Zero 程式庫模組，設計 Python 程式控制 LED 亮滅。基本上，後續的章節所有 GPIO 程式設計，都將使用 GPIO Zero 程式庫模組進行 Python 程式設計。

實驗摘要

使用 GPIO2 控制 LED，每 0.4 秒亮滅各一次，必須使用 GPIO Zero 程式庫模組進行程式設計，而非使用 RPi.GPIO 程式庫模組設計程式。

實驗步驟

1. 實驗材料如表 7-3 所示。

表 7-3　單顆 LED 亮滅實驗材料清單

實驗材料名稱	數量	規格	圖片
樹莓派 Pi3B	1	已安裝好作業系統的樹莓派	
麵包板	1	麵包板 8.5 * 5.5 cm	
LED	1	單色插件式，顏色不拘	
電阻	1	插件式 470Ω，1/4W	
跳線	10	彩色杜邦雙頭線 (公 / 母)/20 cm	

2. 硬體接線如圖 7-1 所示。

圖 7-1　單顆 LED 亮滅實驗硬體接線圖

3. 程式設計：

★ PYTHON 程式碼如圖 7-2。

```
EX1_LEDGpioZero.py - /home/pi/boo...xample/EX1_LEDGpioZero.py (3.5.3)
File Edit Format Run Options Window Help
from gpiozero import LED
from time import sleep

red = LED(2)

a = 5
while a>0:
    print ("LOW",end=' ')
    red.off()
    sleep(0.2)
    print ("HIGH")
    red.on()
    sleep(0.2)
    a-=1
Ln: 6  Col: 0
```

圖 7-2　單顆 LED 亮滅程式

單顆 LED 亮滅程式解說

from gpiozero import LED	◆ 從 gpiozero 程式庫模組中輸入 LED 模組。
from time import sleep	◆ 呼叫時間模組，後續的 sleep() 函數會用到此模組。
red = LED(2)	◆ GPIO2 腳位指定給 red 變數。
a = 5	◆ 設定變數 a 的初始值為 5
while a > 0:	◆ 當 a 的值大於 0，則執行後續的指令。
print("LOW", end = ‘　‘)	◆ 在螢幕上顯示 LOW 字樣。
red.off()	◆ red.off() 會使 GPIO2 變成 LOW，此時 LED 會亮。
sleep(0.2)	◆ 程式維持原來狀態 0.2 秒。
print("HIGH")	◆ 在螢幕上顯示 HIGH 字樣。
red.on()	◆ red.on() 會使 GPIO2 變成 HIGH，此時 LED 不會亮。
sleep(0.2)	◆ 程式維持原來狀態 0.2 秒。
a - = 1	◆ a = a - 1(每次執行到此處 a 的值減 1)

4. 功能驗證：

將樹莓派電源開啓，需有下列輸出才算執行成功：

★ LED 應該每 0.4 秒亮滅各一次。

★ 程式執行完後，LED 會恢復未執行前的不亮狀態。

★ 螢幕上會顯示 LOW HIGH 字樣重覆五次如圖 7-3 所示。

★ 結論：GPIO Zero 執行結果與 RPi.GPIO 相同。

圖 7-3　LED 亮滅程式執行結果

7-3 實驗二：PWM 控制 LED 亮度

實驗摘要

以 PWM 控制 LED 亮度是一種常見的技術手法，只要一個 GPIO 腳位，就可以完成此項工作，程式執行後，LED 的亮度會依不同的 PWM 值發光。

實驗步驟

1. 實驗材料同 7-2 節。
2. 硬體接線同 7-2 節。
3. 程式設計：

★ PYTHON 程式碼如圖 7-4

```
*EX4_PWMLED.py - /home/pi/07example/EX4_PWMLED.py (3.5.3)*
File Edit Format Run Options Window Help
from gpiozero import PWMLED
from time import sleep

led = PWMLED(2)

while True:
    led.value = 0
    print("led.value = 0")
    sleep(0.5)
    led.value = 0.25
    print("led.value = 0.25")
    sleep(0.5)
    led.value = 0.5
    print("led.value = 0.5")
    sleep(0.5)
    led.value = 0.75
    print("led.value = 0.75")
    sleep(0.5)
    led.value = 1
    print("led.value = 1")
    sleep(0.5)
pause()
Ln: 15 Col: 14
```

圖 7-4　PWM 控制 LED 亮度程式

★ PWM 控制 LED 亮度程式解說

from gpiozero import PWMLED	◆ 從 gpiozero 程式庫呼叫 PWMLED 函數模組。
from time import sleep	◆ 從 time 程式庫呼叫 sleep 函數模組。
led = PWMLED(2)	◆ 設定使用編號 GPIO2 的腳位，做為 PWM 腳位。
while True:	◆ 當為真，會一直執行程式，直到關機為止。
led.value = 0	◆ 將 GPIO2 的腳位 PWM 值設為 0，此時 LED 全亮。
print("led.value = 0")	◆ 於螢幕顯示 led.value = 0
sleep(0.5)	◆ 程式維持原來狀態 0.5 秒。
led.value = 0.25	◆ 將 GPIO2 的腳位 PWM 值設為 0.25。
print("led.value = 0.25")	◆ 於螢幕顯示 led.value = 0.25
sleep(0.5)	◆ 程式維持原來狀態 0.5 秒。
led.value = 0.5	◆ 將 GPIO2 的腳位 PWM 值設為 0.5。
print("led.value = 0.5")	◆ 於螢幕顯示 led.value = 0.5
sleep(0.5)	◆ 程式維持原來狀態 0.5 秒。
led.value = 0.75	◆ 將 GPIO2 的腳位 PWM 值設為 0.75。

print("led.value = 0.75")	◆ 於螢幕顯示 led.value = 0.75
sleep(0.5)	◆ 程式維持原來狀態 0.5 秒。
led.value = 1	◆ 將 GPIO2 的腳位 PWM 值設為 1。此時 LED 不亮。
print("led.value = 1")	◆ 於螢幕顯示 led.value = 1
sleep(0.5)	◆ 程式維持原來狀態 0.5 秒。
pause()	◆ 程式會暫時停在此處，等待外部命令。

4. 功能驗證：

將樹莓派電源開啟，需有下列輸出才算執行成功：

★ LED 每隔 0.5 秒亮度減少乙次。

★ 螢幕上會依序重覆顯示 led.value = 0，led.value = 0.25，led.value = 0.5，led.value = 0.75 及 led.value = 1 字樣如圖 7-5 所示。

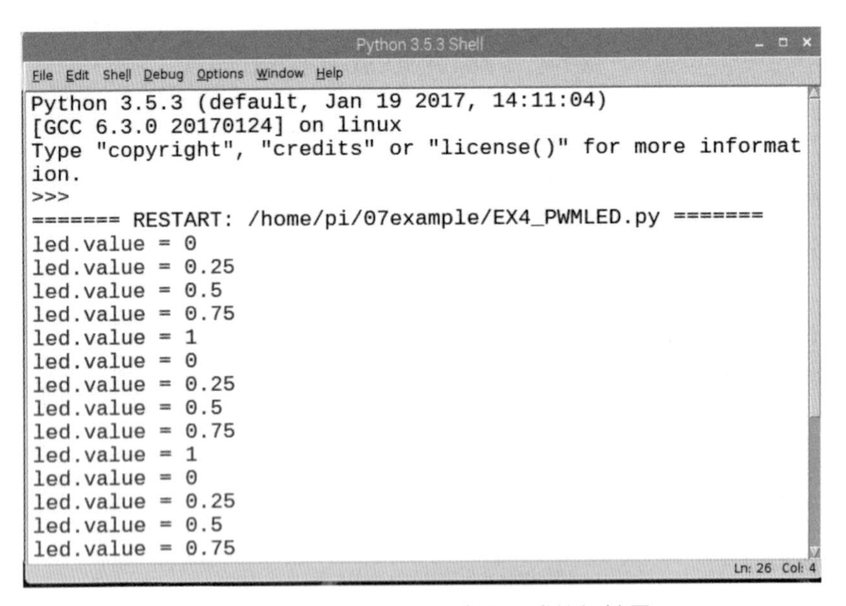

圖 7-5　PWM 控制 LED 亮度程式執行結果

7-4 實驗三：微動開關控制 LED 亮滅

實驗摘要

應用微動開關控制單顆 LED 亮滅，當微動開關按下後，LED 會被點亮；當微動開關鬆開後，LED 會熄滅。

實驗步驟

1. 實驗材料如表 7-4 所示。

表 7-4　微動開關控制 LED 亮滅實驗材料清單

實驗材料名稱	數量	規格	圖片
樹莓派 Pi3B	1	已安裝好作業系統的樹莓派	
麵包板	1	麵包板 8.5 * 5.5 cm	
LED	1	單色插件式，顏色不拘	
電阻	1	插件式 470Ω，1/4W	
跳線	10	彩色杜邦雙頭線 (公 / 母)/20 cm	
微動開關	1	TACK-SW2P 6x6x5 mm	

2. 硬體接線如圖 7-6 所示：

請注意此處硬體連線與實驗一、二不同，電阻共同點是接到地，而非 3.3V，GPIO5 則接到 LED 陽極。

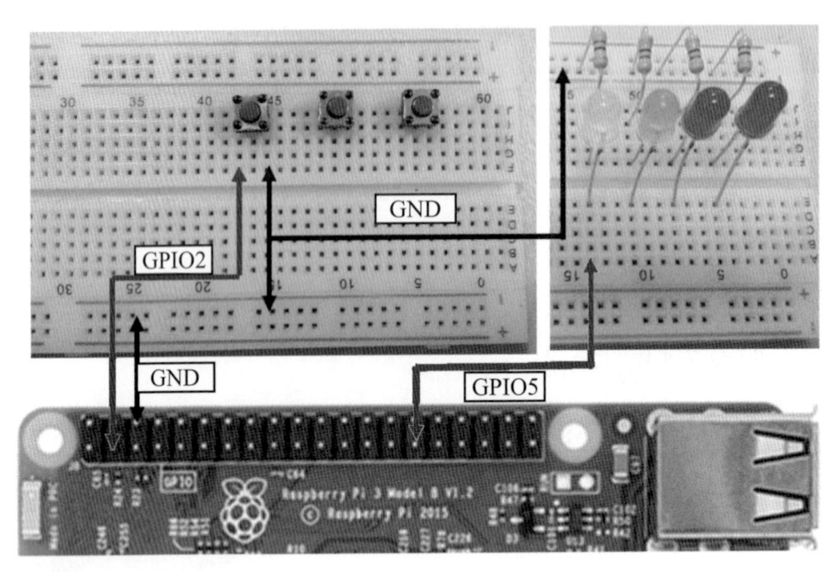

圖 7-6　TACK SWITCH 實體接線圖

3. 程式設計：

★ PYTHON 程式碼如圖 7-7

```
assignButtonGPIO.py - /home/pi/07example/assignButtonGPIO.py (3.5.3)
File Edit Format Run Options Window Help

from gpiozero import LED, Button
from signal import pause

LED_PIN = eval(input("ENTER LED_PIN ="))
BUTTON_PIN = eval(input("ENTER BUTTON_PIN ="))

led = LED(LED_PIN)
button = Button(BUTTON_PIN)


button.when_pressed = led.on

button.when_released = led.off

pause()

Ln: 14 Col: 0
```

圖 7-7　微動開關控制 LED 亮滅程式

★ 微動開關控制 LED 亮滅程式解說

程式	說明
from gpiozero import LED, Button	◆ 從 gpiozero 程式庫呼叫 LED 和 Button 函數模組。
from signal import pause	◆ 從 signal 程式庫呼叫 pause 函數模組。
LED_PIN = eval(input("ENTER LED_PIN = "))	◆ 設定 LED_PIN 變數的 GPIO 編號，經 EVAL 函數轉換為數字型態。
BUTTON_PIN = eval(input("ENTER BUTTON_PIN = "))	◆ 設定 BUTTON_PIN 變數的 GPIO 編號，經 EVAL 函數轉換為數字型態。
led = LED(LED_PIN)	◆ 將 LED(LED_PIN) 函數存到 led 中。
button = Button(BUTTON_PIN)	◆ Button(BUTTON_PIN) 函數存到 button 中。
button.when_pressed = led.on	◆ 當偵測到微動開關按下時，led 的對應腳位 LED_PIN 設定為 HIGH。
button.when_released = led.off	◆ 當偵測到微動開關鬆開時，led 的對應腳位 LED_PIN 設定為 LOW。
pause()	◆ 程式會暫時停在此處，等待外部命令。

4. 功能驗證：

將樹莓派電源開啓，需有下列輸出才算執行成功：

★ 螢幕上顯示 ENTER LED_PIN = 時輸入 5，顯示 ENTER LED_PIN = 時輸入 2 如圖 7-8 所示。

★ 微動開關按下時，圖 7-6 TACK SWITCH LED 會點亮。

★ 微動開關鬆開時，圖 7-6 TACK SWITCH LED 會熄滅。

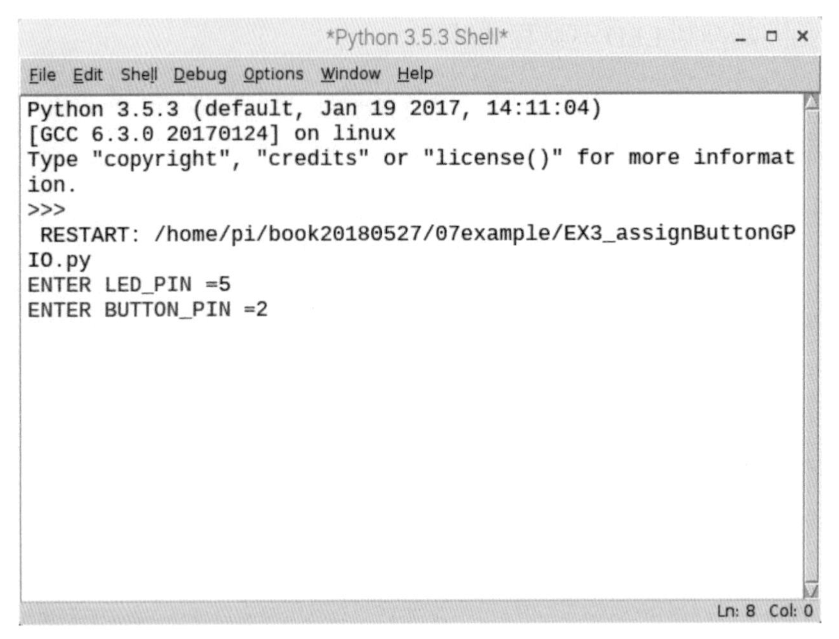

圖 7-8　微動開關控制 LED 亮滅程式 GPIO 腳位設定

7-5 實驗四：微動開關進行關機

實驗摘要

通常樹莓派的關機方式是點選圖形介面上的應用選單，接著再選 Shutdown，或是在 LX 終端機上鍵入 sudo shutdown-h now 指令。

本實驗將製作一個可以使用微動開關關機的機制，程式執行後，若長按微動開關 2 秒，樹莓派會執行關機動作。

實驗步驟

1. 實驗材料清單同 7-4 節
2. 硬體接線如圖 7-9 所示

   請注意此處硬體接線與實驗一、二不同，電阻共同點是接到地，而非 3.3V，GPIO17 則接到 LED 陽極。

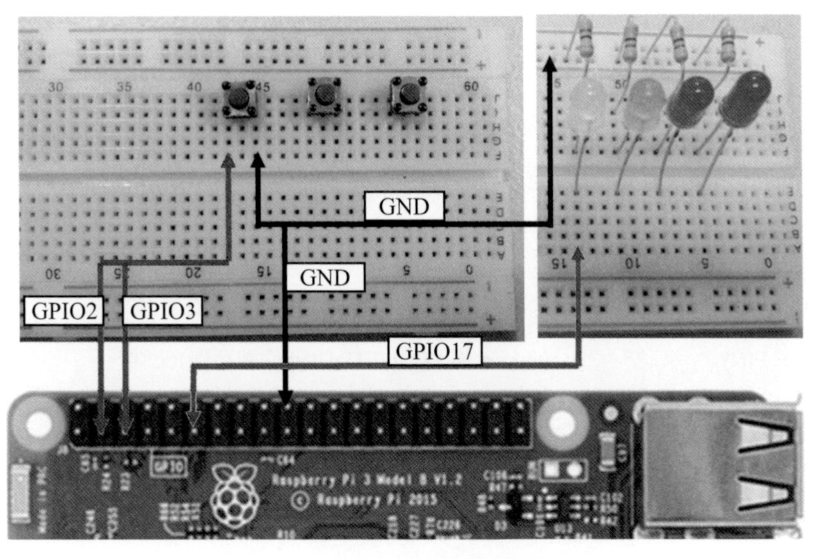

圖 7-9　微動開關關機實體接線圖

3. 程式設計：

★ PYTHON 程式碼如圖 7-10

```
EX4_Shutdown.py - /media/pi/8...ample/EX4_Shutdown.py (3.5.3)
File  Edit  Format  Run  Options  Window  Help

from gpiozero import LED, Button
from subprocess import check_call
from signal import pause

BTN_FOR_LED = 2
LED_PIN = 17
led = LED(LED_PIN)

def shutdown():
    check_call(['sudo', 'poweroff'])

btnForLed = Button(BTN_FOR_LED)
btnForLed.when_pressed = led.on
btnForLed.when_released = led.off

shutdown_btn = Button(3, hold_time=2)
shutdown_btn.when_held = shutdown

pause()
                                                    Ln: 1  Col: 0
```

圖 7-10　微動開關關機程式

★ 微動開關關機程式解說

from gpiozero import LED, Button	◆ 從 gpiozero 程式庫呼叫 LED 和 Button 函數模組。
from subprocess import check_call	◆ 從 subprocess 程式庫呼叫 check_call 函數模組。
from signal import pause	◆ 從 signal 程式庫呼叫 pause 函數模組。
BTN_FOR_LED = 2	◆ BTN_FOR_LED 變數的 GPIO 編號為 2。
LED_PIN = 17	◆ LED_PIN 變數的 GPIO 編號為 17。
led = LED(LED_PIN)	◆ 將 LED(LED_PIN) 函數存到 led 中。
def shutdown():	◆ 定義 shutdown 函數。
check_call(['sudo', 'poweroff'])	◆ 使用 check_call 函數執行 sudo poweroff 命令，進行關機
btnForLed = Button(BTN_FOR_LED)	◆ Button(BTN_FOR_LED) 函數存到 btnForLed 中。
btnForLed.when_pressed = led.on	◆ 當偵測到微動開關按下時，led 的對應腳位 GPIO17 設定為 HIGH，LED 發亮。
btnForLed.when_released = led.off	◆ 當偵測到微動開關鬆開時，led 的對應腳位 LED_PIN 設定為 LOW，LED 不亮。
shutdown_btn = Button(3, hold_time = 2)	◆ 當 GPIO3 偵測到按鍵持續按壓 2 秒後，儲存狀態至 shutdown_btn
shutdown_btn.when_held = shutdown	◆ shutdown_btn 滿足按壓 2 秒的條件後，執行 shutdown 定義函數。
pause()	◆ 程式會暫時停在此處，等待外部命令。

subprocess 模組提供了兩個實用函數來直接調用外部系統命令：call() 和 check_call()。

call() 會直接調用命令生成子程序，並且等待子程序結束，然後返回子程序的返回值。

check_call() 和 call() 函數的主要區別在於：如果返回值不爲 0，則觸發 CallProcessError 異常。

4. 功能驗證：

★ 程式執行指令如圖 7-11 所示，此時因爲執行 pause 函數，所以程式不會跳出系統提示符號，可以按 CTRL + C，終止程式執行。

★ 重新再執行一次程式，長按壓微動開關 2 秒後，樹莓派會執行關機程式，接著系統自動關機。

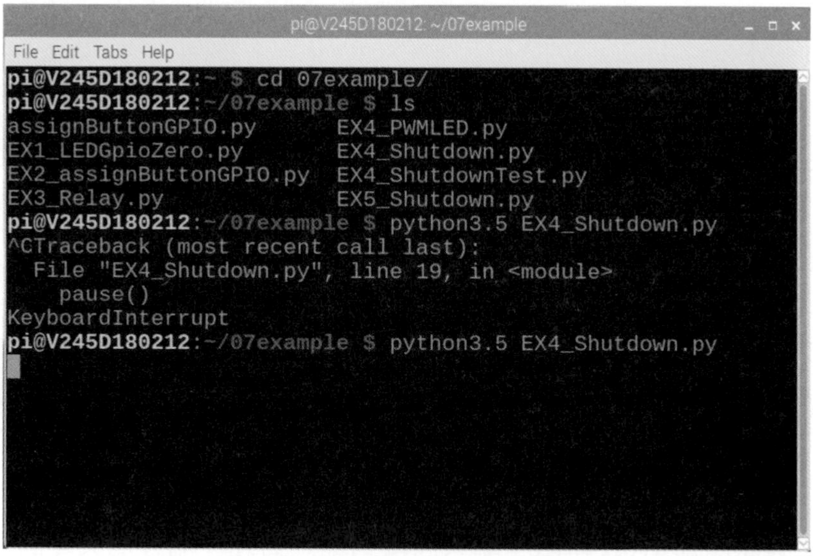

```
pi@V245D180212: ~/07example
File  Edit  Tabs  Help
pi@V245D180212:~ $ cd 07example/
pi@V245D180212:~/07example $ ls
assignButtonGPIO.py        EX4_PWMLED.py
EX1_LEDGpioZero.py         EX4_Shutdown.py
EX2_assignButtonGPIO.py    EX4_ShutdownTest.py
EX3_Relay.py               EX5_Shutdown.py
pi@V245D180212:~/07example $ python3.5 EX4_Shutdown.py
^CTraceback (most recent call last):
  File "EX4_Shutdown.py", line 19, in <module>
    pause()
KeyboardInterrupt
pi@V245D180212:~/07example $ python3.5 EX4_Shutdown.py
```

圖 7-11　執行微動開關關機程式

7-6 實驗五：複數顆 *LED* 控制

實驗摘要

使用 LEDBoard() 函數讓連接到 GPIO17、27、22、5 腳位的 4 顆 LED，先全亮 2 秒鐘，再熄滅兩秒鐘，接著 GPIO17 和 GPIO22 點亮 2 秒，最後所有 LED 連續閃爍。

實驗步驟

1. 實驗材料清單如表 7-5 所示：

表 7-5　實驗材料清單

實驗材料名稱	數量	規格	圖片
樹莓派 Pi3B	1	已安裝好作業系統的樹莓派	

表 7-5　實驗材料清單 (續)

實驗材料名稱	數量	規格	圖片
麵包板	1	麵包板 8.5 * 5.5 cm	
LED	4	單色插件式，顏色不拘	
電阻	4	插件式 470Ω，1/4W	
跳線	10	彩色杜邦雙頭線 (公 / 母)/20 cm	

2. 硬體接線如圖 7-12 所示

將 4 個插件式 470Ω 電阻一端共同接到地，另外一端分別與 4 個 LED 陰極連接，LED 的陽極則接到樹莓派的 GPIO17、27、22、5 腳位，PCB 編號的第 6 腳 GND 以杜邦雙頭線 (公 / 母)，連接到麵包板上的相對應位置如圖 7-12 所示。

當 GPIO 的輸出訊號是高準位 (HIGH)，LED 兩端有電壓差，因此導通，LED 發亮；但如果 GPIO 的輸出訊號是低準位 (LOW)，LED 兩端無電壓差，因此 LED 不導通，所以不會發亮。

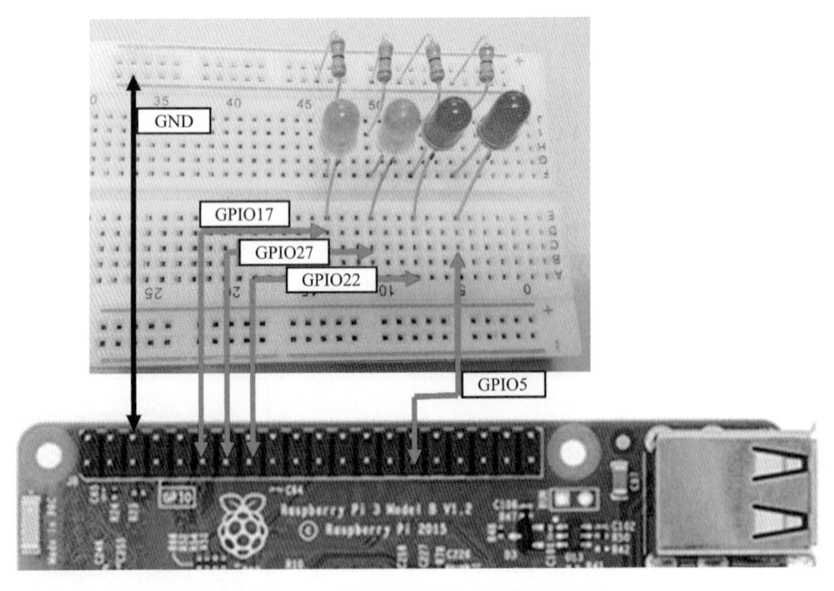

圖 7-12　複數顆 LED 實體接線圖

3. 程式設計：

★ PYTHON 程式碼如圖 7-13

```
EX5_multiLED.py - /home/pi/boo...xample/EX5_multiLED.py (3.5.3)
File Edit Format Run Options Window Help
from gpiozero import LEDBoard
from time import sleep
from signal import pause

leds = LEDBoard(17, 27, 22, 5)

print("HIGH",end = ' ')
leds.on()
sleep(2)
print("LOW")
leds.off()
sleep(2)
print("LED1 & LED3 ON")
leds.value = (1, 0, 1, 0)
sleep(2)
print("BLINK")
leds.blink()

pause()
Ln: 13 Col: 0
```

圖 7-13　複數顆 LED 控制程式

★ 複數顆 LED 控制程式解說

from gpiozero import LEDBoard	◆ 從 gpiozero 程式庫呼叫 LEDBoard 函數模組。
from time import sleep	◆ 從 time 程式庫呼叫 sleep 函數模組。
from signal import pause	◆ 從 signal 程式庫呼叫 pause 函數模組。
leds = LEDBoard(17, 27, 22, 5)	◆ 以 LED Board 函數，設定程式將使用到 GPIO17、27、22、5 腳位，並將整個函數存到 leds。
print(“HIGH” ,end = ‘ ‘)	◆ 在螢幕上顯示 HIGH 字樣。
leds.on()	◆ Leds 函數內的所有 GPIO 均設定為 HIGH。
sleep(2)	◆ 程式維持現狀 2 秒。
print(“LOW”)	◆ 在螢幕上顯示 LOW 字樣。
leds.off()	◆ Leds 函數內的所有 GPIO 均設定為 LOW
sleep(2)	◆ 程式維持現狀 2 秒。
print("LED1 & LED3 ON")	◆ 在螢幕上顯示 LED1 & LED3 ON 字樣。

leds.value = (1, 0, 1, 0)	◆ 設定 GPIO17、22 為 HIGH(3.3V) 電位，GPIO27、5 為 LOW(0V) 電位。
sleep(2)	◆ 程式維持現狀 2 秒。
print("BLINK")	◆ 在螢幕上顯示 BLINK 字樣。
leds.blink()	◆ 使所有 GPIO 高低電位交替輸出，因此所有 LED 會閃爍。
sleep(2)	◆ 程式維持現狀 2 秒。
pause()	◆ 程式會暫時停在此處，等待外部命令。

4. 功能驗證：

★ 螢幕將依序輸出顯示 HIGH、LOW、LED1 & LED3 ON 及 BLINK 等字樣，GPIO17、27、22、5 對應的 LED 會先點亮，持續兩秒後，所有 LED 會熄滅，並持續兩秒，接著 GPIO17 及 GPIO22 對應的 LED 會點亮，最後所有 LED 會持續閃爍，此時因爲執行 pause 函數，所以程式不會跳出系統提示符號，因此所有的 LED，會持續的執行前一狀態，繼續閃爍，直到按下 CTRL + C，才能終止程式執行如圖 7-14 所示。

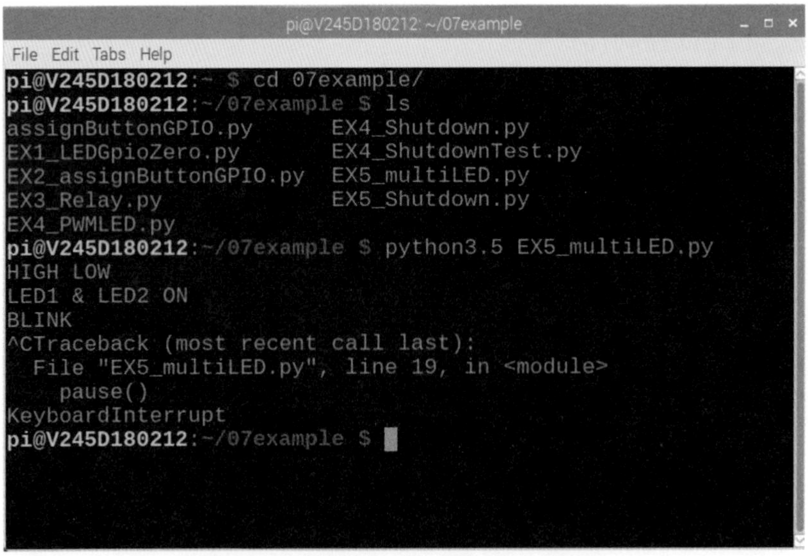

```
pi@V245D180212: ~/07example
File  Edit  Tabs  Help
pi@V245D180212:~ $ cd 07example/
pi@V245D180212:~/07example $ ls
assignButtonGPIO.py        EX4_Shutdown.py
EX1_LEDGpioZero.py         EX4_ShutdownTest.py
EX2_assignButtonGPIO.py    EX5_multiLED.py
EX3_Relay.py               EX5_Shutdown.py
EX4_PWMLED.py
pi@V245D180212:~/07example $ python3.5 EX5_multiLED.py
HIGH LOW
LED1 & LED2 ON
BLINK
^CTraceback (most recent call last):
  File "EX5_multiLED.py", line 19, in <module>
    pause()
KeyboardInterrupt
pi@V245D180212:~/07example $ 
```

圖 7-14　複數 LED 控制程式執行結果

7-7 實驗六：複數顆 PWM 控制 LED

實驗摘要

以 PWM 控制 4 顆分 LED 別接到 GPIO17、27、22、5 腳位，其發光亮度分別為 0、0.25、0.5 及 1.0，5 秒後全數熄滅。與實驗二不同的地方在於此實驗可以 LEDBoard 函數搭配 pwm = True 的單一敘述句直接將所有的 LED 對應的 GPIO17、27、22、5 設定為 PWM 腳位。

實驗步驟

1. 實驗材料清單與 7-6 節實驗五相同。
2. 硬體接線圖與 7-6 節實驗五相同。
3. 程式設計：

   ★ PYTHON 程式碼如圖 7-15

EX6_pwmLed.py - /home/pi/book201.../07example/EX6_pwmLed.py (3.5.3)

File Edit Format Run Options Window Help

```
from gpiozero import LEDBoard
from signal import pause
from time import sleep

pwmLeds = LEDBoard(17, 27, 22, 5, pwm = True)

pwmLeds.value = (0, 0.25, 0.5, 1.0)
sleep(5)
pwmLeds.value = (0, 0, 0, 0)

pause()
```

Ln: 8 Col: 8

圖 7-15　複數顆 PWM 控制 LED 程式

★ 複數顆 PWM 控制 LED 程式解說

from gpiozero import LEDBoard	◆ 從 gpiozero 程式庫呼叫 LEDBoard 函數模組。
from signal import pause	◆ 從 signal 程式庫呼叫 pause 函數模組。
pwmLeds = LEDBoard(17, 27, 22, 5, pwm = True)	◆ 以 LEDBoard 函數，設定 GPIO17、27、22、5 腳位為 PWM 腳位，並將函數存到 pwmLeds。
pwmLeds.value = (0, 0.25, 0.5, 1.0)	◆ GPIO17 對應的 LED 亮度設為 0，GPIO27 對應的 LED 亮度設為 0.25，GPIO22 對應的 LED 亮度設為 0.5，GPIO5 對應的 LED 亮度設為 1.0。
pwmLeds.value = (0, 0, 0, 0)	◆ 所有 LED 熄滅
pause()	◆ 程式會暫時停在此處，等待外部命令。

4. 功能驗證：

★ 檢查對應 GPIO17、27、22、5 對應的 LED 亮度，GPIO17 連結的 LED 不亮，GPIO27、22、5 的亮度則是逐漸增強。

★ 5 秒後，所有 LED 不亮。

7-8 實驗七：繼電器控制單顆 *LED* 亮滅

樹莓派的輸出電流非常小，無法直接驅動需大電力運作的直流或交流電子設備，例如步進馬達、伺服馬達、LED 車燈及家電等。必須經由控制繼電器的開或關，來驅動這一些需大電力運作的直流或交流電子設備。

圖 7-16 所示的繼電器模組，其輸入端有 VCC、GND 及 IN 三個腳位，輸出端也有三個腳位，分別是 NO、COM 及 NC；當輸入於 IN 端子上的電壓爲低電位 (0V) 時，會產生磁力吸引簧片，NC 與 COM 的預設連接會變成開路，而原來是預設開路的 NO，此時會與 COM 連接。

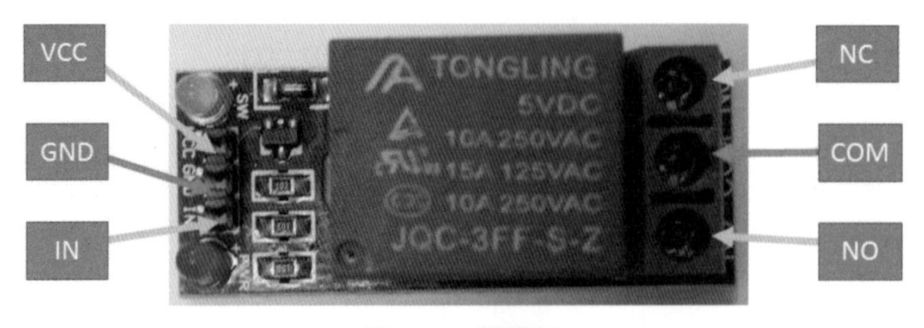

圖 7-16　繼電器

這一個繼電器模組是 5V 的模組，基本上需要 5V 的電源才能工作，但樹莓派的 GPIO 是 3.3V，因此需要有 3.3V 轉 5V 的電壓轉換器，本實驗選用 3.3V 到 5V 的雙通道 (2 channel)T74 Logic Level Converter 邏輯電位轉換模組如圖 7-17 所示。

T74 邏輯電位轉換模組的硬體連線方式如下：

1. HV 接 5V 電源
2. LV 接 3.3V 電源
3. GND 接電源的地。

TXI 爲 3.3V TTL 準位，接到 GPIO2 腳位，TXO 爲 5V TTL 準位，接到繼電器的 IN 控制訊號腳位，此時繼電器的電源 VCC 腳位，必須接到 5V。

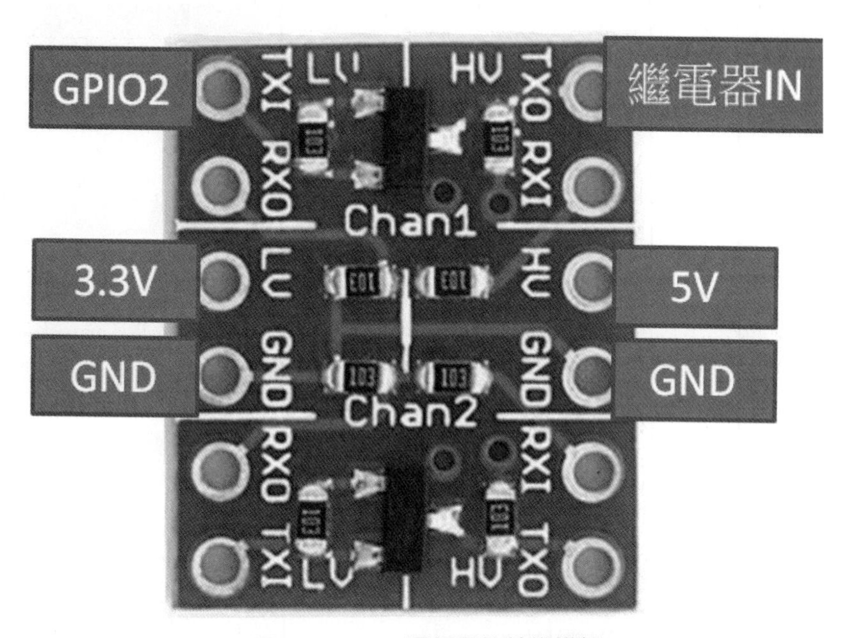

圖 7-17　T74 邏輯電位轉換模組

繼電器的輸入端是一組線圈，當兩端加上適當電壓後產生電流，而對應的磁場則會吸引金屬彈片，使其從原來 NC 腳位的位置，移動到 NO 腳位的位置，所以輸出端的 COM 腳位與 NO 腳位會是導通的狀態，而 COM 腳位原先就已經連接到 GND，因此 NO 腳位此時也接地；當線圈兩端電壓移除後，吸引金屬彈片的磁力也隨之消失，金屬彈片回到原來 NC 腳位的位置，COM 腳位和 NC 腳位重新導通、NC 腳位重新與 GND 連接、COM 腳位和 NO 腳位則變成斷路狀態，所以 NO 腳位與 GND 腳位斷開。

本實驗中，將 LED 的陰極連接到繼電器的 NO 腳位，當繼電器的 COM 腳位與 NO 導通時，LED 將發亮，否則維持不亮的狀態。

實驗摘要

以繼電器控制單顆 LED 亮滅。

實驗步驟

1. 實驗材料清單如表 7-6 所示

表 7-6 實驗材料清單

實驗材料名稱	數量	規格	圖片
樹莓派 Pi3B	1	已安裝好作業系統的樹莓派	
麵包板	1	麵包板 8.5 * 5.5 cm	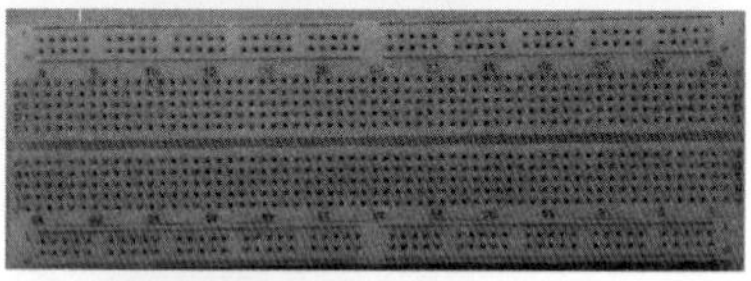
LED	1	單色插件式，顏色不拘	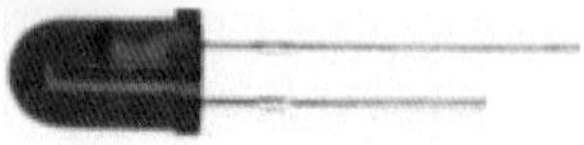
邏輯電位轉換模組	1	3.3V 轉 5V	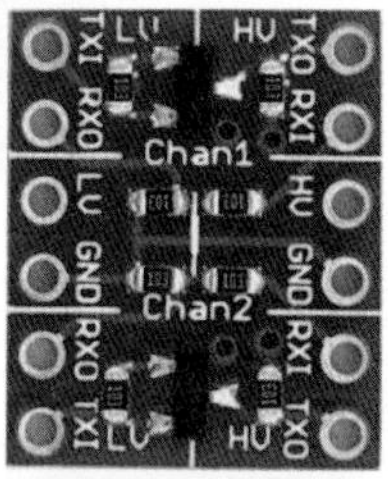
繼電器模組	1	輸入 5V DC 輸出 250VAC，10A	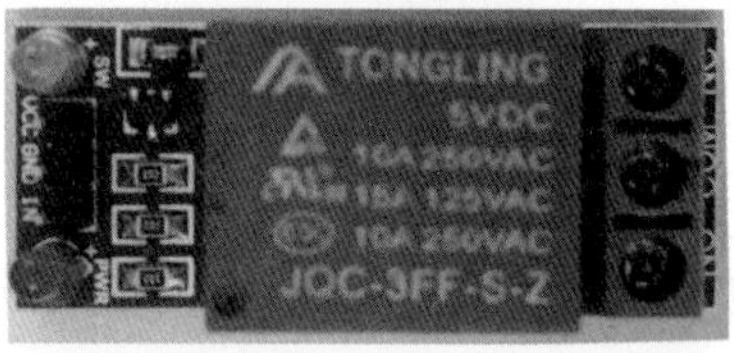
跳線	10	彩色杜邦雙頭線 (公 / 母)/20 cm	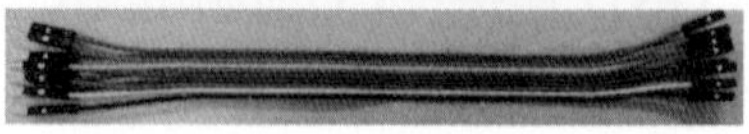

2. 腳位對應表 (表 7-7) 及硬體接線圖 (圖 7-18) 如下所示：

表 7-7　樹莓派與繼電器腳位對應表

樹莓派	繼電器
3.3V(PCB 編號：1)	VCC
GND(PCB 編號：6)	GND
GPIO2(PCB 編號：3)	IN
GND(PCB 編號：6)	COM(與 GND 連接)
-------	NO(與 LED 二極體陰極連接)
-------	NC

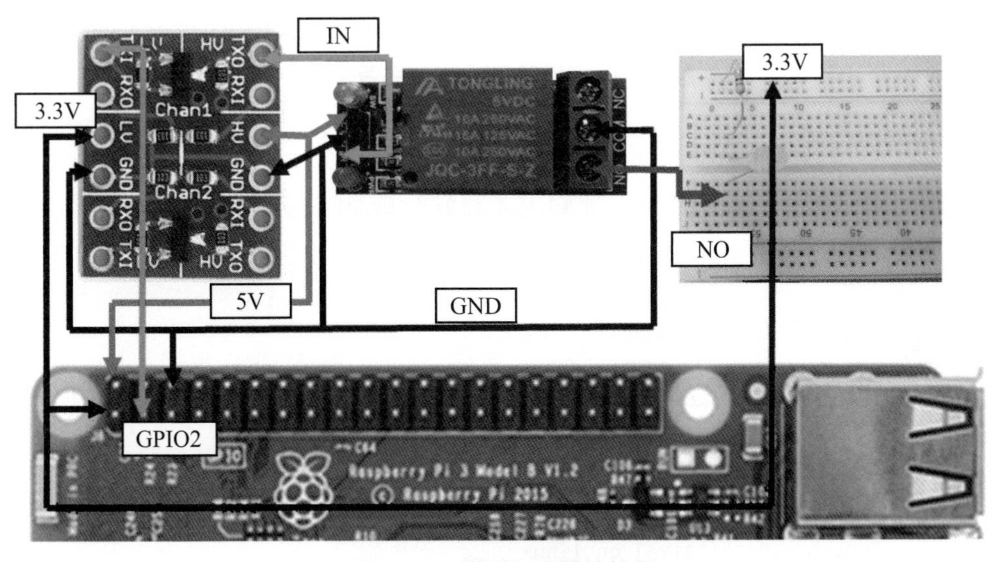

圖 7-18　繼電器實體接線圖

3. 程式設計：

PYTHON 程式碼如圖 7-19 所示。

```
EX_6Relay.py - /home/pi/07example/EX_6Relay.py (3.5.3)
File Edit Format Run Options Window Help
from gpiozero import LED
from time import sleep

relay = LED(2)

a = 5
while a>0:
    print ("Relay Off",end=' ')
    relay.off()
    sleep(0.2)
    print ("Relay On")
    relay.on()
    sleep(0.2)
    a-=1
```

圖 7-19　繼電器控制 LED 亮滅程式

4. 功能驗證：

將樹莓派電源開啓，需有下列輸出才算執行成功：

★ LED 應該每 0.4 秒亮滅各一次。

★ 繼電器應該每 0.2 秒切換各一次。

★ 螢幕上會顯示 Relay Off Relay On 字樣重覆五次如圖 7-20 所示。

```
Python 3.5.3 Shell
File Edit Shell Debug Options Window Help
Python 3.5.3 (default, Jan 19 2017, 14:11:04)
[GCC 6.3.0 20170124] on linux
Type "copyright", "credits" or "license()" for more informat
ion.
>>>
======== RESTART: /home/pi/07example/EX7_Relay.py ========
Relay Off Relay On
Relay Off Relay On
Relay Off Relay On
Relay Off Relay On
Relay Off Relay On
>>>
```

圖 7-20　繼電器控制 LED 亮滅程式執行結果

7-9 實驗八：繼電器控制電磁閥

前一個實驗，應用繼電器控制 LED 亮滅，基本上是讓大家了解如何使用樹莓派去控制繼電器，而實際上的應用，通常用於有大電流需求的電子設備，例如電磁閥或馬達。本實驗將爲大家介紹如何以繼電器控制電磁閥，電磁閥的運作也是靠線圈的磁力吸引，當電磁閥線圈的兩端施加電壓時，打開原先關閉的閘門或關閉原先已開啓的閘門，因此電磁閥常用於水流或氣體流動的控制開關。

本實驗所使用的電磁閥，是一種控制水流通過與否的電磁閥，口徑爲 1/2 英吋，也就是俗稱的 4 分管 (4/8 吋)，電磁閥經施加電壓 (12V，320mA) 運作後，仍需水壓高於 3psi，才可以使得水流順利通過電磁閥，材料可以在 ICSHOP 買得到，一個約 380 元如圖 7-21 所示。

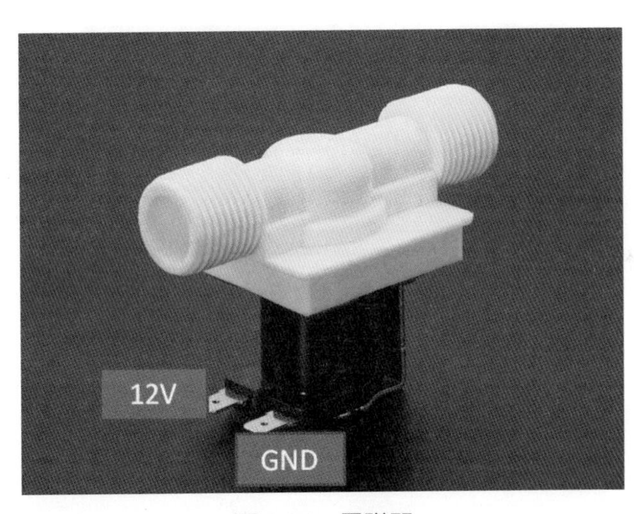

圖 7-21　電磁閥

樹莓派的 GPIO 僅能提供 5V 及 3.3V 兩種電壓，而電磁閥的工作電壓爲 12V，因此要讓電磁閥正確工作，需額外再加一組 5V 轉 12V 的升壓電源模組，此材料也可以在 ICSHOP 買到，名稱爲 XL6009 DC-DC 直流升壓模組，約 32 元一個。

直流電源電壓轉換器 (DC to DC Converter)，常見的類型有降壓 (BUCK) 及升壓 (BOOST) 兩種，降壓型的輸入電壓永遠大於輸出電壓，因此稱爲降壓型電源電壓轉換器，而升壓型的輸入電壓永遠小於輸出電壓，因此被稱爲升壓型電源電壓轉換器，兩者皆使用交換式開關 (Switching) 的原理，控制電源導通時間長短 (duty cycle)，duty cycle 是一個週期內高電位所佔的時間百分比值，以方波爲例，其高電位時間爲整個週期的一半，所以 duty cycle 是 50%。

不論是升壓或降壓型電源電壓轉換器，其輸出電壓與輸入之間的關係都與 duty cycle 有關。降壓型電源電壓轉換器其輸出電壓公式爲 $V_o = DV_i$，D 代表 duty cycle；升壓型電源電壓轉換器其輸出電壓公式爲 $V_o = V_i /(1-D)$。

XL6009 DC-DC 直流升壓模組 6009 是一款 4A 開關電流的高性能升壓 (BOOST) 模組，其主要特性如下：

1. 輸入電壓範圍是 3V ～ 32V，最佳工作電壓範圍則是 5 ～ 32V。
2. 輸出電壓 5V ～ 35V；
3. 內置 4A 高效 MOSFET 開關管，使效率最高達 94%。
4. 切換頻率 400 kHz，因此可以用小容量的濾波電容即能達到非常好的效果，紋波及體積皆更小。

圖 7-22　升壓電源模組

實驗摘要

以繼電器控制電磁閥開關。

實驗步驟

1. 實驗材料清單如表 7-8 所示

表 7-8　實驗材料清單

實驗材料名稱	數量	規格	圖片
樹莓派 Pi3B	1	已安裝好作業系統的樹莓派	

表 7-8　實驗材料清單 (續)

實驗材料名稱	數量	規格	圖片
麵包板	1	麵包板 8.5 * 5.5 cm	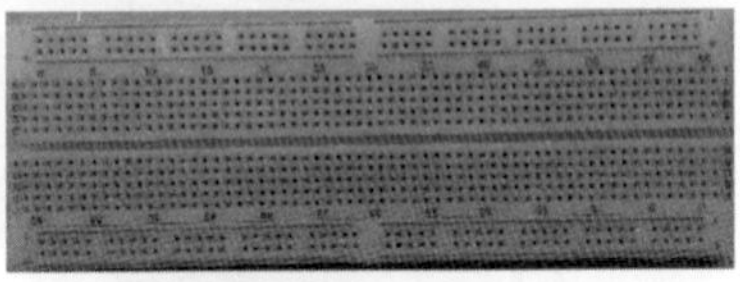
LED	1	單色插件式，顏色不拘	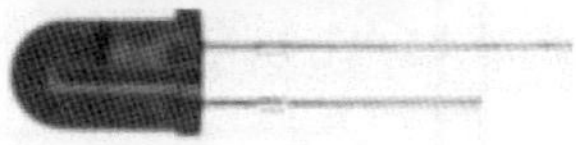
電磁閥	1	12V，1/2 英吋水流控制電磁閥	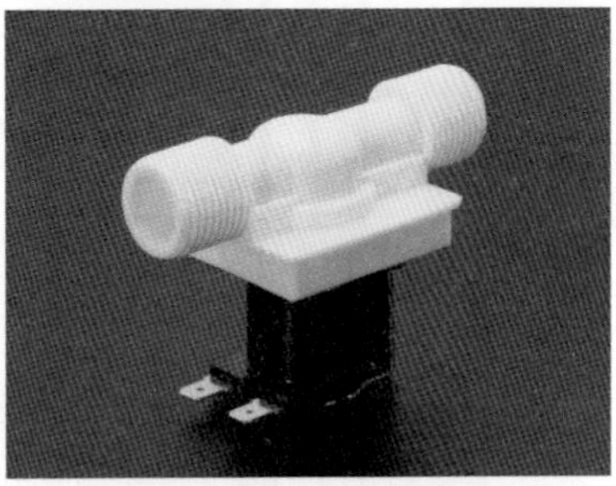
升壓電源模組	1	4A，5V 轉 12V 的升壓電源模組	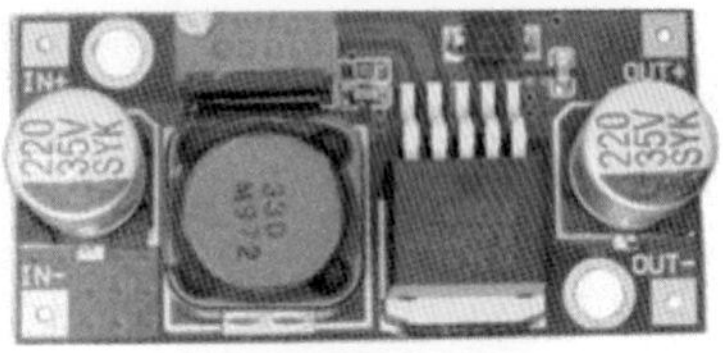
邏輯電位轉換模組	1	3.3V 轉 5V	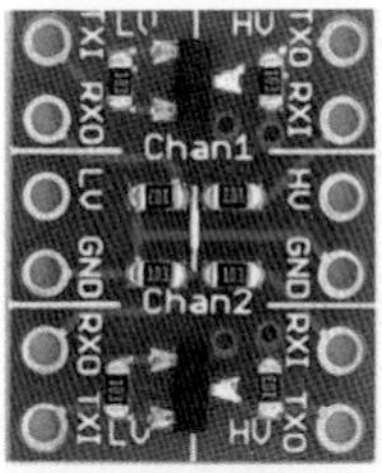
繼電器模組	1	輸入 5V DC 輸出 250VAC，10A	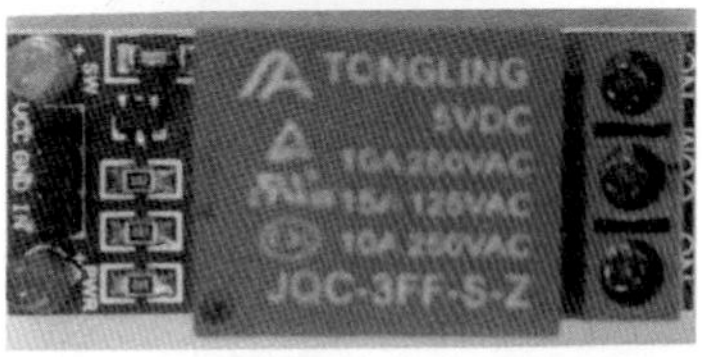
跳線	10	彩色杜邦雙頭線 (公 / 母)/20 cm	

2. 硬體接線如圖 7-23 所示：

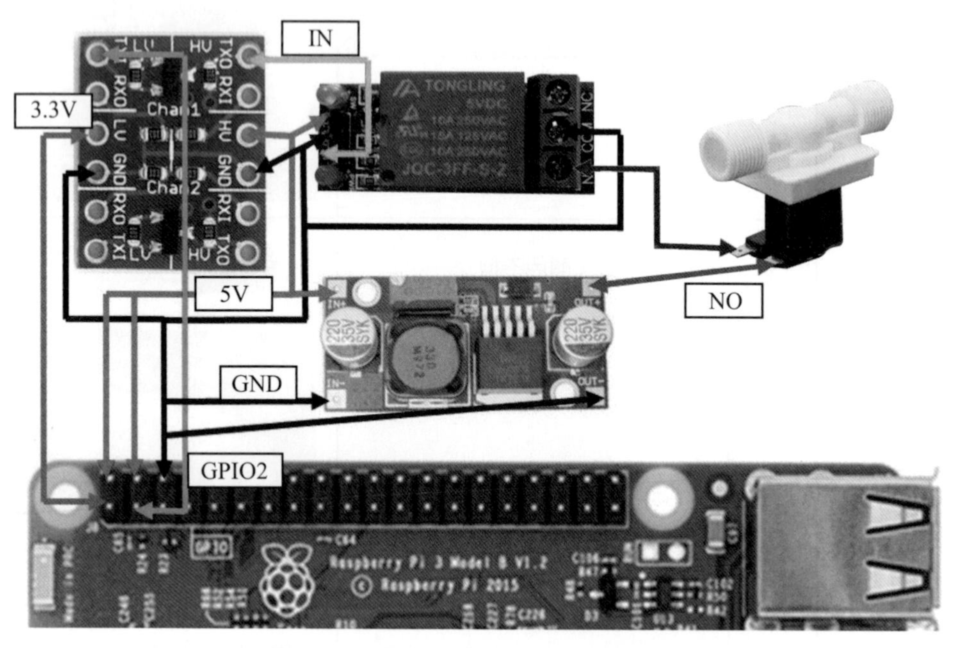

圖 7-23　繼電器控制電磁閥實體接線圖

3. 程式設計：

PYTHON 程式碼如圖 7-24 所示。

EX8_Solenoid.py - /home/pi/boo...xample/EX8_Solenoid.py (3.5.3)

File Edit Format Run Options Window Help

```
from gpiozero import LED
from time import sleep

Relay_in = LED(2)

a = 5
while a>0:
    print ("Solenoid Off",end=' ')
    Relay_in.on()
    sleep(2)
    print ("Solenoid On")
    Relay_in.off()
    sleep(2)
    a-=1
```

Ln: 12 Col: 16

圖 7-24　繼電器控制電磁閥程式

與前一實驗程式相同，使用 GPIO2 控制繼電器的開啓與閉合，進而同時控制了後方連接到繼電器 NO 接腳的電磁閥閘門開關。

當執行 Relay_in.on(2) 指令時，GPIO2 會使得繼電器的輸入端 IN 接腳輸入電位爲 3.3V，繼電器的輸出 NC 腳位與 COM 腳位維持內定導通狀態，而 NO 腳位與 COM 腳位維持斷路狀態，電磁閥此時線圈兩端無壓差，所以維持閘門關閉的狀態，接著 sleep(2) 函數指令會維持電磁閥關閉的狀態 2 秒鐘。

當執行 Relay_in.off(2) 指令時，GPIO2 會使得繼電器的輸入端 IN 接腳輸入電位爲 0V，繼電器的輸出 NO 腳位與 COM 腳位轉變爲導通狀態，而 NO 腳位與 COM 腳位則轉變爲斷路狀態，電磁閥此時線圈兩端有 12V 的壓差，所以閘門會轉變爲開啓的狀態，接著 sleep(2) 函數指令會維持電磁閥開啓的狀態 2 秒鐘。

4. 功能驗證：

將樹莓派電源開啓，需有下列輸出才算執行成功：

★ 繼電器應該每 2 秒切換各一次。

★ 電磁閥閘門每 2 秒開與關各一次。

★ 螢幕上會顯示 Solenoid Off Solenoid On 字樣重覆五次如圖 7-25 所示。

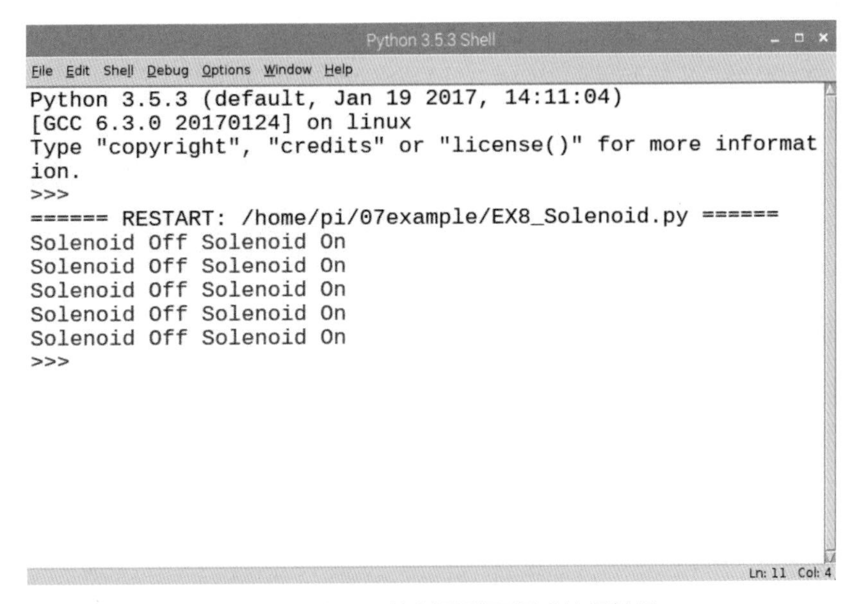

圖 7-25　繼電器控制電磁閥程式執行結果

7-10 實驗九：直流馬達正反轉控制

直流馬達如圖 7-26 基本上只要在馬達輸入端子的兩端施加足夠電壓，就可以讓直流馬達單向轉動，要讓直流馬達正反轉，則需施加正向與反向電壓於馬達輸入端子的兩端，本實驗使用兩個繼電器完成直流馬達正反轉控制的工作。

圖 7-26　直流馬達

實驗摘要

以樹莓派的 GPIO5 腳位及 GPIO6 腳位分別控制兩個繼電器，兩個繼電器的 COM 腳位，分別連接到馬達輸入端子的兩端，兩個繼電器的 NC 腳位均接地，兩個繼電器的 NO 腳位均接 3.3V。

實驗步驟

1. 實驗材料清單如表 7-9 所示

表 7-9　實驗材料清單

實驗材料名稱	數量	規格	圖片
樹莓派 Pi3B	1	已安裝好作業系統的樹莓派	
麵包板	1	麵包板 8.5*5.5cm	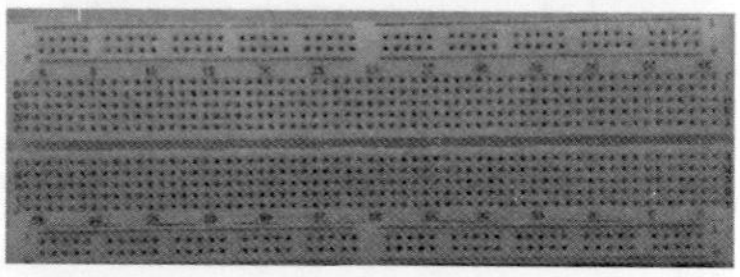
直流馬達	1	1.0 ～ 3.0V 直流馬達	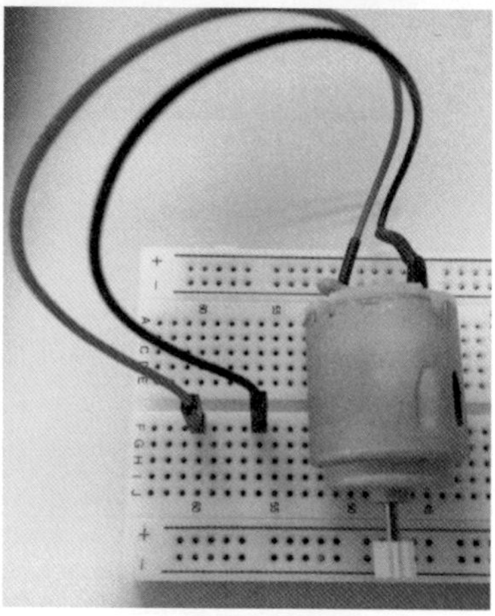
邏輯電位轉換模組	1	3.3V 轉 5V	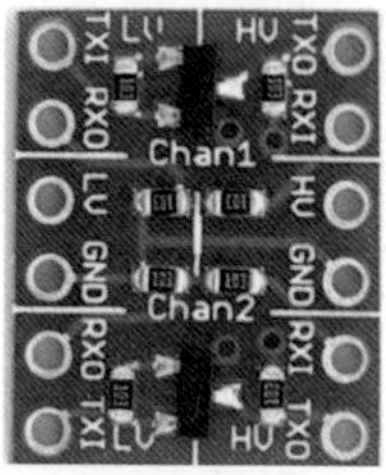
繼電器模組	2	輸入 5V DC 輸出 250VAC，10A	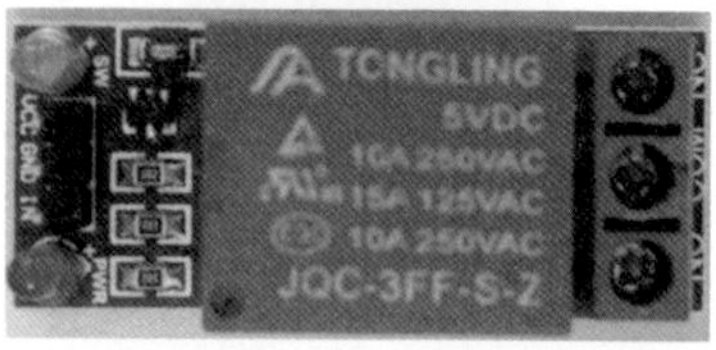
跳線	10	彩色杜邦雙頭線 (公 / 母)/20 cm	

2. 硬體接線如圖 7-27 所示：

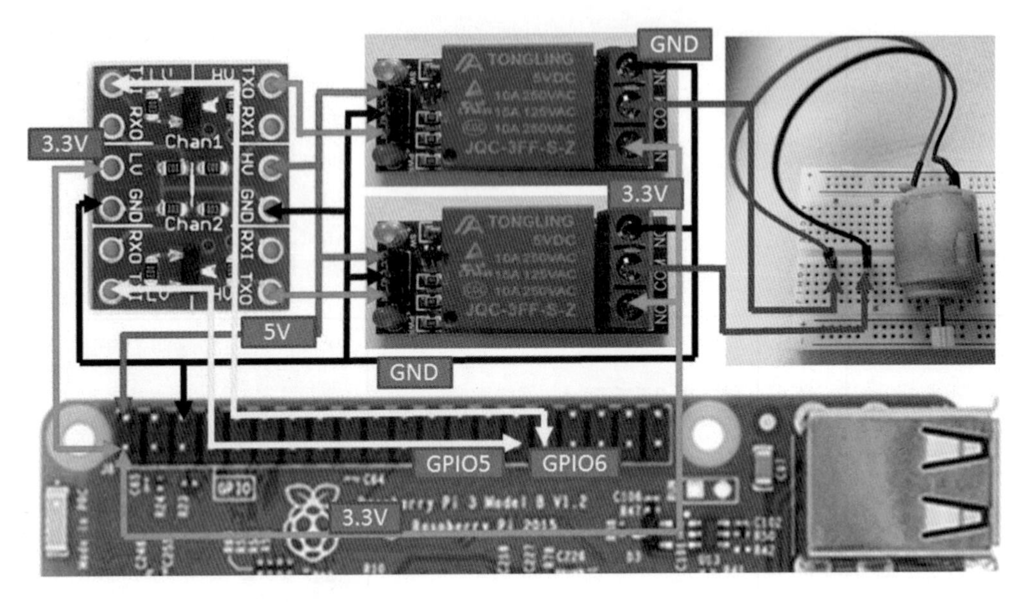

圖 7-27　直流馬達正反轉控制實體接線圖

3. 程式設計：

★ PYTHON 程式碼如圖 7-28

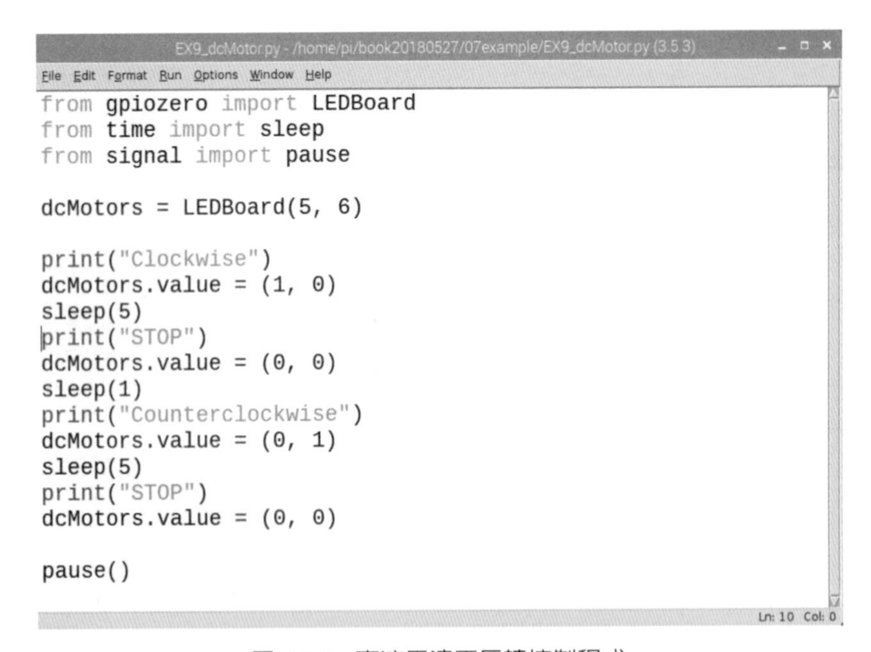


```
from gpiozero import LEDBoard
from time import sleep
from signal import pause

dcMotors = LEDBoard(5, 6)

print("Clockwise")
dcMotors.value = (1, 0)
sleep(5)
print("STOP")
dcMotors.value = (0, 0)
sleep(1)
print("Counterclockwise")
dcMotors.value = (0, 1)
sleep(5)
print("STOP")
dcMotors.value = (0, 0)

pause()
```

圖 7-28　直流馬達正反轉控制程式

★ 直流馬達正反轉控制程式解說

程式	說明
from gpiozero import LEDBoard	◆ 從 gpiozero 程式庫呼叫 LEDBoard 函數模組。
from time import sleep	◆ 從 time 程式庫呼叫 sleep 函數模組。
from signal import pause	◆ 從 signal 程式庫呼叫 pause 函數模組。
dcMotors = LEDBoard(5, 6)	◆ GPIO5、6 腳位為繼電器模組輸入訊號，以 LEDBoard 函數打包後，指定給 dcMotors。
print("Clockwise")	◆ 螢幕輸出 Clockwise 字樣。
dcMotors.value = (1, 0)	◆ GPIO5 腳位被設定為 HIGH，輸出 3.3V；GPIO6 腳位被設定為 LOW，輸出 0V，此時直流馬達順時鐘轉動。
sleep(5)	◆ 維持原狀 5 秒。
print("STOP")	◆ 螢幕輸出 STOP 字樣。
dcMotors.value = (0, 0)	◆ GPIO5 腳位被設定為 LOW，輸出 0V；GPIO6 腳位被設定為 LOW，輸出 0V。
sleep(1)	◆ 維持原狀 1 秒。
print("Counterclockwise")	◆ 螢幕輸出 Counterclockwise 字樣。
dcMotors.value = (0, 1)	◆ GPIO5 腳位被設定為 LOW，輸出 0V；GPIO6 腳位被設定為 HIGH，輸出 3.3V，此時直流馬達逆時鐘轉動。
sleep(5)	◆ 維持原狀 5 秒。
print("STOP")	◆ 螢幕輸出 STOP 字樣。
dcMotors.value = (0, 0)	◆ GPIO5 腳位被設定為 LOW，輸出 0V；GPIO6 腳位被設定為 LOW，輸出 0V。
pause()	◆ 程式會暫時停在此處，等待外部命令。

4. 功能驗證：

將樹莓派電源開啓，需有下列輸出才算執行成功：

★ 馬達順時鐘轉 5 秒，停止 1 秒，逆時鐘轉 5 秒，停止。

★ 螢幕上會顯示 Clockwise、STOP、Counterclockwise、STOP 等字樣如圖 7-29 所示。

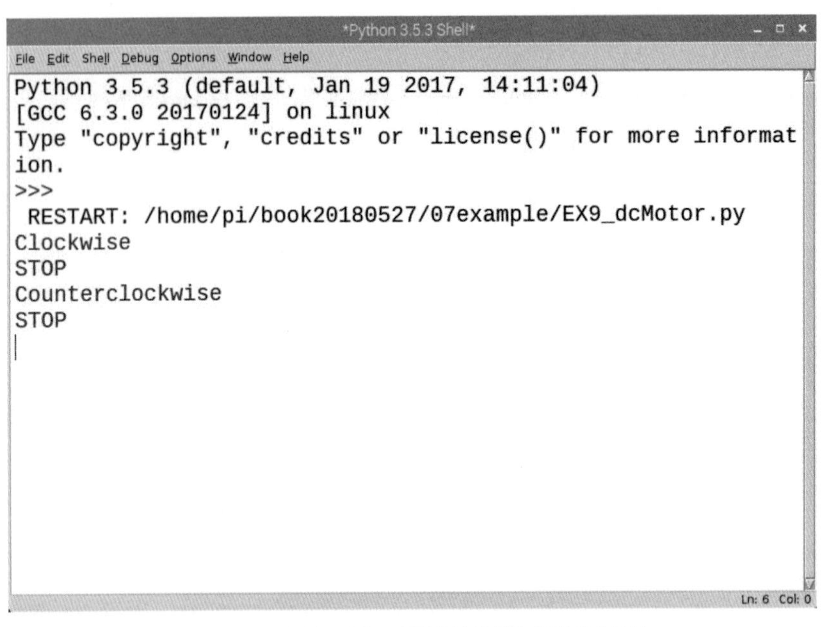

圖 7-29　直流馬達正反轉控制程式執行結果

7-11 實驗十：七段顯示器

七段顯示器是由 7 顆 LED 組合在一起的簡易數字顯示器，通常還會有一個 LED 用來代表小數點，藉由控制這些 LED 的亮滅組合，就可以顯示出不同的數字如表 7-10 所示。不同製造商 LED 對應腳位可能不一樣，使用前請先確認 LED 與腳位間的關係。

這八個 LED 分別命名爲 a, b, c, d, e, f, g, dp，本書所使用的 GPIO 則依序對應到 17, 27, 22, 5, 6, 13, 19,26，如圖 7-30 所示。

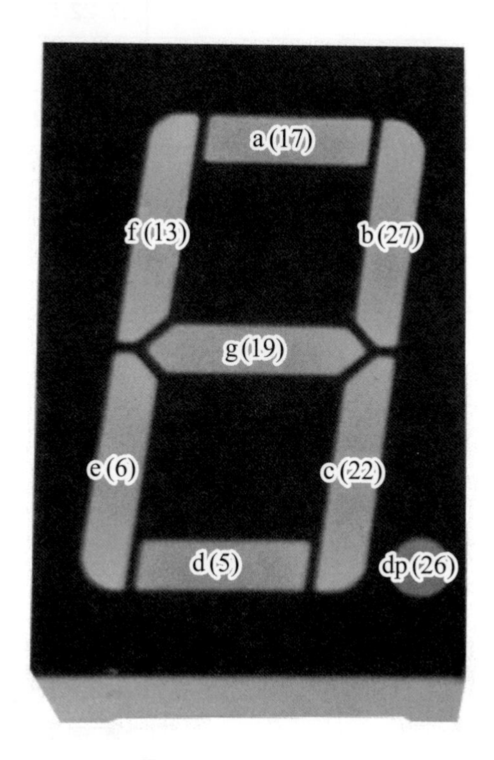

圖 7-30　7 段顯示器

七段顯示器通常可以分爲共陰極型或共陽極型，若所有的 LED 陰極接在一起就是共陰極型，通常所有陰極接到地，若所有的 LED 陽極接在一起就是共陽極型，通常所有陽極接到電源的高電位，例如 VCC，這裡我們使用的是共陰極型。

表 7-10

數字	對應 LED	對應腳位
0	a, b, c, d, e, f	17, 27, 22, 5, 6, 13
1	b, c	27, 22
2	a, b, d, e, g	17, 27, 5, 6, 19
3	a, b, c, d, g	17, 27, 22, 5, 19
4	b, c, f, g	27, 22, 13, 19
5	a, c, d, f, g	17, 22, 5, 13, 19
6	c, d, e, f, g	22, 5, 6, 13, 19
7	a, b, c	17, 27, 22
8	a, b, c, d, e, f, g	17, 27, 22, 5, 6, 13, 19
9	a, b, c, f, g	17, 27, 22,13, 19
dp	dp	26

實驗摘要

以 GPIO 控制 7 段顯示器，顯示 0 ～ 9 的數字。

實驗步驟

1. 實驗材料清單如表 7-11 所示

表 7-11　實驗材料清單

實驗材料名稱	數量	規格	圖片
樹莓派 Pi3B	1	已安裝好作業系統的樹莓派	
麵包板	1	麵包板 8.5*5.5cm	

實驗材料名稱	數量	規格	圖片
7 段顯示器	1	單色插件式，顏色不拘	
電阻	8	220Ω	
跳線	10	彩色杜邦雙頭線 (公 / 母)/20 cm	

2. 硬體連線圖如圖 7-31 所示：

GPIO	PIN
17	7
27	6
22	4
5	2
6	1
13	9
19	10
26	5

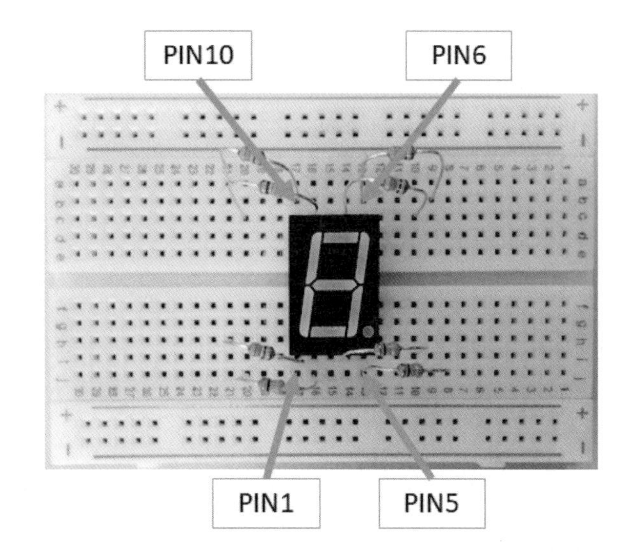

圖 7-31　7 段顯示器實體接線圖

3. 程式設計：

★ 程式設計如圖 7-32 所示。

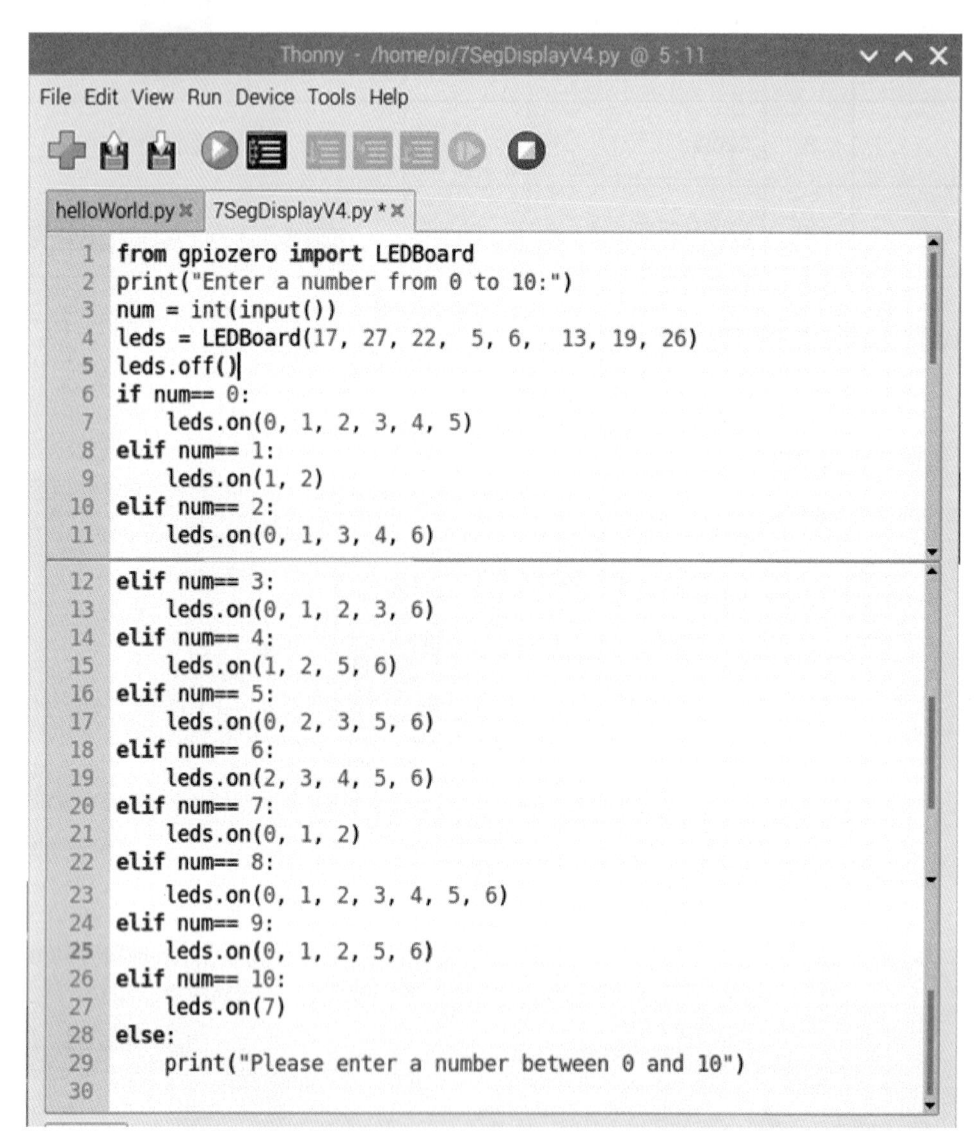

圖 7-32　7 段顯示器程式

4. 程式解說

程式	說明
from gpiozero import LEDBoard	◆ 從 gpiozero 程式庫模組中輸入 LEDBoard 模組。
print("Enter a number from 0 to 10:")	◆ 螢幕輸出" Enter a number from 0 to 10:" 文字。
num = int(input())	◆ Input() 函數擷取鍵盤輸入後，再經 int() 函數轉成整數後存到 num 變數。
leds = LEDBoard(17, 27, 22, 5, 6, 13, 19, 26)	◆ 使用 LEDBoard 模組功能，選定 GPIO(17, 27, 22, 5, 6, 13, 19, 26) 分別對應 7 段顯示器的 a~g 及 dpLED。
leds.off()	◆ 所有輸出為低電位，所有 LED 不亮。
if num== 0:	◆ 若輸入的數字是" 0" 。
leds.on(0, 1, 2, 3, 4, 5)	◆ a, b, c, d, e, f LED 會亮，7 段顯示器顯示" 0" 。
elif num== 1:	◆ 若輸入的數字是" 1" 。
leds.on(1, 2)	◆ 7 段顯示器顯示" 1" 。
elif num== 2:	◆ 若輸入的數字是" 2" 。
leds.on(0, 1, 3, 4, 6)	◆ 7 段顯示器顯示" 2" 。
elif num== 3:	◆ 若輸入的數字是" 3" 。
leds.on(0, 1, 2, 3, 6)	◆ 7 段顯示器顯示" 3" 。
elif num== 4:	◆ 若輸入的數字是" 4" 。
leds.on(1, 2, 5, 6)	◆ 7 段顯示器顯示" 4" 。
elif num== 5:	◆ 若輸入的數字是" 5" 。
leds.on(0, 2, 3, 5, 6)	◆ 7 段顯示器顯示" 5" 。
elif num== 6:	◆ 若輸入的數字是" 6" 。
leds.on(2, 3, 4, 5, 6)	◆ 7 段顯示器顯示" 6" 。
elif num== 7:	◆ 若輸入的數字是" 7" 。
leds.on(0, 1, 2)	◆ 7 段顯示器顯示" 7" 。
elif num== 8:	◆ 若輸入的數字是" 8" 。
leds.on(0, 1, 2, 3, 4, 5, 6)	◆ 7 段顯示器顯示" 8" 。
elif num== 9:	◆ 若輸入的數字是" 9" 。
leds.on(0, 1, 2, 5, 6)	◆ 7 段顯示器顯示" 9" 。
elif num== 10:	◆ 若輸入的數字是" 10" 。

leds.on(7)	◆ 7 段顯示器顯示” ．” 。
else:	◆ 否則
print("Please enter a number between 0 and 10")	◆ 螢幕輸出” Please enter a number between 0 and 10" 文字。

5. 功能驗證：

將樹莓派電源開啓，需有下列輸出才算執行成功：

★ 分別輸入數字 0~10，7 段顯示器應顯示對應的數字或符號，例如輸入數字” 9” 如圖 7-33 所示，7 段顯示器應顯示” 9” 如圖 7-34 所示。

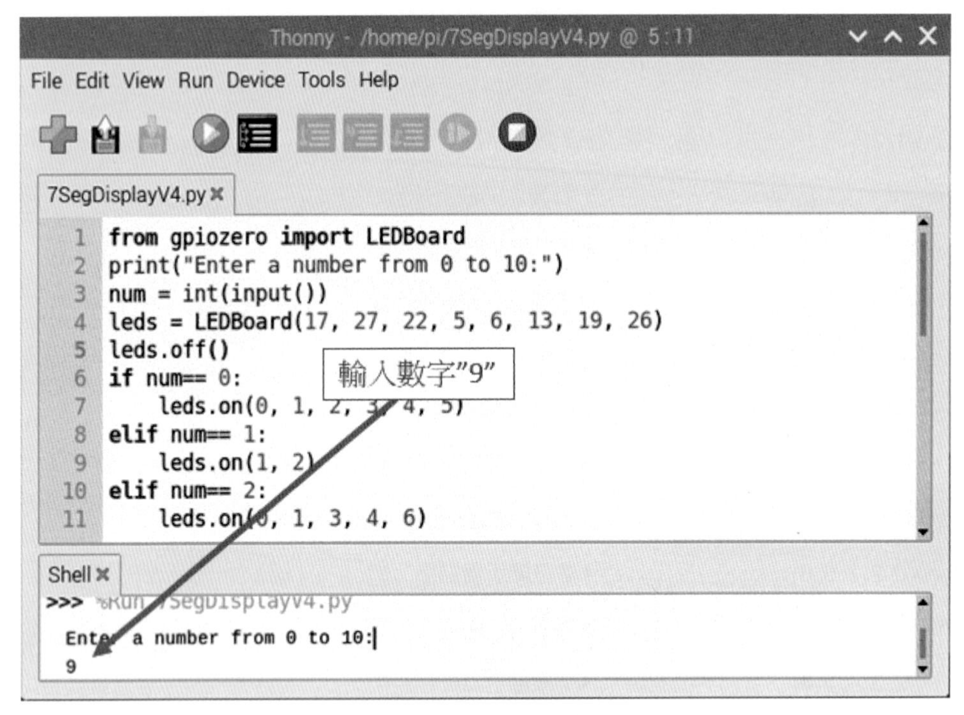

圖 7-33　執行程式

圖 7-34　輸入" 9" 之程式執行結果

重點複習

1. GPIO Zero 程式庫模組提供更簡單直接的樹莓派 GPIO 設計方法，其網址為 https://gpiozero.readthedocs.io/en/stable/index.html。GPIO Zero 程式庫模組是由 Ben Nuttall 及 Dave Jones 等人所創作。
2. GPIO Zero 程式庫模組使用的 GPIO 編號是 GPIO 編號，而非 PCB 的腳位編號，撰寫程式時無須做任何宣告，逕行使用 GPIO 編號指定 GPIO 的腳位即可。
3. 樹莓派的作業系統 Raspbian 已內建 GPIO Zero，無須再進行任何的安裝，使用時直接 import 模組即可。
4. sleep() 是 time 程式庫的函數，使用前必須從 time 程式庫中呼叫 sleep() 函數。
5. pause() 是 signal 程式庫的函數，使用前必須從 signal 程式庫中呼叫 pause() 函數。
6. LED() 及 BUTTON() 都是 GPIO Zero 程式庫的函數，使用前必須從 GPIO Zero 程式庫中先呼叫這兩個函數。
7. led = LED(2) 敘述表示 GPIO2 腳位指定給 led 變數，此處的數字 2 代表的是 GPIO 的編號，而非 PCB 的腳位編號。
8. button = Button(2) 敘述表示 GPIO2 腳位指定給 button 變數，此處的數字 2 代表的是 GPIO 的編號，而非 PCB 的腳位編號。
9. 使用 GPIO Zero 的 PWM 功能前，需先輸入 PWMLED 函數模組的指令敘述式：from gpiozero import PWMLED。
10. 以 PWM 控制 LED 亮度是一種常見的技術手法，只要一個 GPIO 腳位，就可以完成此項工作。程式執行後，LED 的亮度會依不同的 PWM 值發光，通常 PWM 值的範圍為 0.0 ～ 1.0。
11. PWMLED 函數模組內的屬性 value 可以用來指定 PWM 的數值，進而決定 LED 發光的亮度。
12. GPIO Zero 內建有微動開關函數模組 Button，Button 模組包含有偵測是否已按壓按鍵的屬性 (when_pressed) 及是否已釋放按鍵的屬性 (when_released)，方便程式設計者使用。
13. 使用 GPIO Zero 的 Button 功能前，需先輸入 Button 函數模組的指令敘述式：from gpiozero import Button。
14. subprocess 模組提供了兩個實用函數來直接調用外部系統命令：call() 和 check_call()。

call() 會直接調用命令生成子程序，並且等待子程序結束，然後返回子程序的返回值。

check_all() 和 call() 函數的主要區別在於：如果返回值不為 0，則觸發 CallProcessError 異常。

15. 微動開關的 Button 函數指令可以搭配 hold_time 敘述，偵測持續按壓的秒數，例如 Button(3, hold_time = 5) 這一函數指令，可以偵測 GPIO3 是否有按壓時間超過五秒以上。

16. LEDBoard() 是 GPIO Zero 程式庫的函數，使用前必須從 GPIO Zero 程式庫中呼叫 LEDBoard() 函數。

17. LEDBoard() 函數一次可以定義複數個 LED 所對應的 GPIO 腳位，例如 4 顆接到 GPIO2、GPIO3、GPIO4、GPIO5 的複數個 LED，可以表示為 LEDBoard(2, 3, 4, 5)，提供程式設計者簡單又方便的 GPIO 腳位打包函數。

18. 繼電器的輸入端是一組線圈，當兩端加上適當電壓後產生電流，而對應的磁場則會吸引金屬彈片，使其從原來 NC 腳位的位置，移動到 NO 腳位的位置，所以輸出端的 COM 腳位與 NO 腳位是導通的狀態；當線圈兩端電壓移除後，吸引金屬彈片的磁力也隨之消失，金屬彈片回到原來 NC 腳位的位置，COM 腳位和 NC 腳位重新導通、NC 腳位重新與 GND 連接、COM 腳位和 NO 腳位則變成斷路狀態，所以 NO 腳位與 GND 腳位斷開。

19. 電磁閥的運作也是靠線圈的磁力吸引，當電磁閥線圈的兩端施加電壓時，打開原先關閉的閘門或關閉原先已開啓的閘門，因此電磁閥常用於水流或氣體流動的控制開關。選用電磁閥時則需注意其工作電壓與工作電流是否符合系統需求。

20. 直流電源電壓轉換器 (DC to DC Converter)，常見的類型有降壓 (BUCK) 及升壓 (BOOST) 兩種，降壓型的輸入電壓永遠大於輸出電壓，因此稱為降壓型電源電壓轉換器，而升壓型的輸入電壓永遠小於輸出電壓，因此被稱為升壓型電源電壓轉換器，兩者皆使用交換式開關 (Switching) 的原理，控制電源導通時間長短 (duty cycle)，以決定輸出電壓。

    降壓型電源電壓轉換器其輸出電壓與輸入之間的關係式為 $V_o = DV_i$，D 代表 duty cycle；升壓型電源電壓轉換器其輸出電壓與輸入之間的關係式為 $V_o = V_i /(1\text{-}D)$。

課後評量

選擇題：

(　　) 1. GPIO Zero 程式庫模組使用的 GPIO 編號是依據？
(A) PCB 編號　(B) GPIO 編號 (BCM)　(C) 需使用者宣告　(D) 以上皆非。

(　　) 2. sleep() 函數是屬於哪一個程式庫模組？
(A) time　(B) signal　(C) LED　(D) BUTTON。

(　　) 3. GPIO Zero 中的 LED(3) 函數，其中 3 代表甚麼？
(A) 3 秒　(B) 3 毫秒　(C) GPIO3　(D) PCB 腳位編號 3。

(　　) 4. GPIO Zero 中的 BUTTON(3) 函數，其中 3 代表甚麼？
(A) 3 秒　(B) 3 毫秒　(C) GPIO3　(D) PCB 腳位編號 3。

(　　) 5. 欲使用微動開關函數需從 GPIO Zero 中輸入何種函數模組？
(A) LED　(B) Button　(C) Switch　(D) Touch。

(　　) 6. 使用 PWM 控制 LED 亮度前，需先從何處輸入 PWMLED 函數模組？
(A) gpiozero　(B) time　(C) signal　(D) source。

(　　) 7. PWM 的控制値範圍爲何？
(A) 0.5 ～ 1.0　(B) 0.0 ～ 1.0　(C) 0.0 ～ 0.5　(D) 以上皆非。

(　　) 8. pause() 函數是屬於哪一個程式庫模組？
(A) time　(B) signal　(C) LED　(D) BUTTON。

(　　) 9. GPIO Zero 中可以將複數個 LED 打包的函數是
(A) LED　(B) BUTTON　(C) LEDBoard　(D) PWMLED。

(　　) 10. 使用 LEDBoard 前，需先從何處輸入 LEDBoard 函數模組？
(A) gpiozero　(B) time　(C) signal　(D) source。

(　　) 11. LED.on 時，對應 GPIO 的腳位電壓爲
(A) 0V　(B) 3.3V　(C) 5V　(D) 2.5V。

(　　) 12. LED.off 時，對應 GPIO 的腳位電壓爲
(A) 0V　(B) 3.3V　(C) 5V　(D) 2.5V。

(　　) 13. pwmLeds = LEDBoard(2, 3, 4, 5, pwm = True) 及 pwmLeds.value = (0.25, 0.5, 0.75, 1.0) 執行後，請問此時 GPIO5 的亮度爲多少？
(A) 0.25　(B) 0.5　(C) 0.75　(D) 1.0。

(　　) 14. leds = LEDBoard(5, 6, 7, 8, 9) 及 leds.value = (1, 0, 1, 0, 1) 執行後，請問此時有幾個 LED 會發亮？

(A) 0　(B) 1　(C) 2　(D) 3。

(　　) 15. 使用 call 函數前，需先從何處輸入函數模組？

(A) gpiozero　(B) time　(C) signal　(D) subprocess。

(　　) 16. 欲執行系統指令，可以使用何種函數？

(A) pause　(B) PWMLED　(C) LEDBoard　(D) check_call。

(　　) 17. Button(3, hold_time = 5) 敘述指令是指偵測微動開關的何種動作？

(A) 常按壓 3 秒　(B) 常按壓 5 秒　(C) 常按壓 2 秒　(D) 以上皆非。

(　　) 18. Button(3, hold_time = 5) 敘述指令中，微動開關相對應的 GPIO 的編號爲何？

(A) 2　(B) 3　(C) 4　(D) 5。

(　　) 19. GPIO 是 3.3V TTL 邏輯欲驅動外部 5V TTL 邏輯需使用何種模組？

(A) 繼電器模組　(B) 電壓準位轉換模組　(C) 電源降壓模組

(D) 電源升壓模組。

(　　) 20. 繼電器的 NC 腳位，未觸發時與何者是導通狀態？

(A) 獨立斷路　(B) COM　(C) GND　(D) NO。

(　　) 21. 繼電器的 NC 腳位，觸發時與何者是導通狀態？

(A) 獨立斷路　(B) COM　(C) GND　(D) VCC。

(　　) 22. 繼電器的 NO 腳位，未觸發時與何者是導通狀態？

(A) 獨立斷路　(B) COM　(C) GND　(D) NO。

(　　) 23. 繼電器的 NO 腳位，觸發時與何者是導通狀態？

(A) 獨立斷路　(B) COM　(C) GND　(D) NO。

(　　) 24. 繼電器的 COM 腳位，通常接上何種訊號？

(A) GND　(B) VCC　(C) CLOCK　(D) 視需要。

(　　) 25. 升壓型電源電壓轉換器，輸出電壓與輸入電壓間的公式爲何？

(A) $V_o = (1-D)V_i$　(B) $V_o = DV_i$　(C) $V_o = V_i/(1-D)$　(D) $V_o = V_i/D$。

(　　) 26. 降壓型電源電壓轉換器，輸出電壓與輸入電壓間的公式爲何？

(A) $V_o = (1-D)V_i$　(B) $V_o = DV_i$　(C) $V_o = V_i/(1-D)$　(D) $V_o = V_i/D$。

程式題：

1. 撰寫程式，以 Button 函數與定義函數 def 控制連接到 GPIO2 腳位的微動開關，當微動開關按下時，螢幕輸出 Hello Python! 字樣，當微動開關釋放時，螢幕輸出 Goodbye Python! 字樣，如圖 7-35。

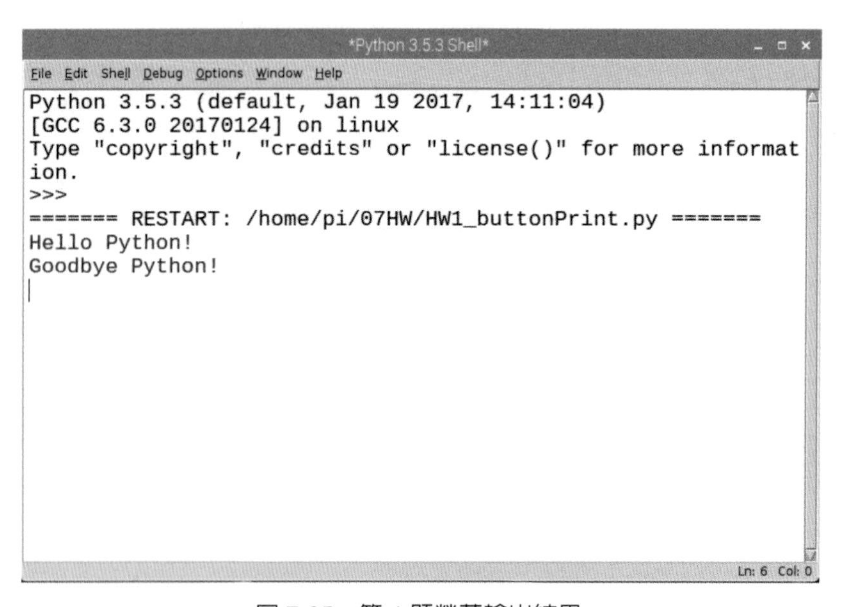

圖 7-35　第 1 題螢幕輸出結果

2. 撰寫程式，以 LED 及 sleep 函數，模擬紅綠燈的動作，紅燈接到 GPIO17、黃燈接到 GPIO27、綠燈接到 GPIO22，綠燈先亮 10 秒後熄滅，黃燈同時亮起，黃燈 1 秒後熄滅，接著紅燈亮 10 秒後熄滅，開始重複整個流程。綠燈亮時，螢幕輸出 Green Light；黃燈時顯示 Yellow Light；紅燈時顯示 Red Light，如圖 7-36 所示。

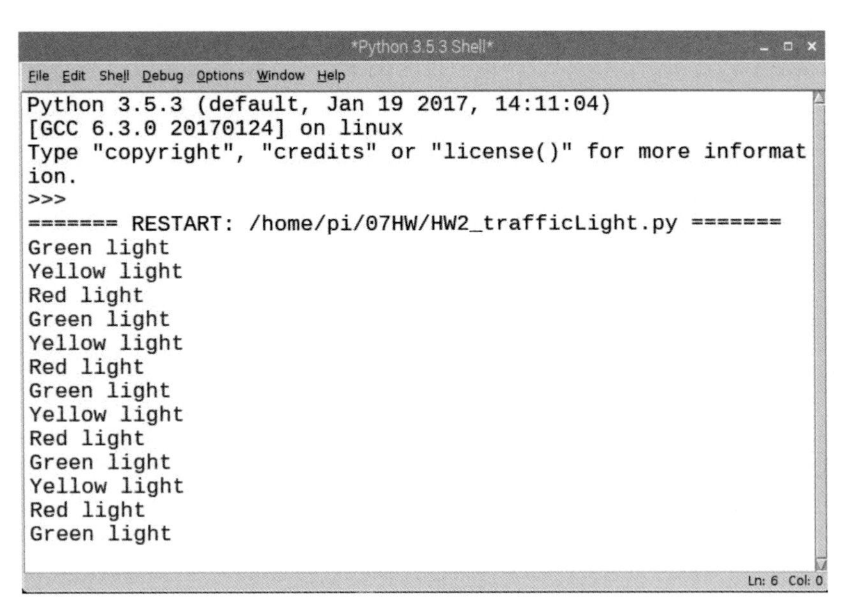

圖 7-36　第 2 題螢幕輸出結果

3. 撰寫程式，以 leds = LEDBoard() 及 leds.value 函數控制 GPIO17，27，22，5，將對應的 4 顆 LED 做成單向跑馬燈，並於螢幕輸出 LED1 ON、LED2 ON、LED3 ON 及 LED4 ON 的字樣，如圖 7-37 所示。

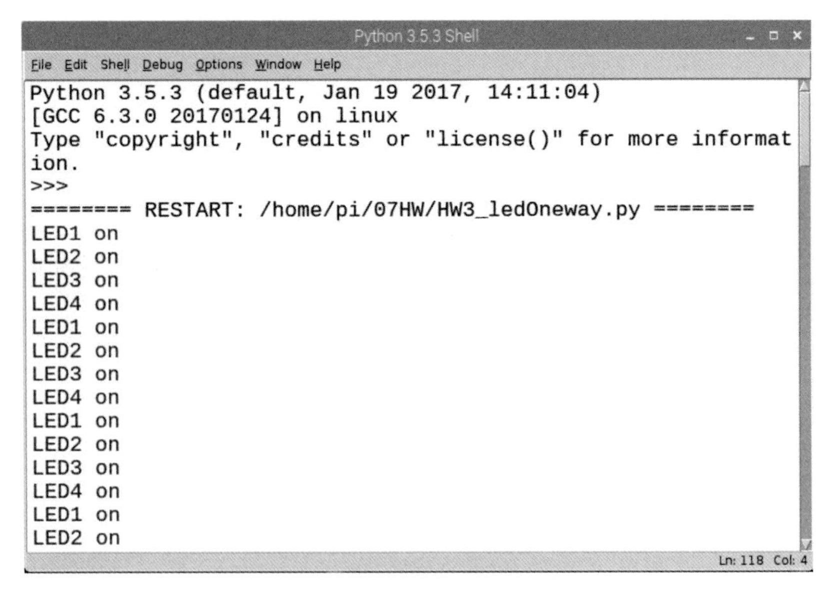

圖 7-37　第 3 題螢幕輸出結果

4. 承上題，將跑馬燈改爲雙向，並顯示以下資訊於螢幕上，如圖 7-38 所示。

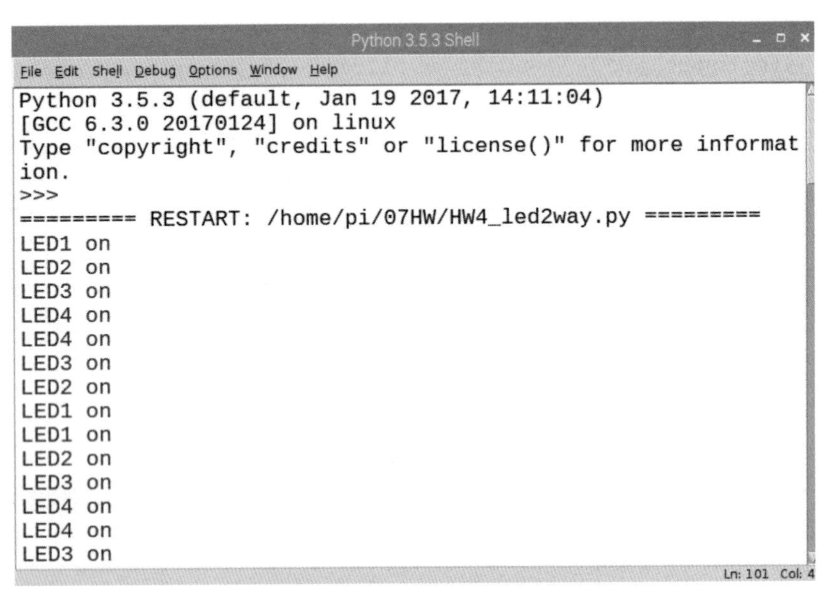

圖 7-38　第 4 題螢幕輸出結果

5. 以 Button、LED 函數撰寫搶答指示燈程式，使用兩個微動開關 A 與 B 及一個 LED 加上限流電阻，兩個微動開關 A 與 B，分別接到 GPIO2 與 GPIO3，偵測先按下開關的 button 並點亮 LED，若 A 先按下 button 則在螢幕上輸出 A wins，否則在螢幕上輸出 B wins，最後將 LED 熄滅，如圖 7-39 所示。

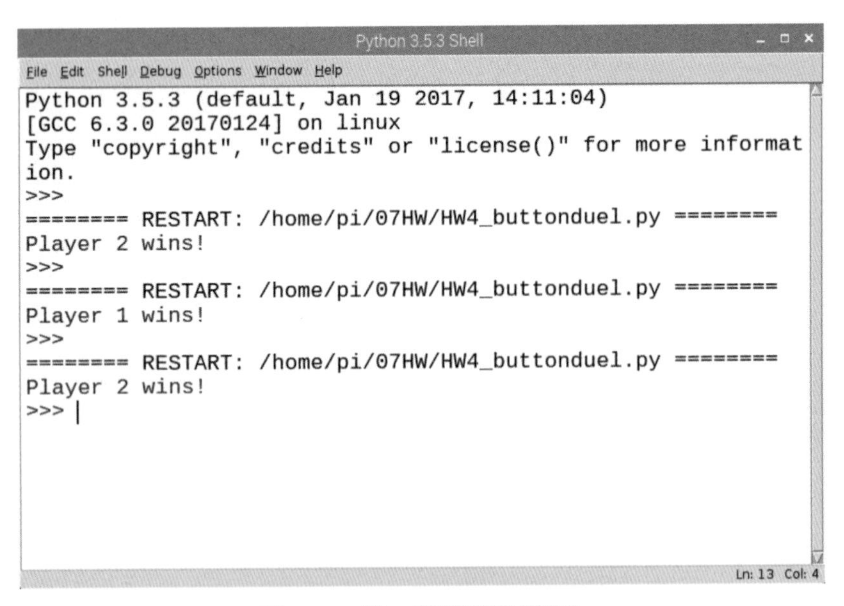

圖 7-39　第 5 題螢幕輸出結果

6. 以 PWMLED 函數及 for 迴圈撰寫程式，使得連接至 GPIO17 的 led 可以從不亮，經過 10 秒後變為全亮，並輸出亮度於螢幕上，如圖 7-40 所示。

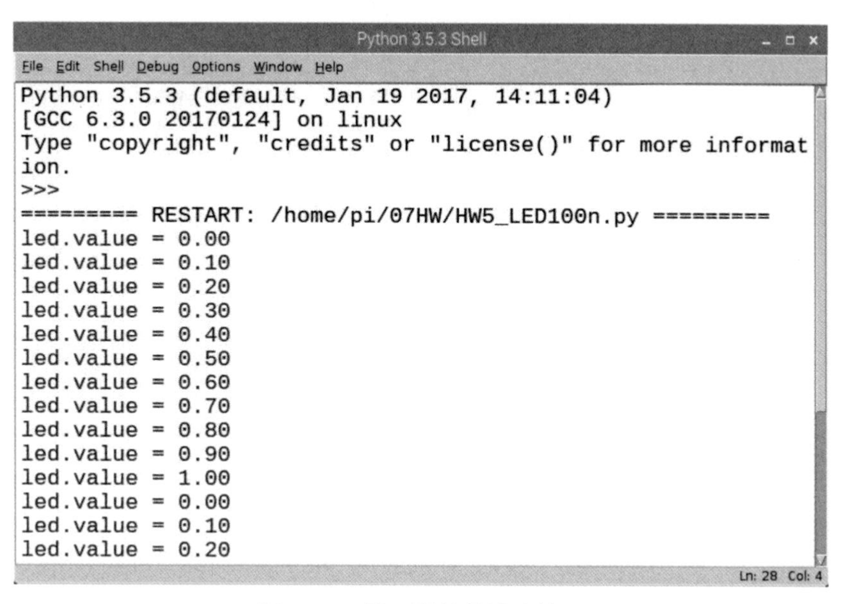

圖 7-40　第 6 題螢幕輸出結果

7. 請參考 6-9 節手機遙控 LED 的實驗，使用手機執行 7-10 實驗九的直流馬達正反轉控制，使得馬達依序執行下列動作：

   (1) 馬達正轉

   (2) 馬達停止

   (3) 馬達反轉

   (4) 馬達停止

NOTE

樹莓派 GPIOZero 程式設計 - 進階應用

本章重點

8-1 簡介

本章將爲大家介紹更多的樹莓派 GPIO Zero 程式設計實驗，包括全彩 LED、LED 條狀指示燈、CPU 溫度指示燈、可變電阻應用、光感測器、超音波測距、紅外線入侵偵測、微動開關控制蜂鳴器、人體紅外線感應模組 (PIR) 及都卜勒微波雷達感應模組等實驗，可以更深入的了解 GPIO Zero 程式庫模組強大的功能。

實驗一～實驗十分別爲：

實驗一：全彩 LED 彩度控制。

實驗二：LED 條狀指示燈。

實驗三：CPU 溫度指示燈。

實驗四：可變電阻應用。

實驗五：光感測器。

實驗六：超音波測距。

實驗七：紅外線入侵偵測。

實驗八：微動開關控制蜂鳴器。

實驗九：人體紅外線感應模組。

實驗十：都卜勒微波雷達感應模組。

8-2 實驗一：全彩 *LED* 彩度控制

全彩 LED 爲內部含有三原色的 LED，也就是將紅藍綠三種顏色的 LED 集成在一個 LED 上，外部共有 4 個腳位。如果是共陰極的全彩 LED，其腳位分別是紅、藍、綠及陰極；如果是共陽極的全彩 LED，其腳位分別是紅、藍、綠及陽極；

實驗摘要

使用 GPIO17、GPIO27 及 GPIO22 控制全彩 LED 的彩度，發出紅、藍、綠光與合成黃色。

實驗步驟

1. 實驗材料如表 8-1 所示。

表 8-1　全彩 LED 彩度控制實驗材料清單

實驗材料名稱	數量	規格	圖片
樹莓派 Pi3B	1	已安裝好作業系統的樹莓派	
麵包板	1	麵包板 8.5 * 5.5 cm	
全彩 LED	1	5 mm RGB 4 pin 共陰極全彩 LED	
電阻	3	插件式 470Ω，1/4W	
跳線	10	彩色杜邦雙頭線 (公 / 母)/20 cm	

全彩 LED 最長的腳位是共陰極，次長的腳位是綠色接腳，最左邊的是藍色接腳，最右邊的是紅色接腳如圖 8-1 所示，3 顆限流電阻一端接到 GPIO17、27、22，另一端則分別接到紅、綠、藍三個腳位如圖 8-1 所示。

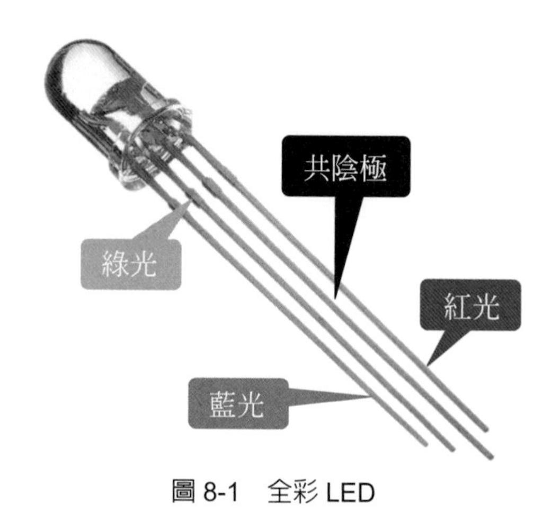

圖 8-1　全彩 LED

2. 硬體接線如圖 8-2 所示：

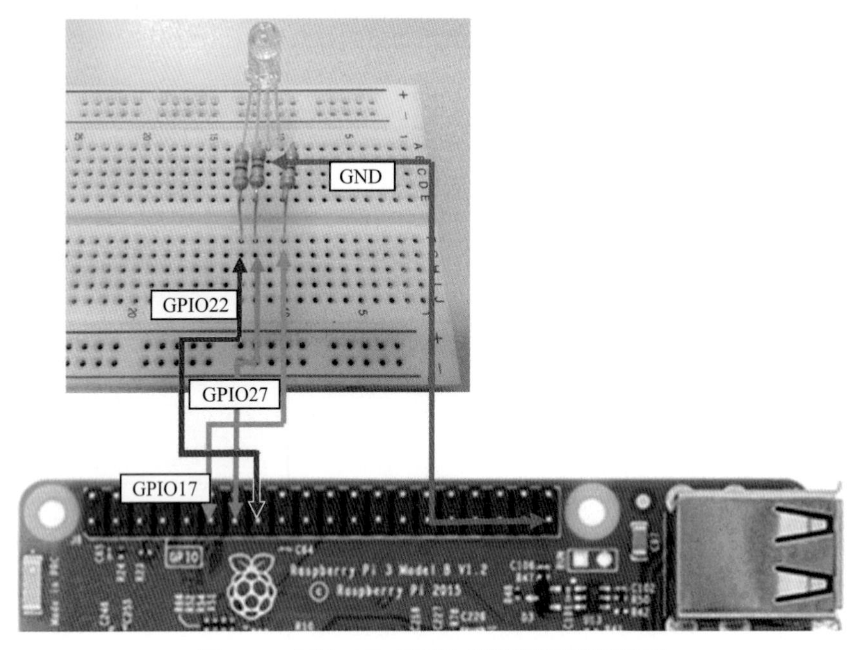

圖 8-2　全彩 LED 彩度控制實驗硬體接線圖

3. 程式設計：

★ PYTHON 程式碼如圖 8-3。

```
File Edit Format Run Options Window Help
from gpiozero import RGBLED
from time import sleep
led = RGBLED(red=17, green=27, blue=22)
led.red = 1
print('RED LED IS ON')
sleep(0.5)
led.color = (0, 0, 0)
sleep(0.5)

led.blue = 1
print('BLUE LED IS ON')
sleep(0.5)
led.color = (0, 0, 0)
sleep(0.5)

led.green = 1
print('GREEN LED IS ON')
sleep(0.5)
led.color = (0, 0, 0)
sleep(0.5)

led.green = 0.5
print('HALF GREEN')
sleep(0.5)
led.color = (0, 0, 0)
sleep(0.5)

led.color = (1, 1, 0)
print('Yellow Color')
sleep(0.5)
led.color = (0, 0, 0)
Ln: 10 Col: 12
```

圖 8-3　全彩 LED 彩度控制程式

★ 全彩 LED 彩度控制程式解說

程式	說明
from gpiozero import RGBLED	◆ 從 gpiozero 程式庫模組中輸入 RGBLED 模組。
from time import sleep	◆ 呼叫時間模組，從時間模組輸入 sleep() 函數。
led = RGBLED(red = 17, green = 27, blue = 22)	◆ GPIO17 腳位指定給 red 變數，GPIO27 腳位指定給 green 變數，GPIO22 腳位指定給 blue 變數。
led.red = 1	◆ GPIO17 的值為 1，因此接腳為高電位，紅色 LED 全亮。
print(“RED LED IS ON”)	◆ 於螢幕輸出 RED LED IS ON 字樣。
sleep(0.5)	◆ 程式維持現狀 0.5 秒。
led.color = (0, 0, 0)	◆ 回復 LED 初始值，所有 LED 都不亮。
sleep(0.5)	◆ 程式維持現狀 0.5 秒。
led.blue = 1	◆ GPIO22 的值為 1，因此接腳為高電位，藍色 LED 全亮。
print(“BLUE LED IS ON”)	◆ 於螢幕輸出 BLUE LED IS ON 字樣。
sleep(0.5)	◆ 程式維持現狀 0.5 秒。
led.color = (0, 0, 0)	◆ 回復 LED 初始值，所有 LED 都不亮。
sleep(0.5)	◆ 程式維持現狀 0.5 秒。
led.green = 1	◆ GPIO27 的值為 1，因此接腳為高電位，綠色 LED 全亮。
print(“GREEN LED IS ON”)	◆ 於螢幕輸出 GREEN LED IS ON 字樣。
sleep(0.5)	◆ 程式維持現狀 0.5 秒。
led.color = (0, 0, 0)	◆ 回復 LED 初始值，所有 LED 都不亮。
sleep(0.5)	◆ 程式維持現狀 0.5 秒。
led.green = 0.5	◆ GPIO27 的值為 0.5，所以綠色的 LED 的亮度只剩下 0.5。
print(“HALF GREEN”)	◆ 於螢幕輸出 HALF GREEN 字樣。
sleep(0.5)	◆ 程式維持現狀 0.5 秒。
led.color = (0, 0, 0)	◆ 回復 LED 初始值，所有 LED 都不亮。
sleep(0.5)	◆ 程式維持現狀 0.5 秒。
led.color = (1, 1, 0)	◆ (1, 1, 0) 表示 GPIO17、GPIO27 對應的紅燈及綠燈同時點亮，因此出現黃色。
print(“Yellow Color”)	◆ 於螢幕輸出 Yellow Color 字樣。
sleep(0.5)	◆ 維持原狀 0.5 秒。
led.color = (0, 0, 0)	◆ 回復 LED 初始值，所有 LED 都不亮。

4. 功能驗證：

將樹莓派電源開啓，需有下列輸出才算執行成功：

★ 紅、藍及綠色 LED 依序亮 0.5 秒，接著綠色 LED 亮度爲 0.5 亮 0.5 秒，黃光亮 0.5 秒，最後所有 LED 熄滅。

★ 螢幕上會陸續顯示 RED LED IS ON、BLUE LED IS ON、GREEN LED IS ON、HALF GREEN、Yellow Color 等字樣，如圖 8-4 所示。

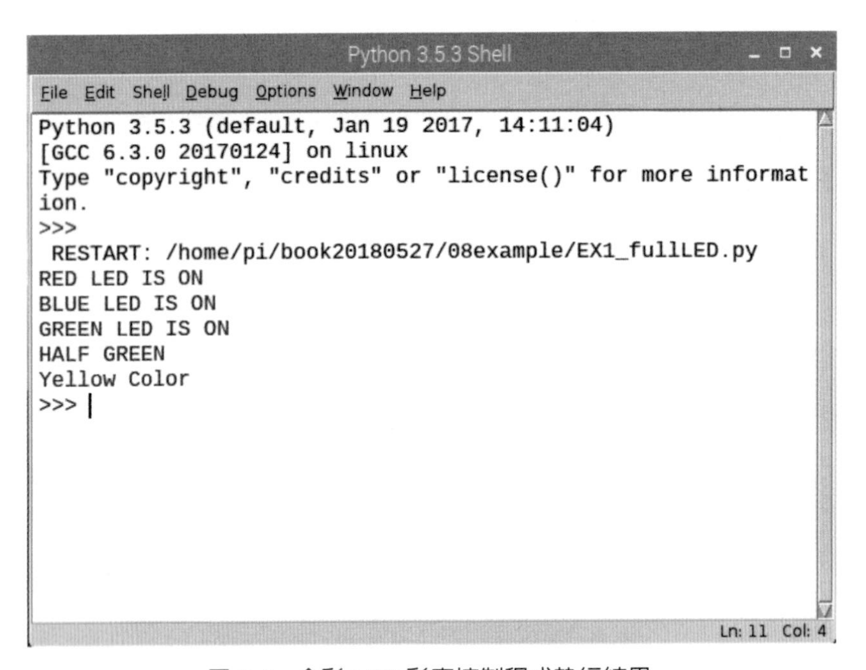

圖 8-4　全彩 LED 彩度控制程式執行結果

8-3 實驗二：LED 條狀指示燈

早期的音響通常會配有雙排的 LED，用來顯示聲音的大小，讓聆聽音樂的使用者可以在聽音樂的同時，也看到 LED 燈隨聲音大小而做變化，樹莓派的 GPIO 利用 PWM 功能，也可以呈現類似的功能。

實驗摘要

以 PWM 控制 5 顆 LED 分別接到 GPIO17、GPIO27、GPIO22、GPIO5 及 GPIO6 腳位，以 LEDBarGraph 函數控制複數 LED 依所需類比強度量，以 5 顆 LED 發光亮度呈現其對應亮度。

實驗步驟

1. 實驗材料如表 8-2 所示。

表 8-2　LED 條狀指示燈實驗材料清單

實驗材料名稱	數量	規格	圖片
樹莓派 Pi3B	1	已安裝好作業系統的樹莓派	
麵包板	1	麵包板 8.5 * 5.5 cm	
LED	5	單色插件式 LED	
電阻	5	插件式 470Ω，1/4W	
跳線	10	彩色杜邦雙頭線 (公 / 母)/20 cm	

2. 硬體接線如圖 8-5 所示：

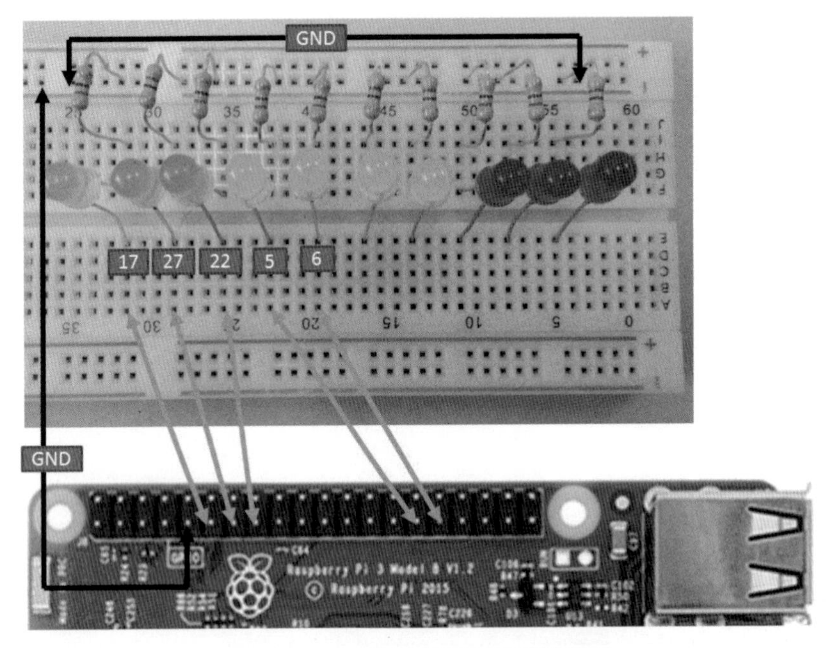

圖 8-5　LED 條狀指示燈硬體接線圖

3. 程式設計：

★ PYTHON 程式碼如圖 8-6 所示。

```
EX2_ledBarGraphpy.py - /home/...le/EX2_ledBarGraphpy.py (3.5.3)
File Edit Format Run Options Window Help
from gpiozero import LEDBarGraph
from time import sleep

graph = LEDBarGraph(17, 27, 22, 5, 6, pwm=True)

graph.value = 2/10
print("2/10 = (1, 0, 0, 0, 0)")
sleep(0.5)
graph.value = 5/10
print("5/10 = (1, 1, 0.5, 0, 0)")
sleep(0.5)
graph.value = 7/10
print("7/10 = (1, 1, 1, 0.5, 0)")
sleep(0.5)
graph.value = -9/10
print("-9/10 = (0.5, 1, 1, 1, 1)")
sleep(0.5)
graph.value = -6/10
print("-6/10 = (0, 0, 1, 1, 1)")
sleep(0.5)
graph.value = -3/10
print("-3/10 = (0, 0, 0, 0.5, 1)")
sleep(0.5)
graph.value = 0
print("0 = (0, 0, 0, 0, 0)")
Ln: 12 Col: 18
```

圖 8-6　LED 條狀指示燈程式

★ LED 條狀指示燈程式解說

from gpiozero import LEDBarGraph	◆ 從 gpiozero 程式庫呼叫 LEDBarGraph 函數模組。
from time import sleep	◆ 從 time 程式庫呼叫 sleep 函數模組。
graph = LEDBarGraph(17, 27, 22, 5, 6, pwm = True)	◆ 將 GPIO17、27、22、5、6 腳位均設為具有 PWM 功能，並以 LEDBarGraph 函數打包後指定給 graph
graph.value = 2/10	◆ 將 graph 值設定為 2/10，此時經解碼後 GPIO17 全亮，其他 LED 則是不亮狀況。
print("2/10 = (1, 0, 0, 0, 0)")	◆ 於螢幕輸出 2/10 = (1, 0, 0, 0, 0) 字樣。
sleep(0.5)	◆ 維持原狀 0.5 秒。
graph.value = 5/10	◆ 將 graph 值設定為 5/10，此時經解碼後 GPIO17、27 全亮，GPIO22 亮度 0.5，GPIO5 ～ GPIO6 則是不亮狀況。
print("5/10 = (1, 1, 0.5, 0, 0)")	◆ 於螢幕輸出 5/10 = (1, 1, 0.5, 0, 0) 字樣。
sleep(0.5)	◆ 維持原狀 0.5 秒。
graph.value = 7/10	◆ 將 graph 值設定為 7/10，此時經解碼後 GPIO17、27、22 全亮，GPIO5 亮度 0.5，GPIO6 則是不亮狀況。
print("7/10 = (1, 1, 1, 0.5, 0)")	◆ 於螢幕輸出 7/10 = (1, 1, 1, 0.5, 0) 字樣。
sleep(0.5)	◆ 維持原狀 0.5 秒。
graph.value = - 9/10	◆ 將 graph 值設定為 -9/10，此時經解碼後 GPIO17 亮度 0.5，其他 LED 全亮。
print("- 9/10 = (0.5, 1, 1, 1, 1)")	◆ 於螢幕輸出 -9/10 = (0.5, 1, 1, 1, 1) 字樣。
sleep(0.5)	◆ 維持原狀 0.5 秒。
graph.value = - 6/10	◆ 將 graph 值設定為 - 6/10，此時經解碼後 GPIO17、27 不亮，其他 LED 全亮。
print("- 6/10 = (0, 0, 1, 1, 1)")	◆ 於螢幕輸出 - 6/10 = (0, 0, 1, 1, 1) 字樣。
sleep(0.5)	◆ 維持原狀 0.5 秒。
graph.value = - 3/10	◆ 將 graph 值設定為 - 3/10，此時經解碼後 GPIO17、27、22 不亮，GPIO5 亮度 0.5，GPIO6 全亮。
print("- 3/10 = (0, 0, 0, 0.5, 1)")	◆ 於螢幕輸出 - 3/10 = (0, 0, 0, 0.5, 1) 字樣。
sleep(0.5)	◆ 維持原狀 0.5 秒。
graph.value = 0	◆ 將 graph 值設定為 0，此時經解碼後 LED 全不亮。
print("0 = (0, 0, 0, 0, 0)")	◆ 於螢幕輸出 0 = (0, 0, 0, 0, 0)。

4. 功能驗證：

將樹莓派電源開啓，需有下列輸出才算執行成功：

★ 各 LED 亮度應依表 8-3，間隔 0.5 秒依序出現

表 8-3　LED 亮度變化

訊號強度	GPIO2	GPIO3	GPIO4	GPIO5	GPIO6
2/10	1	0	0	0	0
5/10	1	1	0.5	0	0
7/10	1	1	1	0.5	0
- 9/10	0.5	1	1	1	1
- 6/10	0	0	1	1	1
- 3/10	0	0	0	0.5	1
0	0	0	0	0	0

★ 螢幕上會陸續顯示：

2/10 = (1, 0, 0, 0, 0)

5/10 = (1, 1, 0.5, 0, 0)

7/10 = (1, 1, 1, 0.5, 0)

- 9/10 = (0.5, 1, 1, 1, 1)

- 6/10 = (0, 0, 1, 1, 1)

- 3/10 = (0, 0, 0, 0.5, 1)

0 = (0, 0, 0, 0, 0)

如圖 8-7 所示。

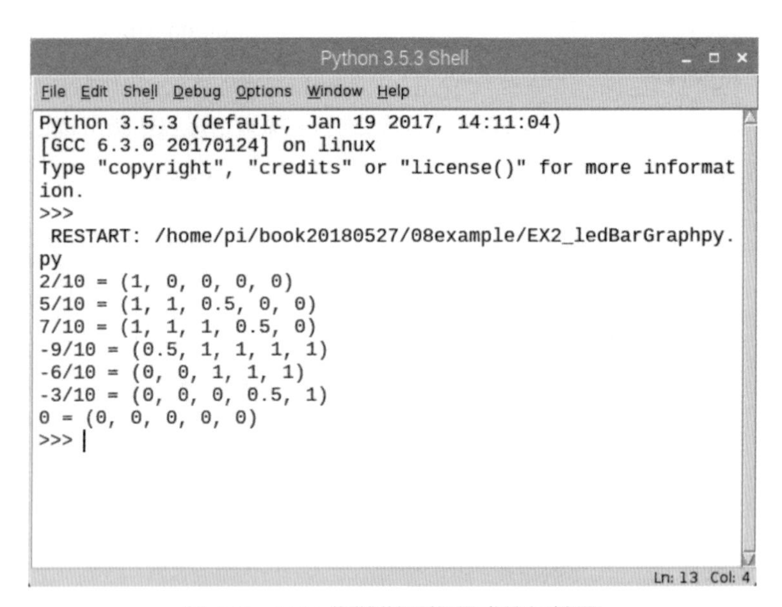

圖 8-7　LED 條狀指示燈程式執行結果

8-4 實驗三：CPU 溫度指示燈

樹莓派在執行影像處理的時候，通常 CPU 會發燙，而溫度的高低，可以使用複數個 LED 的亮度來顯示，所以使用者可以從 LED 亮燈的數量及亮度，了解目前 CPU 的溫度狀態。

實驗摘要

以 PWM 控制 10 顆 LED 分別接到 GPIO17、GPIO27、GPIO22、GPIO5、GPIO6、GPIO7、GPIO8、GPIO9、GPIO10 及 GPIO11 腳位，將 CPUTemperature 函數所得到 CPU 的溫度數據，傳送給 LEDBarGraph 函數控制複數顆 LED，依所得 CPU 溫度數據，以 10 顆 LED 發光亮度呈現其對應溫度。

實驗步驟

1. 實驗材料如表 8-4 所示。

表 8-4　CPU 溫度指示燈實驗材料清單

實驗材料名稱	數量	規格	圖片
樹莓派 Pi3B	1	已安裝好作業系統的樹莓派	
麵包板	1	麵包板 8.5 * 5.5 cm	
全彩 LED	10	單色插件式 LED	
電阻	10	插件式 470Ω，1/4W	
跳線	10	彩色杜邦雙頭線 (公 / 母)/20 cm	

2. 硬體接線圖：

GPIO17、GPIO27、GPIO22、GPIO5、GPIO6、GPIO7、GPIO8、GPIO9、GPIO10 及 GPIO11 由左至右分別接到 10 顆 LED，如圖 8-8 所示。

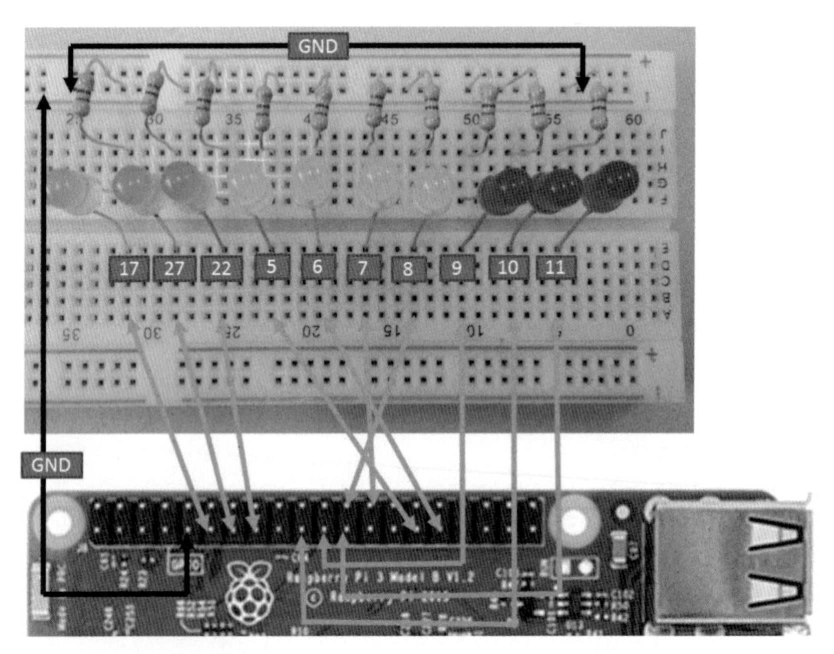

圖 8-8　CPU 溫度指示燈硬體接線圖

3. 程式設計：

★ PYTHON 程式碼如圖 8-9 所示。

EX3_cpuTemperature.py - /media/...le/EX3_cpuTemperature.py (3.5.3)

File Edit Format Run Options Window Help

```
from signal import pause

cpu = CPUTemperature(min_temp=40, max_temp=80)
leds = LEDBarGraph(17, 27, 22, 5, 6, 7, 8, 9, 10, 11, pwm=True
leds.source = cpu.values

sleep(0.5)
print("GPIO17  = %f"%leds[0].value)
print("GPIO27  = %f"%leds[1].value)
print("GPIO22  = %f"%leds[2].value)
print("GPIO5  = %f"%leds[3].value)
print("GPIO6  = %f"%leds[4].value)
print("GPIO7  = %f"%leds[5].value)
print("GPIO8  = %f"%leds[6].value)
print("GPIO9  = %f"%leds[7].value)
print("GPIO10 = %f"%leds[8].value)
print("GPIO11 = %f"%leds[9].value)

pause()
```

Ln: 14 Col: 0

圖 8-9　CPU 溫度指示燈程式

★ CPU 溫度指示燈程式解說

程式	解說
from gpiozero import LEDBarGraph, CPUTemperature	◆ 從 gpiozero 呼叫 LEDBarGraph 及 CPUTemperature 函數模組。
from time import sleep	◆ 從 time 程式庫呼叫 sleep 函數模組。
from signal import pause	◆ 從 signal 程式庫呼叫 pause 函數模組。
cpu = CPUTemperature(min_temp = 40, max_temp = 80)	◆ CPUTemperature 函數可測試 CPU 溫度，設定最低可測 40 度，最高可測 80 度。
leds = LEDBarGraph(17, 22, 27, 5, 6, 7, 8, 9, 10, 11, pwm = True)	◆ GPIO 17、22、27 及 5 ～ 11 均設為具 PWM 功能，並以 LEDBarGraph 函數打包後指定給 leds。
leds.source = cpu.values	◆ 將 CPUTemperature 測得的溫度數值存到 leds.source。
sleep(0.5)	◆ 維持原狀 0.5 秒。
print("GPIO17 = %f"%leds[0].value)	◆ leds[0].value 代表 GPIO17 連接的 LED 亮度，%f 代表浮點格式，於螢幕輸出 GPIO17 = 亮度數字，此位數為最小位數。
print("GPIO27 = %f"%leds[1].value)	◆ 於螢幕輸出 GPIO27 = 亮度數字。
print("GPIO22 = %f"%leds[2].value)	◆ 於螢幕輸出 GPIO22 = 亮度數字。
print("GPIO5 = %f"%leds[3].value)	◆ 於螢幕輸出 GPIO5 = 亮度數字。
print("GPIO6 = %f"%leds[4].value)	◆ 於螢幕輸出 GPIO6 = 亮度數字。
print("GPIO7 = %f"%leds[5].value)	◆ 於螢幕輸出 GPIO7 = 亮度數字。
print("GPIO8 = %f"%leds[6].value)	◆ 於螢幕輸出 GPIO8 = 亮度數字。
print("GPIO9 = %f"%leds[7].value)	◆ 於螢幕輸出 GPIO9 = 亮度數字。
print("GPIO10 = %f"%leds[8].value)	◆ 於螢幕輸出 GPIO10 = 亮度數字。
print("GPIO11 = %f"%leds[9].value)	◆ 於螢幕輸出 GPIO11 = 亮度數字。
pause()	◆ 程式會暫時停在此處，等待外部命令。

4. 功能驗證：

將樹莓派電源開啓，需有下列輸出才算執行成功 (數字會不一樣)：

★ 螢幕上會陸續顯示：

GPIO17 = 1.000000

GPIO27 = 1.000000

GPIO22 = 0.4230000

GPIO5 = 0.000000

GPIO6 = 0.000000

GPIO7 = 0.000000

GPIO8 = 0.000000

GPIO9 = 0.000000

GPIO10 = 0.000000

GPIO11 = 0.000000

如圖 8-10 所示，此時每一個 LED 代表 (max_temp(80)-min_temp(40))/10 = 4 度，每亮一個 LED 燈，溫度加 4 度，GPIO17、GPIO27、GPIO22 全亮加 12 度，GPIO22 亮 0.423 換算度數爲 0.423 * 4 = 1.692 度。

CPU 目前溫度 = min_temp(40) + 12 + 1.692 = 53.692 度。

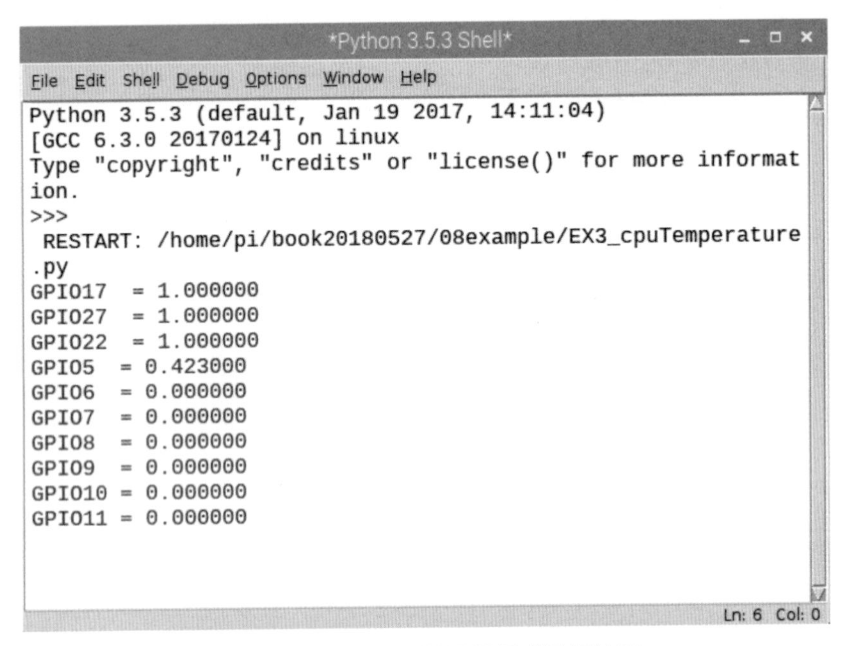

圖 8-10　CPU 溫度指示燈程式執行結果

8-5 實驗四：可變電阻應用

可變電阻 (Potentiometer) 顧名思義，就是一個電阻其電阻值是可變的。其材質有碳膜式、瓷金膜及繞線式；依構造則可以分爲旋轉式及直線滑動式；依數量分類可以分爲單聯式與多聯式；依電阻值變化尺度則可以分爲線性尺度式及對數尺度式，B

型可變電阻是屬於線性尺度式，A 型及 C 型可變電阻則是屬於對數尺度式；本實驗使用的是 B 型旋轉式碳膜 10K 可變電阻如圖 8-11 所示。

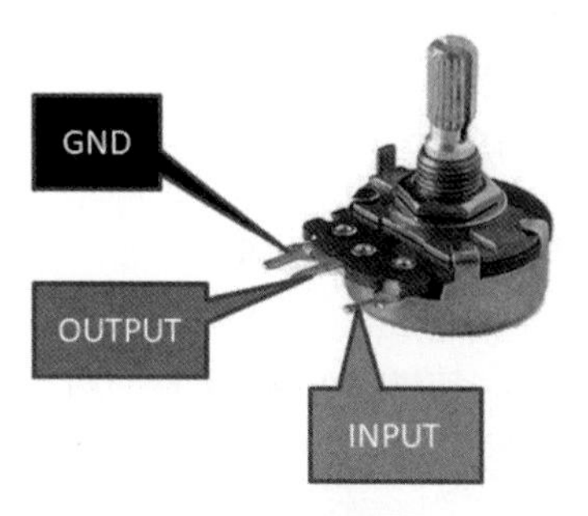

圖 8-11　可變電阻

當可變電阻旋鈕右旋 (順時鐘) 到底，此時以三用電表量測，可以測得電阻值接近 10K 歐姆，當可變電阻旋鈕左旋 (逆時鐘) 到底，以三用電表量測，可以測得電阻值接近 0 歐姆，當可變電阻旋鈕置於中央位置，因爲實驗材料選用的是 B 型 (線性) 的可變電阻，以三用電表量測，可以測得電阻值約 5.32k 歐姆如圖 8-12 所示。

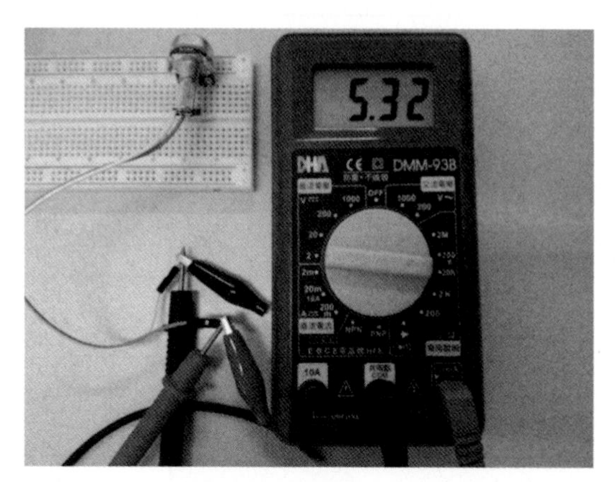

圖 8-12　可變電阻旋鈕置於中央位置電阻值

MCP3008 是類比轉數位 IC 共有 16 個腳位如圖 8-13 所示，有八組通道可以輸入類比訊號，這些類比訊號經過處理後，以 SPI 通訊方式送出數位化的訊號。

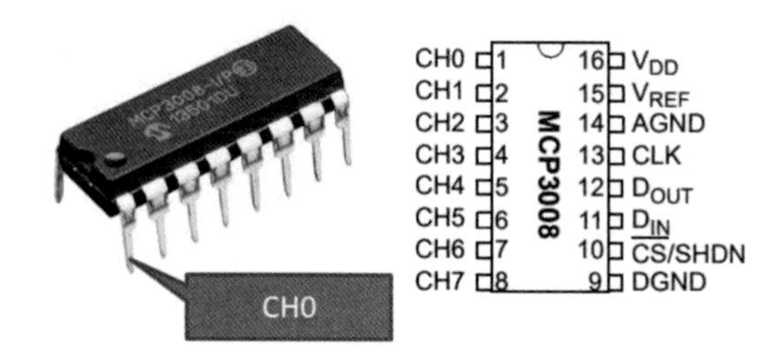

圖 8-13　MCP3008(圖片來源：MCP3008 Datasheet)

實驗摘要

改變可變電阻阻值，改變其輸出電壓，經 MP3008 類比轉數位 IC 將訊號以通訊方式輸出至樹莓派的 SPI 介面，控制 GPIO17、27、22、5 接腳的 PWM 值所對應的 LED 亮度。

實驗步驟

1. 實驗材料如表 8-5 所示。

表 8-5　可變電阻應用實驗材料清單

實驗材料名稱	數量	規格	圖片
樹莓派 Pi3B	1	已安裝好作業系統的樹莓派	
麵包板	1	麵包板 8.5 * 5.5 cm	
全彩 LED	4	單色插件式 LED	
電阻	4	插件式 470Ω，1/4W	
跳線	10	彩色杜邦雙頭線 (公 / 母)/20 cm	
可變電阻	1	B 型旋轉式碳膜 10K 可變電阻	
MCP3008	1	8 通道 A/DConverter	

2. 硬體接線如圖 8-14 所示。

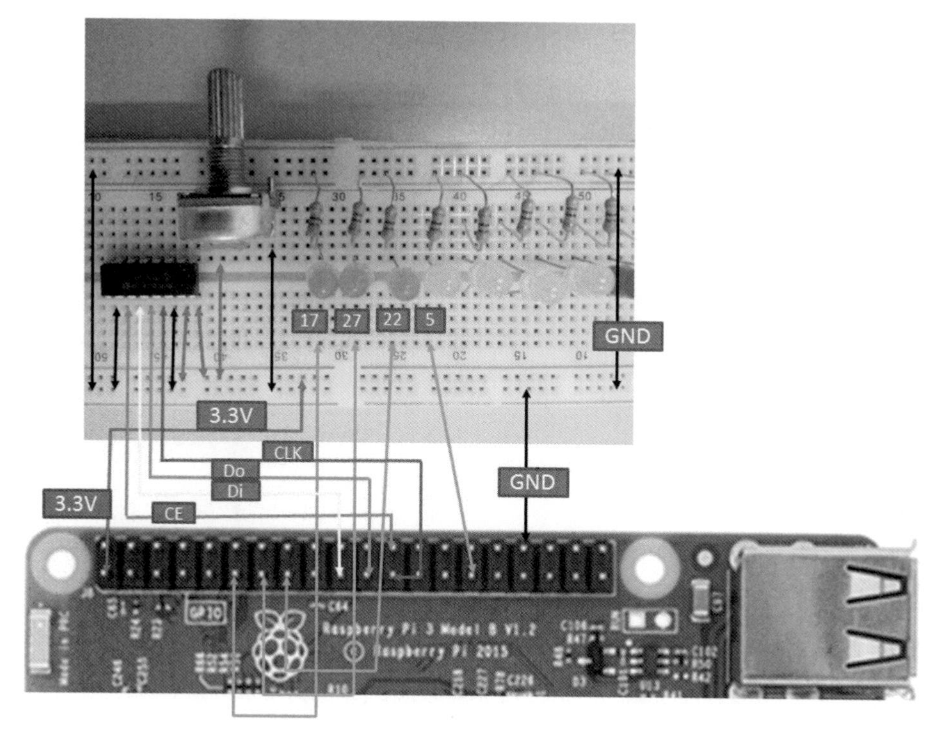

圖 8-14 可變電阻應用硬體接線圖

3. 程式設計：

★ PYTHON 程式碼如圖 8-15 所示。

EX4_POT.py - /home/pi/book201.../08example/EX4_POT.py (3.5.3)

File Edit Format Run Options Window Help

```
from gpiozero import LEDBarGraph, MCP3008
from signal import pause
from time import sleep

graph = LEDBarGraph(17, 27, 22, 5, pwm=True)
pot = MCP3008(channel=0)
graph.source = pot.values
sleep(0.5)
print("GPIO17  = %f"%graph[0].value)
print("GPIO27  = %f"%graph[1].value)
print("GPIO22  = %f"%graph[2].value)
print("GPIO5  = %f"%graph[3].value)

pause()
```

Ln: 6 Col: 24

圖 8-15 可變電阻應用程式

★ 可變電阻應用程式解說

程式	解說
from gpiozero import LEDBarGraph, MCP3008	◆ 從 gpiozero 程式庫呼叫 LEDBarGraph 及 MCP3008 函數模組。
from signal import pause	◆ 從 signal 程式庫呼叫 pause 函數模組。
from time import sleep	◆ 從 time 程式庫呼叫 sleep 函數模組。
graph = LEDBarGraph(17, 27, 22, 5, pwm = True)	◆ 將 GPIO17、27、22、5 的腳位均設為具 PWM 功能，並以 LEDBarGraph 函數打包後指定給 graph。
pot = MCP3008(channel = 0)	◆ 可變電阻的輸出連接到 MCP3008 IC 的 channel 0 輸入端。
graph.source = pot.values	◆ 可變電阻的電阻值傳給 graph 函數。
sleep(0.5)	◆ 維持原狀 0.5 秒。
print("GPIO17 = %f"%graph[0].value)	◆ graph[0].value 代表 GPIO17 連接的 LED 亮度，%f 代表浮點格式，於螢幕輸出 GPIO17 = 亮度數字。
print("GPIO27 = %f"%graph[1].value)	◆ 於螢幕輸出 GPIO27 = 亮度數字。
print("GPIO22 = %f"%graph[2].value)	◆ 於螢幕輸出 GPIO22 = 亮度數字。
print("GPIO5 = %f"%graph[3].value)	◆ 於螢幕輸出 GPIO5 = 亮度數字。
pause()	◆ 程式會暫時停在此處，等待外部命令。

4. 功能驗證：

   將樹莓派電源開啓，並開啓樹莓派系統組態內的 SPI 功能，如圖 8-16 ～ 8-19 所示，需有下列輸出才算執行成功：

圖 8-16　開啓樹莓派 SPI 功能步驟 1

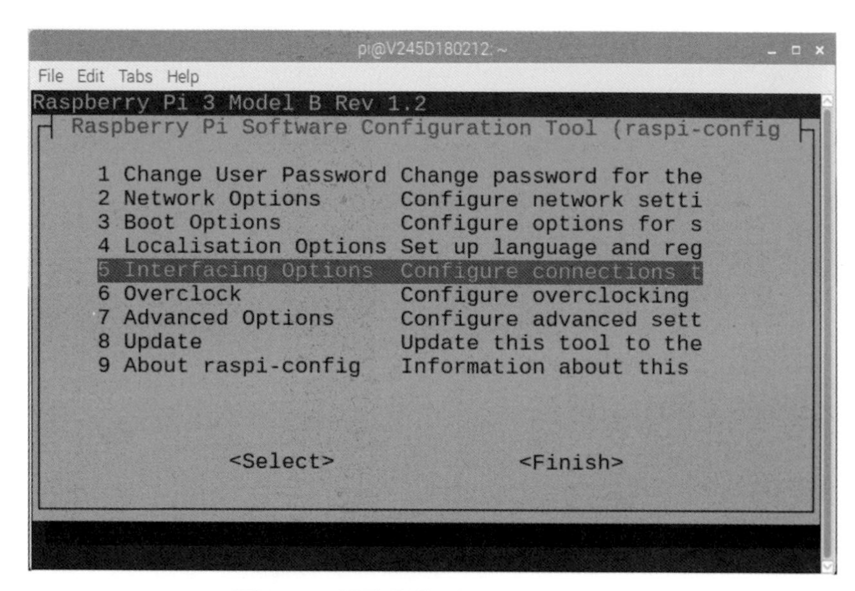

圖 8-17　開啓樹莓派 SPI 功能步驟 2

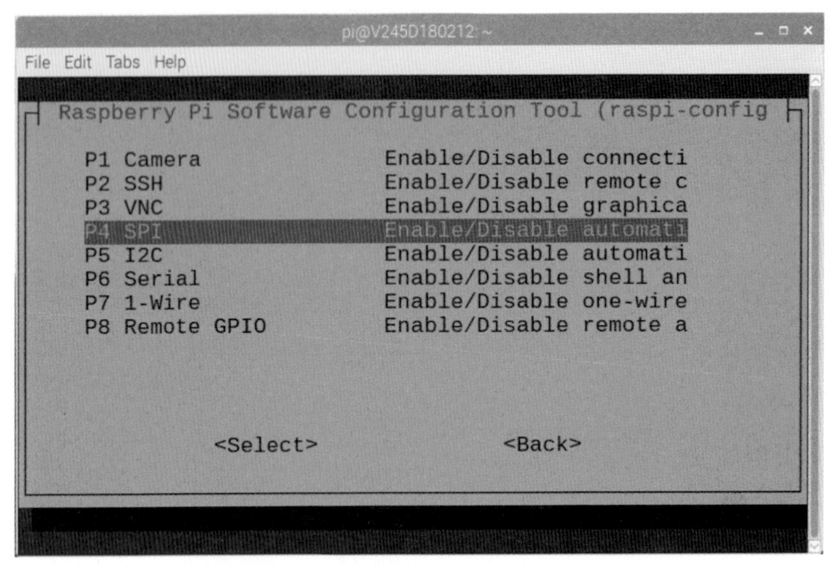

圖 8-18　開啟樹莓派 SPI 功能步驟 3

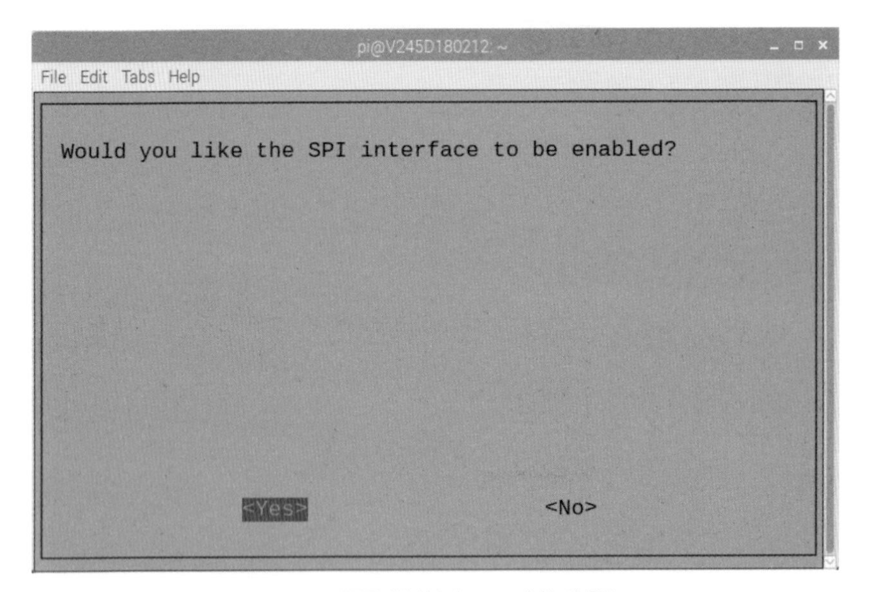

圖 8-19　開啟樹莓派 SPI 功能步驟 4

★ 將可變電阻旋鈕左旋 (逆時鐘) 到底，螢幕上會依序顯示

GPIO17 = 0.005862

GPIO27 = 0.000000

GPIO22 = 0.000000

GPIO5 = 0.000000

如圖 8-20 所示 (所列數值僅供參考，實際數值會有些許誤差)，所有 LED 不亮，此時可變電阻對地 (GND) 的阻抗約 0 kΩ。

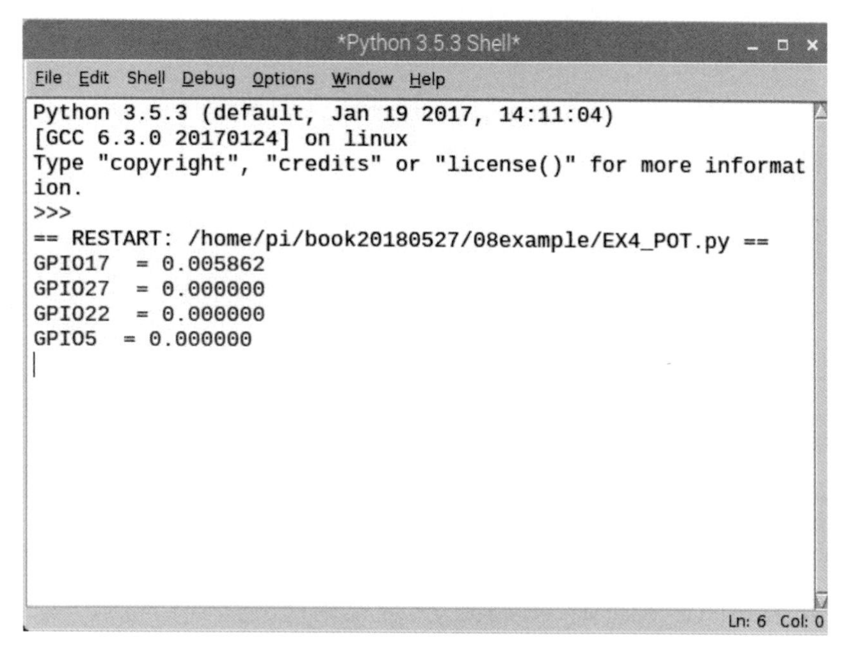

圖 8-20　可變電阻旋鈕左旋 (逆時鐘) 到底程式執行成果

★ 將可變電阻旋右旋 (順時鐘) 到底，螢幕上會依序顯示：

GPIO17 = 1.000000

GPIO27 = 1.000000

GPIO22 = 1.000000

GPIO5 = 0.988276

如圖 8-21 所示 (所列數值僅供參考，實際數值會有些許誤差)，所有 LED 會亮，此時可變電阻對地 (GND) 的阻抗約 10 kΩ。

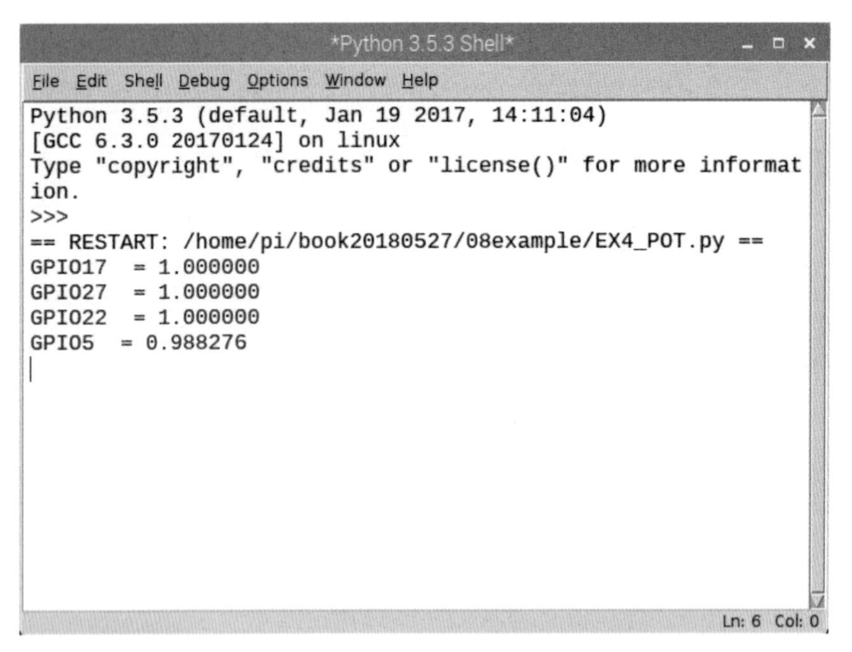

圖 8-21　可變電阻旋鈕右旋 (順時鐘) 到底程式執行成果

★ 將可變電阻旋鈕右旋 (順時鐘)，以三用電表量測電阻值，並記錄此電阻值，再將可變電阻旋鈕左旋 (逆時鐘) 到 1/2 的位置 (可變電阻中央)，螢幕上會依序顯示：

GPIO17 = 1.000000

GPIO27 = 0.987298

GPIO22 = 0.000000

GPIO5 = 0.000000

如圖 8-22 所示 (所列數值僅供參考，實際數值會有些許誤差)，GPIO17 及 GPIO27 連接的 LED 會亮，此時可變電阻對地 (GND) 的阻抗約 5 kΩ。

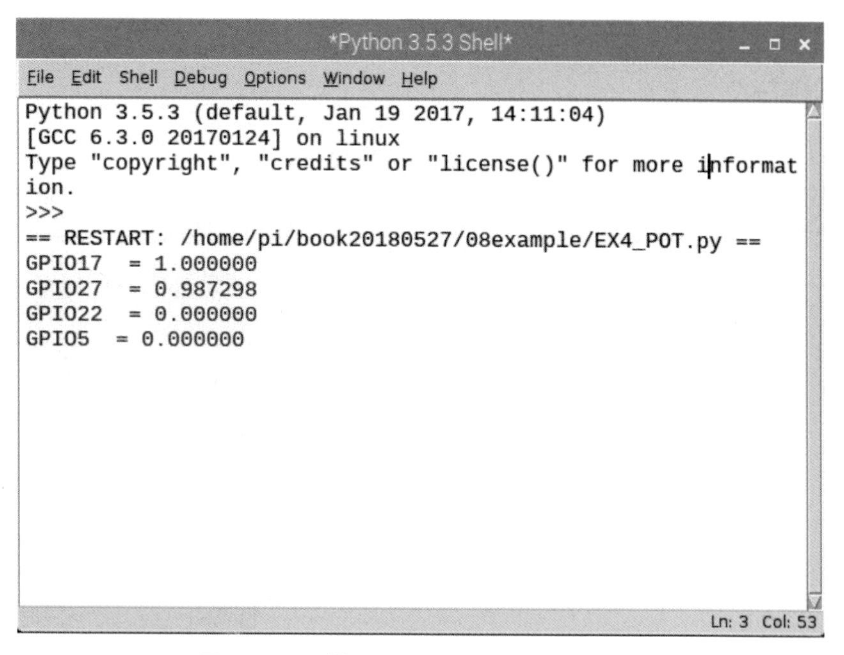

圖 8-22　可變電阻旋鈕置中程式執行成果

8-6 實驗五：光感測器

光敏電阻的電阻值會依照光線的強弱變化，當光線照射時，自由電子數量增多，所以電阻變小，光線越強，產生的自由電子也就較多，電阻就會更小，通常在照度 100 lux 以上時，電阻值約為數歐姆到數十歐姆之間。而光線變弱時，電阻值則會升高，通常在完全不亮時，電阻值在 1M 歐姆以上。光敏電阻如圖 8-23 所示。

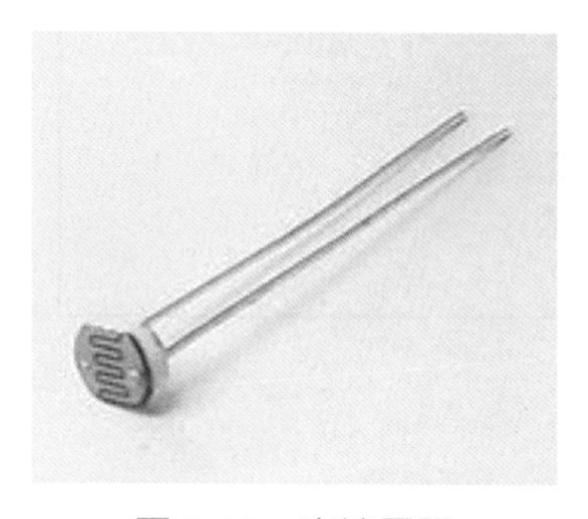

圖 8-23　光敏電阻

實驗摘要

樹莓派依 GPIO2 腳位的光敏電阻，所偵測的亮度，控制連接到 GPIO3 腳位對應的 LED 亮滅。

實驗步驟

1. 實驗材料如表 8-6 所示。

表 8-6　光感測器實驗材料清單

實驗材料名稱	數量	規格	圖片
樹莓派 Pi3B	1	已安裝好作業系統的樹莓派	
麵包板	1	麵包板 8.5 * 5.5 cm	
全彩 LED	1	單色插件式 LED	
電阻	1	插件式 470Ω，1/4W	
跳線	10	彩色杜邦雙頭線 (公 / 母)/20 cm	
光敏電阻	1	光敏電阻	
電容	1	1μF 電解電容	

2. 硬體接線如圖 8-24 所示。

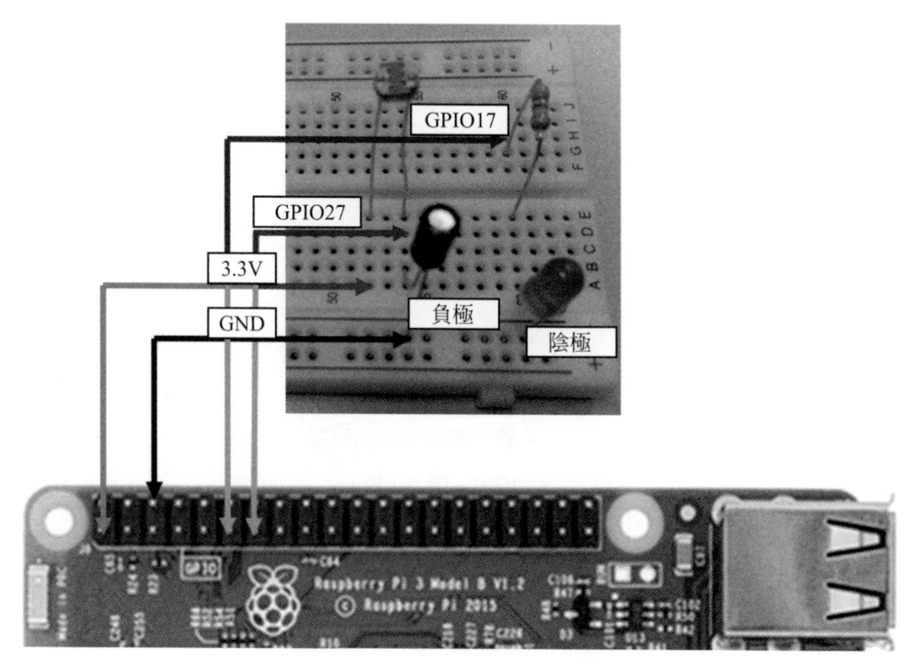

圖 8-24　光感測器硬體接線圖

3. 程式設計：

★ PYTHON 程式碼如圖 8-25 所示。

```
EX5_lightSensor.py - /home/pi/b...mple/EX5_lightSensor.py (3.5.3)
File Edit Format Run Options Window Help
from gpiozero import LightSensor, LED
from signal import pause

sensor = LightSensor(27)
led = LED(17)

sensor.when_dark = led.on
if sensor.wait_for_light():
    print("It's light!")
sensor.when_light = led.off
if sensor.wait_for_dark():
    print("It's dark!")

pause()
Ln: 1 Col: 0
```

圖 8-25　光感測器程式

★ 光感測器程式解說

from gpiozero import LightSensor, LED	◆ 從 gpiozero 程式庫呼叫 LightSensor 及 LED 函數模組。
from signal import pause	◆ 從 signal 程式庫呼叫 pause 函數模組。
sensor = LightSensor(27)	◆ 設定 GPIO27 腳位，連接到光敏電阻。
led = LED(17)	◆ 設定 GPIO17 腳位，控制 LED 的亮滅。
sensor.when_dark = led.on	◆ 當光敏電阻偵測到亮度不足時，使得 GPIO17 輸出高電位 (3.3V)，點亮 LED。
if sensor.wait_for_light(): print("It's light! ")	◆ 如果光線強度大於門檻值，於螢幕顯示 It' s light 字樣。
sensor.when_light = led.off	◆ 當光敏電阻偵測到亮度足夠時，使得 GPIO17 輸出低電位 (0V)，熄滅 LED。
if sensor.wait_for_dark(): print("It's dark!")	◆ 如果光線強度小於門檻值，於螢幕顯示 It' s dark 字樣。
pause()	◆ 程式會暫時停在此處，等待外部命令。

4. 功能驗證：

將樹莓派電源開啓，需有下列輸出才算執行成功：

★ 將光線遮蔽後，螢幕上顯示 It's dark 字樣，LED 也會同時發亮。

★ 移開光線遮蔽物後，螢幕上顯示 It's light 字樣，LED 也會同時熄滅如圖 8-26 所示。

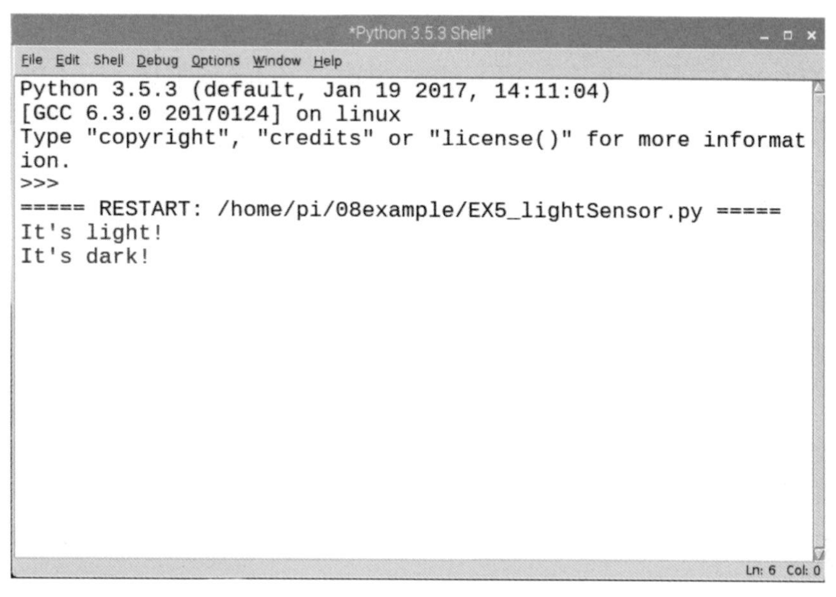

圖 8-26　光感測器程式執行結果

8-7 實驗六：超音波測距

超音波感測器是利用發送出去的超音波訊號，遇到障礙物反射回來的時間差來計算障礙物的距離，目前廣泛地被使用於機器人及汽車倒車雷達上。

模組自動發送 8 個 40 kHz 的方波，當有訊號返回，通過 GPIO27 輸出一高電平，高電平持續的時間就是超聲波從發射到返回的時間，因此測試距離可以下列公式表示：

測試距離 = (高電平時間 × 聲速 (340 m/s))/ 2

超音波感測器如圖 8-27 所示。

圖 8-27　超音波感測器

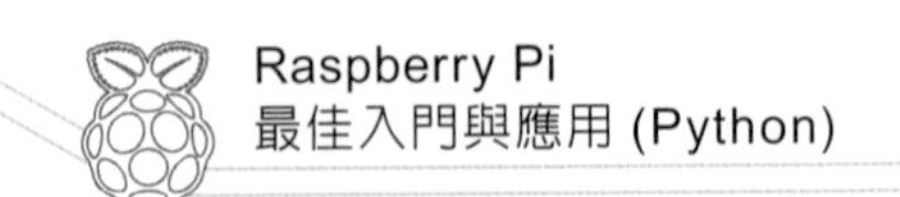

實驗摘要

樹莓派的 GPIO22 腳位連接到超音波感測器的 Echo 訊號腳位，GPIO27 腳位則連接到超音波感測器的 Trig 訊號腳位，偵測到的距離若小於門檻值，連接到 GPIO17 腳位對應的 LED 發亮，偵測到的距離若大於門檻值，則連接到 GPIO17 腳位對應的 LED 熄滅。

實驗步驟

1. 實驗材料如表 8-7 所示。

表 8-7　超音波測距實驗材料清單

實驗材料名稱	數量	規格	圖片
樹莓派 Pi3B	1	已安裝好作業系統的樹莓派	
麵包板	1	麵包板 8.5 * 5.5 cm	
LED	1	單色插件式 LED	
電阻	3	2 個插件式 470Ω，1/4W 1 個插件式 330Ω，1/4W	
跳線	10	彩色杜邦雙頭線 (公 / 母)/20 cm	
超音波感測器	1	HC-SR04P 超聲波測距模組	

2. 硬體接線如圖 8-28 所示。

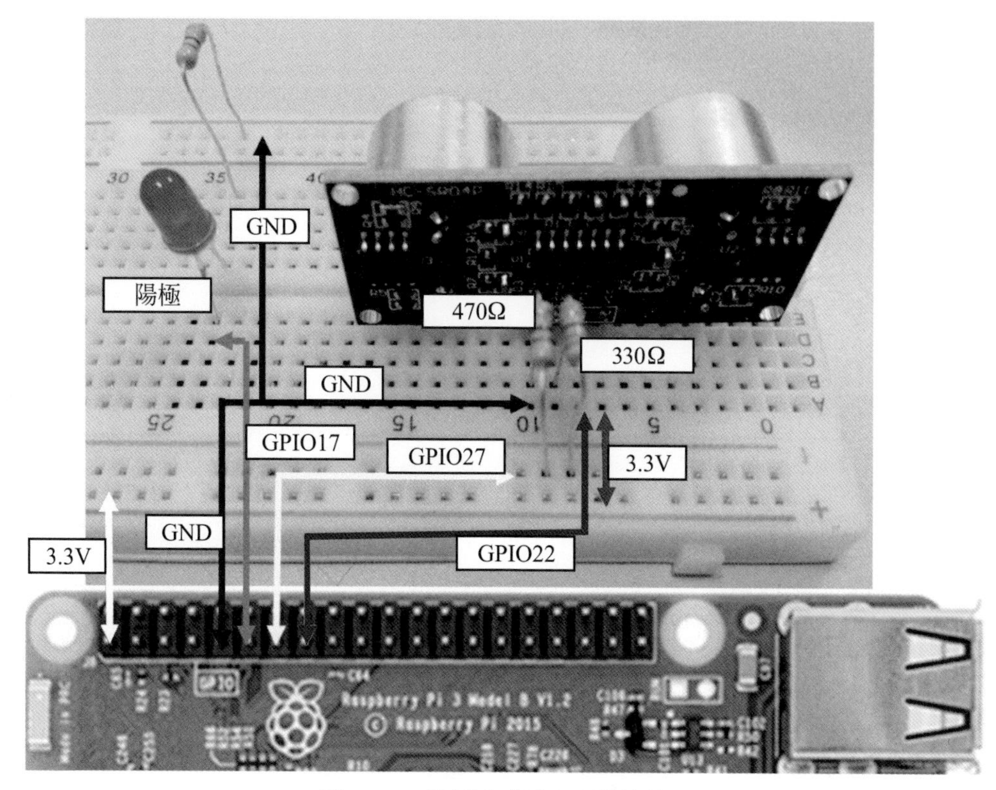

圖 8-28　超音波感測器硬體接線圖

(1) GPIO22 接到 echo。

(2) 330Ω 一端接到 trig，另一端接到 GPIO27 及 470Ω 的其中一端，470Ω 的另一端則接到地。

(3) GPIO17 接到 LED 陽極。

3. 程式設計：

★ PYTHON 程式碼如圖 8-29 所示。

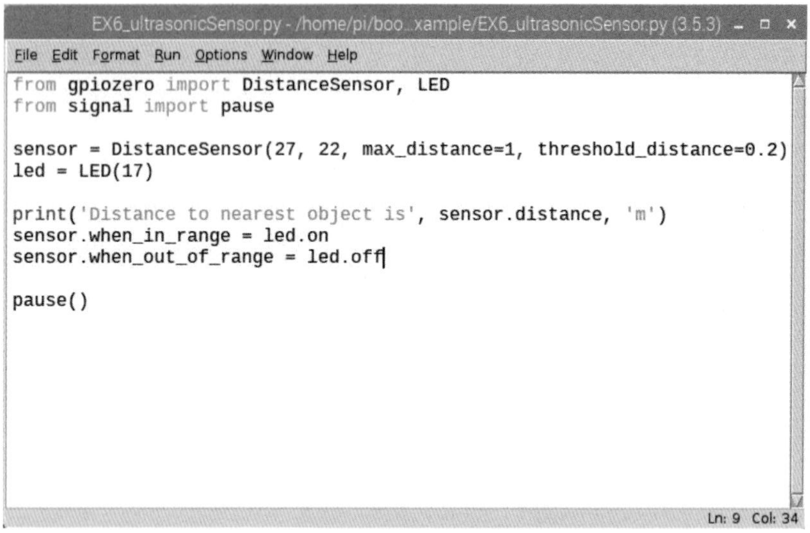

EX6_ultrasonicSensor.py - /home/pi/boo...xample/EX6_ultrasonicSensor.py (3.5.3)

File Edit Format Run Options Window Help

```
from gpiozero import DistanceSensor, LED
from signal import pause

sensor = DistanceSensor(27, 22, max_distance=1, threshold_distance=0.2)
led = LED(17)

print('Distance to nearest object is', sensor.distance, 'm')
sensor.when_in_range = led.on
sensor.when_out_of_range = led.off

pause()
```

Ln: 9 Col: 34

圖 8-29 超音波測距程式

★ 超音波測距程式解說

程式	說明
from gpiozero import DistanceSensor, LED	◆ 從 gpiozero 程式庫呼叫 DistanceSensor 及 LED 函數模組。
from signal import pause	◆ 從 signal 程式庫呼叫 pause 函數模組。
sensor = DistanceSensor(27, 22, max_distance = 1, threshold_distance = 0.2)	◆ 設定 GPIO27 腳位，連接到超音波感測器的 trig 腳位，GPIO22 腳位，連接到超音波感測器的 echo 腳位，設定最大測距為 1 公尺，偵測門檻值為 0.2 公尺，以上條件經 DistanceSensor 函數打包後，指定給 sensor。
led = LED(17)	◆ 使用 GPIO17 腳位，控制 LED 的亮滅。
print('Distance to nearest object is', sensor.distance, 'm')	◆ 於螢幕顯示 Distance to nearest object is xx m 等字樣。
sensor.when_in_range = led.on	◆ 當障礙物距離小於門檻值 0.2 公尺時，GPIO17 輸出高電位 (3.3V) 並點亮 LED。
sensor.when_out_of_range = led.off	◆ 當障礙物距離大於門檻值 0.2 公尺時，GPIO17 輸出低電位 (0V)，LED 不亮。
pause()	◆ 程式會暫時停在此處，等待外部命令。

4. 功能驗證：

將樹莓派電源開啓，需有下列輸出才算執行成功(請確認 Raspbian 是 NOOBS V2.44 以上版本，才能正確執行)：

★ 開機後會偵測距離，並於螢幕顯示 Distance to nearest object isx.xxxxxxm 等字樣，如圖 8-30 所示。

★ 將障礙物放在 0.5 公尺處，LED 不亮。

★ 將障礙物放在 0.1 公尺處，LED 點亮。

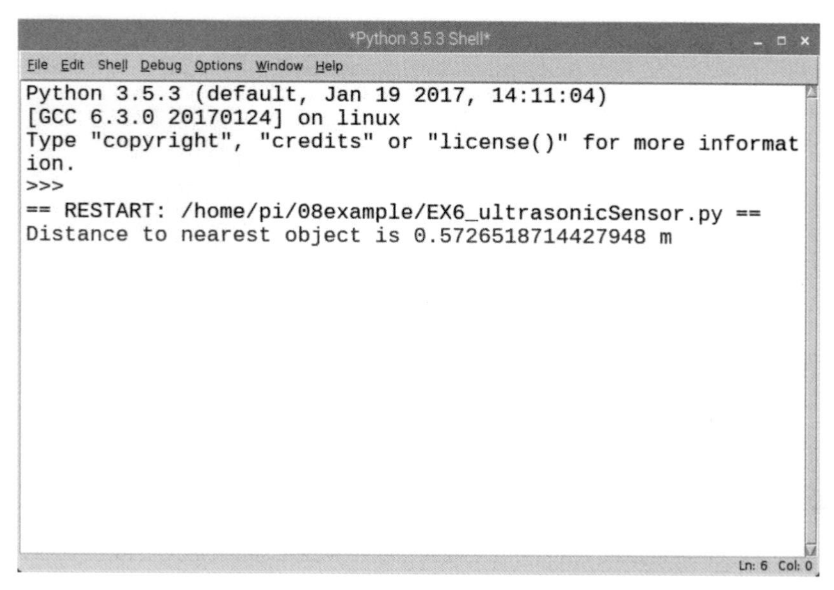

圖 8-30　超音波測距程式執行結果

8-8 實驗七：紅外線入侵偵測

實驗摘要

使用樹莓派連接至 GPIO27 的紅外線接近傳感器，偵測是否有物體入侵，當偵測到入侵行爲後，點亮 GPIO17 對應的 LED。

實驗步驟

1. 實驗材料如表 8-8 所示。

表 8-8　紅外線入侵偵測實驗材料清單

實驗材料名稱	數量	規格	圖片
樹莓派 Pi3B	1	已安裝好作業系統的樹莓派	
麵包板	1	麵包板 8.5*5.5cm	
LED	1	單色插件式，顏色不拘	
電阻	1	插件式 470Ω，1/4W	
跳線	10	彩色杜邦雙頭線 (公 / 母)/20 cm	
紅外線接近傳感器	1	GP2Y0A21YK 紅外線接近傳感器	

2. 硬體接線如圖 8-31 所示：

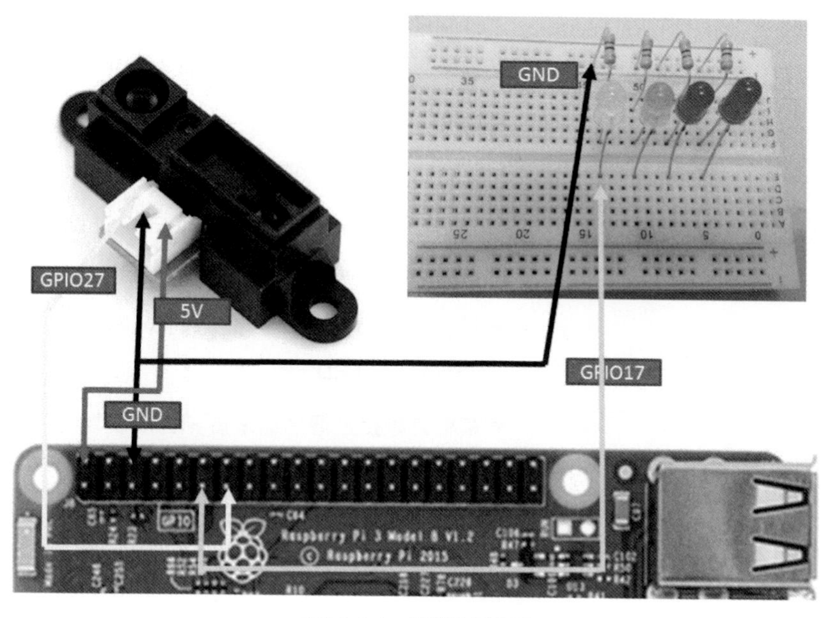

圖 8-31　硬體接線圖

3. 程式設計：

★ PYTHON 程式碼如圖 8-32

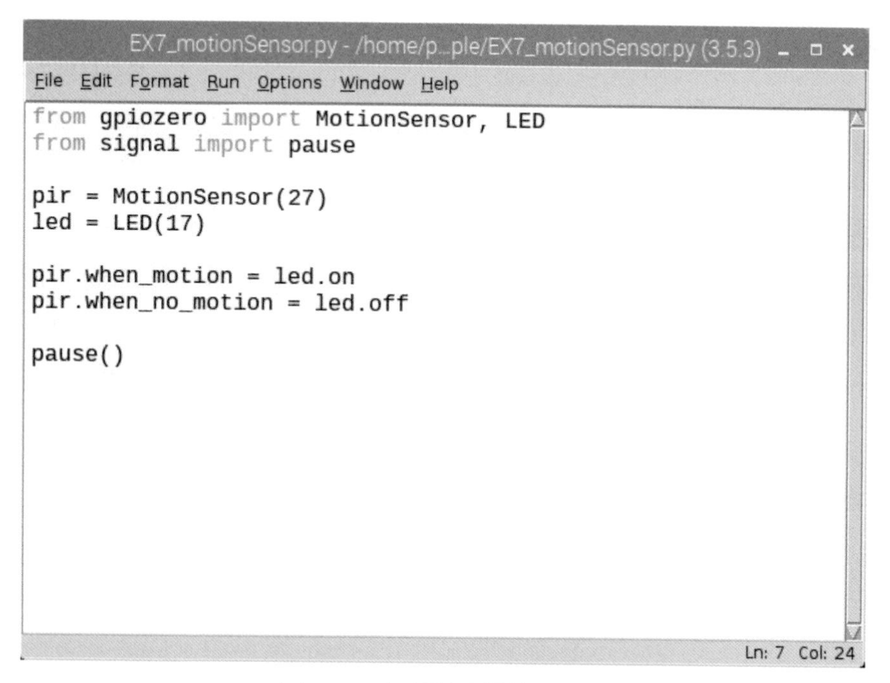

圖 8-32　紅外線入侵偵測程式

★ 紅外線入侵偵測程式解說

from gpiozero importMotionSensor, LED	◆ 從 gpiozero 程式庫呼叫 LED 和 MotionSensor 函數模組。
from signal import pause	◆ 從 signal 程式庫呼叫 pause 函數模組。
pir = MotionSensor(27)	◆ MotionSensor 函數會偵測 GPIO27 所連結的紅外線接近傳感器狀態，並將函數打包指定給 pir。
led = LED(17)	◆ 以 GPIO17 腳位對應連接到 LED，並以 LED 函數打包指定給 led。
pir.when_motion = led.on	◆ 當紅外線接近傳感器偵測到障礙物時，會點亮連接到 GPIO17 的 LED。
pir.when_no_motion = led.off	◆ 當紅外線接近傳感器未偵測到障礙物時，會熄滅連接到 GPIO17 的 LED。
pause()	◆ 程式會暫時停在此處，等待外部命令。

4. 功能驗證：

將樹莓派電源開啓，遠端樹莓派，執行 Python 程式，需有下列輸出才算執行成功：

★ 手掌由紅外線接近傳感器正前方 25 cm 移至 10 cm 時，GPIO17 連結的 LED 會發亮。

8-9 實驗八：微動開關控制蜂鳴器

實驗摘要

使用樹莓派 GPIO17 的微動開關，控制 GPIO27 的繼電器，再以繼電器控制蜂鳴器，當 GPIO17 的微動開關按下時，樹莓派的 GPIO27 訊號，使得繼電器的 COM 與 NO 接腳導通，蜂鳴器會開始鳴叫，當樹莓派 GPIO17 的微動開關鬆開時，樹莓派的 GPIO27 訊號使得繼電器的 COM 與 NO 接腳斷線，蜂鳴器會停止鳴叫。

實驗步驟

1. 實驗材料清單如表 8-9 所示：

表 8-9 實驗材料清單

實驗材料名稱	數量	規格	圖片
樹莓派 Pi3B	1	已安裝好作業系統的樹莓派	
麵包板	1	麵包板 8.5 * 5.5 cm	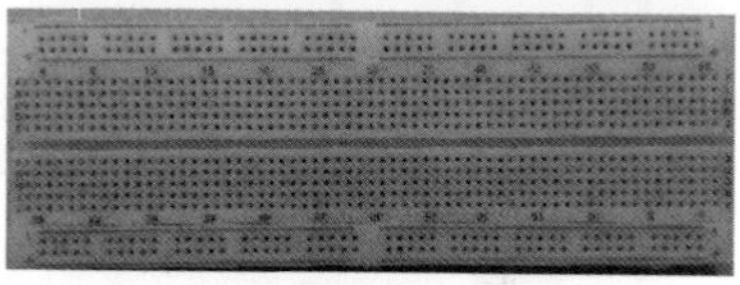
微動 開關	1	TACK-SW2P 6x6x5mm	
蜂鳴器	1	5V 電磁式有源蜂鳴器長音	
邏輯電位轉換模組	1	3.3V 轉 5V	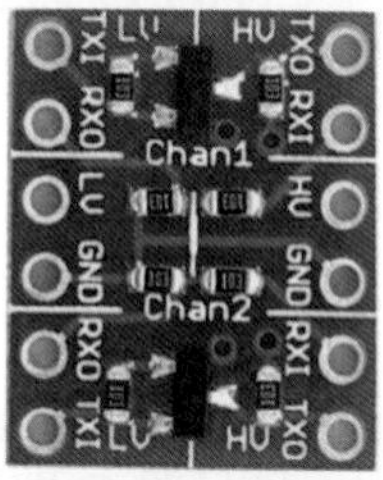
繼電器模組	1	輸入 5V DC 輸出 250VAC，10A	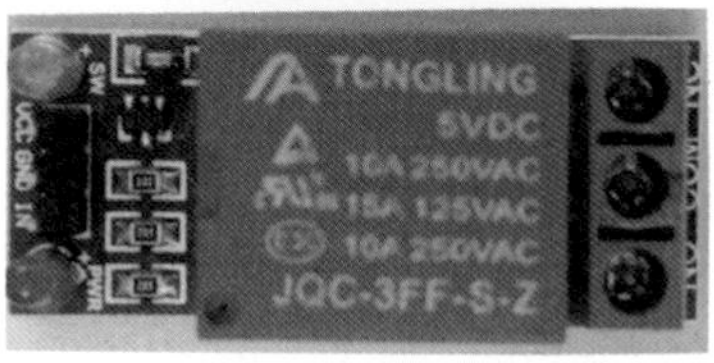
跳線	10	彩色杜邦雙頭線 (公 / 母)/20 cm	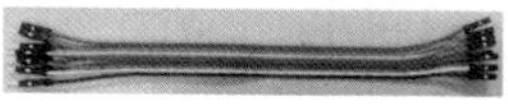

2. 硬體接線如圖 8-33 所示：

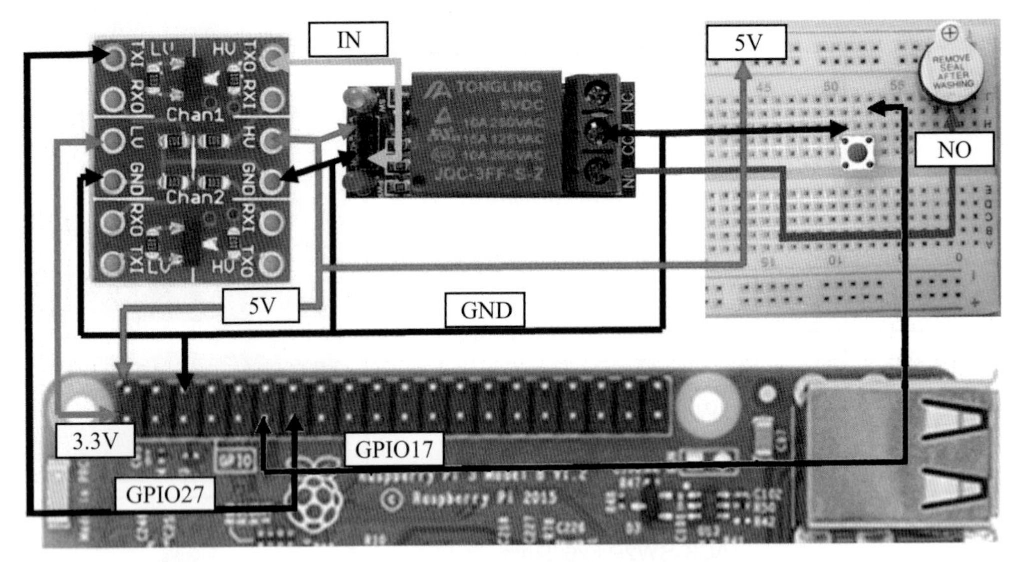

圖 8-33　微動開關控制蜂鳴器實體接線圖

因爲蜂鳴器工作電流較大，所以無法直接以 GPIO 腳位驅動蜂鳴器，需使用繼電器提供工作電流。

3. 程式設計：

★ PYTHON 程式碼如圖 8-34

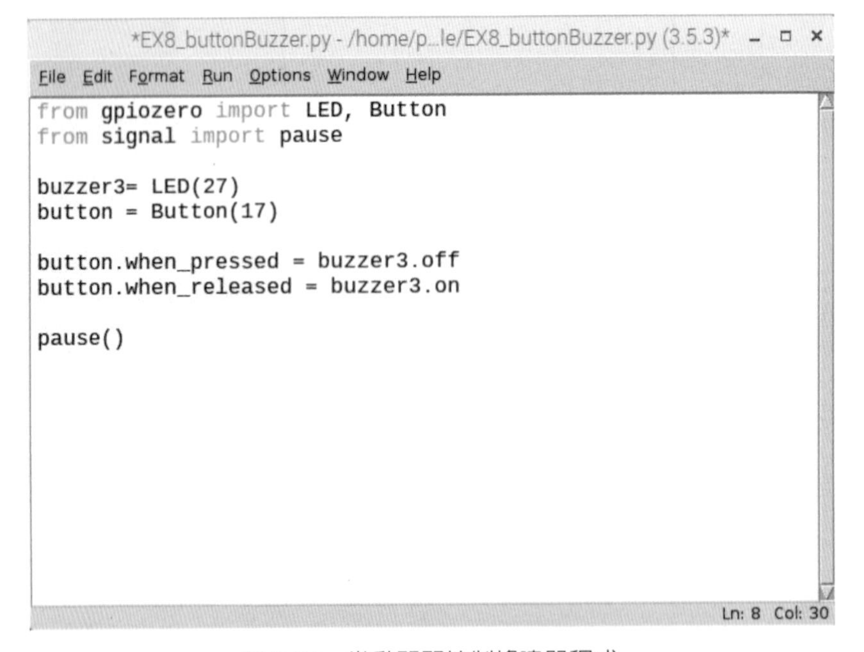

```
from gpiozero import LED, Button
from signal import pause

buzzer3= LED(27)
button = Button(17)

button.when_pressed = buzzer3.off
button.when_released = buzzer3.on

pause()
```

圖 8-34　微動開關控制蜂鳴器程式

★ 微動開關控制蜂鳴器程式解說

from gpiozero import LED, Button	◆ 從 gpiozero 程式庫呼叫 LED 及 Button 函數模組。
from signal import pause	◆ 從 gpiozero 程式庫呼叫 pause 函數模組。
buzzer3 = LED(27)	◆ LED 函數將 GPIO27 微動開關指定給 buzzer3。
button = Button(17)	◆ Button 函數將 GPIO17 微動開關指定給 button。
button.when_pressed = buzzer3.off	◆ 當微動開關按下時，buzzer3 對應的 GPIO27 輸出低電壓 (0V)，繼電器的 COM(接地) 及 NO 腳位導通，因此蜂鳴器會鳴叫。
button.when_released = buzzer3.on	◆ 當微動開關鬆開時，buzzer3 對應的 GPIO27 輸出高電壓 (3.3V)，繼電器的 COM(接地) 及 NO 腳位斷路，因此蜂鳴器為靜音狀態。
pause()	◆ 程式會暫時停在此處，等待外部命令。

4. 功能驗證：

將樹莓派電源開啓，需有下列輸出才算執行成功：

★ 當本地端微動開關按下時，蜂鳴器開始鳴叫。

★ 當本地端微動開關鬆開時，蜂鳴器停止鳴叫。

8-10 實驗九：人體紅外線感應模組

實驗摘要：

當有人進入 HC-SR501 人體紅外線感應模組感應範圍時，LED 會點亮數秒，若無任何移動動作則 LED 會熄滅。

實驗步驟：

1. 實驗材料清單如表 8-10 所示

表 8-10　實驗材料清單

實驗材料名稱	數量	規格	圖片
樹莓派 Pi3B	1	已安裝好作業系統的樹莓派	
溫溼度感測模組	1	HC-SR501 人體紅外線感應模組	
跳線	3	彩色杜邦雙頭線 (母 / 母)/20cm	

2. 硬體連線圖如圖 8-35 所示，HC-SR501 人體紅外線感應模組 VCC 接到 5V，DATA 接 GPIO4，GND 則接到樹莓派的地 (請特別注意：有些模組 5V 和 GND 的腳位是相反的)，LED 的陽極接 GPIO16。

圖 8-35　硬體接線圖

3. 程式設計：

★ PYTHON 程式碼如圖 8-36

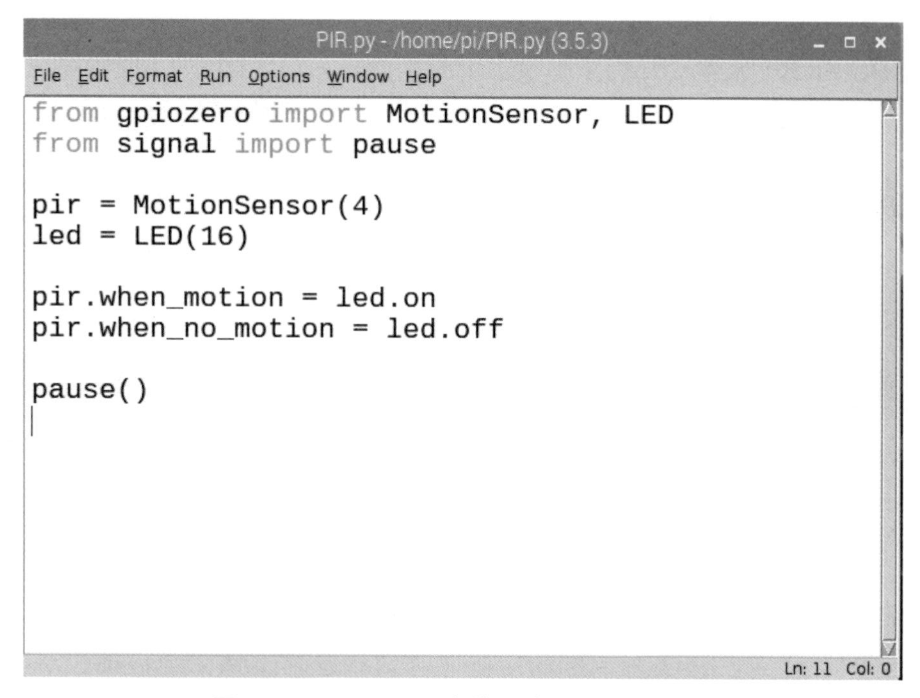


```python
from gpiozero import MotionSensor, LED
from signal import pause

pir = MotionSensor(4)
led = LED(16)

pir.when_motion = led.on
pir.when_no_motion = led.off

pause()
```

圖 8-36　HC-SR501 人體紅外線感應模組程式

★ HC-SR501 人體紅外線感應模組程式解說

from gpiozero import MotionSensor, LED	從 gpiozero 程式庫呼叫 MotionSensor 及 LED 函數模組。
from signal import pause	從 signal 程式庫呼叫 pause 函數模組。
pir = MotionSensor(4)	將連接到 GPIO4 的 MotionSensor 函數指定給 pir。
led = LED(16)	將連接到 GPIO16 的 LED 函數指定給 led。
pir.when_motion = led.on	當感應到有人移動時，點亮連結到 GPIO16 的 LED。
pir.when_no_motion = led.off	當感應到有無人移動時，連結到 GPIO16 的 LED 為不亮狀態。
pause()	程式會暫時停在此處，等待外部命令。

4. 功能驗證：

將樹莓派電源開啓，HC-SR501 人體紅外線感應模組，約需 10 秒熱機，將 jumper(跳線) 設定到 H，除了測試人員，其他人暫時保持距離在 7 米外，執行程式後需有下列輸出才算執行成功：

★ HC-SR501 人體紅外線感應模組偵測到測試人員，因此 LED 發亮。

★ 若測試人員靜止不動，則約 2 秒後 LED 熄滅。

★ 若測試人員移動，則 LED 再次點亮。

8-11 實驗十：都卜勒微波雷達感應模組

RCWL-0516 都卜勒微波雷達模組與 HC-SR501 人體紅外線感應模組功能類似，都可以偵測人體的移動，但因都卜勒微波雷達模組使用微波進行偵測，所以所有的物體移動都可以偵測，並不局限於人體的偵測，也不會因爲前方有障礙物而影響感應。

實驗摘要：

當有人進入 RCWL-0516 都卜勒微波雷達模組感應範圍時，LED 會點亮 2 秒，若無任何移動動作則 LED 會熄滅。

實驗步驟：

1. 實驗材料清單如表 8-11 所示

表 8-11　實驗材料清單

實驗材料名稱	數量	規格	圖片
樹莓派 Pi3B	1	已安裝好作業系統的樹莓派	
溫溼度感測模組	1	RCWL-0516 都卜勒微波雷達模組	
跳線	3	彩色杜邦雙頭線 (母 / 母)/20cm	

2. 硬體連線圖如圖 8-37 所示，RCWL-0516 都卜勒微波雷達模組 VCC 接到 5V，DATA 接 GPIO17，GND 則接到樹莓派的地，LED 的陽極接 GPIO16。

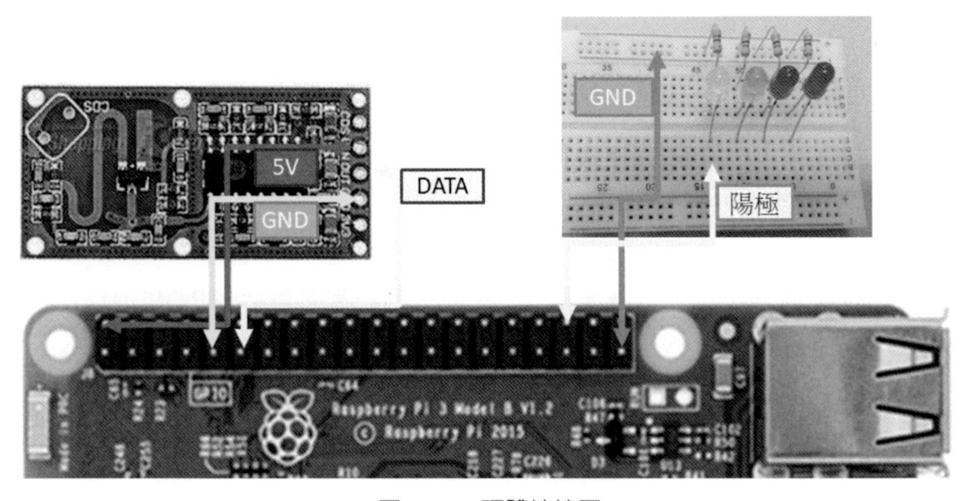

圖 8-37　硬體接線圖

3. 程式設計：

★ PYTHON 程式碼如圖 8-38

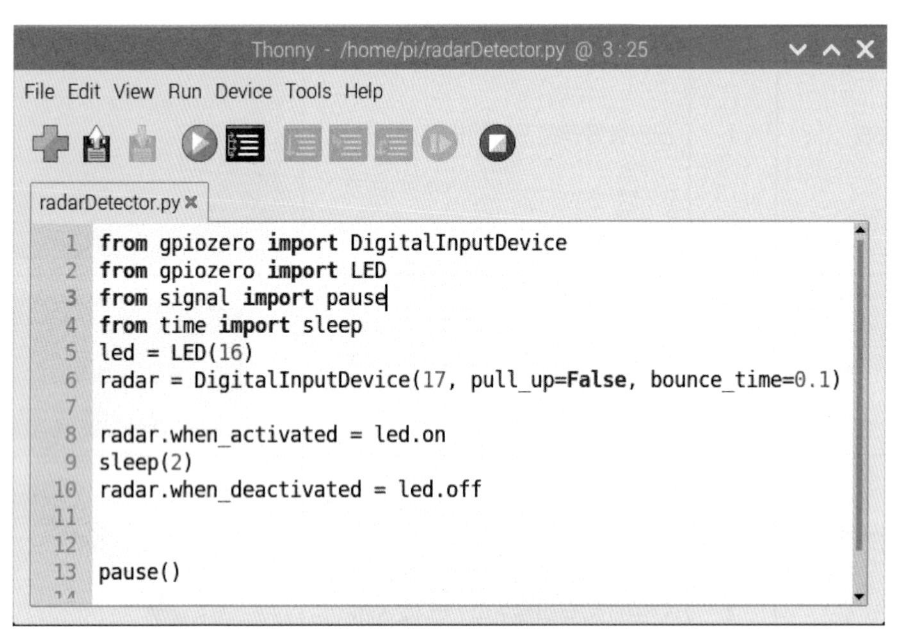


```
from gpiozero import DigitalInputDevice
from gpiozero import LED
from signal import pause
from time import sleep
led = LED(16)
radar = DigitalInputDevice(17, pull_up=False, bounce_time=0.1)

radar.when_activated = led.on
sleep(2)
radar.when_deactivated = led.off


pause()
```

圖 8-38　RCWL-0516 都卜勒微波雷達模組程式

★ RCWL-0516 都卜勒微波雷達模組程式解說

from gpiozero import DigitalInputDevice	◆ 從 gpiozero 程式庫呼叫 DigitalInputDevice 函數模組。
from gpiozero import LED	◆ 從 gpiozero 程式庫呼叫 LED 函數模組。
from signal import pause	◆ 從 signal 程式庫呼叫 pause 函數模組。
from time import sleep	◆ 從 time 程式庫呼叫 sleep 函數模組。
led = LED(16)	◆ 將連接到 GPIO16 的 LED 函數指定給 led。
radar = DigitalInputDevice(17, pull_up=False, bounce_time=0.1)	◆ 將連接到 GPIO17 的 DigitalInputDevice 函數指定給 radar，pull_up=False 設定 GPIO17 內定值為 LOW，bounce_time=0.1 設定進入穩態時間為 0.1 秒。
radar.when_activated = led.on	◆ 當感應到有物體移動時，點亮連結到 GPIO16 的 LED。
sleep(2)	◆ 延遲 2 秒。
radar.when_deactivated = led.off	◆ 當感應到有無人移動時，連結到 GPIO16 的 LED 為熄滅狀態。
pause()	◆ 程式會暫時停在此處，等待外部命令。

4. 功能驗證：

   將樹莓派電源開啓，除了測試人員，其他人暫時保持距離在 7 米外，執行程式後需有下列輸出才算執行成功：

   ★ RCWL-0516 都卜勒微波雷達模組偵測到測試人員，因此 LED 發亮。

   ★ 若測試人員靜止不動，則約 2 秒後 LED 熄滅。

   ★ 若測試人員移動，則 LED 再次點亮。

重點複習

1. 全彩 LED 內含 3 種顏色 LED，通常有 4 個腳位，分別為紅 LED、藍 LED、綠 LED 及共陽極或共陰極；可以控制不同顏色的 LED 亮滅，來產生不同顏色的光線，例如紅藍 LED 同時全亮會產生黃光。
2. RGBLED 函數可以用來打包全彩 LED 與 GPIO 腳位的對應關係，例如敘述句 led = RGBLED(red = 2, green = 3, blue = 4)，將 GPIO2 腳位指定給 red 變數；GPIO3 腳位指定給 green 變數；GPIO4 腳位指定給 blue 變數。
3. graph = LEDBarGraph(2, 3, 4, 5, 6, pwm = True) 敘述句，可以將 GPIO2、GPIO3、GPIO4、GPIO5 及 GPIO6 的腳位均設為具 PWM 功能，並以 LEDBarGraph 函數打包後指定給 graph；敘述句 graph.value = 2/10 執行後，(GPIO2，GPIO3，GPIO4，GPIO5 及 GPIO6) 的輸出為 (1, 0, 0, 0, 0)；graph.value = - 9/10 的輸出則為 (0.5, 1, 1, 1, 1)")。
4. CPUTemperature 函數可用於 CPU 溫度的設定，例如敘述句 cpu = CPUTemperature (min_temp = 40, max_temp = 100)，其中 min_temp 是用來設定最低可測溫度，max_temp 則是用來設定最高可測溫度。
5. 可變電阻材質有碳膜式、瓷金膜及繞線式；依構造則可以分為旋轉式及直線滑動式；依數量分類可以分為單聯式與多聯式；依電阻值變化尺度則可以分為線性尺度式及對數尺度式，B 型可變電阻是屬於線性尺度式，A 型及 C 型可變電阻則是屬於對數尺度式。
6. MCP3008 是類比轉數位 IC 共有 14 個腳位，有八組通道可以輸入類比訊號，這些類比訊號經過處理後，以 SPI 通訊方式送出數位化的訊號。
7. 光敏電阻的電阻值會依照光線的強弱變化，當光線照射時，電阻值會降低，而光線變弱時，電阻值則會升高，通常在完全不亮時，電阻值在 1M 歐姆以上。
8. 敘述句 sensor.wait_for_light() 於光線強度大於門檻值時，其值為眞 (True)，sensor.wait_for_dark() 於光線強度小於門檻值時，其值為眞 (True)。

9. 超音波感測器是利用發送出去的超音波訊號，遇到障礙物反射回來的時間差來計算障礙物的距離，測試距離可以下列公式表示：

   測試距離 = (高電平時間 × 聲速 (340M/S))/ 2

10. DistanceSensor 是超音波感測器的專屬函數，敘述句 sensor = DistanceSensor(3, 4, max_distance = 1, threshold_distance = 0.2) 設定 GPIO3 腳位連接到超音波感測器的 trig 腳位，GPIO4 腳位連接到超音波感測器的 echo 腳位，設定最大偵測距離為 1 公尺，偵測門檻值為 0.2 公尺，以上條件經 DistanceSensor 函數打包後指定給 sensor。

11. 紅外線接近傳感器，使用紅外線偵測是否有物體入侵，其專屬的函數名稱為 MotionSensor，敘述句 pir = MotionSensor(4) 將偵測 GPIO4 所連結的紅外線接近傳感器狀態，並將函數打包指定給 pir。

12. 蜂鳴器選用時，請注意選用有源式的蜂鳴器，否則需外加電路使蜂鳴器鳴叫。

13. 蜂鳴器工作電流較大，無法使用樹莓派的 GPIO 腳直接驅動，必須使用繼電器提供足夠工作電流，才能使蜂鳴器工作。

課後評量

選擇題：

(　　) 1. 全彩 LED 內含幾種顏色 LED？
(A) 2　(B) 3　(C) 4　(D) 5。

(　　) 2. 全彩 LED 通常有幾個腳位？
(A) 2　(B) 3　(C) 4　(D) 5。

(　　) 3. 全彩 LED 不含何種顏色 LED？
(A) 紅　(B) 藍　(C) 綠　(D) 黑。

(　　) 4. 全彩 LED 可使用哪二種 LED 全亮產生黃光？
(A) 紅藍　(B) 藍綠　(C) 綠紅　(D) 以上皆非。

(　　) 5. 全彩 LED 可使用哪二種 LED 全亮產生青綠 (Cyan) 光？
(A) 紅藍　(B) 藍綠　(C) 綠紅　(D) 以上皆非。

(　　) 6. 全彩 LED 可使用哪二種 LED 全亮產生紅紫 (Magenta) 光？
(A) 紅藍　(B) 藍綠　(C) 綠紅　(D) 以上皆非。

(　　) 7. led = RGBLED(red = 2, green = 3, blue = 4) 敘述句中，2 代表的意義是？
(A) GPIO 編號 2　(B) PCB 腳位編號 2　(C) 以硬體接線爲主，會自動偵測　(D) 以上皆非。

(　　) 8. 承上題，led.color = (1, 0, 1) 敘述句中，(1, 0, 1)，代表哪二種 LED 全亮？
(A) 紅藍　(B) 藍綠　(C) 綠紅　(D) 以上皆非。

(　　) 9. 呈上題，led.color = (0, 1, 1) 敘述句中，(0, 1, 1)，代表哪二種 LED 全亮？
(A) 紅藍　(B) 藍綠　(C) 綠紅　(D) 以上皆非。

(　　) 10. 欲顯示白光，應使用何種敘述句？
(A) led.color = (1, 1, 1)　(B) led.color = (0, 0, 1)　(C) led.color = (0, 0, 0)
(D) led.color = (0, 1, 0)。

(　　) 11. 欲以 5 顆 PWM 控制的 LED 發光二極顯示數值 1/2，5 顆 LED 的對應亮度爲
(A) (1, 1, 1, 1, 1)　(B) (1, 1, 0.5, 0, 0)　(C) (1, 1, 1, 0, 0)　(D) (1, 1, 0, 0, 0)。

(　　) 12. 欲以 5 顆 PWM 控制的 LED 發光二極顯示數值 1/10，5 顆 LED 的對應亮度爲
(A) (1, 1, 1, 1, 1)　(B) (1, 1, 0.5, 0, 0)　(C) (1, 0, 0, 0, 0)　(D) (0.5, 0, 0, 0, 0)。

(　　) 13. 欲以 5 顆 PWM 控制的 LED 發光二極顯示數值 -1/2，5 顆 LED 的對應亮度爲

(A) (1, 1, 1, 1, 1)　(B) (1, 1, 0.5, 0, 0)　(C) (0, 0, 0, 0.5, 1)　(D) (0, 0, 0.5, 1, 1)。

(　　) 14. 量測樹莓派 CPU 溫度，應使用何種函數？

(A) LEDBarGraph　(B) Button　(C) Buzzer　(D) CPUTemperature。

(　　) 15. 可變電阻電阻値變化尺度爲線性尺度式的是哪一型的可變電阻？

(A) A　(B) B　(C) C　(D) D。

(　　) 16. MCP3008 是何種 IC？

(A) 運算放大器　(B) 類比轉數位　(C) 數位轉類比　(D) 降壓型電源。

(　　) 17. MCP3008 共有幾個輸入通道？

(A) 7　(B) 8　(C) 9　(D) 10。

(　　) 18. MCP3008 輸出介面是

(A) I^2C　(B) SPI　(C) RS232　(D) IEEE488。

(　　) 19. 光敏電阻的電阻値會依照光線的強弱變化，當光線照射時，電阻値則會如何變化？

(A) 升高　(B) 降低　(C) 不變　(D) 不一定。

(　　) 20. 光敏電阻的電阻値會依照光線的強弱變化，當光線減弱時，電阻値則會如何變化？

(A) 升高　(B) 降低　(C) 不變　(D) 不一定。

(　　) 21. 超音波感測器的專屬函數爲何？

(A) DistanceSensor　(B) MotionSensor　(C) Buzzer　(D) CPUTemperature。

(　　) 22. 紅外線接近傳感器的專屬函數爲何？

(A) DistanceSensor　(B) MotionSensor　(C) Buzzer　(D) CPUTemperature。

(　　) 23. 蜂鳴器選用時，若不打算外加電路，應選用

(A) 有源式　(B) 無源式　(C) 均可。

(　　) 24. 蜂鳴器工作電流較大，無法使用樹莓派的 GPIO 腳直接驅動，必須搭配何種模組使用？

(A) 紅外線接近傳感器模組　(B) 電源升壓模組　(C) 繼電器模組

(D) 超音波感測器。

程式題：

1. 撰寫程式，以 LED 的 PWM 功能，使用 10 顆 LED，模擬 -2/10 及 2/10 的對應亮度，螢幕輸出如圖 8-39 所示。

```
Python 3.5.3 Shell
File Edit Shell Debug Options Window Help
Python 3.5.3 (default, Jan 19 2017, 14:11:04)
[GCC 6.3.0 20170124] on linux
Type "copyright", "credits" or "license()" for more informat
ion.
>>>
====== RESTART: /home/pi/08HW/HW1_ledBarGraphpy.py ======
-2/10 = (0, 0, 0, 0, 0, 0, 0, 0, 1, 1)
2/10 = (1, 1, 0, 0, 0, 0, 0, 0, 0, 0)
>>>
Ln: 8 Col: 4
```

圖 8-39　第 1 題螢幕輸出結果

2. 撰寫程式，使用 10 顆 LED，模擬 CPUTemperature 函數回傳的 CPU 溫度，最低溫度設定 40 度，最高溫度設定 100 度，應用 for 迴圈使螢幕輸出如圖 8-40 所示 (數字會因 CPU 溫度不同而不一樣)。

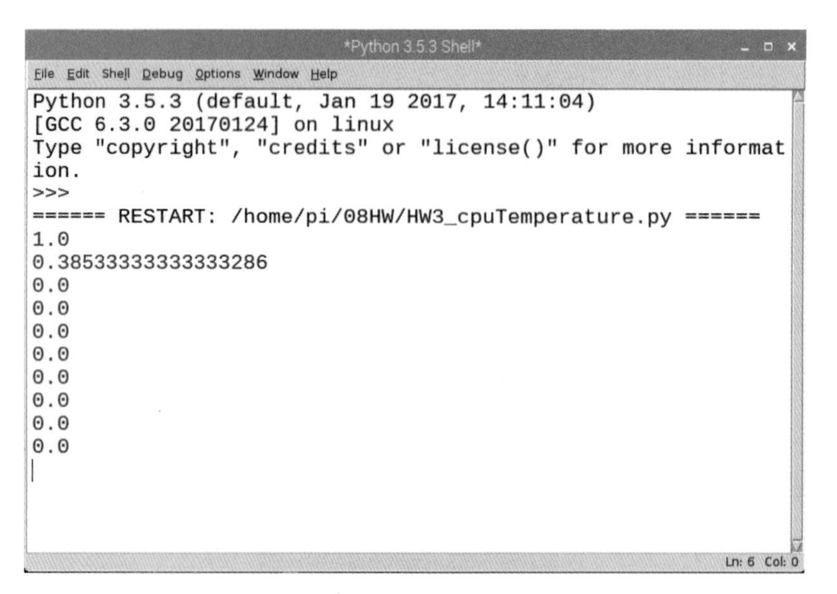

圖 8-40　第 2 題螢幕輸出結果

3. 承上題，使用 for 迴圈，於輸出最後一行，輸出測得溫度值，如圖 8-41 所示。

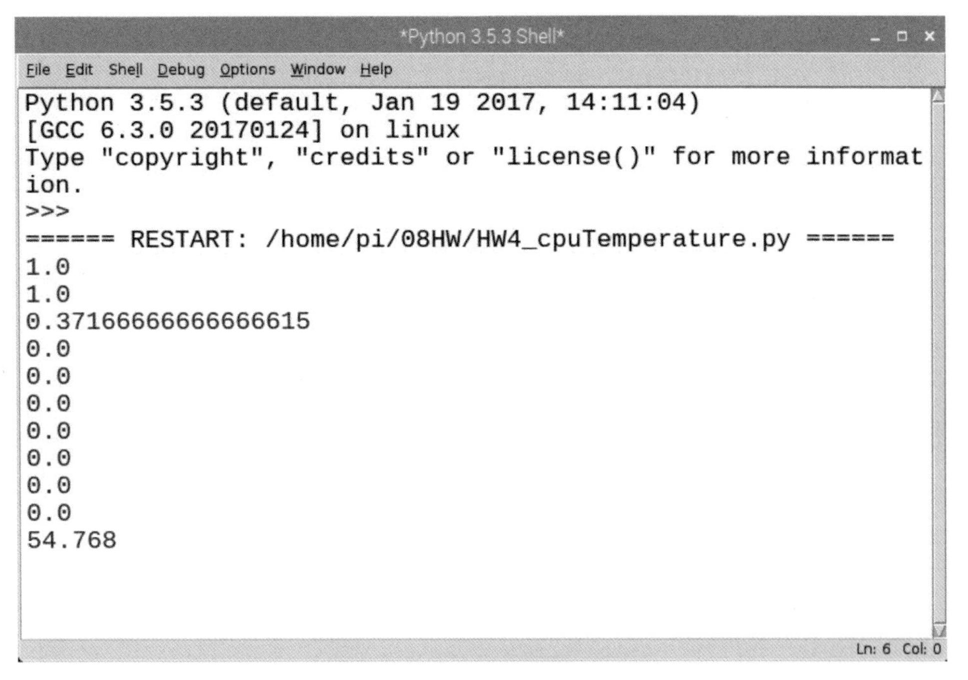
```
Python 3.5.3 (default, Jan 19 2017, 14:11:04)
[GCC 6.3.0 20170124] on linux
Type "copyright", "credits" or "license()" for more informat
ion.
>>>
====== RESTART: /home/pi/08HW/HW4_cpuTemperature.py ======
1.0
1.0
0.37166666666666615
0.0
0.0
0.0
0.0
0.0
0.0
0.0
54.768
```

圖 8-41　第 3 題螢幕輸出結果

4. 使用 for 迴圈改寫實驗四，將每個 LED 的值印出，如圖 8-42 所示。

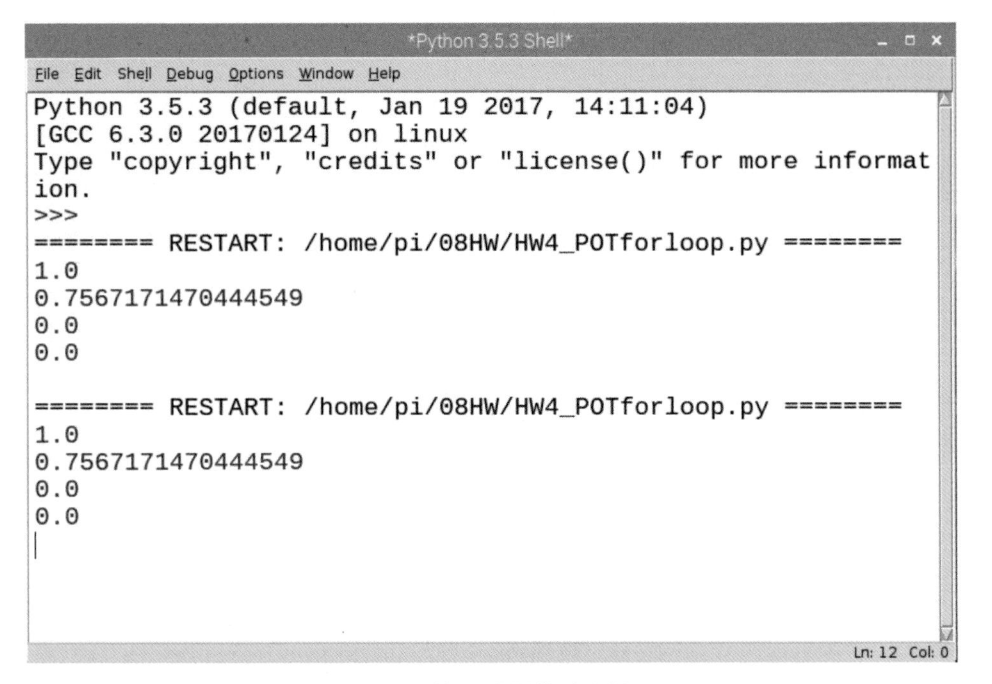
```
Python 3.5.3 (default, Jan 19 2017, 14:11:04)
[GCC 6.3.0 20170124] on linux
Type "copyright", "credits" or "license()" for more informat
ion.
>>>
======== RESTART: /home/pi/08HW/HW4_POTforloop.py ========
1.0
0.7567171470444549
0.0
0.0

======== RESTART: /home/pi/08HW/HW4_POTforloop.py ========
1.0
0.7567171470444549
0.0
0.0
```

圖 8-42　第 4 題螢幕輸出結果

5. 使用 while 迴圈每 5 秒顯示可變電阻值，如圖 8-43 所示。

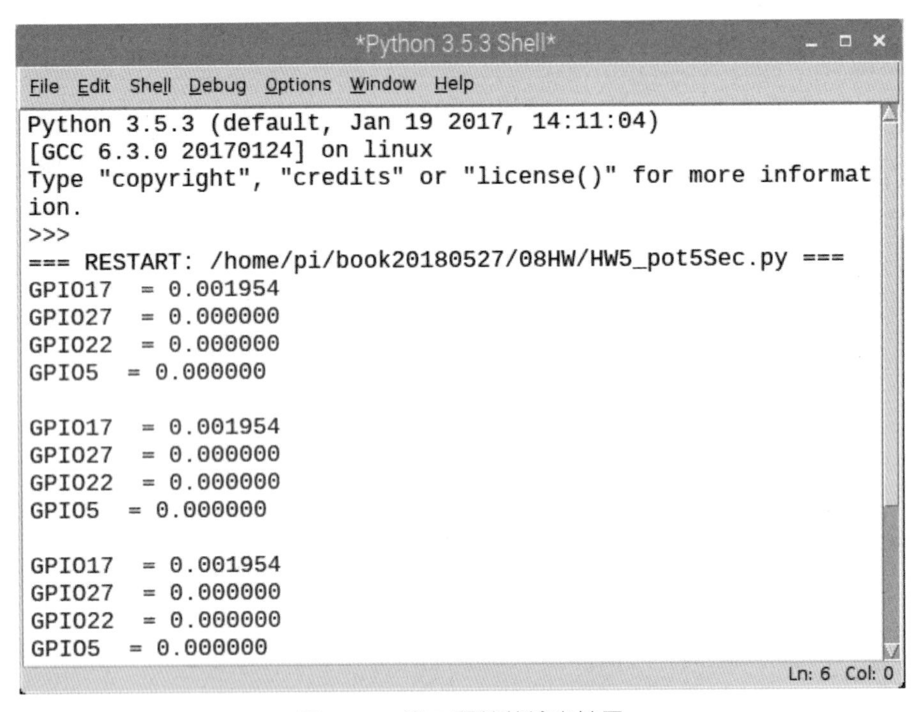

圖 8-43　第 5 題螢幕輸出結果

6. 請參考 6-9 節手機遙控 LED 的實驗，使用手機執行 8-9 實驗八的微動開關控制蜂鳴器，使得蜂鳴器鳴叫。

樹莓派 GPIO Zero 程式設計 - 遠端遙控程式設計

本章重點

9-1 簡介

9-2 實驗一：微動開關遠端遙控 LED 亮滅

9-3 實驗二：雙微動開關遠端遙控本地端 LED 亮滅

9-4 實驗三：遠端微動開關遙控關機

9-5 實驗四：遠端紅外線接近傳感器遙控 LED 亮滅

9-6 實驗五：微動開關控制遠端蜂鳴器

9-7 實驗六：光感測器遠端遙控 LED 亮滅

9-8 實驗七：遠端直流馬達控制

9-1 簡介

Pi3B 樹莓派硬體具有網路連線功能，除了有線網路外，也有無線連網的功能，GPIO Zero 程式庫內建的 PiGPIOFactory 函數模組，可以建立本地與遠端樹莓派的網路連線，透過此網路連線，可以控制遠端的電子設備。實驗一～實驗七分別為：

實驗一：微動開關遠端遙控 LED 亮滅。

實驗二：雙微動開關遠端遙控 LED 亮滅。

實驗三：遠端微動開關遙控關機。

實驗四：遠端紅外線近接傳感器遙控 LED 亮滅。

實驗五：微動開關控制遠端蜂鳴器。

實驗六：光感測器遠端遙控 LED 亮滅。

實驗七：遠端直流馬達控制。

9-2 實驗一：微動開關遠端遙控 *LED* 亮滅

實驗摘要

使用樹莓派本地端連接至 GPIO17 的微動開關，控制位於網路上的另外一個樹莓派連接到 GPIO27 單顆 LED 亮滅，當微動開關按下後，遠端樹莓派 LED 會被點亮；當微動開關鬆開後，遠端樹莓派 LED 會熄滅。

實驗步驟

1. 實驗材料如表 9-1 所示。

表 9-1　微動開關遠端遙控 LED 亮滅實驗材料清單

實驗材料名稱	數量	規格	圖片
樹莓派 Pi3B	2	已安裝好作業系統的樹莓派	

表 9-1　微動開關遠端遙控 LED 亮滅實驗材料清單 (續)

實驗材料名稱	數量	規格	圖片
麵包板	1	麵包板 8.5 * 5.5 cm	
LED	1	單色插件式，顏色不拘	
電阻	1	插件式 470Ω，1/4W	
跳線	10	彩色杜邦雙頭線 (公 / 母)/20 cm	
微動開關	1	TACK-SW2P 6x6x5mm	

2. 本地端硬體接線如圖 9-1 所示，遠端硬體接線如圖 9-2 所示：

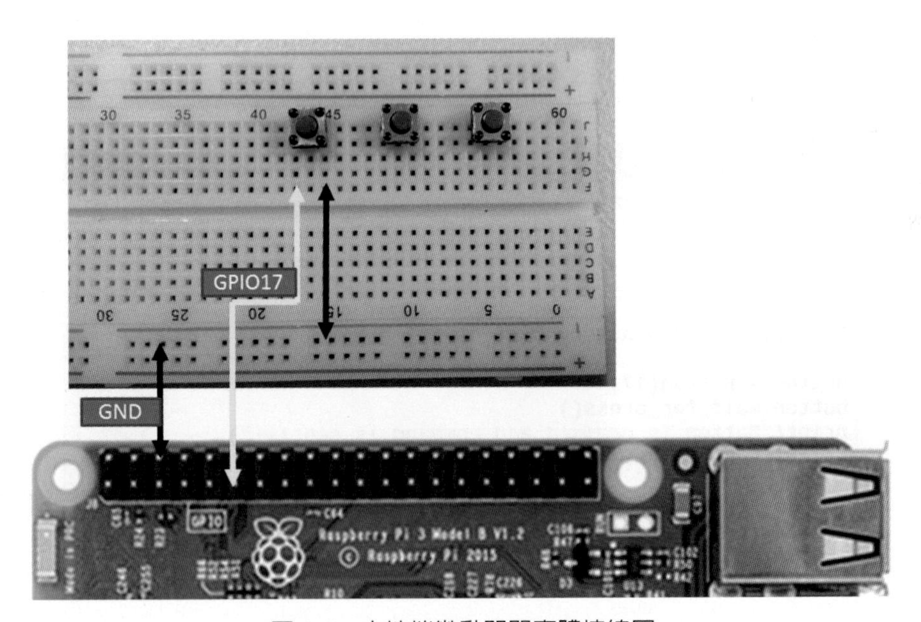

圖 9-1　本地端微動開關實體接線圖

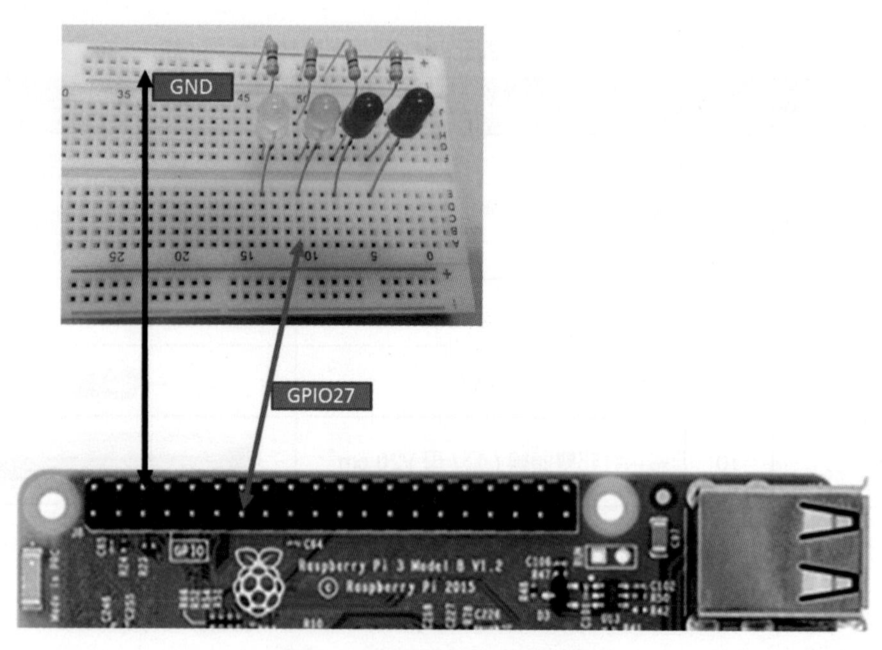

圖 9-2　遠端樹莓派實體接線圖

3. 程式設計：

★ PYTHON 程式碼如圖 9-3

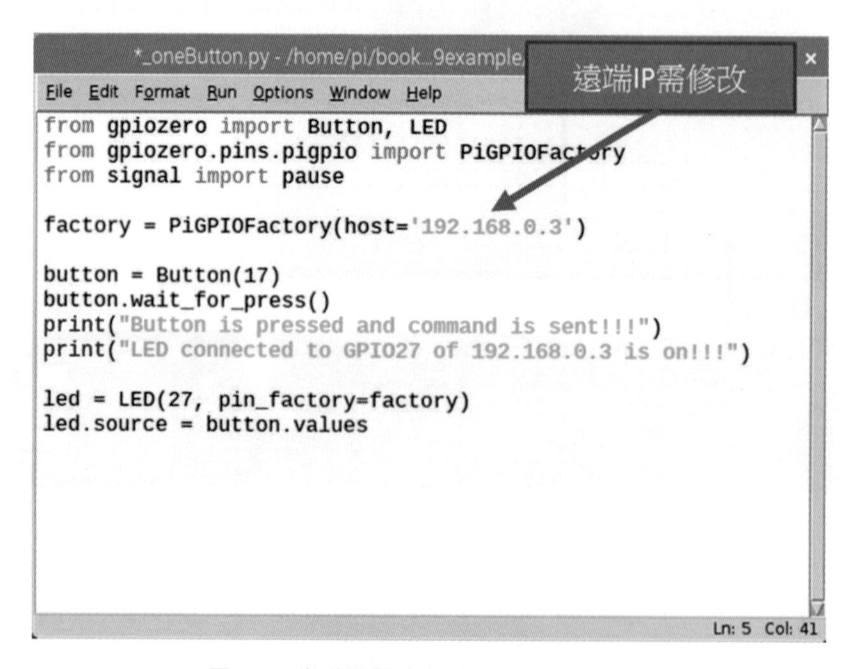

圖 9-3　微動開關遠端遙控 LED 亮滅程式

★ 微動開關遠端遙控 LED 亮滅程式解說

程式碼	說明
from gpiozero import Button, LED	◆ 從 gpiozero 程式庫呼叫 LED 和 Button 函數模組。
from gpiozero.pins.pigpio import PiGPIOFactory	◆ 從 gpiozero.pins.pigpio 程式庫呼叫 PiGPIOFactory 函數模組。
from signal import pause	◆ 從 signal 程式庫呼叫 pause 函數模組。
factory = PiGPIOFactory(host = '192.168.0.3')	◆ PiGPIOFactory 函數設定 192.168.0.3 的硬體組態，轉存到 factory。
button = Button(17)	◆ 本地端微動開關接到 GPIO17 接腳位置。
button.wait_for_press()	◆ 偵測並等待本地端微動開關按下函數。
print("Button is pressed and command is sent!!!")	◆ 螢幕輸出 Button is pressed and command is sent!!! 等字樣。
print("LED connected to GPIO27 of 192.168.0.3 is on!!!")	◆ 螢幕輸出 LED connected to GPIO27 of 192.168.0.3 is on!!! 等字樣。
led = LED(27, pin_factory = factory)	◆ 以 LED 函數連結遠端 192.168.0.3 樹莓派的 GPIO27 腳位連接的 LED，並將函數值指定給 led。
led.source = button.values	◆ 192.168.0.3 的 GPIO27 腳位對應的 LED 會隨著本地端微動開關的值做變化，本地端微動開關按下，則遠端 192.168.0.3 GPIO27 對應的 LED 會發亮。

4. 功能驗證：

將 2 套樹莓派電源開啓，遠端樹莓派 192.168.0.3 開啓 LX 終端機，鍵入 sudo pigpiod 以啓動 GPIO 遠端服務程式如圖 9-4 所示，本地端樹莓派則執行 Python 程式如圖 9-5 所示，需有下列輸出才算執行成功：

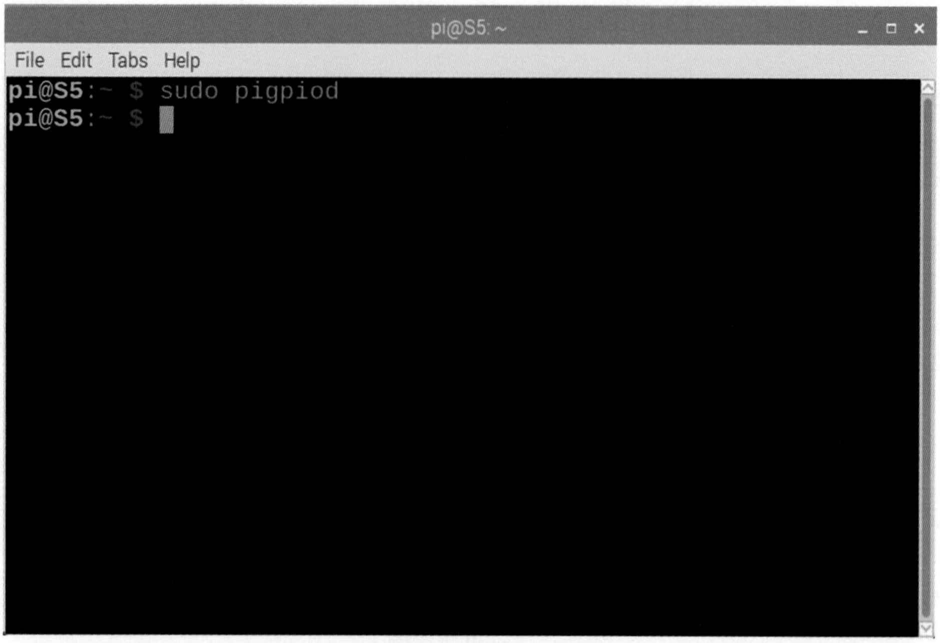

```
pi@S5:~ $ sudo pigpiod
pi@S5:~ $
```

圖 9-4　啓動遠端 GPIO 服務

```
from gpiozer… Button
from gpiozer… import PiGPIOFactory
from gpiozer… all_values
from signal …

factory1 = PiGPIOFactory(host='192…
factory2 = PiGPIOFactory(host='192.168.0.4')

led = LED(27)
button1 = Button(17, pin_factory=factory1)
button2 = Button(17, pin_factory=factory2)

if (button1.wait_for_press() and button2.wait_for_press()):
    print("both button1 and button2 are pressed!!!")
    print("Local LED(GPIO27) should be on!!!")

led.source = all_values(button1.values, button2.values)
```

按此處執行程式

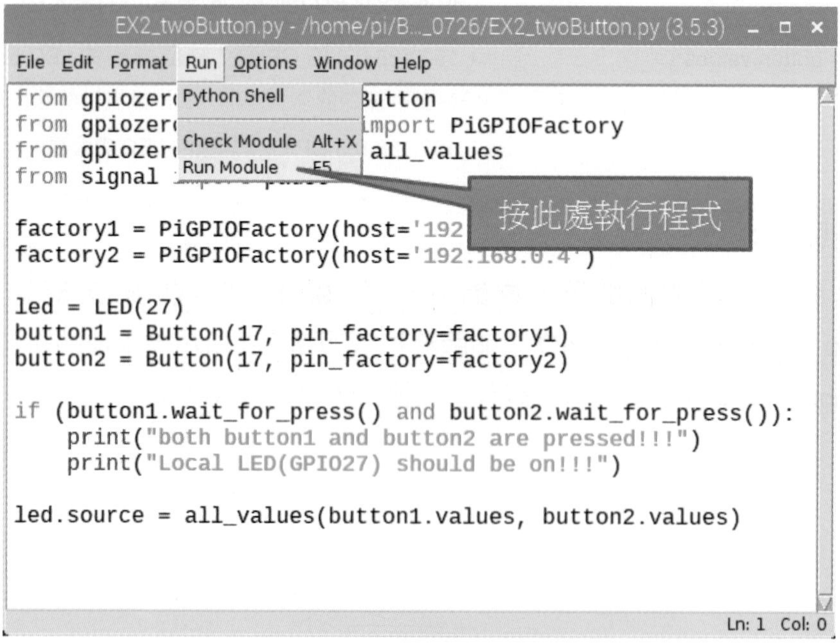

圖 9-5　執行本地端程式

★ 本地端微動開關按下時，遠端 192.168.0.3 連接至 GPIO27 的 LED 會點亮。

★ 螢幕上會顯示 Button is pressed and command is sent!!! 字樣如圖 9-6 所示。

★ 螢幕上會顯示 LED connected to GPIO27 of 192.168.0.3 is on!!! 字樣如圖 9-6 所示。

★ 本地端微動開關鬆開時，遠端 192.168.0.3 連接至 GPIO27 的 LED 會熄滅。

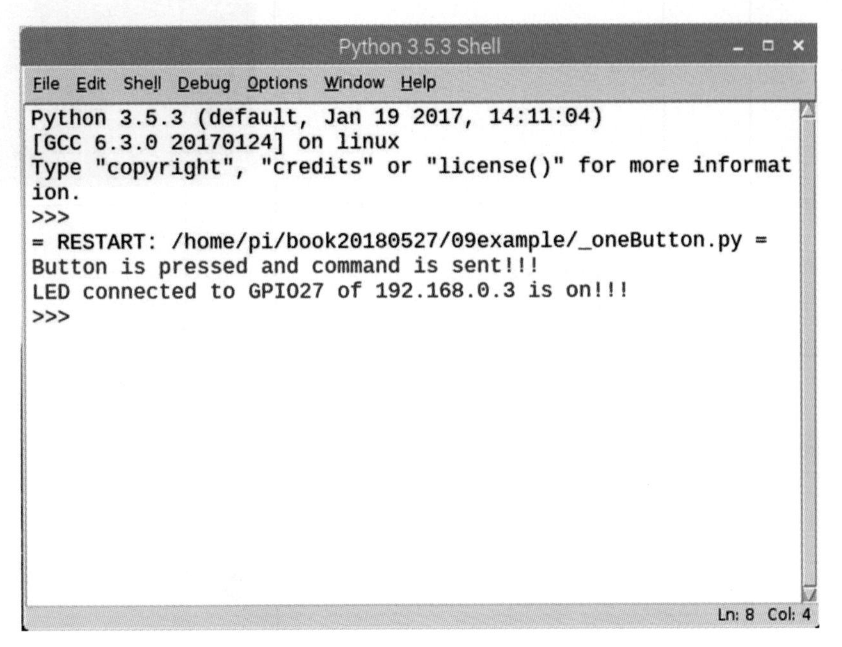

圖 9-6　微動開關遠端遙控 LED 亮滅程式執行結果

9-3 實驗二：雙微動開關遠端遙控本地端 LED 亮滅

實驗一使用本地端的微動開關的按壓訊號控制遠端 LED 的亮滅，本實驗則是使用兩個遠端的同時按壓訊號控制本地端 LED 的亮滅。

實驗摘要

使用 2 套樹莓派遠端連接至 GPIO17 的微動開關，控制位於本地端網路上的樹莓派 GPIO27 單顆 LED 亮滅，當兩個遠端微動開關同時按下後，本地端樹莓派 LED 會被點亮；當至少一個微動開關鬆開後，本地端樹莓派 LED 會熄滅。

實驗步驟

1. 實驗材料如表 9-2 所示。

表 9-2　雙微動開關遠端遙控本地端 LED 亮滅實驗材料清單

實驗材料名稱	數量	規格	圖片
樹莓派 Pi3B	3	已安裝好作業系統的樹莓派	
麵包板	1	麵包板 8.5 * 5.5 cm	
LED	1	單色插件式，顏色不拘	
電阻	1	插件式 470Ω，1/4W	
跳線	10	彩色杜邦雙頭線 (公 / 母)/20 cm	
微動開關	2	TACK-SW2P 6x6x5mm	

2. 本地端硬體接線如圖 9-7，遠端硬體接線如圖 9-8 所示：

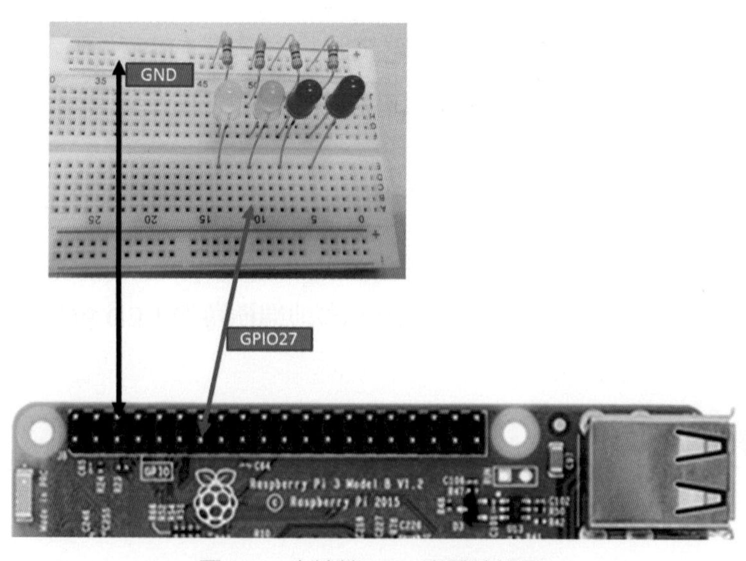

圖 9-7　本地端 LED 實體接線圖

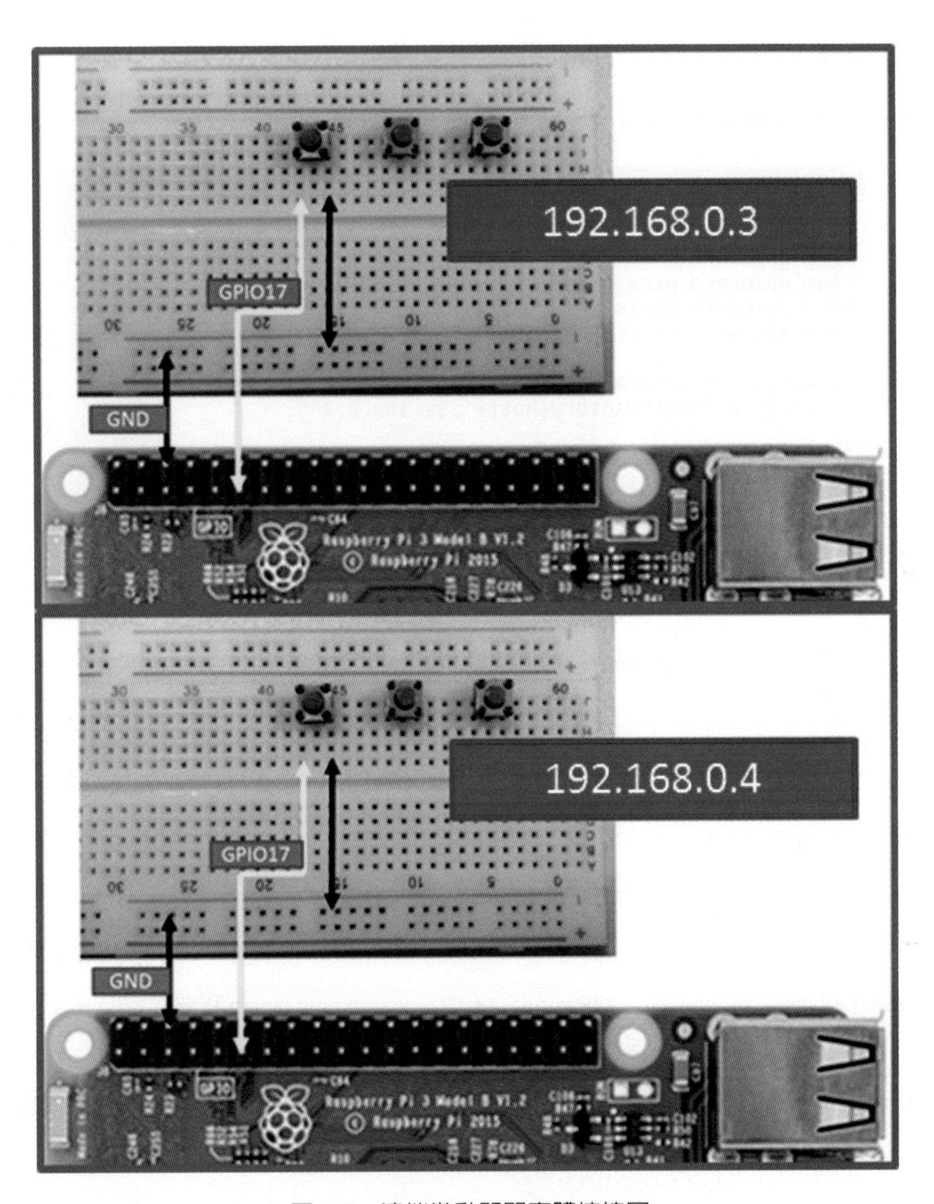

圖 9-8　遠端微動開關實體接線圖

3. 程式設計：

★ PYTHON 程式碼如圖 9-9

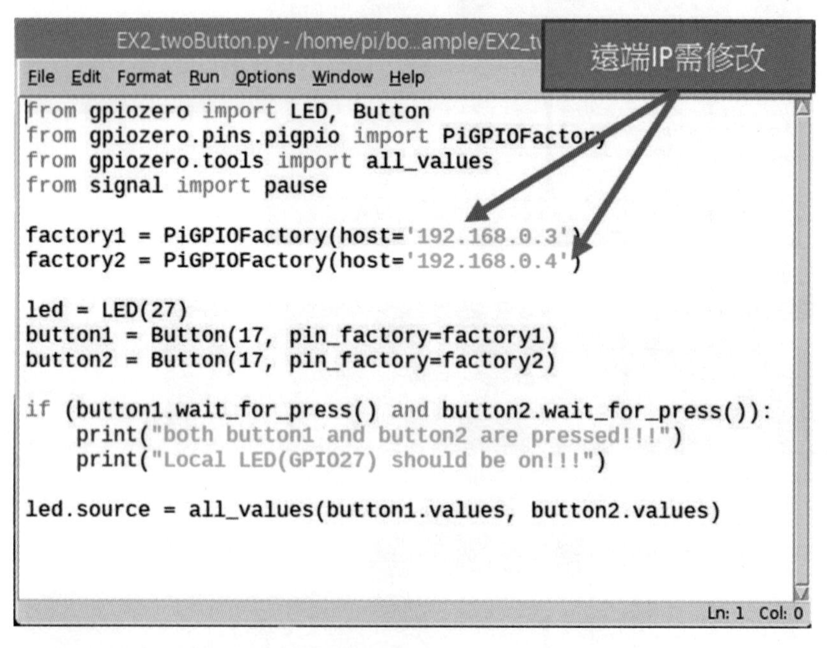

圖 9-9　雙微動開關遠端遙控本地端 LED 亮滅程式

★ 雙微動開關遠端遙控本地端 LED 亮滅程式解說

程式	說明
from gpiozero import LED, Button	◆ 從 gpiozero 程式庫呼叫 LED 和 Button 函數模組。
from gpiozero.pins.pigpio import PiGPIOFactory	◆ 從 gpiozero.pins.pigpio 程式庫呼叫 PiGPIOFactory 函數模組。
from gpiozero.tools import all_values	◆ 從 gpiozero.tools 程式庫呼叫 all_values 函數模組。
from signal import pause	◆ 從 signal 程式庫呼叫 pause 函數模組。
factory1 = PiGPIOFactory(host = '192.168.0.3')	◆ 以 PiGPIOFactory 函數設定遠端 192.168.0.3 的網路連結並將函數值指定給 factory1。
factory2 = PiGPIOFactory(host = '192.168.0.4')	◆ 以 PiGPIOFactory 函數設定遠端 192.168.0.4 的網路連結並將函數值指定給 factory2。
led = LED(27)	◆ 以 LED 函數將本地端 GPIO27 腳位連接 LED，並將函數值指定給 led。

button1 = Button(17, pin_factory = factory1)	◆ 以 Button 函數連結遠端 192.168.0.3 樹莓派的 GPIO17 腳位連接的微動開關，並將函數值指定給 button1。
button2 = Button(17, pin_factory = factory2)	◆ 以 Button 函數連結遠端 192.168.0.4 樹莓派的 GPIO17 腳位連接的微動開關，並將函數值指定給 button2。
if (button1.wait_for_press() and button2.wait_for_press()):	◆ button1 及 button2 是否同時按下。
print("both button1 and button2 are pressed!!!")	◆ 從螢幕輸出 both button1 and button2 are pressed!!! 等字樣。
print("Local LED(GPIO27) should be on!!!")	◆ 從螢幕輸出 print("Local LED(GPIO27)should be on!!!") 等字樣。
led.source = all_values(button1.values, button2.values)	◆ 若 button1 及 button2 同時按下 all_values 函數值為真 (True)，否則為假 (False)

4. 功能驗證：

   將 3 套樹莓派電源開啓，遠端樹莓派 192.168.0.3 及 192.168.0.4 開啓 LX 終端機，鍵入 sudo pigpiod 以啓動 GPIO 遠端服務程式，本地端樹莓派則執行 Python 程式，需有下列輸出才算執行成功：

   ★ 遠端 192.168.0.3 及 192.168.0.4 的微動開關同時按下時，連接至本地端 GPIO27 的 LED 會點亮。

   ★ 螢幕上會顯示 both button1 and button2 are pressed!!! 字樣如圖 9-10 所示。

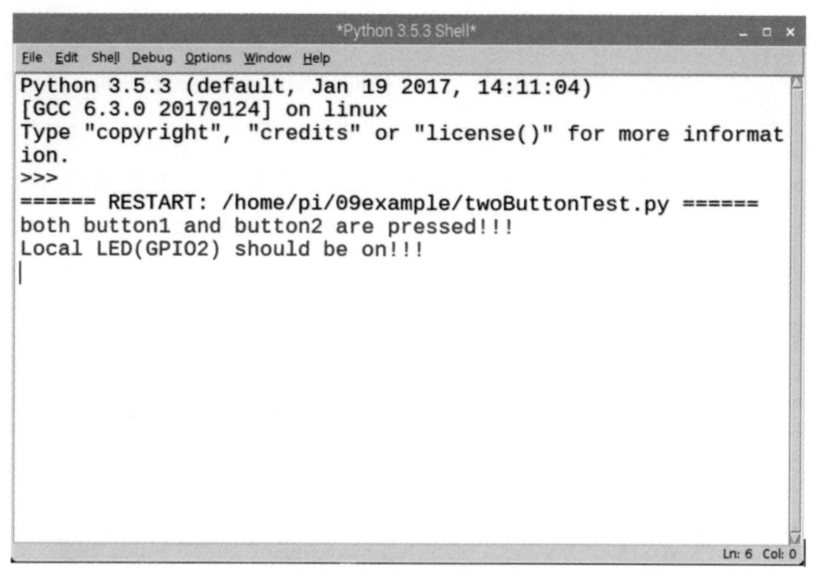

圖 9-10　雙微動開關遠端遙控本地端 LED 亮滅程式執行結果

9-4 實驗三：遠端微動開關遙控關機

實驗摘要

使用遠端樹莓派連接至 GPIO2 的微動開關，將本地端的樹莓派關機，當遠端樹莓派連接至 GPIO2 的微動開關按下後，本地端樹莓派將在 60 秒後關機。

實驗步驟

1. 實驗材料如表 9-3 所示。

表 9-3　遠端微動開關遙控關機實驗材料清單

實驗材料名稱	數量	規格	圖片
樹莓派 Pi3B	2	已安裝好作業系統的樹莓派	

表 9-3　遠端微動開關遙控關機實驗材料清單 (續)

實驗材料名稱	數量	規格	圖片
麵包板	1	麵包板 8.5 * 5.5 cm	
跳線	10	彩色杜邦雙頭線 (公 / 母)/20 cm	
微動開關	1	TACK-SW2P 6x6x5mm	

2. 遠端硬體接線如圖 9-11 所示：

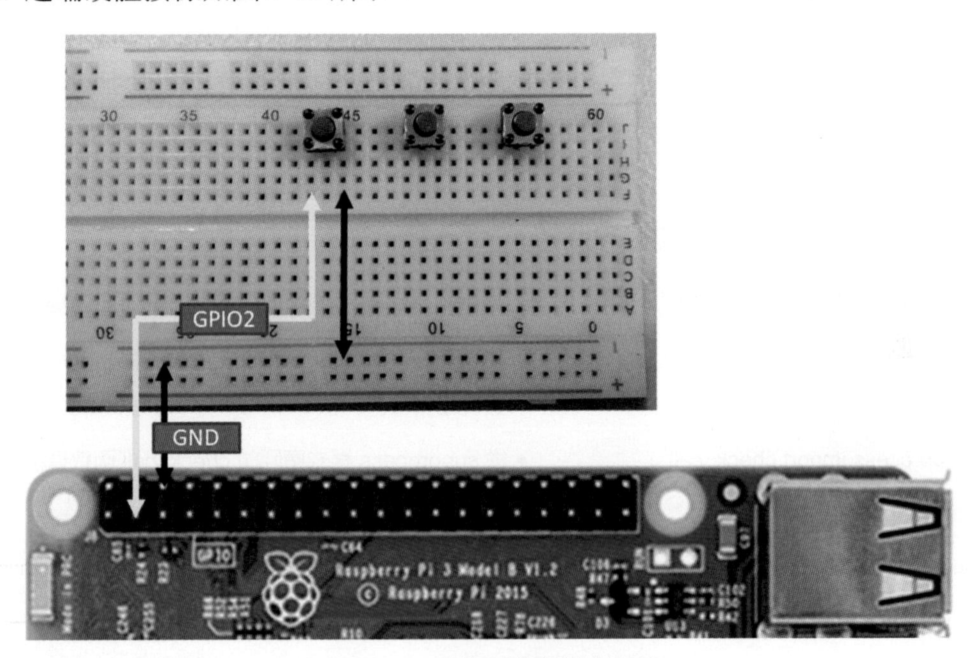

圖 9-11　遠端硬體實體接線圖

3. 程式設計：

★ PYTHON 程式碼如圖 9-12

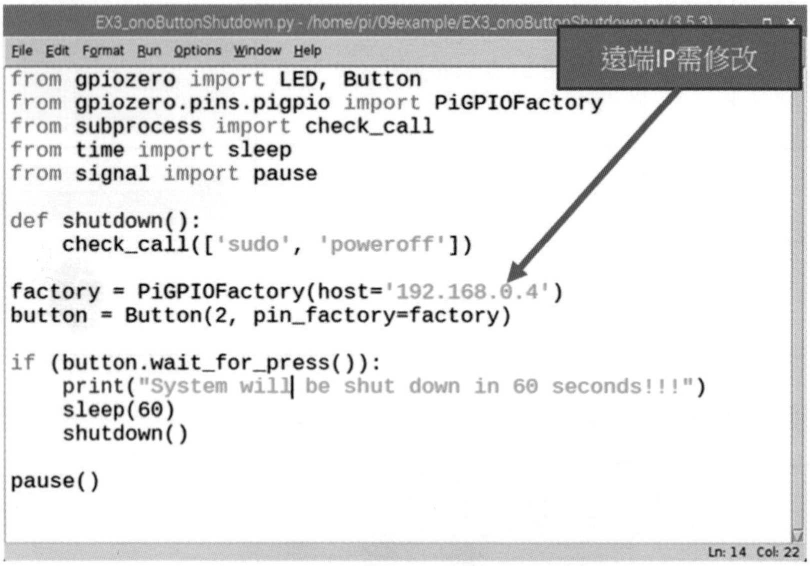

```
from gpiozero import LED, Button
from gpiozero.pins.pigpio import PiGPIOFactory
from subprocess import check_call
from time import sleep
from signal import pause

def shutdown():
    check_call(['sudo', 'poweroff'])

factory = PiGPIOFactory(host='192.168.0.4')
button = Button(2, pin_factory=factory)

if (button.wait_for_press()):
    print("System will be shut down in 60 seconds!!!")
    sleep(60)
    shutdown()

pause()
```

遠端IP需修改

圖 9-12　遠端微動開關遙控關機程式

★ 遠端微動開關遙控關機程式解說

程式碼	說明
from gpiozero import LED, Button	◆ 從 gpiozero 程式庫呼叫 LED 和 Button 函數模組。
from gpiozero.pins.pigpio import PiGPIOFactory	◆ 從 gpiozero.pins.pigpio 程式庫呼叫 PiGPIOFactory 函數模組。
from subprocess import check_call	◆ 從 subprocess 程式庫呼叫 check_call 函數模組。
from time import sleep	◆ 從 time 程式庫呼叫 sleep 函數模組。
from signal import pause	◆ 從 signal 程式庫呼叫 pause 函數模組。
def shutdown():	◆ 定義 shutdown 函數。
check_call(['sudo', 'poweroff'])	◆ 使用 check_call 函數執行 sudo poweroff 命令，進行關機
factory = PiGPIOFactory(host = '192.168.0.4')	◆ 以 PiGPIOFactory 函數設定遠端 192.168.0.4 的網路連結並將函數值指定給 factory。
button = Button(2, pin_factory = factory)	◆ 以 Button 函數設定遠端 192.168.0.4 GPIO2 的網路連結並將函數值指定給 button。
if(button.wait_for_press()):	◆ button 是否已按下。

print("System will be shutdown in 60 seconds!!!")	◆ 從螢幕輸出 System will be shutdown in 60 seconds 等字樣。
sleep(60)	◆ 維持原狀態 60 秒。
shutdown()	◆ 執行 shutdown 定義函數。
pause()	◆ 程式會暫時停在此處，等待外部命令。

4. 功能驗證：

將 2 套樹莓派電源開啓，遠端樹莓派 192.168.0.4 開啓 LX 終端機，鍵入 sudo pigpiod 以啓動 GPIO 遠端服務程式，本地端樹莓派則執行 Python 程式，需有下列輸出才算執行成功：

★ 遠端 192.168.0.4 的微動開關按下時，本地端螢幕上會顯示 System will be shutdown in 60 seconds!!! 字樣如圖 9-13 所示。

★ 60 秒後本地端樹莓派關機。

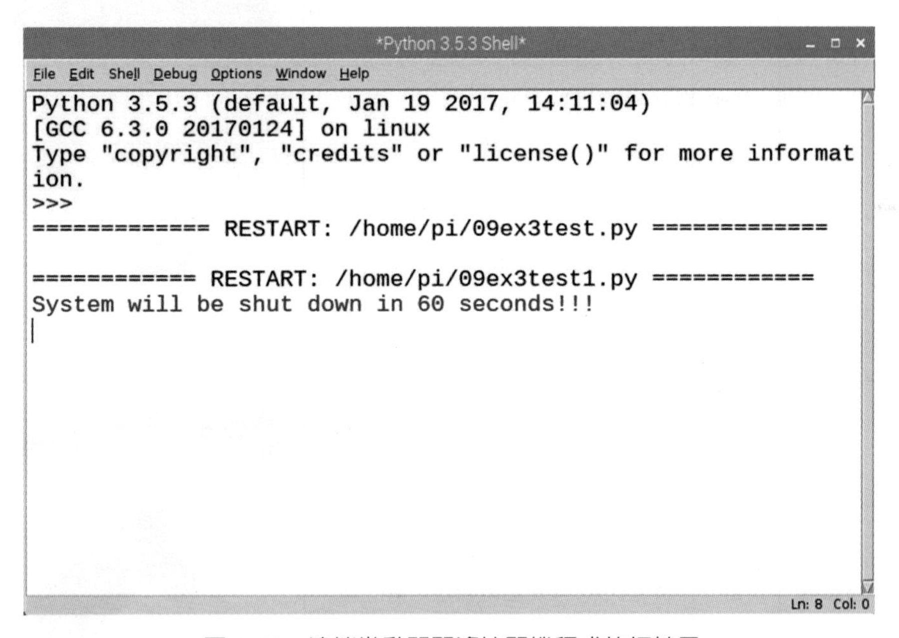

圖 9-13　遠端微動開關遙控關機程式執行結果

9-5 實驗四：遠端紅外線接近傳感器遙控 LED 亮滅

實驗摘要

使用 2 套遠端樹莓派連接至 GPIO17 的紅外線接近傳感器，偵測遠端是否有物體入侵，當任何一套遠端樹莓派偵測到入侵行爲後，點亮本地端對應的 LED。

實驗步驟

1. 實驗材料如表 9-4 所示。

表 9-4　遠端紅外線接近傳感器遙控 LED 亮滅實驗材料清單

實驗材料名稱	數量	規格	圖片
樹莓派 Pi3B	3	已安裝好作業系統的樹莓派	
麵包板	1	麵包板 8.5 * 5.5 cm	
LED	2	單色插件式，顏色不拘	
電阻	2	插件式 470Ω，1/4W	
跳線	10	彩色杜邦雙頭線 (公 / 母)/20 cm	
紅外線接近傳感器	2	GP2Y0A21YK 紅外線接近傳感器	

2. 遠端硬體接線如圖 9-14 所示，本地端硬體接線如圖 9-15 所示：

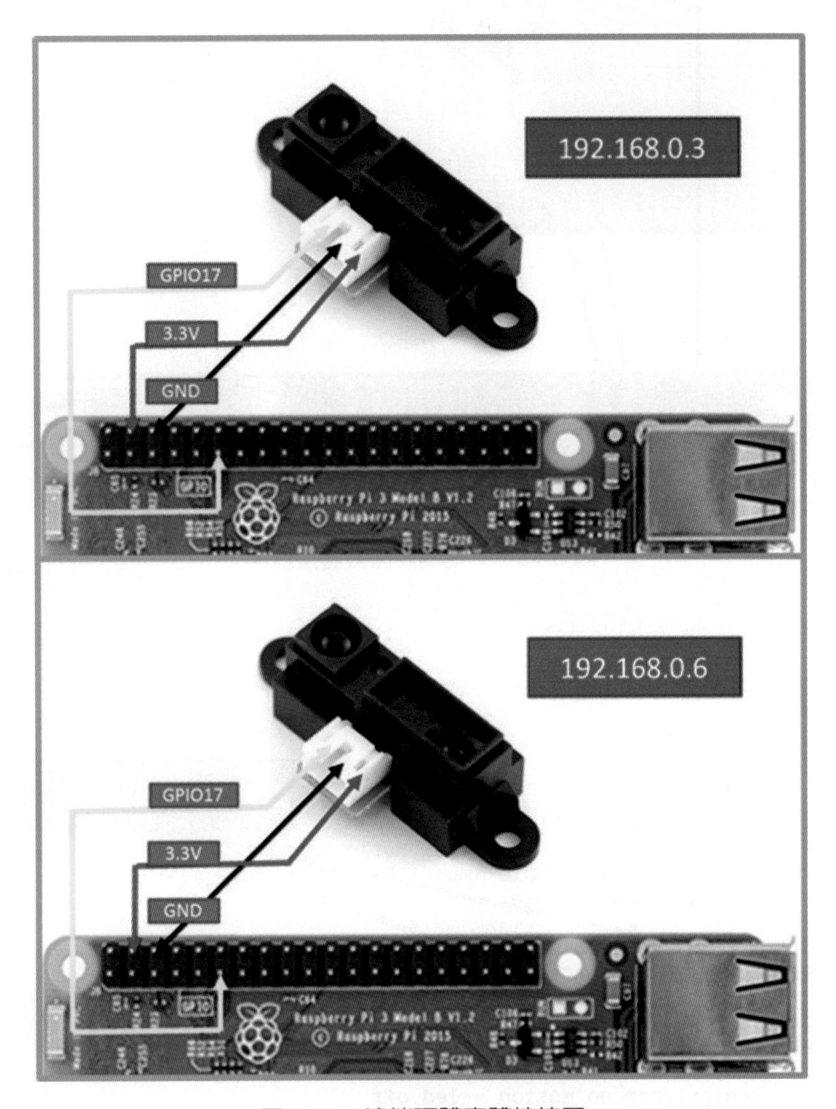

圖 9-14　遠端硬體實體接線圖

圖 9-15　本地端硬體實體接線圖

3. 程式設計：

★ PYTHON 程式碼如圖 9-16

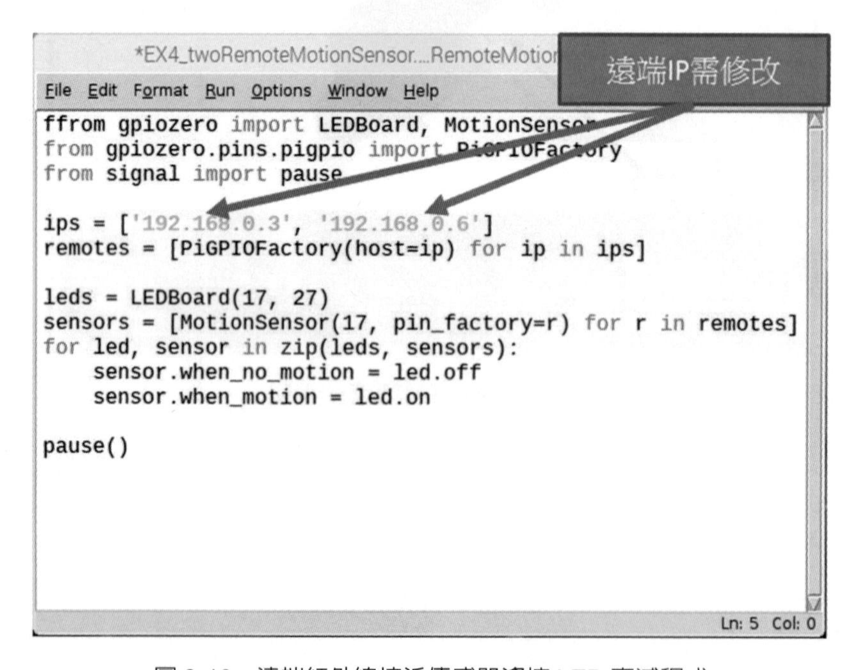

圖 9-16　遠端紅外線接近傳感器遙控 LED 亮滅程式

★ 遠端微動開關遙控關機程式解說

程式	解說
from gpiozero import LEDBoard, MotionSensor	◆ 從 gpiozero 程式庫呼叫 LEDBoard 和 MotionSensor 函數模組。
from gpiozero.pins.pigpio import PiGPIOFactory	◆ 從 gpiozero.pins.pigpio 程式庫呼叫 PiGPIOFactory 函數模組。
from signal import pause	◆ 從 signal 程式庫呼叫 pause 函數模組。
ips = ['192.168.0.3', '192.168.0.6']	◆ 定義遠端樹莓派的 IP 分別為 192.168.0.3 及 192.168.0.6 並儲存到 ips。
remotes = [PiGPIOFactory(host = ip) for ip in ips]	◆ PiGPIOFactory 函數將 192.168.0.3 及 192.168.0.6 樹莓派，設定硬體組態，並指定給 remotes。
leds = LEDBoard(17, 27)	◆ 本地端 GPIO17 及 GPIO27 腳位對應的 LED 依序代表 192.168.0.3 及 192.168.0.6 的狀態，並儲存到 leds。
sensors = [MotionSensor(17, pin_factory = r) for r in remotes]	◆ MotionSensor 函數會偵測遠端樹莓派的 GPIO17 所連接的傳感器狀態，並將函數值指定給 sensors。
for led, sensor in zip(leds, sensors):	◆ 以 zip 打包函數，將本地端 leds 及遠端傳感器狀態 sensors 打包，再以 for 迴圈讀出所有 leds 及 sensors 的元素。
sensor.when_no_motion = led.off	◆ 手掌由遠端 192.168.0.3 或 192.168.0.6 樹莓派的紅外線接近傳感器正前方 25cm 移至 10cm 時，本地端 GPIO17 或 GPIO27 連結的 LED 發亮，顯示物體入侵。
sensor.when_motion = led.on	◆ 程式會暫時停在此處，等待外部命令。
pause()	

4. 功能驗證：

將 3 套樹莓派電源開啓，遠端樹莓派 192.168.0.3 及 192.168.0.6 開啓 LX 終端機，鍵入 sudo pigpiod 以啓動 GPIO 遠端服務程式，本地端樹莓派則執行 Python 程式，需有下列輸出才算執行成功：

★ 手掌由遠端 192.168.0.3 樹莓派的紅外線接近傳感器正前方 25 cm 處移至 10 cm 時，本地端 GPIO17 連結的 LED 會發亮，顯示有物體入侵。

★ 手掌由遠端 192.168.0.6 樹莓派的紅外線接近傳感器正前方 25 cm 處移至 10 cm 時，本地端 GPIO27 連結的 LED 會發亮，顯示有物體入侵。

9-6 實驗五：微動開關控制遠端蜂鳴器

實驗摘要

使用本地端樹莓派 GPIO17 的微動開關，控制遠端樹莓派 192.168.0.3 及 192.168.0.4 的蜂鳴器，當本地端樹莓派 GPIO17 的微動開關按下時，遠端樹莓派 192.168.0.3 及 192.168.0.4 的蜂鳴器會開始鳴叫，當本地端樹莓派 GPIO17 的微動開關鬆開時，遠端樹莓派 192.168.0.3 及 192.168.0.4 的蜂鳴器會停止鳴叫。

實驗步驟

1. 實驗材料清單如表 9-5 所示：

表 9-5　實驗材料清單

實驗材料名稱	數量	規格	圖片
樹莓派 Pi3B	3	已安裝好作業系統的樹莓派	
麵包板	1	麵包板 8.5 * 5.5 cm	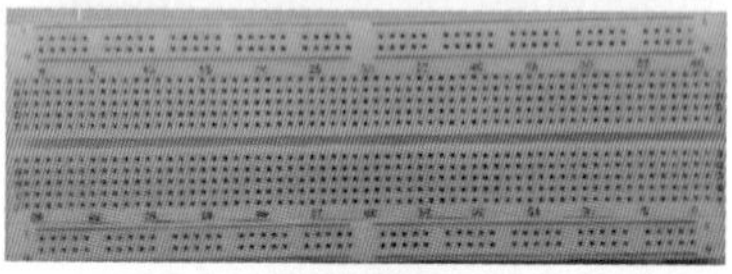
電阻	1	8.2 kΩ	
微動 開關	1	TACK-SW2P 6x6x5 mm	
蜂鳴器	2	5V 電磁式有源蜂鳴器長音	

表 9-5 實驗材料清單 (續)

實驗材料名稱	數量	規格	圖片
邏輯電位轉換模組	2	3.3V 轉 5V	
繼電器模組	2	輸入 5V DC 輸出 250VAC，10A	
跳線	10	彩色杜邦雙頭線 (公 / 母)/20 cm	

2. 遠端硬體接線如圖 9-17 所示，本地端硬體接線如圖 9-18 所示

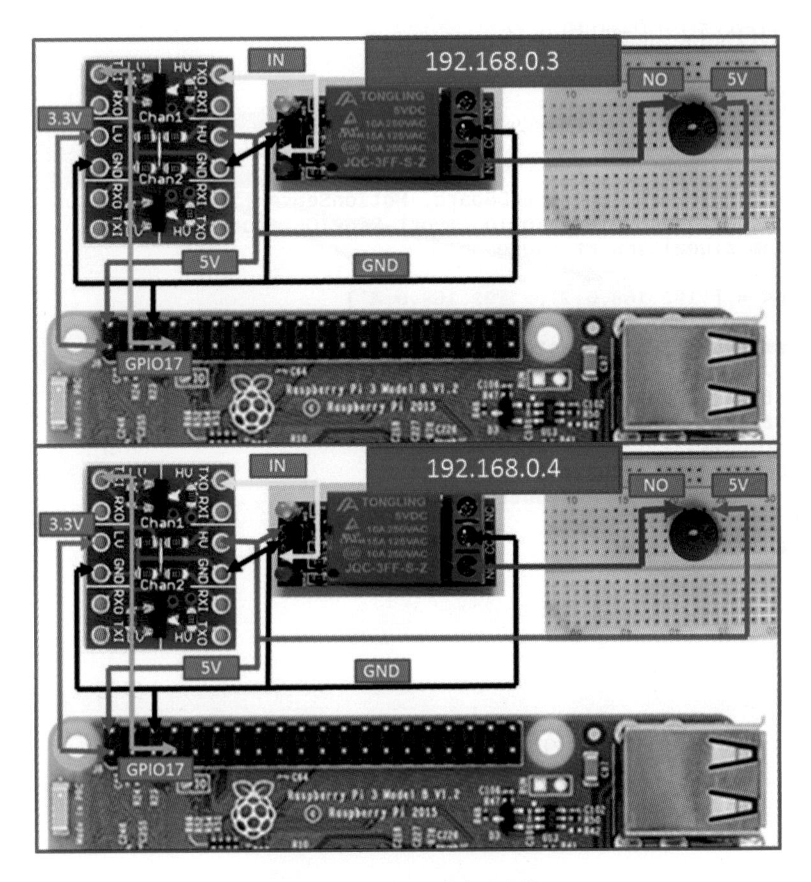

圖 9-17 遠端硬體接線圖

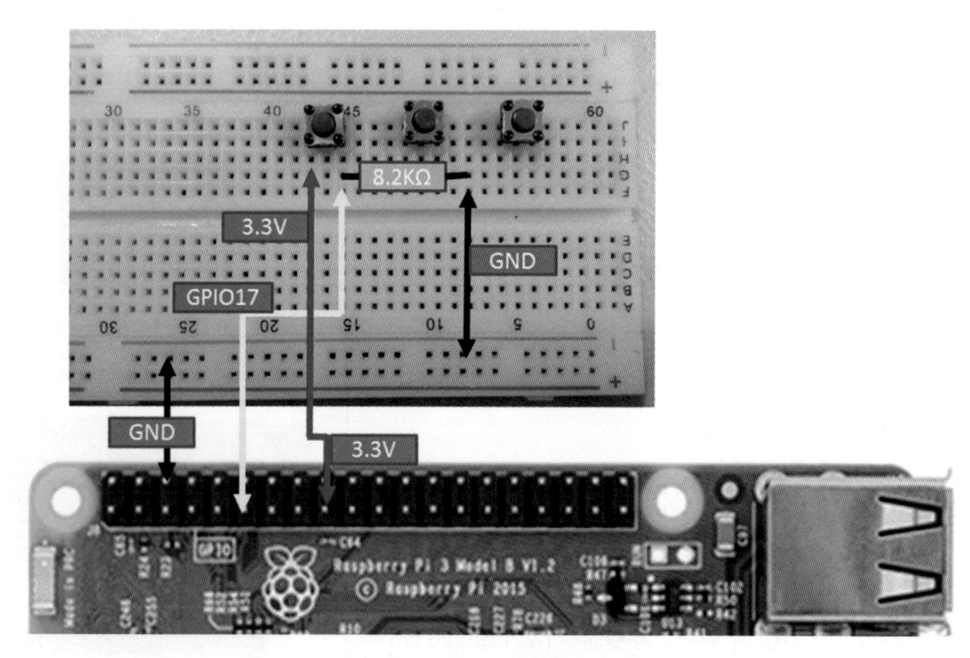

圖 9-18　本地端硬體接線圖

3. 程式設計：

★ PYTHON 程式碼如圖 9-19

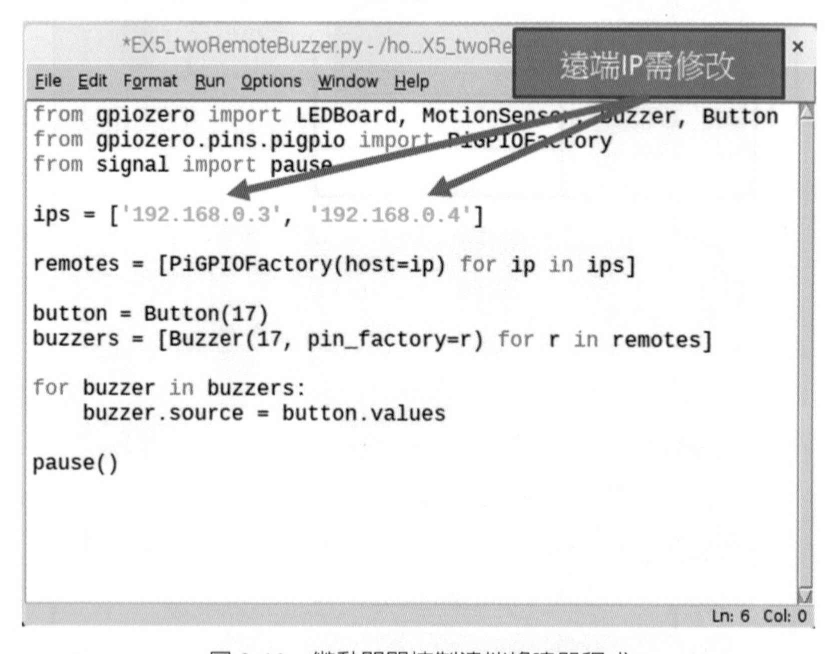

圖 9-19　微動開關控制遠端蜂鳴器程式

★ 微動開關控制遠端蜂鳴器程式解說

from gpiozero import LEDBoard, MotionSensor, Buzzer, Button	◆ 從 gpiozero 程式庫呼叫 LEDBoard、MotionSensor、Buzzer 及 Button 函數模組。
from gpiozero.pins.pigpio import PiGPIOFactory	◆ 從 gpiozero.pins.pigpio 程式庫呼叫 PiGPIOFactory 函數模組。
from signal import pause	◆ 從 signal 程式庫呼叫 pause 函數模組。
ips = ['192.168.0.3', '192.168.0.4']	◆ 定義遠端樹莓派的 IP 分別為 192.168.0.3 及 192.168.0.4 並儲存到 ips。
remotes = [PiGPIOFactory(host = ip)for ip in ips]	◆ PiGPIOFactory 函數將所有的遠端 192.168.0.3 及 192.168.0.6 設定硬體組態，並指定給 remotes。
button = Button(17)	◆ Button 函數將本地端 GPIO17 微動開關指定給 button。
buzzers = [Buzzer(17, pin_factory = r) for r in remotes]	◆ Buzzer 函數會將控制 192.168.0.3 及 192.168.0.4 的 GPIO17 所連結的蜂鳴器的控制權，指定給 buzzers。
for buzzer in buzzers: buzzer.source = button.values	◆ 使用 for 迴圈，將遠端 192.168.0.3 及 192.168.0.4 的 GPIO17 所連結的蜂鳴器依本地端微動開關的狀態鳴叫，當本地端微動開關按下時，遠端 192.168.0.3 及 192.168.0.4 的 GPIO17 所連接的蜂鳴器開始鳴叫，當本地端微動開關鬆開時，蜂鳴器停止鳴叫。
pause()	◆ 程式會暫時停在此處，等待外部命令。

4. 功能驗證：

將 3 套樹莓派電源開啓，遠端樹莓派 192.168.0.3 及 192.168.0.4 開啓 LX 終端機，鍵入 sudo pigpiod 以啓動 GPIO 遠端服務程式，本地端樹莓派則執行 Python 程式，需有下列輸出才算執行成功：

★ 當本地端微動開關按下時，遠端 192.168.0.3 及 192.168.0.4 的 GPIO17 所連結的蜂鳴器開始鳴叫。

★ 當本地端微動開關鬆開時，遠端 192.168.0.3 及 192.168.0.4 的 GPIO17 所連結的蜂鳴器停止鳴叫。

9-7 實驗六：光感測器遠端遙控 *LED* 亮滅

實驗摘要

本地端樹莓派依 GPIO17 腳位的光敏電阻，依所偵測的亮度，控制遠端樹莓派 192.168.0.3 GPIO17 腳位對應的 LED 亮滅。

實驗步驟

1. 實驗材料如表 9-6 所示。

表 9-6　光感測器遠端遙控 LED 亮滅實驗材料清單

實驗材料名稱	數量	規格	圖片
樹莓派 Pi3B	2	已安裝好作業系統的樹莓派	
麵包板	1	麵包板 8.5 * 5.5 cm	
全彩 LED	1	單色插件式 LED	
電阻	1	插件式 470Ω，1/4W	
跳線	10	彩色杜邦雙頭線 (公 / 母)/20 cm	
光敏電阻	1	光敏電阻	
電容	1	1μF 電解電容	

2. 本地端光感測器硬體接線如圖 9-20 所示，遠端硬體接線如圖 9-21 所示。

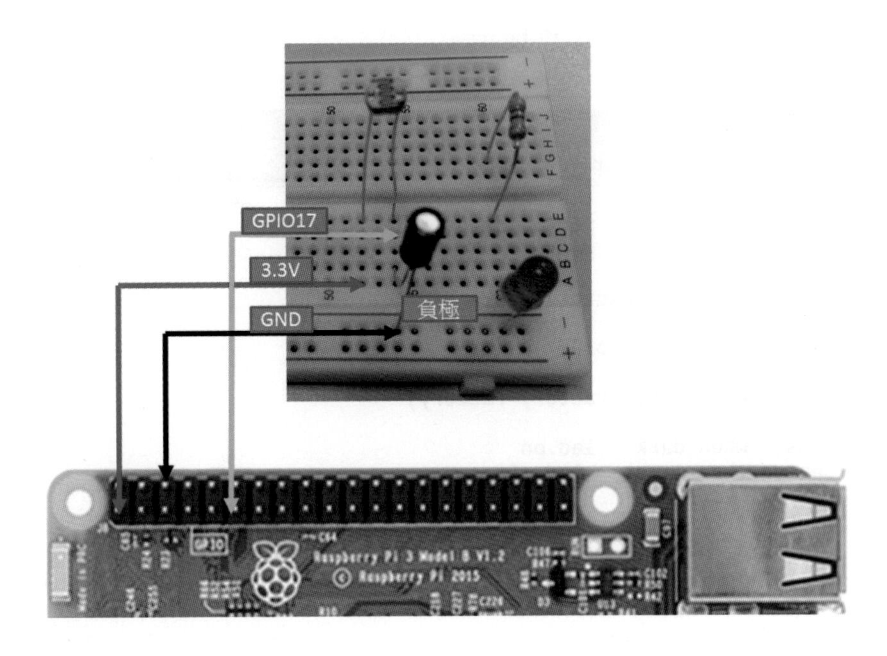

圖 9-20　本地端光感測器硬體接線圖

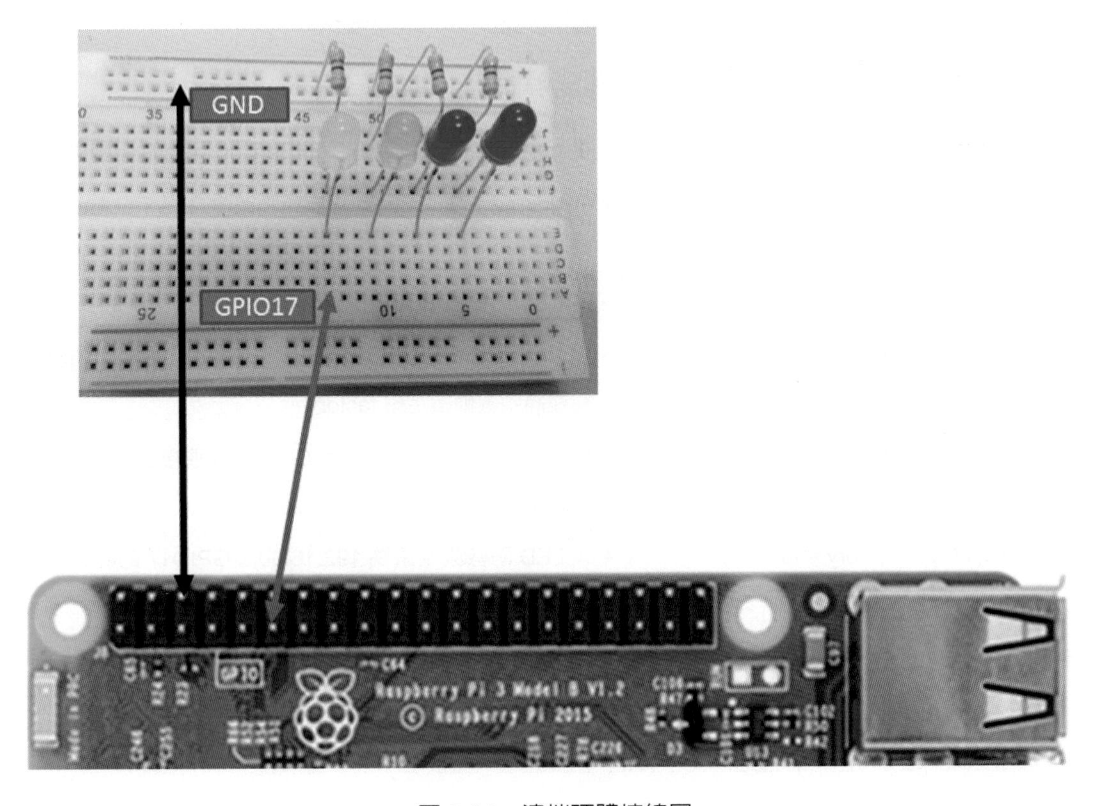

圖 9-21　遠端硬體接線圖

3. 程式設計：

★ PYTHON 程式碼如圖 9-22 所示。

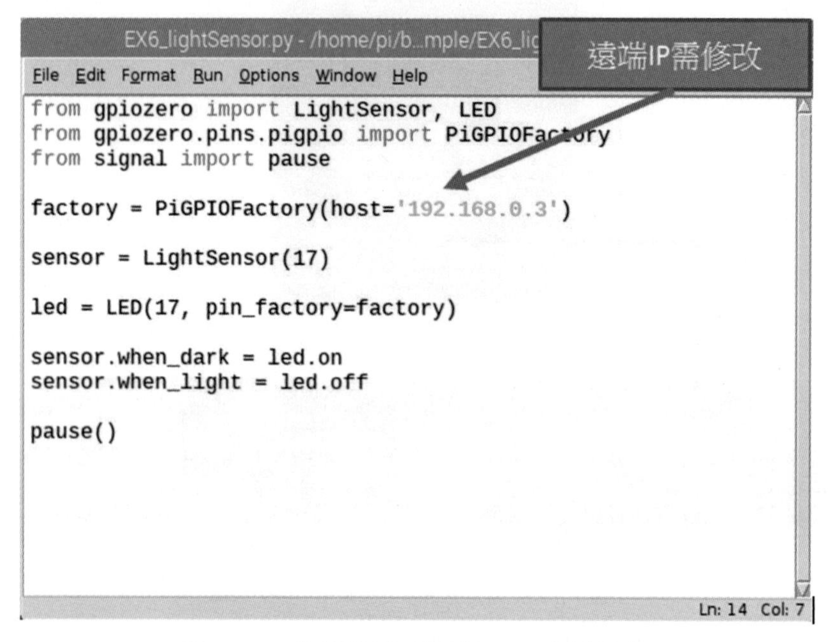

圖 9-22　光感測器遠端遙控 LED 亮滅程式

★ 光感測器遠端遙控 LED 亮滅程式解說

from gpiozero import LightSensor, LED	◆ 從 gpiozero 程式庫呼叫 LightSensor 及 LED 函數模組。
from gpiozero.pins.pigpio import PiGPIOFactory	◆ 從 gpiozero.pins.pigpio 程式庫呼叫 PiGPIOFactory 函數模組。
from signal import pause	◆ 從 signal 程式庫呼叫 pause 函數模組。
factory = PiGPIOFactory(host = '192.168.0.3')	◆ 以 PiGPIOFactory 函數設定遠端 192.168.0.3 的網路連結並將函數值指定給 factory。
sensor = LightSensor(17)	◆ 使用 LightSensor 函數設定 GPIO17，連接到光敏電阻，並將函數指定給 sensor。
led = LED(17, pin_factory = factory)	◆ 以 LED 函數設定遠端 192.168.0.3 GPIO17 的網路連接並將函數值指定給 led。
sensor.when_dark = led.on	◆ 當光敏電阻偵測到亮度不足時，遠端 192.168.0.3 GPIO17 連接的 LED 點亮。

sensor.when_light = led.off	◆ 當光敏電阻偵測到亮度充足時，遠端 192.168.0.3 GPIO17 連接的 LED 會熄滅。
pause()	◆ 程式會暫時停在此處，等待外部命令。

4. 功能驗證：

將樹莓派電源開啓，需有下列輸出才算執行成功：

★ 將光線遮蔽後，遠端 LED 會發亮。

★ 移開光線遮蔽物後，遠端 LED 會熄滅。

9-8 實驗七：遠端直流馬達控制

實驗摘要

本實驗將以本地端的微動開關按鈕，控制遠端的直流馬達運轉，按下微動開關按鈕後，遠端樹莓派的 GPIO5 腳位及 GPIO6 腳位分別控制兩個繼電器，使得馬達正轉 5 秒，停止 1 秒，逆轉 5 秒，停止。

實驗步驟

1. 實驗材料清單如表 9-7 所示

表 9-7　實驗材料清單

實驗材料名稱	數量	規格	圖片
樹莓派 Pi3B	2	已安裝好作業系統的樹莓派	
麵包板	1	麵包板 8.5 * 5.5 cm	
微動 開關	1	TACK-SW2P 6x6x5 mm	

表 9-7　實驗材料清單 (續)

實驗材料名稱	數量	規格	圖片
直流馬達	1	1.0 ～ 3.0V 直流馬達	
邏輯電位轉換模組	1	3.3V 轉 5V	
繼電器模組	2	輸入 5V DC 輸出 250VAC，10A	
跳線	10	彩色杜邦雙頭線 (公 / 母)/20 cm	

2. 本地端硬體接線如圖 9-23 所示，遠端樹莓派的 GPIO5 腳位及 GPIO6 腳位分別控制兩個繼電器，兩個繼電器的 COM 腳位，分別連接到馬達輸入端子的兩端，兩個繼電器的 NC 腳位均接地，兩個繼電器的 NO 腳位均接 3.3V 如圖 9-24 所示。

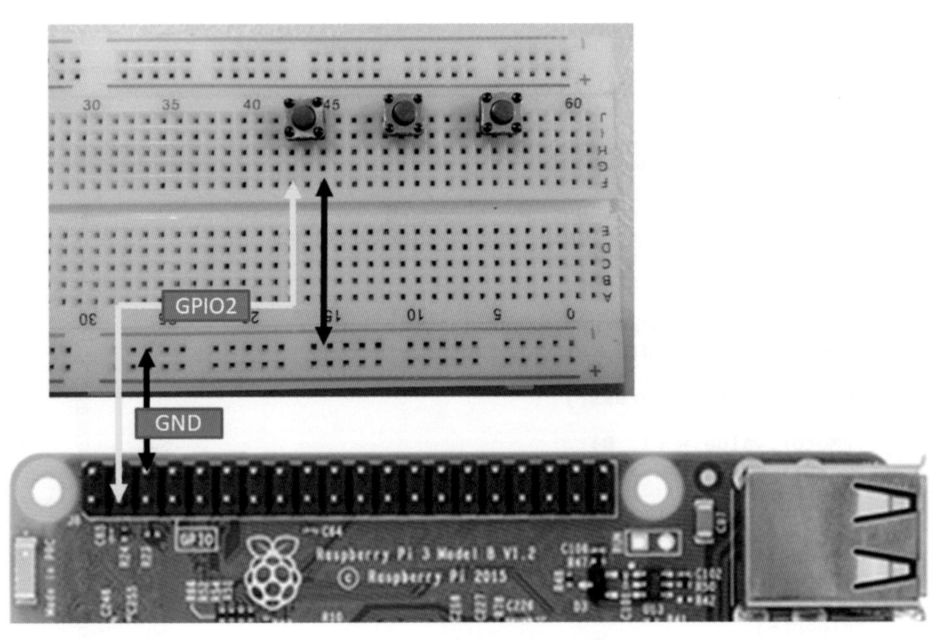

圖 9-23　本地端硬體接線圖

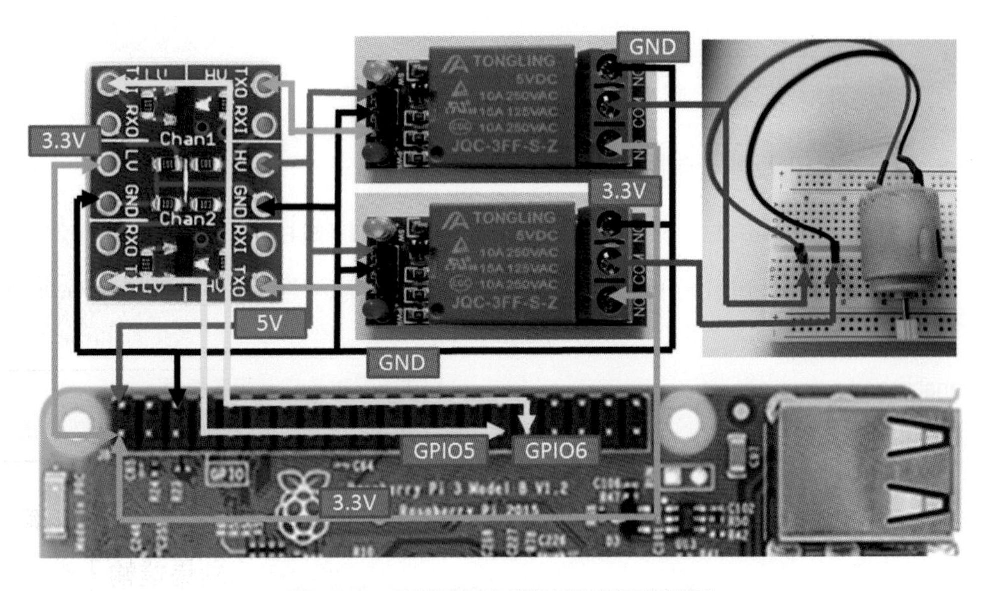

圖 9-24　遠端直流馬達控制實體接線圖

3. 程式設計：

★ PYTHON 程式碼如圖 9-25

```
EX7_motorRemote.py - /home/pi/09example/EX7_motorRemote.py (3.5.3)
File Edit Format Run Options Window Help
from gpiozero import Button, LEDBoard
from gpiozero.pins.pigpio import PiGPIOFactory
from signal import pause
from time import sleep

factory = PiGPIOFactory(host='192.168.128.64')
rMotor = LEDBoard(5, 6, pin_factory=factory )
button = Button(2)
button.wait_for_press()

rMotor.value = (1, 0)
print("Clockwise")
sleep(5)
rMotor.value = (0, 0)
print("STOP")
sleep(1)
rMotor.value = (0, 1)
print("Counterclockwise")
sleep(5)
rMotor.value = (0, 0)
print("STOP")
pause()
                                                        Ln: 10 Col: 0
```

圖 9-25　直流馬達正反轉控制程式

★ 直流馬達正反轉控制程式解說

from gpiozero import Button, LEDBoard	◆ 從 gpiozero 程式庫呼叫 Button 及 LEDBoard 函數模組。
from gpiozero.pins.pigpio import PiGPIOFactory	◆ 從 gpiozero.pins.pigpio 程式庫呼叫 PiGPIOFactory 函數模組。
from signal import pause	◆ 從 signal 程式庫呼叫 pause 函數模組。
from time import sleep	◆ 從 time 程式庫呼叫 sleep 函數模組。
factory = PiGPIOFactory(host = '192.168.128.64')	◆ 以 PiGPIOFactory 函數設定遠端 192.168.128.64 的網路連結並將函數值指定給 factory。
rMotor = LEDBoard(5, 6, pin_factory = factory)	◆ 以 LEDBoard 函數設定遠端 192.168.128.64 GPIO5 及 GPIO6 的網路連結並將函數值指定給 rMotor。
button = Button(2)	◆ 本地端微動開關接到 GPIO2 接腳位置。
button.wait_for_press()	◆ 偵測並等待本地端微動開關按下函數。
print("Clockwise")	◆ 螢幕輸出 Clockwise 字樣。
rMotors.value = (1, 0)	◆ GPIO5 腳位被設定為 HIGH，輸出 3.3V；GPIO6 腳位被設定為 LOW，輸出 0V，此時直流馬達順時鐘轉動。

sleep(5)	◆ 維持原狀 5 秒。
print("STOP")	◆ 螢幕輸出 STOP 字樣。
rMotors.value = (0, 0)	◆ GPIO5 及 GPIO6 腳位皆被設定為 LOW，輸出 0V。
sleep(1)	◆ 維持原狀 1 秒。
print("Counterclockwise")	◆ 螢幕輸出 Counterclockwise 字樣。
rMotors.value = (0, 1)	◆ GPIO5 腳位被設定為 LOW，輸出 0V；GPIO6 腳位被設定為 HIGH，輸出 3.3V，此時直流馬達逆時鐘轉動。
sleep(5)	◆ 維持原狀 5 秒。
print("STOP")	◆ 螢幕輸出 STOP 字樣。
rMotors.value = (0, 0)	◆ GPIO5 及 GPIO6 腳位皆被設定為 LOW，輸出 0V。
pause()	◆ 程式會暫時停在此處，等待外部命令。

4. 功能驗證：

將樹莓派電源開啓，並於遠端設定 sudo pigpiod，需有下列輸出才算執行成功：

★ 直流馬達順時鐘轉 5 秒、停止 1 秒、逆時鐘轉 5 秒、停止。

★ 輸出 Clockwise、STOP、Counterclockwise、STOP 等字樣，如圖 9-26 所示。

```
EX7_motorRemote.py - /home/pi/09example/EX7_motorRemote.py (3.5.3)
File Edit Format Run Options Window Help
from gpiozero import Button, LEDBoard
from gpiozero.pins.pigpio import PiGPIOFactory
from signal import pause
from time import sleep

factory = PiGPIOFactory(host='192.168.128.64')
rMotor = LEDBoard(5, 6, pin_factory=factory )
button = Button(2)
button.wait_for_press()

rMotor.value = (1, 0)
print("Clockwise")
sleep(5)
rMotor.value = (0, 0)
print("STOP")
sleep(1)
rMotor.value = (0, 1)
print("Counterclockwise")
sleep(5)
rMotor.value = (0, 0)
print("STOP")
pause()
```

圖 9-26　遠端直流馬達控制程程式執行結果

重點複習

1. 欲遙控遠端樹莓派 GPIO 腳位，必須先從 GPIOgpiozero.pins.pigpio 程式庫呼叫 PiGPIOFactory 函數模組式。
2. led = LED(2, pin_factory = factory) 敘述句，其功能爲以 LED 函數連結遠端 IP 爲 factory 樹莓派 GPIO2 腳位所連接的 LED，並將函數值指定給 led。
3. led.source = button.values 敘述句，將以 button.values 的值決定 LED 的亮滅。
4. 連線遠端樹莓派主機時，遠端樹莓派主機需開啓 LX 終端機，鍵入 sudo pigpiod 以啓動 GPIO 遠端服務程式，否則無法連線，會出現如圖 9-27 的錯誤訊息。

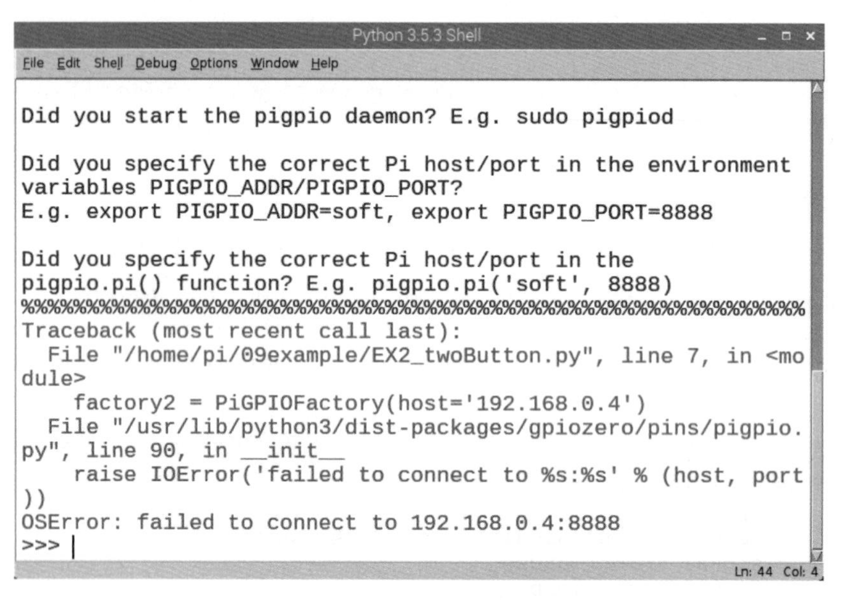

圖 9-27　未啓動 pigpiod 錯誤訊息

5. 敘述句 led.source = all_values(button1.values, button2.values)，表示若 button1 及 button2 同時按下 all_values 函數值爲眞 (True)，否則爲假 (False)，led.source 則依 all_values 所對應的數值，決定 LED 的亮滅。
6. 複數 IP 可以使用串列 (list)，將所有 IP 打包，例如要定義 4 個遠端樹莓派，可以使用 [192.168.0.3, 192.168.0.4, 192.168.0.5, 192.168.0.6]。
7. 敘述句 for led, sensor in zip(leds, sensors): 中，zip 可以將所有的 LED(leds) 及所有 sensor(sensors) 打包，for 迴圈則可以將 zip 中的元素，配對叫出。
8. 電磁式有源蜂鳴器因工作電流較大，無法以 GPIO 直接推動，因此需要外加繼電器提供較大電流驅動。

課後評量

選擇題：

( ) 1. PiGPIOFactory 模組須先從何種程式庫呼叫？
(A) GPIOFactory (B) GPIOgpiozero.pins.pigpio (C) PiFactory
(D) RPi.GPIO。

( ) 2. 欲遙控遠端樹莓派 GPIO 腳位，必須先呼叫何種模組？
(A) Factory (B) PiGPIOFactory (C) Button (D) LEDBoard。

( ) 3. led.source = button.values 敘述式，其意義爲何？
(A) 以 button.values 的值決定 LED 的亮滅 (B) 以 button.values 的值點亮 LED (C) 以 button.values 的值熄滅 LED (D) 以 button.values 的 PWM 值控制 LED。

( ) 4. led = LED(3, pin_factory = factory)，其中 3 代表甚麼？
(A) 3 秒 (B) 3 毫秒 (C) GPIO3 (D) PCB 腳位編號 3。

( ) 5. led = LED(2, pin_factory = factory)，其中 factory 代表甚麼？
(A) 遠端 IP 硬體組態設定 (B) 本地端 IP 硬體組態設定 (C) 遠端複數個 IP 硬體組態設定 (D) 本地端複數個 IP 硬體組態設定。

( ) 6. 連線遠端樹莓派主機時，遠端樹莓派主機需開啓 LX 終端機，需鍵入何種指令以啓動 GPIO 遠端服務程式，否則無法連線？
(A) sudo pigpioda (B) sudo pigpiode (C) sudo pigpio (D) sudo pigpiod。

( ) 7. GPIO 腳位若無法直接驅動負載，需外加何種模組？
(A) 升壓模組 (B) 降壓模組 (C) 定電流模組 (D) 繼電器模組。

( ) 8. Buzzer(4, pin_factory = r)，其中 4 代表甚麼？
(A) 4 秒 (B) 4 毫秒 (C) GPIO4 (D) PCB 腳位編號 4。

( ) 9. 紅外線接近傳感器欲使用時，需呼叫何種函數模組？
(A) Motion (B) PIR (C) PIRMotion (D) MotionSensor。

( ) 10. 光感測器欲使用時，需呼叫何種函數模組？
(A) LEDBoard (B) LightSensor (C) Light (D) PWMLED。

程式題：

1. 撰寫程式，以 LEDBoard 函數及 for 迴圈改寫實驗一的微動開關遠端遙控 LED 亮滅程式，改為微動開關遠端遙控本地端 3 顆 LED 亮滅程式，並於螢幕輸出 Button is pressed and command is sent!!! 及 LEDs connected to GPIO2, GPIO3 and GPIO5 of 192.168.0.3 are on!!! 如圖 9-28 所示。

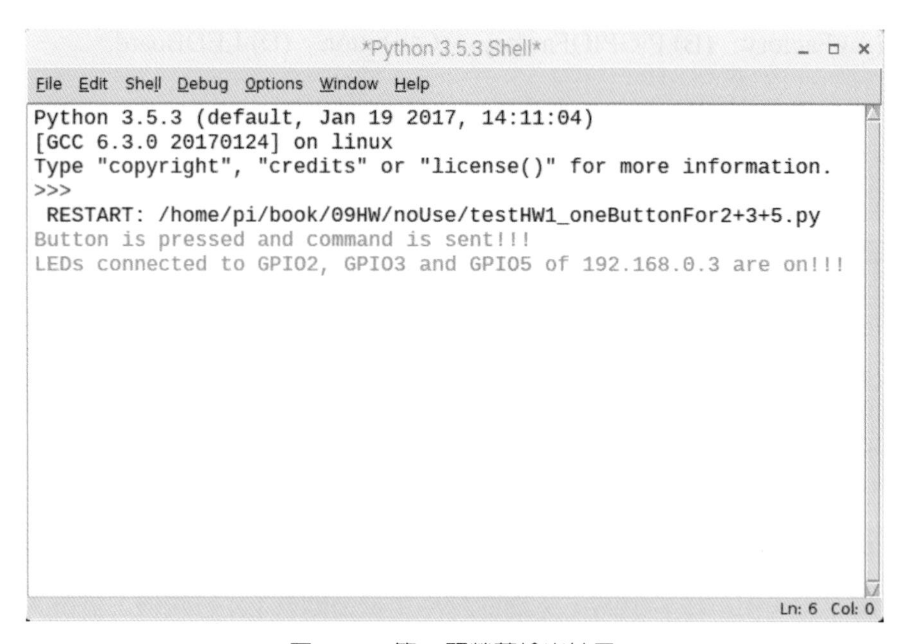

圖 9-28　第 1 題螢幕輸出結果

2. 撰寫程式，改寫實驗二的雙微動開關遠端遙控本地端 LED 亮滅程式，使得原先的雙微動開關遠端遙控 LED 亮滅，改為三微動開關遠端遙控本地端 LED 亮滅程式，並於螢幕輸出 Button1, button2 and button3 are pressed!!! 及 Local LED(GPIO2) should be on!!! 如圖 9-29 所示。

3. 撰寫程式，請以 button = Button(2, hold_time = 5, pin_factory = factory) 敘述句的用法，改寫實驗三的遠端微動開關遙控關機，當遠端的 GPIO2 微動開關，長按壓 5 秒後，本地端的樹莓派將會關機。

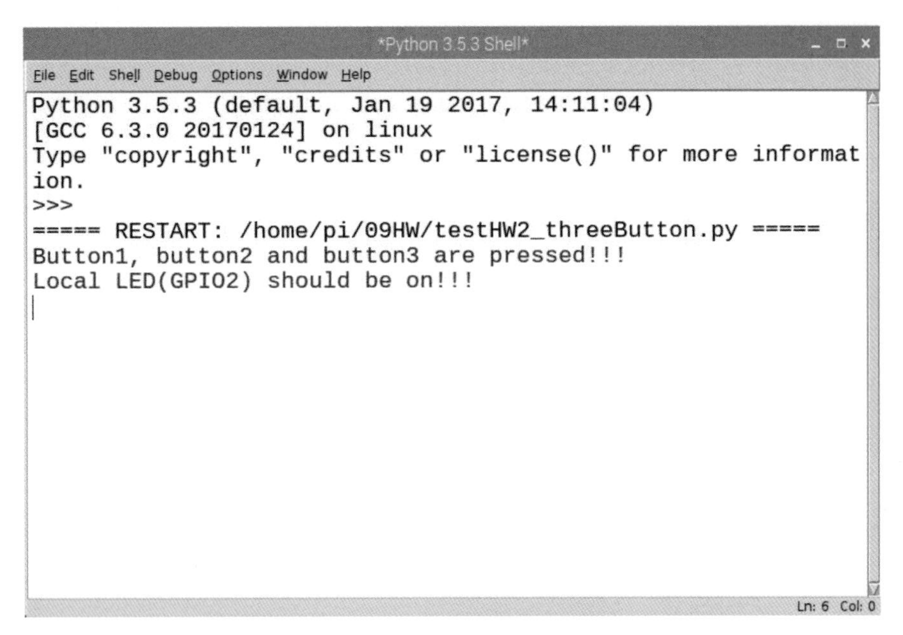

圖 9-29　第 2 題螢幕輸出結果

4. 撰寫程式，改寫 9-6 實驗五的微動開關控制遠端蜂鳴器程式，使得原先的本地端微動開關遠端遙控 2 個蜂鳴器，改爲本地端微動開關遠端遙控 3 個不同樹莓派上的蜂鳴器。

5. 如何利用 6-9 節手機遙控 LED 的實驗，監控在 9-8 節實驗七的遠端直流馬達控制實驗中，馬達的運轉現況是正轉、反轉或停止狀態？

NOTE

樹莓派 GPIO Zero 程式設計 - 多媒體控制

本章重點

10-1 簡介

樹莓派除了可以在本地端或遠端使用 GPIO 控制 LED、蜂鳴器及直流馬達等電子模組，也可以偵測遠端網站是否爲運作中狀態，此外樹莓派也可以應用於控制影音的檔案或設備。實驗一～實驗七分別爲：

實驗一：網站偵測。

實驗二：複數聯網裝置偵測。

實驗三：音樂撥放器。

實驗四：定時器。

實驗五：Picamera 照相機。

實驗六：手機藍芽遙控 LED 亮滅。

實驗七：手機藍芽遙控直流馬達。

10-2 實驗一：網站偵測

在安裝完 Linux 設備或一般的 PC 時，傳統上測試網路是否連通外部網路，會使用 ping 指令，例如 ping www.stu.edu.tw 如果對方主機有回應如圖 10-1 所示，代表 www.stu.edu.tw 正在運行中且目前對外網路是通的。本實驗利用 pingServer 函數檢查外部主機是否運行中，並以 LED 對應檢查結果。

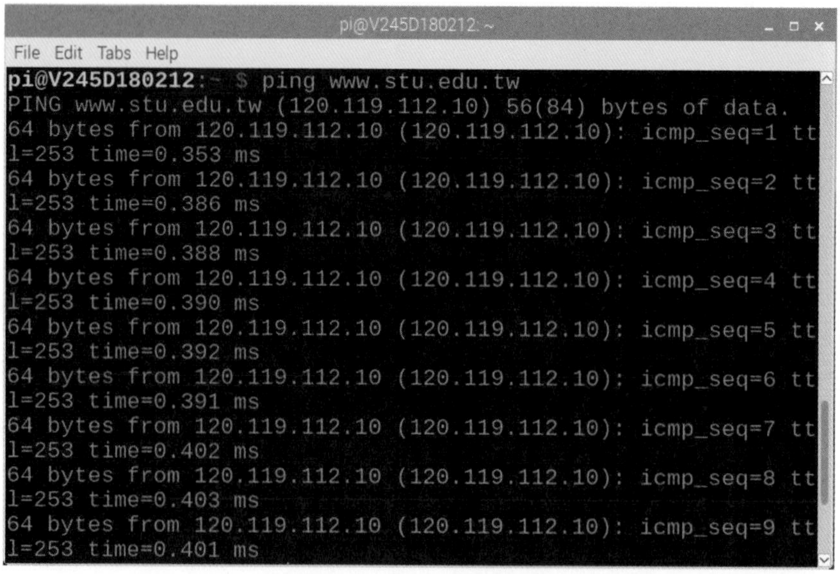
pi@V245D180212: ~
File Edit Tabs Help
pi@V245D180212:~ $ ping www.stu.edu.tw
PING www.stu.edu.tw (120.119.112.10) 56(84) bytes of data.
64 bytes from 120.119.112.10 (120.119.112.10): icmp_seq=1 ttl=253 time=0.353 ms
64 bytes from 120.119.112.10 (120.119.112.10): icmp_seq=2 ttl=253 time=0.386 ms
64 bytes from 120.119.112.10 (120.119.112.10): icmp_seq=3 ttl=253 time=0.388 ms
64 bytes from 120.119.112.10 (120.119.112.10): icmp_seq=4 ttl=253 time=0.390 ms
64 bytes from 120.119.112.10 (120.119.112.10): icmp_seq=5 ttl=253 time=0.392 ms
64 bytes from 120.119.112.10 (120.119.112.10): icmp_seq=6 ttl=253 time=0.391 ms
64 bytes from 120.119.112.10 (120.119.112.10): icmp_seq=7 ttl=253 time=0.402 ms
64 bytes from 120.119.112.10 (120.119.112.10): icmp_seq=8 ttl=253 time=0.403 ms
64 bytes from 120.119.112.10 (120.119.112.10): icmp_seq=9 ttl=253 time=0.401 ms

圖 10-1 ping 外部網路

實驗摘要

使用樹莓派 GPIO17 連接 LED，ping www.stu.edu.tw，如果主機運行中，則令 LED 發亮，否則維持熄滅狀態。

實驗步驟

1. 實驗材料如表 10-1 所示。

表 10-1　網站偵測實驗材料清單

實驗材料名稱	數量	規格	圖片
樹莓派 Pi3B	1	已安裝好作業系統的樹莓派	
麵包板	1	麵包板 8.5 * 5.5 cm	
全彩 LED	1	單色插件式 LED	
電阻	1	插件式 470Ω，1/4W	
跳線	10	彩色杜邦雙頭線 (公 / 母)/20 cm	

2. 硬體接線如圖 10-2 所示：

   樹莓派 GPIO17 連接 LED 陽極，陰極則連接至 470 歐姆電阻一端，電阻另一端則接地。

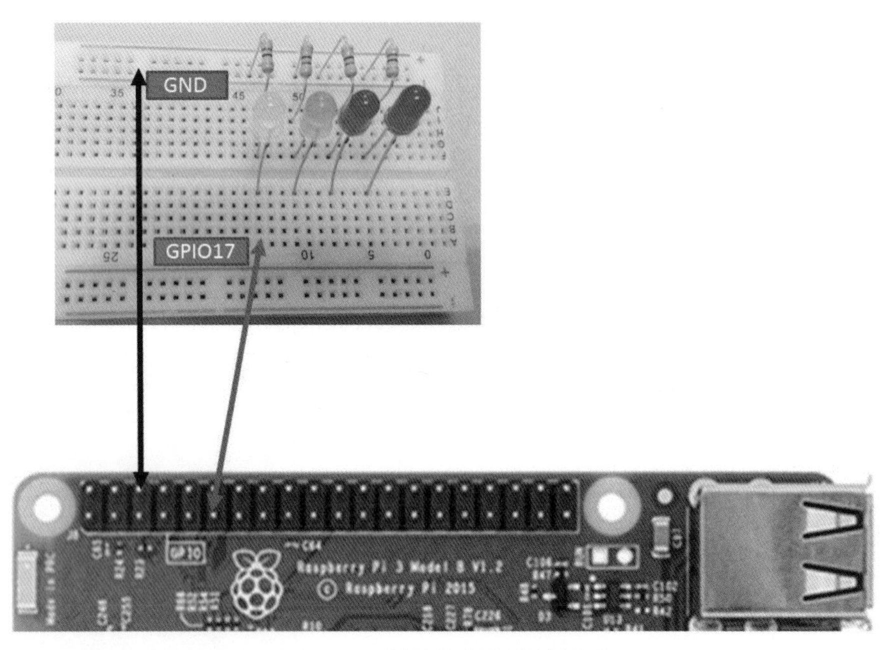

圖 10-2　網站偵測硬體接線圖

3. 程式設計：

★ PYTHON 程式碼如圖 10-3。

EX1_pingSTU.py - /home/pi/boo...xample/EX1_pingSTU.py (3.5.3)

File Edit Format Run Options Window Help

```
from gpiozero import PingServer, LED
from signal import pause
from time import sleep

STU = PingServer('www.stu.edu.tw')
led = LED(17)

while True:
    led.value = STU.value
    if (led.value):
        print("www.stu.edu.tw is online!")
    sleep(60)

pause()
```

Ln: 1 Col: 0

圖 10-3　網站偵測程式

★ 網站偵測程式解說

from gpiozero import PingServer, LED	◆ 從 gpiozero 程式庫模組中輸入 PingServer 及 LED 函數模組。
from signal import pause	◆ 從 signal 模組中輸入 pause 函數模組。
from time import sleep	◆ 呼叫時間模組，從時間 (time) 模組輸入 sleep() 函數。
STU = PingServer('www.stu.edu.tw')	◆ 使用 PingServer 函數 ping www.stu.edu.tw 網站，打包後指定給 STU。
led = LED(17)	◆ 以 LED 函數指定樹莓派 GPIO17 腳位給 led。
while True:	◆ 不斷執行 while 迴圈。
led.value = STU.value	◆ 將 STU 的值指定給 led。
if (led.value): print("www.stu.edu.tw is online!")	◆ 如果 led 值為 true，執行 if 判斷式下的 print 函數，於螢幕輸出 www.stu.edu.tw is online! 等字樣。
sleep(60)	◆ 維持原狀 60 秒 (每 60 秒偵測一次 www.stu.edu.tw 網站。

4. 功能驗證：

將樹莓派電源開啓，需有下列輸出才算執行成功：

★ 螢幕上會每 60 秒顯示 www.stu.edu.tw is online! 等字樣，如圖 10-4 所示。

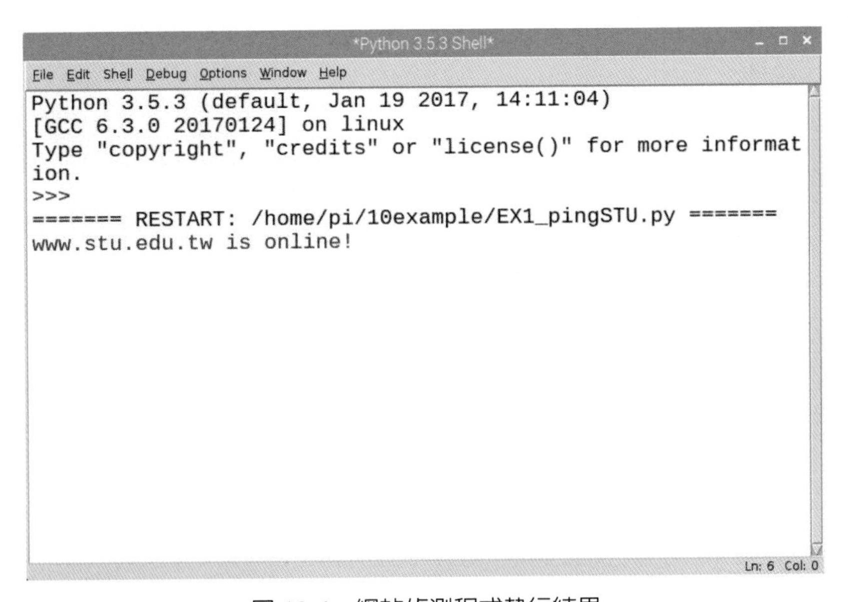

圖 10-4　網站偵測程式執行結果

10-3 實驗二：複數聯網裝置偵測

電子實驗室裏，有多部電腦分別配置給不同的同學們使用，每部電腦均設定爲固定 IP，如果同學到實驗室將電腦開機，則指導老師可以利用 pingServer 函數檢查電腦是否開機，並以 LED 對應檢查結果，了解同學出勤狀況。

實驗摘要

使用樹莓派 GPIO17 及 GPIO27 偵側第一部主機 192.168.0.3，分別連接第一個和第二個 LED，GPIO27 及 GPIO5 偵側第二部主機 192.168.0.4，分別連接第三個和第四個 LED，若第一部主機爲開機狀態，則第二個 LED 發亮，若第二部主機爲開機狀態，則第四個 LED 發亮；若第一部主機爲關機狀態，則第一個 LED 發亮，若第二部主機爲關機狀態，則第三個 LED 發亮。

實驗步驟

1. 實驗材料如表 10-2 所示。

表 10-2　網站偵測實驗材料清單

實驗材料名稱	數量	規格	圖片
樹莓派 Pi3B	1	已安裝好作業系統的樹莓派	
麵包板	1	麵包板 8.5*5.5cm	
LED	4	單色插件式 LED	
電阻	4	插件式 470Ω，1/4W	
跳線	10	彩色杜邦雙頭線 (公 / 母)/20 cm	

2. 硬體接線如圖 10-5 所示：

   樹莓派 GPIO17、GPIO27、GPIO22 及 GPIO5 分別連接至 LED 陽極，陰極則連接至 470 歐姆電阻一端，所有電阻另一端均接地。

圖 10-5　複數聯網裝置偵測硬體接線圖

3. 程式設計：

   ★ PYTHON 程式碼如圖 10-6。

```
EX2_whoIsHome.py - /home/pi/...mple/EX2_whoIsHome.py (3.5.3)
File Edit Format Run Options Window Help
from gpiozero import PingServer, LEDBoard
from gpiozero.tools import negated
from signal import pause

status = LEDBoard(
    studentA=LEDBoard(red=17, green=27),
    studentB=LEDBoard(red=22, green=5),
    )
statuses = {
    PingServer('192.168.0.3'): status.studentA,
    PingServer('192.168.0.4'): status.studentB,
    }

for server, leds in statuses.items():
    leds.green.source = server.values
    leds.red.source = negated(leds.green.values)
    leds.green.source_delay = 60

pause()
Ln: 9  Col: 0
```

圖 10-6　複數聯網裝置偵測程式

★ 複數聯網裝置偵測程式解說

程式	說明
from gpiozero import PingServer, LEDBoard	◆ 從gpiozero程式庫模組中輸入PingServer及LEDBoard函數模組。
from gpiozero.tools import negated	◆ 從gpiozero程式庫模組中輸入negated函數模組。
from signal import pause	◆ 從signal模組中輸入pause函數模組。
status = LEDBoard(studentA=LEDBoard(red=17, green=27), studentB=LEDBoard(red=22, green=5),)	◆ 使用LEDBoard函數將GPIO17、GPIO27指定給studentA；將GPIO22、GPIO5指定給studentB後，再以外層LEDBoard函數將studentA及studentB打包，指定給status。
statuses = { PingServer('192.168.0.3'): status.studentA, PingServer('192.168.0.4'): status.studentB,}	◆ 以PingServer函數ping 192.168.0.3並將ping的結果與stutus.studentA連結；以PingServer函數ping 192.168.0.4並將ping的結果與stutus.studentB連結；並以字典(dictionary)方式指定給statuses。
for server, leds in statuses.items():	◆ 以for 迴圈將statuses內的項目逐一執行：
leds.green.source = server.values	◆ 依照執行PingServer函數後所的結果，決定連接GPIO27、5 的LED亮滅。
leds.red.source=negated(leds.green.values)	◆ 以negated函數將GPIO22、5的LED與GPIO17、27的LED狀態，以反向狀態呈現。就是當GPIO17 LED點亮時，GPIO22 LED就熄滅；當GPIO27 LED點亮時，GPIO5 LED就熄滅。
leds.green.source_delay = 60	◆ 每60秒更新狀態一次。
pause()	◆ 程式會暫時停在此處，等待外部命令。

4. 功能驗證：

將樹莓派電源開啓，需有下列輸出才算執行成功：

★ 以 LX 終端機 ping 192.168.0.3，確定爲運行中狀態，代表 studentA 的電腦已開機，GPIO27 對應的 LED 應爲發亮狀態，GPIO17 對應的 LED 必須爲熄滅狀態。

★ 以 LX 終端機 ping 192.168.0.3，確定爲下線狀態，代表 studentA 的電腦已關機，GPI17 對應的 LED 應爲發亮狀態，GPIO27 對應的 LED 必須爲熄滅狀態。

★ 以 LX 終端機 ping 192.168.0.4，確定爲運行中狀態，代表 studentB 的電腦已開機，GPIO5 對應的 LED 應爲發亮狀態，GPIO22 對應的 LED 必須爲熄滅狀態。

★ 以 LX 終端機 ping 192.168.0.4，確定爲下線狀態，代表 studentB 的電腦已關機，GPIO22 對應的 LED 應爲發亮狀態，GPIO5 對應的 LED 必須爲熄滅狀態。

10-4 實驗三：音樂撥放器

樹莓派可以使用 GPIO 控制音樂的撥放，本實驗將以兩個微動開關按鍵控制樹莓派發出不同的音樂聲。

Pygame 是一套 Python 電玩遊戲開發程式庫，pygame.mixer.Sound 可以從檔案或 buffer 中讀取格式爲 .wav 的音樂檔案並發出聲音。

實驗中所需音樂檔案已於樹莓派安裝時，儲存於樹莓派 /opt/sonic-pi/etc/samples 資料夾如圖 10-7 所示：

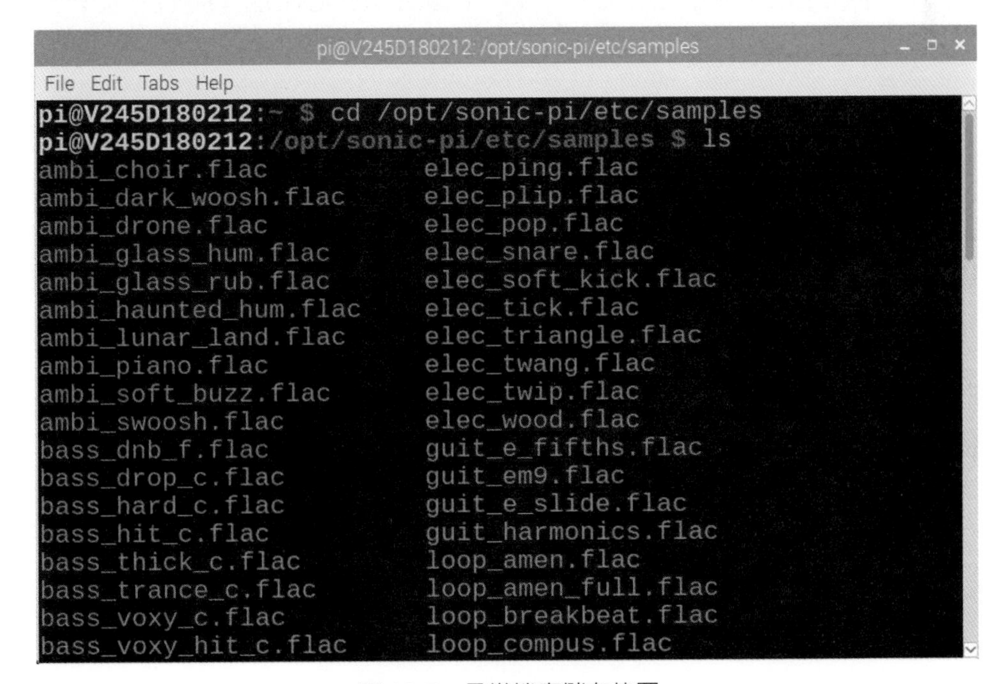

```
pi@V245D180212:~ $ cd /opt/sonic-pi/etc/samples
pi@V245D180212:/opt/sonic-pi/etc/samples $ ls
ambi_choir.flac          elec_ping.flac
ambi_dark_woosh.flac     elec_plip.flac
ambi_drone.flac          elec_pop.flac
ambi_glass_hum.flac      elec_snare.flac
ambi_glass_rub.flac      elec_soft_kick.flac
ambi_haunted_hum.flac    elec_tick.flac
ambi_lunar_land.flac     elec_triangle.flac
ambi_piano.flac          elec_twang.flac
ambi_soft_buzz.flac      elec_twip.flac
ambi_swoosh.flac         elec_wood.flac
bass_dnb_f.flac          guit_e_fifths.flac
bass_drop_c.flac         guit_em9.flac
bass_hard_c.flac         guit_e_slide.flac
bass_hit_c.flac          guit_harmonics.flac
bass_thick_c.flac        loop_amen.flac
bass_trance_c.flac       loop_amen_full.flac
bass_voxy_c.flac         loop_breakbeat.flac
bass_voxy_hit_c.flac     loop_compus.flac
```

圖 10-7　音樂檔案儲存位置

pygame.mixer.Sound 目前僅能讀取 wav 格式檔案，但 /opt/sonic-pi/etc/samples 資料夾內所有檔案的格式均為 flac 格式，所以需先轉換為 wav 格式，許多的網站皆有提供免費的轉檔服務，本實驗則是使用 VLC 軟體將 flac 格式轉檔為 wav 格式。

VLC 非內建軟體，需先進行安裝，安裝前建議先執行以下敘述指令進行作業系統更新：

```
sudo apt-get update
sudo apt-get upgrade
```

更新完作業系統後，以 sudo apt-get install vlc 安裝，如圖 10-8 所示 :

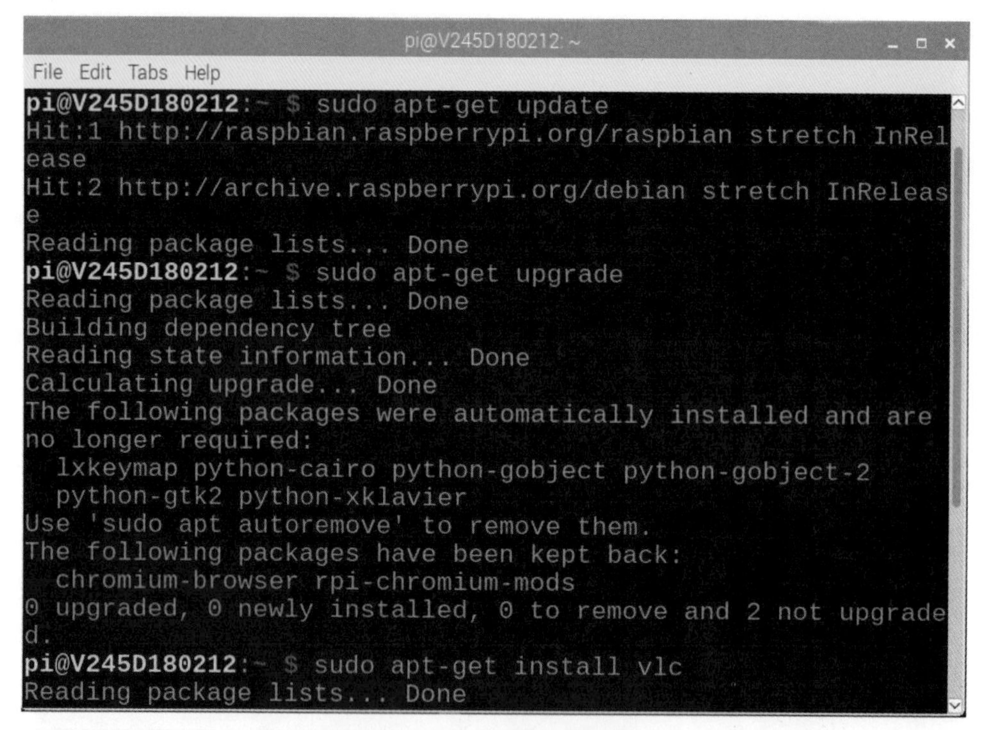

圖 10-8　VLC 軟體安裝步驟

安裝結束後，請到樹莓派視窗的選單 → programming → Sound & Video 檢查 VLC media player 是否存在，若存在則表示 VLC 安裝成功，如圖 10-9 所示。

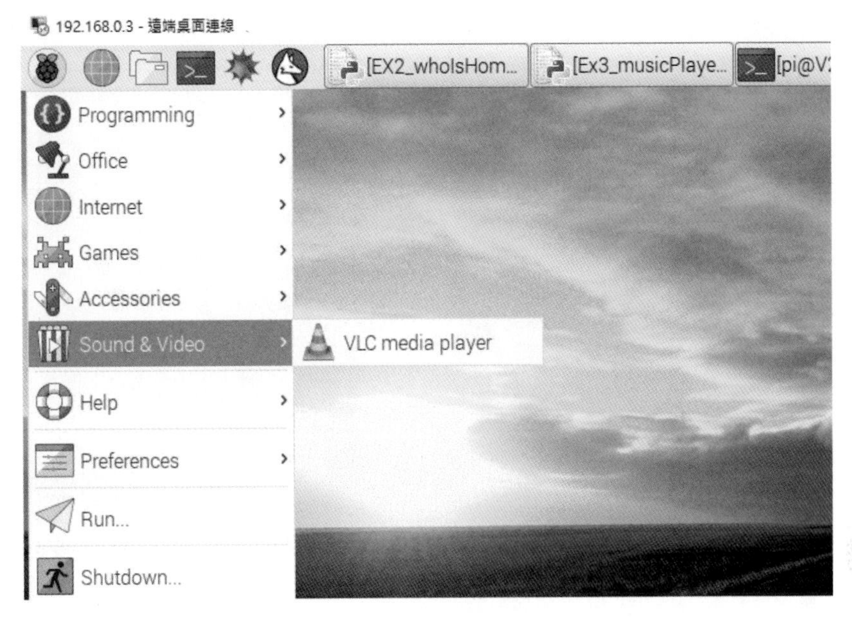

圖 10-9　VLC 軟體位置

VLC 是一個多媒體撥放軟體，也具有將 flac 轉檔為 wav 的功能，其步驟如下：

1. 執行 VLC 軟體如圖 10-10 所示。
2. 點選選單 Media → Convert/Save 如圖 10-11 所示。
3. 將需要轉檔的檔案 vinyl_scratch.flac 從 /opt/sonic-pi/etc/samples 資料夾拷貝到 /home/pi 資料夾 (使用 cp /opt/sonic-pi/etc/samples/vinyl_scratch.flac /home/pi)。
4. 點選 Add，選擇 /home/pi 資料夾中的 vinyl_scratch.flac 檔案如圖 10-12 所示。
5. 點選 Convert/Save，選擇要轉存的資料夾 /home/pi/ 及檔案名 vinyl_scratch.flac 如圖 10-13 所示。
6. 點選 Profile，選擇檔案類型 Audio-CD 如圖 10-14 所示。
7. 設定要儲存的資料夾 /home/pi/ 及檔案名 vinyl_scratch.wav，按下 start 如圖 10-15 所示。
8. 可以在 /home/pi/ 資料夾下找到如圖 10-16 所示。

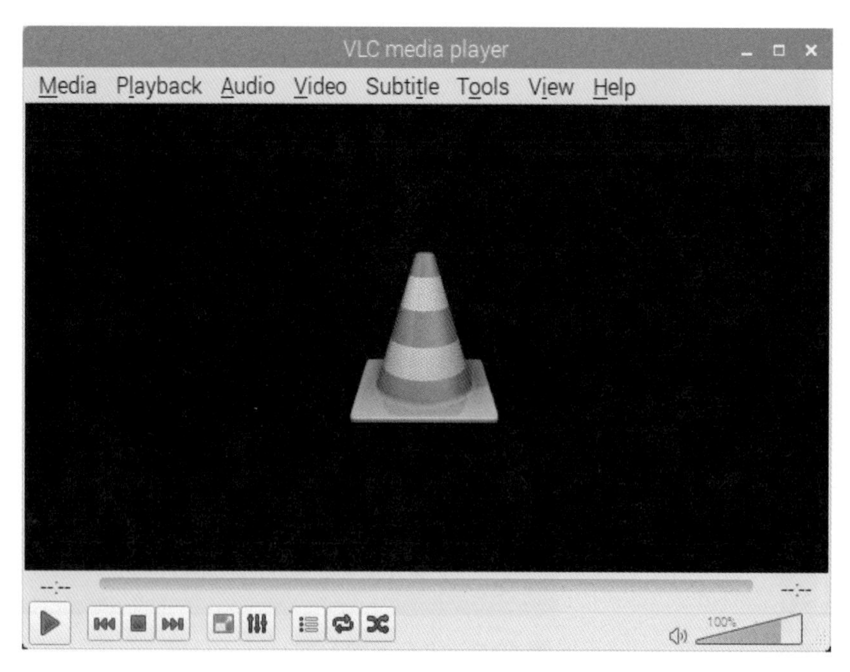

圖 10-10　執行 VLC 軟體

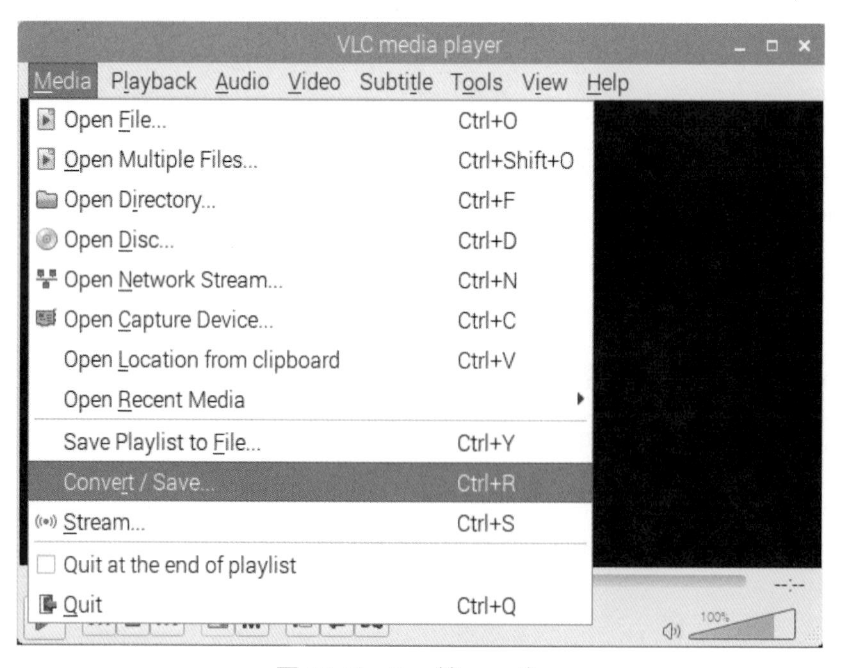

圖 10-11　flac 轉 wav 之一

圖 10-12　flac 轉 wav 之二

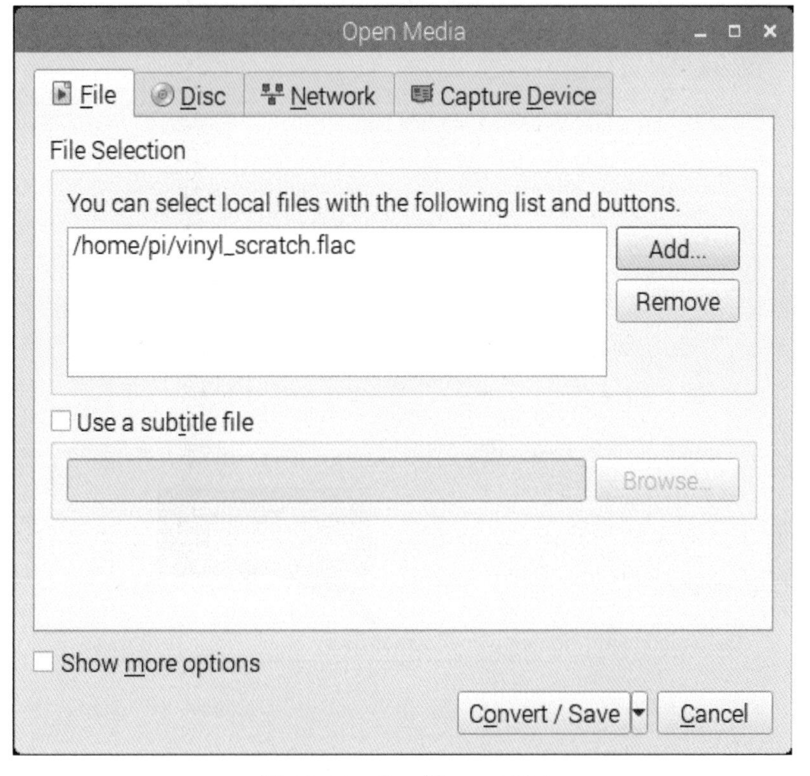

圖 10-13　flac 轉 wav 之三

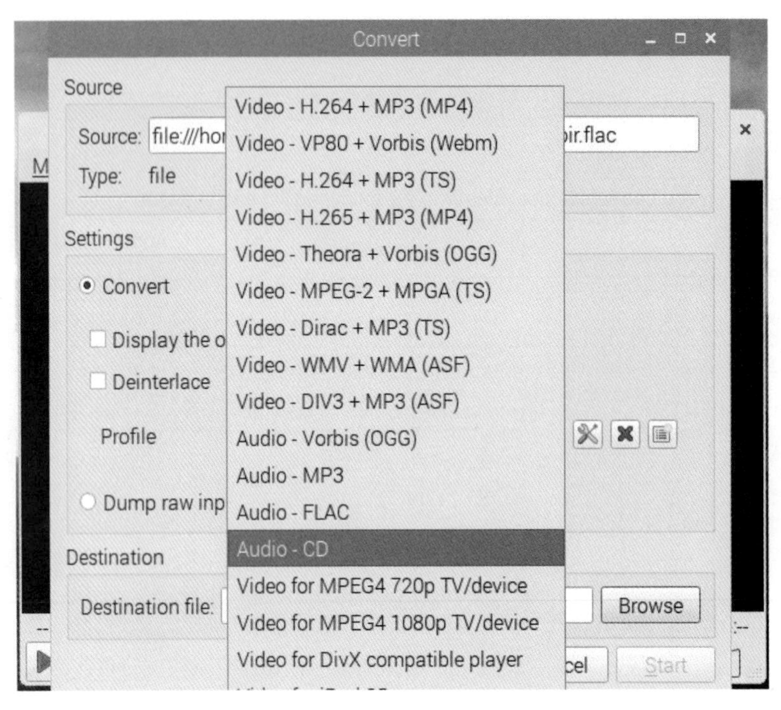

圖 10-14　flac 轉 wav 之四

Convert

Source

Source: file:///home/pi/vinyl_scratch.flac

Type: file

Settings

Convert

Display the output

Deinterlace

Profile　Audio - CD

Dump raw input

自行輸入目的地
資料夾及檔案名

Destination

Destination file: /home/pi/vinyl_scratch.wav　Browse

Cancel　Start

圖 10-15　flac 轉 wav 之五

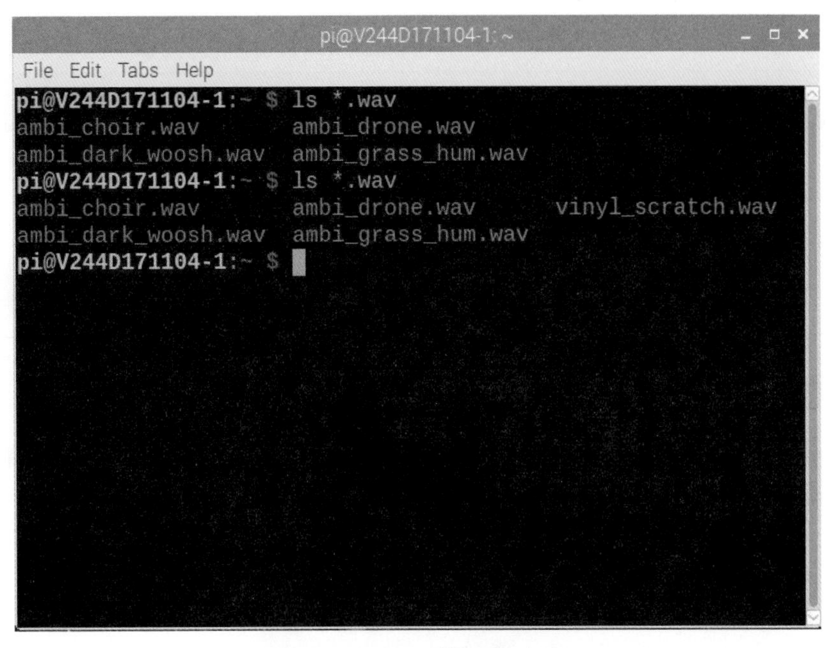

圖 10-16　flac 轉 wav 之六

實驗摘要

使用樹莓派 GPIO2 及 GPIO3 連接至微動開關按鍵，當按下 GPIO2 連接的微動開關按鍵，會演奏第一首音樂 ambi_choir.wav，當按下 GPIO3 連接的微動開關按鍵，會演奏第二首音樂 ambi_dark_woosh.wav。

實驗步驟

1. 實驗材料表 10-3 所示。

表 10-3　音樂撥放器實驗材料清單

實驗材料名稱	數量	規格	圖片
樹莓派 Pi3B	1	已安裝好作業系統的樹莓派	
麵包板	1	麵包板 8.5*5.5cm	

表 10-3　音樂撥放器實驗材料清單 (續)

實驗材料名稱	數量	規格	圖片
微動開關	2	TACK-SW2P 6x6x5mm	
跳線	10	彩色杜邦雙頭線 (公 / 母)/20 cm	

2. 硬體接線如圖 10-17 所示：

樹莓派 GPIO2、GPIO3 分別連接至微動開關按鍵其中的一個腳位，微動開關按鍵另外一個腳位則連接至地。

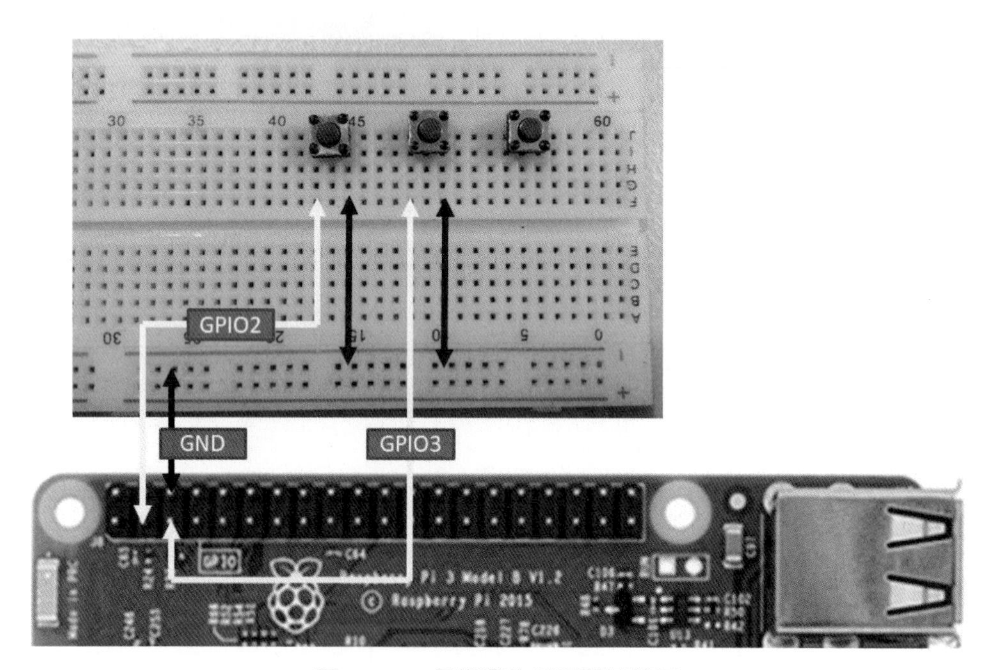

圖 10-17　音樂撥放器硬體接線圖

3. 程式設計：

★ PYTHON 程式碼如圖 10-18。

```
Ex3_musicPlayer.py - /home/pi/10example/Ex3_musicPlayer.py (3.5.3)
File  Edit  Format  Run  Options  Window  Help

from gpiozero import Button
import pygame.mixer
from pygame.mixer import Sound
from signal import pause

pygame.mixer.init()

button_sounds = {

    Button(2): Sound("ambi_choir.wav"),
    Button(3): Sound("ambi_dark_woosh.wav"),
}

for button, sound in button_sounds.items():
    button.when_pressed = sound.play

pause()

                                                    Ln: 13  Col: 0
```

圖 10-18　音樂撥放器程式

★ 音樂撥放器程式解說

from gpiozero import Button	◆ 從gpiozero程式庫中輸入Button函數模組。
import pygame.mixer	◆ 從gpiozero程式庫中輸入pygame.mixer函數模組。
from pygame.mixer import Sound	◆ 從pygame.mixer模組中輸入Sound函數模組。
from signal import pause	◆ 從signal模組中輸入pause函數模組。
pygame.mixer.init()	◆ 初始化pygame.mixer模組，設定pygame.mixer模組執行時所需所初始值。

button_sounds = {
Button(2): Sound("ambi_choir.wav"),
Button(3): Sound("ambi_dark_woosh.wav"),
}
	◆ 以Sound函數與ambi_choir.wav音檔連結，再與GPIO2腳位連接的微動開關按鍵做連結；以Sound函數與ambi_dark_woosh.wav音檔連結，再與GPIO3腳位連接的微動開關按鍵做連結，並以字典(dictionary)方式指定給button_sounds。

for button, sound in button_sounds.items():	◆ 以for 迴圈將button_sounds內的項目逐一執行：
button.when_pressed = sound.play	◆ 若微動開關按鍵按下時，對應的音樂檔案將被撥放，按下GPIO2對應的的微動開關按鍵，將撥放ambi_choir.wav音樂檔案，按下GPIO3對應的的微動開關按鍵，將撥放ambi_dark_woosh.wav音樂檔案。
pause()	◆ 程式會暫時停在此處，等待外部命令。

4. 功能驗證：

將樹莓派作業系統開啓後，聲音會內定輸出至 HDMI 螢幕的喇叭；如要將聲音於電腦喇叭播放，必須於樹莓派開機時，先移除 HDMI 連接線，並將電腦喇叭訊號輸入線，連接至樹莓派的 A/V 輸出插座後如圖 10-19 所示，再開機後，電腦喇叭才會有聲音輸出，否則一旦偵測到 HDMI 後，電腦喇叭會被樹莓派斷線；執行程式後，需有下列輸出才算執行成功：

★ 按下 GPIO2 對應的的微動開關按鍵，將撥放 ambi_choir.wav 音樂檔案。

★ 按下 GPIO3 對應的的微動開關按鍵，將撥放 ambi_dark_woosh.wav 音樂檔案。

圖 10-19　樹莓派的 A/V 輸出插座

10-5 實驗四：定時裝置

定時裝置在日常生活中的應用非常廣泛，例如燈光、電子鍋、電熱水瓶、冷氣及洗衣機等電器的控制。本實驗將利用樹莓派的 GPIO 輸出訊號，控制外部 LED 的亮滅。

實驗摘要

使用樹莓派 GPIO17 連接 LED，以鍵盤輸入定時器開啓時間，單位以小時計，例如下午 2 點則輸入 14，接著以鍵盤輸入定時器關閉時間。

如果目前時間是在這一個區間內，則連接 GPIO17 的 LED 會點亮，定時器關閉時間一到，連接 GPIO17 的 LED 會熄滅。

實驗步驟

1. 實驗材料如表 10-4 所示。

表 10-4　定時裝置實驗材料清單

實驗材料名稱	數量	規格	圖片
樹莓派 Pi3B	1	已安裝好作業系統的樹莓派	
麵包板	1	麵包板 8.5*5.5cm	
全彩 LED	1	單色插件式 LED	
電阻	1	插件式 470Ω，1/4W	
跳線	10	彩色杜邦雙頭線 (公 / 母)/20 cm	

2. 硬體接線如圖 10-20 所示：

   樹莓派 GPIO17 連接 LED 陽極，陰極則連接至 470 歐姆電阻一端，電阻另一端則接地。

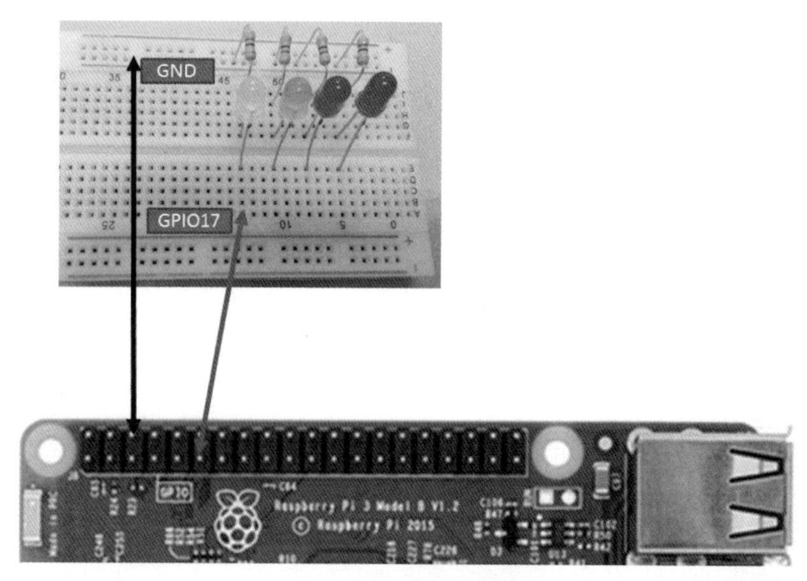

圖 10-20　硬體接線圖

3. 程式設計：

   ★ PYTHON 程式碼如圖 10-21。

EX4_timeOfDate.py - /home/pi/b...mple/EX4_timeOfDate.py (3.5.3)

File Edit Format Run Options Window Help

```
from gpiozero import TimeOfDay, Energenie, LED
from datetime import time
from signal import pause

NST1 = int(input("Input Start Time. for example,\
14 means 2 o'clock in the afternoon: "))
NST2 = int(input("Input Stop Time: "))

led = LED(17)
startTime = NST1 - 8
stopTime = NST2 -8

timeSet = TimeOfDay(time(startTime), time(stopTime))

led.source = timeSet.values

pause()
```

Ln: 9 Col: 12

圖 10-21　定時裝置程式

★ 定時裝置程式解說

程式	解說
from gpiozero import TimeOfDay, LED	◆ 從gpiozero程式庫模組中輸入TimeOfDay， Energenie及LED函數模組。
from datetime import time	◆ 從datetime模組中輸入time函數模組。
from signal import pause	◆ 從signal模組中輸入pause函數模組。
NST1 = int(input("Input Start Time. for example,\ 14 means 2 o'clock in the afternoon: "))	◆ 使用input函數於螢幕輸出Input Start Time. for example,14 means 2 o'clock in the afternoon:等字樣，並將文字轉換為整數後指定給NST1。
NST2 = int(input("Input Stop Time: "))	◆ 使用input函數於螢幕輸出Input Stop Time:等字樣，並將文字轉換為整數後指定給NST2。
led = LED(17)	◆ 以LED函數指定樹莓派GPIO17腳位給led。
startTime = NST1 - 8	◆ 將台灣中原標準時間NST1轉換為格林威治標準時間startTime。
stopTime = NST2 -8	◆ 將台灣中原標準時間NST2轉換為格林威治標準時間stopTime。
timeSet = TimeOfDay(time(startTime), time(stopTime))	◆ 以TimeOfDay函數打包開啓時間startTime與停止時間stopTime，並指定給timeSet。
led.source = timeSet.values	◆ timeSet函數的值，決定LED的亮滅。
pause()	◆ 程式會暫時停在此處，等待外部命令。

4. 功能驗證：

將樹莓派電源開啓，需有下列輸出才算執行成功：

★ 當螢幕上輸出 Input Start Time. for example,14 means 2 o'clock in the afternoon:，輸入目前時間的整點小時數，例如 14:01 則輸入 14。

★ 當螢幕上輸出 Input Stop Time:，輸入目前時間的整點小時數 + 1，例如 14:01 則輸入 15，此時 GPIO17 連接的 LED 應爲發亮狀態如圖 10-30 所示。

★ 重新執行程式一次，當螢幕上輸出 Input Start Time. for example,14 means 2 o'clock in the afternoon:，輸入目前時間的整點小時數，例如 14:01 則輸入 13。

★ 當螢幕上輸出 Input Stop Time:，輸入目前時間的整點小時數 + 1，例如 14:01 則輸入 14 如圖 10-22 所示，此時 GPIO17 連接的 LED 應爲熄滅狀態。

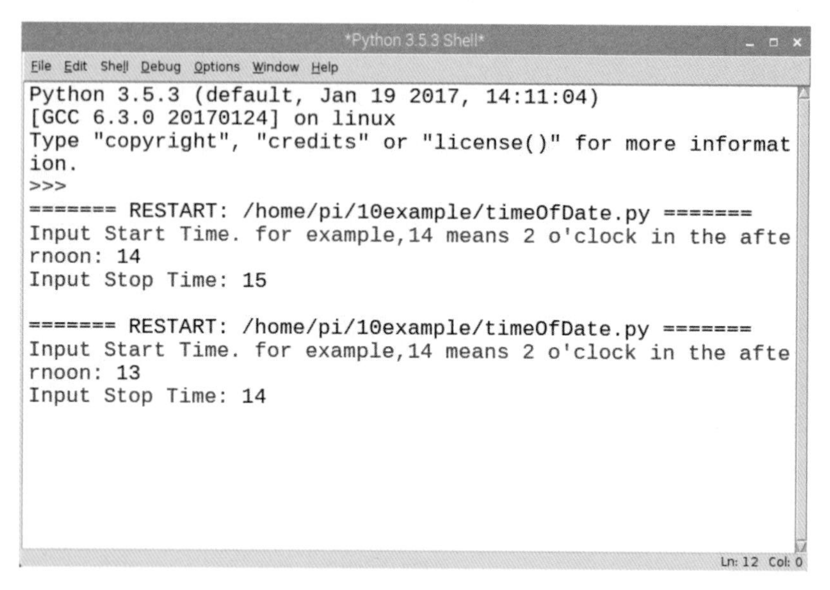

圖 10-22　定時裝置程式執行結果

10-6 實驗五：Picamera 照相機

Picamera 是樹莓派專用的攝影鏡頭，靜態影像解析度可達到 8 百萬畫素，影片解析度可達到 1080p@30fps，重量約 3 克左右，樹莓派主機板有一個專用 CSI 埠供 Picamera 使用，只需以 FPC 排線連接 CSI 埠與 Picamera 即可，如圖 10-23 所示。

圖 10-23　Picamera 硬體接線圖

本實驗以微動開關模擬相機快門，開關按下時會儲存影像並存檔。

實驗摘要

使用樹莓派 GPIO2 連接至微動開關按鍵，當按下 GPIO2 連接的微動開關按鍵，會命令 Picamera 照一張照片，並以拍照時間為檔名存檔。

實驗步驟

1. 實驗材料如表 10-5 所示。

表 10-5　Picamera 照相機實驗材料清單

實驗材料名稱	數量	規格	圖片
樹莓派 Pi3B	1	已安裝好作業系統的樹莓派	
麵包板	1	麵包板 8.5*5.5cm	
picamera	1	Raspberry Pi Camera V2 Video Module	
微動開關	1	TACK-SW2P 6x6x5mm	
跳線	10	彩色杜邦雙頭線 (公 / 母)/20 cm	

2. 硬體接線如圖 10-24 所示：

樹莓派 GPIO2 腳位連接至微動開關，微動開關按鍵另外一個腳位則連接至地。

圖 10-24　硬體接線圖

3. 程式設計：

★ PYTHON 程式碼如圖 10-25。

```
Ex5_picamera.py - /home/pi/10example/Ex5_picamera.py (3.5.3)
File Edit Format Run Options Window Help
from gpiozero import Button
from picamera import PiCamera
from datetime import datetime
from signal import pause

button = Button(2)
camera = PiCamera()

def capture():
    datetime1 = datetime.now().isoformat()
    camera.capture('/home/pi/10example/%s.jpg' % datetime1)

button.when_pressed = capture

pause()
                                                    Ln: 12  Col: 0
```

圖 10-25　Picamera 照相機程式

★ Picamera 照相機程式解說

程式	說明
from gpiozero import Button	◆ 從gpiozero程式庫模組中輸入Button函數模組。
from picamera import PiCamera	◆ 從picamera程式庫模組中輸入PiCamera函數模組。
from datetime import datetime	◆ 從datetime模組中輸入datetime函數模組。
from signal import pause	◆ 從signal模組中輸入pause函數模組。
button = Button(2)	◆ Button函數與GPIO2連結後，打包指定給button。
camera = PiCamera()	◆ PiCamera指定給camera
def capture():	◆ 定義函數capture：
datetime1 = datetime.now().isoformat()	◆ 將datetime.now().isoformat()函數的時間格式，打包後指定給datetime1。
camera.capture('/home/pi/10example/%s.jpg' % datetime1)	◆ camera.capture函數將捕捉到的影像，儲存到/home/pi/10example資料夾下，檔案名則為datetime1所代表的文字串。
button.when_pressed = capture	◆ 若微動開關按鍵按下時，將執行定義函數capture。
pause()	◆ 程式會暫時停在此處，等待外部命令。

4. 功能驗證：

   請先新增資料夾 /home/pi/10example，將樹莓派電源開啓，Picamera 安裝於樹莓派 CSI 埠。樹莓派系統組態的內定值是將 Picamera 功能關閉的，必須依圖 10-26 至 10-30 所示，以 raspi-config 指令開啓 Picamera 功能。執行程式後，需有下列輸出才算成功：

   ★ 按下 GPIO2 對應的的微動開關按鍵，Picamera 將拍攝一張照片並存檔於 /home/pi/10example 下，檔案名則爲現在時間 .jpg。

   ★ 開啓 LX 終端機，以 ls *.jpg 檢查是否 /home/pi/10example 資料夾內有 Picamera 拍攝的檔案如圖 10-31 所示。

圖 10-26　開啓 Picamera 功能 1

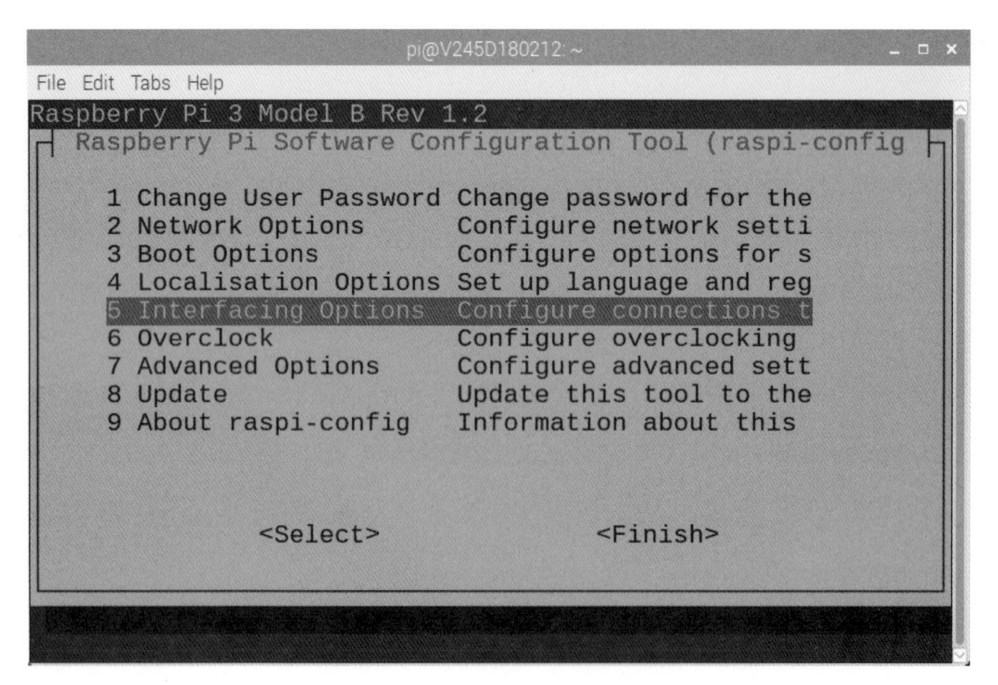

圖 10-27　開啓 Picamera 功能 2

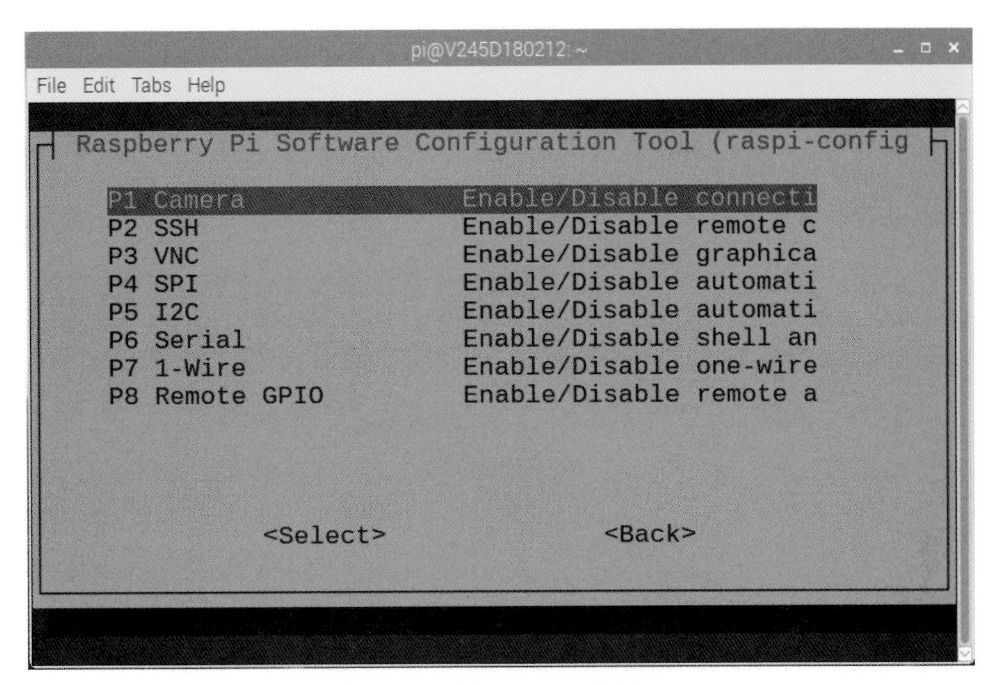

圖 10-28　開啓 Picamera 功能 3

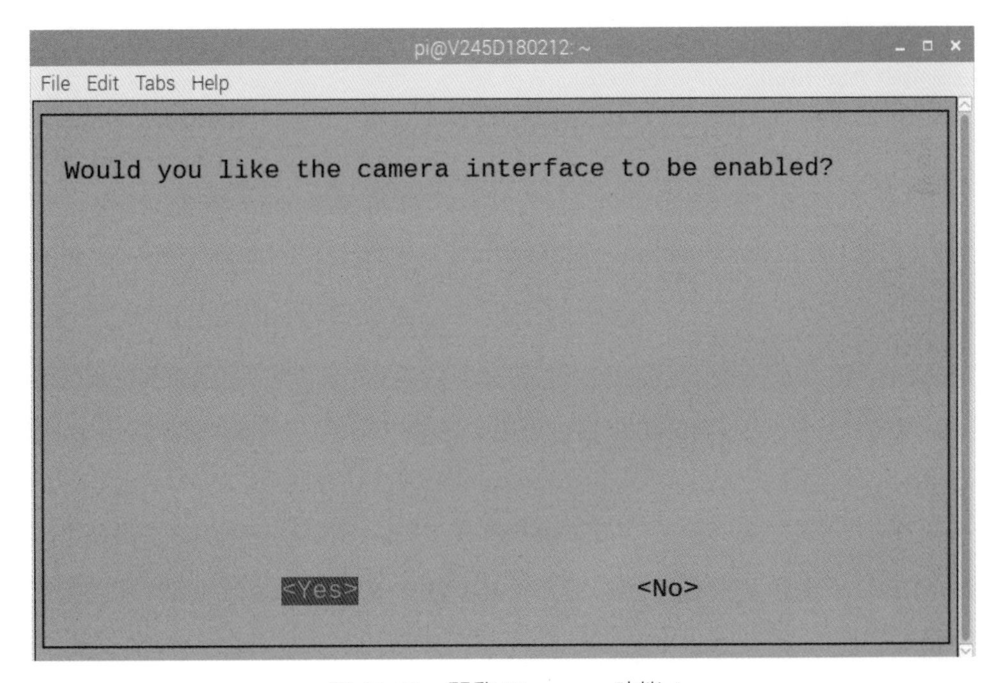

圖 10-29　開啓 Picamera 功能 4

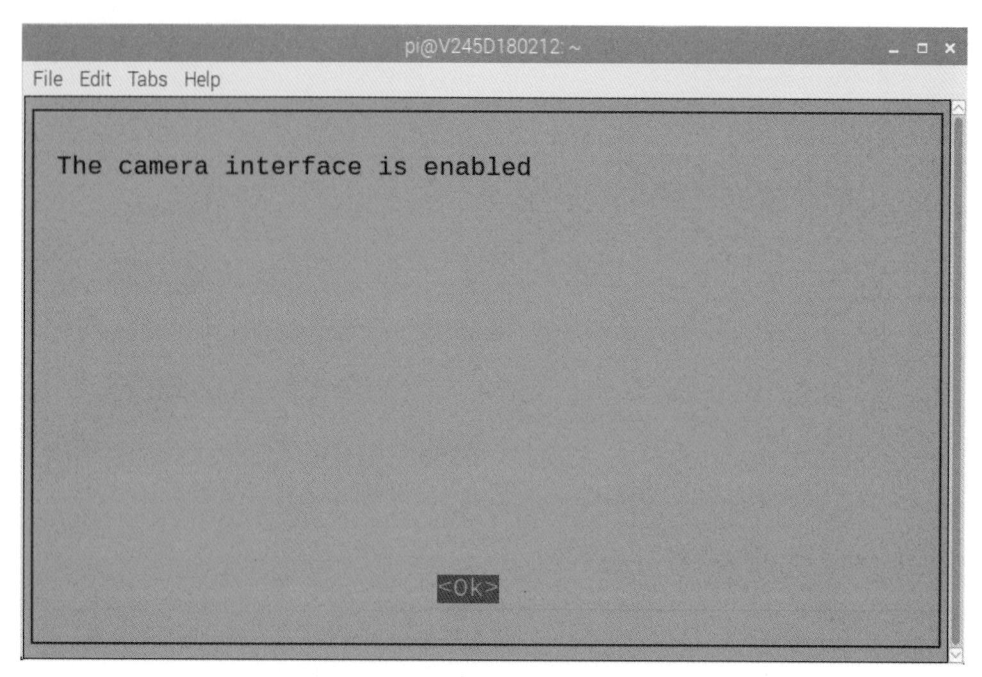

圖 10-30 開啓 Picamera 功能 5

```
pi@V245D180212: ~/10example
File Edit Tabs Help
pi@V245D180212:~ $ cd /home/pi/10example/
pi@V245D180212:~/10example $ ls *.jpg
2018-05-21T12:18:03.828713.jpg
pi@V245D180212:~/10example $
```

圖 10-31 Picamera 照相機程式驗證

10-7 實驗六：手機藍芽遙控 LED 亮滅

樹莓派 Pi3 配備有藍芽模組，所以可以和手機、筆電或平板等配備有藍芽裝置的電子設備以藍芽進行通訊，本實驗將以手機藍芽控制樹莓派上的 LED，樹莓派與手機通訊前，需分別安裝 Blue Dot 軟體於手機及樹莓派上，接下來再進行配對，步驟如下：

步驟一：

首先需於手機上安裝 Blue Dot 軟體，至 play 商店下載 Blue Dot 與安裝如圖 10-32 所示。

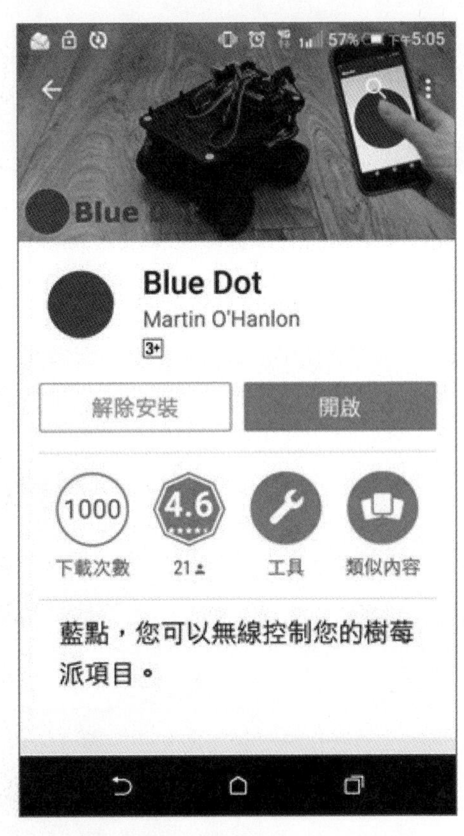

圖 10-32　手機安裝 Blue Dot

步驟二：

手機安裝好 Blue Dot，樹莓派也需安裝 Blue Dot，可以在 LX 終端機上，鍵入安裝指令 sudo pip3 install bluedot 如圖 10-33 所示。

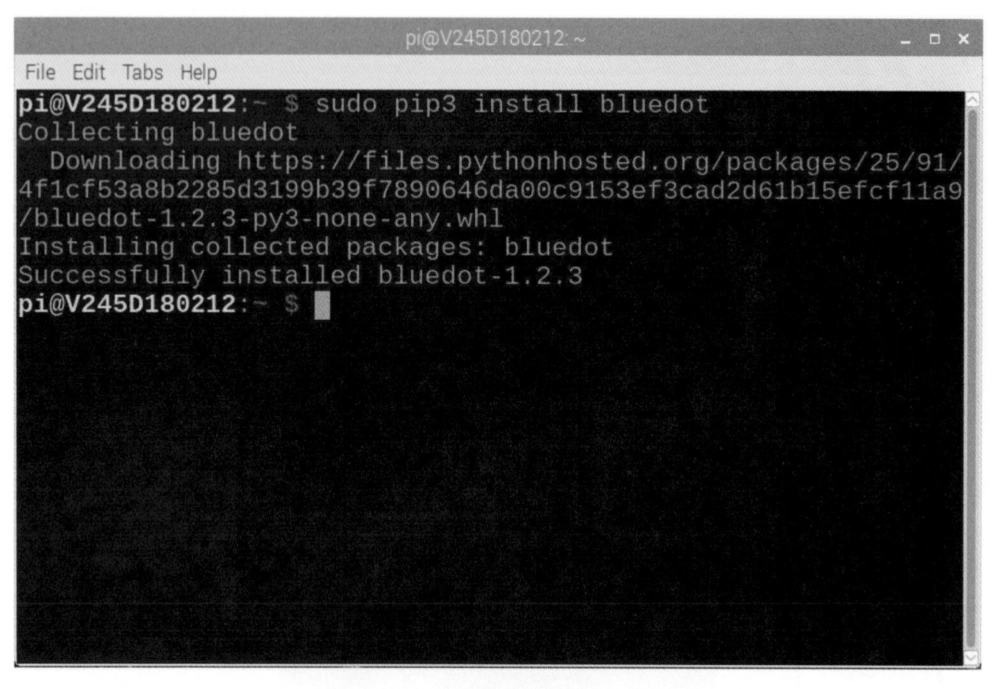

圖 10-33　樹莓派安裝 Blue Dot

步驟三：

手機與樹莓派藍芽配對，手機需開啓藍芽功能，接著進行裝置掃描。樹莓派則需於藍芽設定 Make Discoverable 如圖 10-34 所示。

圖 10-34　樹莓派藍芽設定

步驟四：

樹莓派出現配對詢問訊息如圖 10-35 所示，按下 OK，接下來會出現安裝成功訊息如圖 10-36 所示。

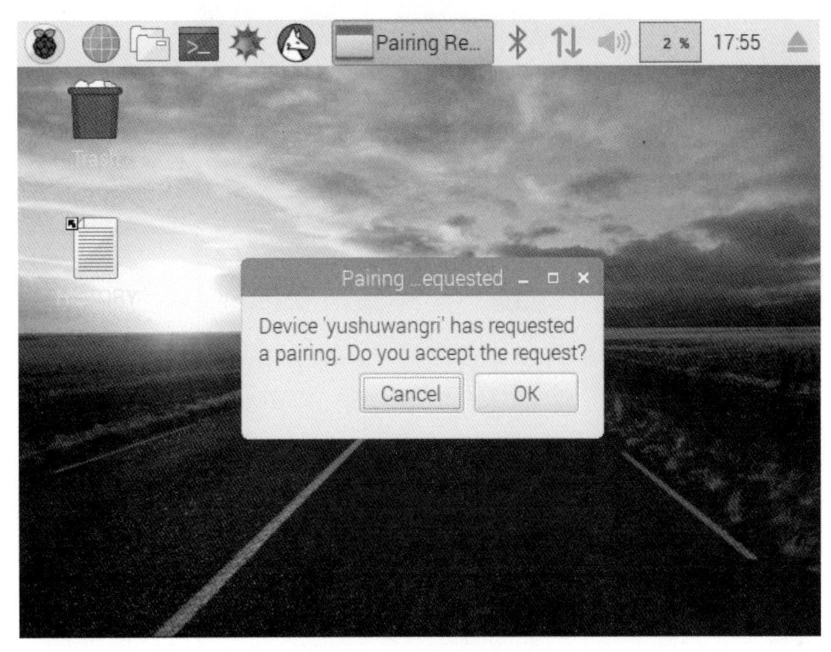

圖 10-35　配對詢問訊息

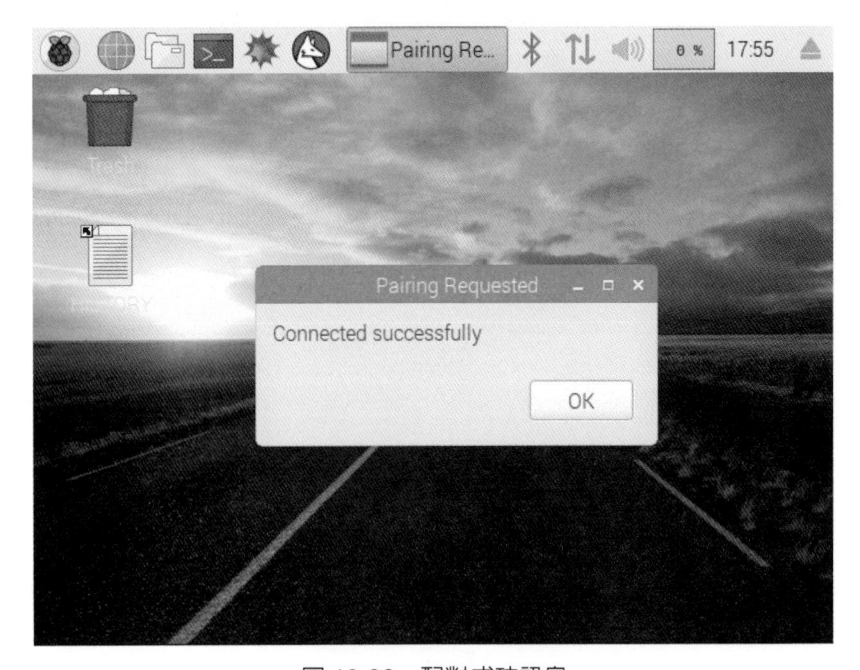

圖 10-36　配對成功訊息

步驟五：

手機藍芽連線如圖 10-37 所示：

圖 10-37　手機藍芽連線

步驟六：

樹莓派需先執行圖 10-43 的 Python 程式，以開啟 BlueDot 的 Server 功能如圖 10-38 所示，否則手機的 Blue Dot 軟體會無法連線。

```
*Python 3.5.3 Shell*
File Edit Shell Debug Options Window Help
Python 3.5.3 (default, Jan 19 2017, 14:11:04)
[GCC 6.3.0 20170124] on linux
Type "copyright", "credits" or "license()" for more informat
ion.
>>>
===== RESTART: /home/pi/10example/Ex7_blueDotLeds.py =====
Server started B8:27:EB:AB:35:F2
Waiting for connection
|
Ln: 6 Col: 0
```

圖 10-38　開啓 Blue Dot 的 Server 功能

步驟七：

手機執行 Blue Dot 軟體如圖 10-39 所示：

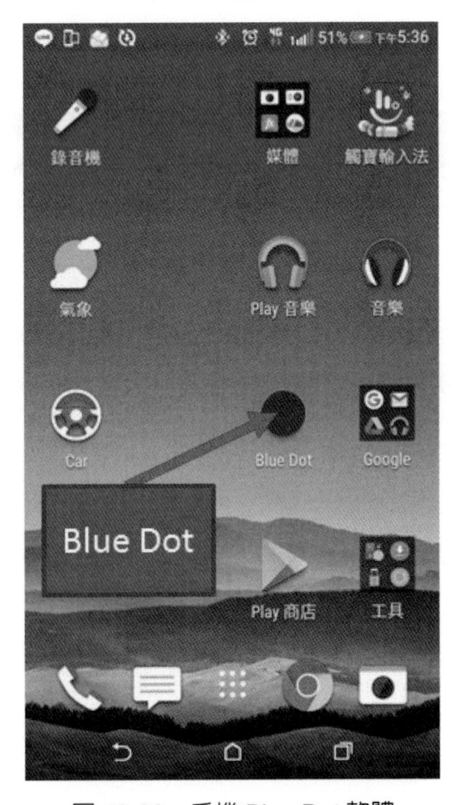

圖 10-39　手機 Blue Dot 軟體

點選 Blue Dot 圖示後，進入 Blue Dot 軟體畫面如圖 10-40 所示。

圖 10-40　手機執行 Blue Dot 軟體

實驗摘要

使用樹莓派 GPIO2 連接至 LED，當按下手機 Blue Dot 軟體中的藍色大按鍵，GPIO2 連接的 LED 會發亮，當手指離開手機 Blue Dot 軟體中的藍色大按鍵，GPIO2 連接的 LED 會熄滅。

實驗步驟

1. 實驗材料如表 10-6 所示。

表 10-6　手機藍芽遙控 LED 亮滅實驗材料清單

實驗材料名稱	數量	規格	圖片
樹莓派 Pi3B	1	已安裝好作業系統的樹莓派	
麵包板	1	麵包板 8.5*5.5cm	
全彩 LED	1	單色插件式 LED	
電阻	1	插件式 470Ω，1/4W	
跳線	10	彩色杜邦雙頭線 (公 / 母)/20 cm	

2. 硬體接線如圖 10-41 所示：

   樹莓派 GPIO2 腳位連接至 LED 陽極，LED 陰極則連接至 470Ω 電阻，470Ω 電阻另一端則接地。

圖 10-41　手機藍芽遙控 LED 硬體接線圖

3. 程式設計：

★ PYTHON 程式碼如圖 10-42。

```
Ex6_blueDotLed.py - /home/pi/10example/Ex6_blueDotLed.py (3.5.3)
File Edit Format Run Options Window Help
from bluedot import BlueDot
from gpiozero import LED

bd = BlueDot()
led = LED(2)

while True:
    bd.wait_for_press()
    led.on()
    bd.wait_for_release()
    led.off()

Ln: 12 Col: 0
```

圖 10-42　手機藍芽遙控 LED 亮滅程式

★ 手機藍芽遙控 LED 亮滅程式解說

from bluedot import BlueDot	◆ 從bluedot程式庫模組中輸入BlueDot函數模組
from gpiozero import LED	◆ 從gpiozero程式庫模組中輸入LED函數模組。
bd = BlueDot()	◆ 執行BlueDot函數模組，並指定給bd。
led = LED(2)	◆ LED函數與GPIO2連結後，打包指定給led。
while True:	◆ 無盡迴圈：
bd.wait_for_press()	◆ 等待按下手機藍色大按鍵。
led.on()	◆ GPIO2腳位連接的LED發亮。
bd.wait_for_release()	◆ 等待釋放手機藍色大按鍵。
led.off()	◆ GPIO2腳位連接的LED熄滅。

4. 功能驗證：

   將樹莓派電源開啓，手機與樹莓派以藍芽連線，Python 執行程式如圖 10-43 後 (如為遠端登入樹莓派，請於主機也要執行帳號登入動作，否則藍芽連線會有問題)，再執行手機 Blue Dot 藍芽軟體，需有下列輸出才算執行成功：

   ★ 按下手機藍色大按鍵，GPIO2 腳位連接的 LED 發亮。

   ★ 釋放手機藍色大按鍵，GPIO2 腳位連接的 LED 熄滅。

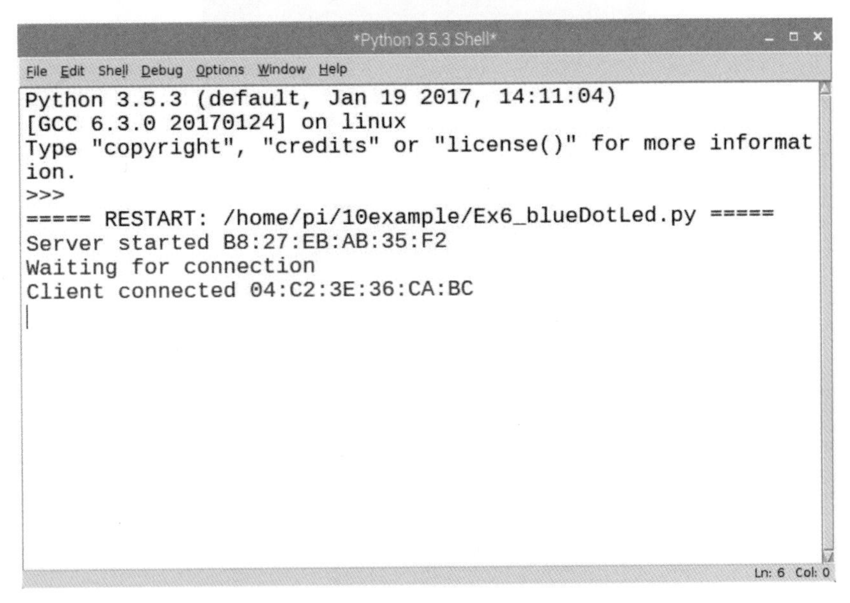

圖 10-43　手機 BlueDot 軟體藍芽連線狀態

10-8 實驗七：手機藍芽遙控直流馬達

Blue Dot 手機藍芽軟體也可以偵測碰觸上、下、左及右四個點的狀態如圖 10-44 所示，並轉換成相對應的電子訊號，藉由與樹莓派的藍芽通訊，來控制樹莓派上的 GPIO。

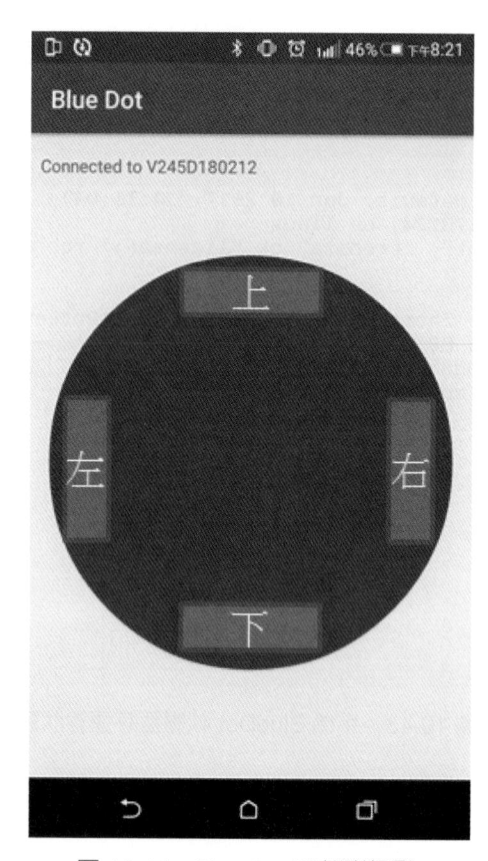

圖 10-44　Blue Dot 四個碰觸點

實驗摘要

以 Blue Dot 手機藍芽軟體控制連接至樹莓派的直流馬達正轉、反轉及停止，當按下手機的上或下按鍵時直流馬達會停止，當按下左鍵時，直流馬達會正轉，當按下右鍵時，直流馬達會反轉。

實驗步驟

1. 實驗材料清單如表 10-7 所示

表 10-7　實驗材料清單

實驗材料名稱	數量	規格	圖片
樹莓派 Pi3B	1	已安裝好作業系統的樹莓派	
麵包板	1	麵包板 8.5*5.5cm	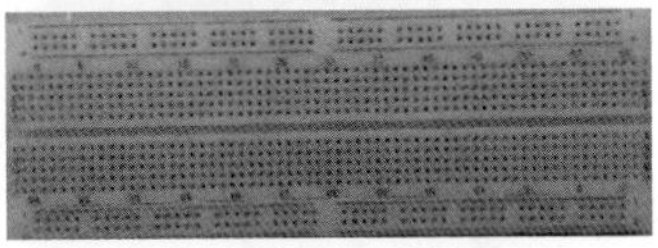
直流馬達	1	1.0 ～ 3.0V 直流馬達	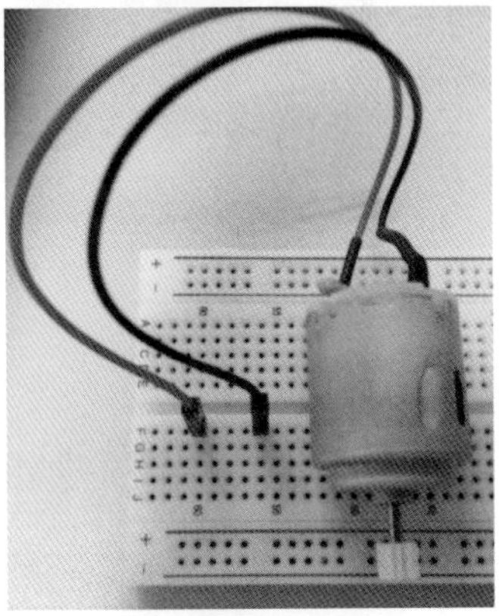
邏輯電位轉換模組	1	3.3V 轉 5V	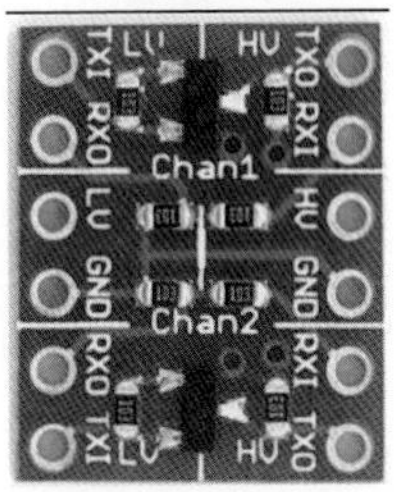
繼電器模組	2	輸入 5V DC 輸出 250VAC，10A	
跳線	10	彩色杜邦雙頭線 (公 / 母)/20 cm	

2. 硬體接線如圖 10-45 所示：

   樹莓派的 GPIO5 腳位及 GPIO6 腳位分別控制兩個繼電器，兩個繼電器的 COM 腳位，分別連接到馬達輸入端子的兩端；NC 腳位均接地；NO 腳位均接 3.3V。

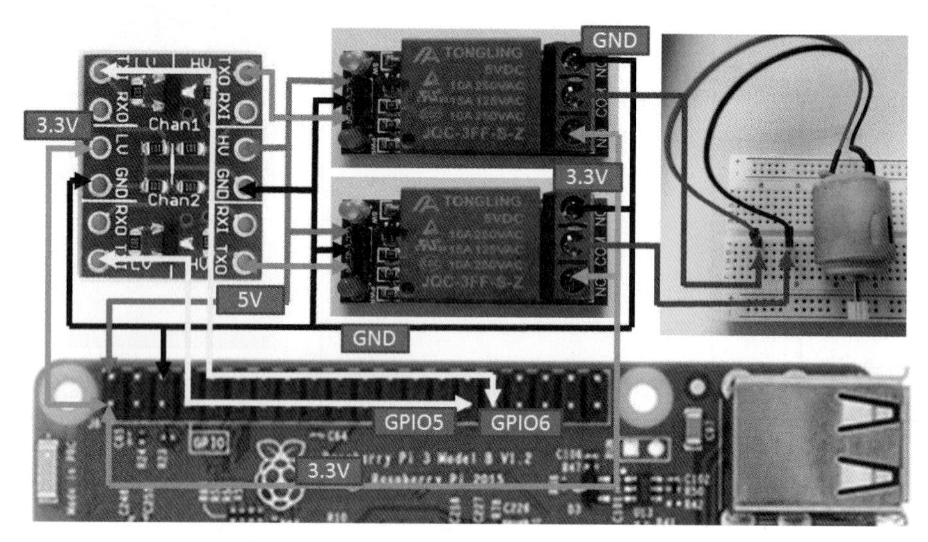

圖 10-45　手機藍芽遙控直流馬達實體接線圖

3. 程式設計：

   ★ PYTHON 程式碼如圖 10-46

Ex7_blueDotLeds.py - /home/pi/10example/Ex7_blueDotLeds.py (3.5.3)

File Edit Format Run Options Window Help

```
from bluedot import BlueDot
from gpiozero import Robot, LEDBoard
from signal import pause
from time import sleep

bd = BlueDot()
dcMotor = LEDBoard(5, 6)

def move(pos):
    if pos.top:
            dcMotor.value = (0, 0)
            print('STOP')
    elif pos.bottom:
            dcMotor.value = (0, 0)
            print('STOP')
    elif pos.left:
            dcMotor.value = (1, 0)
            print('Clockwise')
    elif pos.right:
            dcMotor.value = (1, 0)
            print('Counterclockwise')
bd.when_pressed = move
bd.when_moved = move

pause()
```

Ln: 3 Col: 24

圖 10-46　手機藍芽遙控直流馬達程式

★ 手機藍芽遙控直流馬達程式解說

程式	解說
from bluedot import BlueDot	◆ 從bluedot程式庫呼叫BlueDot函數模組。
from gpiozero import Robot, LEDBoard	◆ 從gpiozero程式庫呼叫LEDBoard函數模組。
from signal import pause	◆ 從signal程式庫呼叫pause函數模組。
from time import sleep	◆ 從time程式庫呼叫sleep函數模組。
bd = BlueDot()	◆ 執行BlueDot函數模組，並指定給bd。
dcMotor = LEDBoard(5, 6)	◆ GPIO5及GPIO6腳位為繼電器模組輸入訊號，以LEDBoard函數打包後，指定給dcMotors。
def move(pos):	◆ 具有pos參數的move定義函數
if pos.top:	◆ 如果pos.top(大藍點上方被按或滑到)：
dcMotor.value = (0, 0)	◆ GPIO5腳位被設定為LOW，輸出0V，GPIO6腳位被設定為LOW，輸出0V，此時直流馬達停止。
print('STOP')	◆ 螢幕輸出STOP字樣。
elif pos.bottom:	◆ 如果pos.bottom(大藍點下方被按或滑到)：
dcMotor.value = (0, 0)	◆ GPIO5腳位被設定為LOW，輸出0V；GPIO6腳位被設定為LOW，輸出0V，此時直流馬達停止。
print('STOP')	◆ 螢幕輸出STOP字樣。
elif pos.left:	◆ 如果pos.left(大藍點左方被按或滑到)：
dcMotor.value = (1, 0)	◆ GPIO5腳位被設定為HIGH，輸出3.3V；GPIO6腳位被設定為LOW，輸出0V，直流馬達順時鐘轉動。
print('Clockwise')	◆ 螢幕輸出Clockwise字樣。
elif pos.right:	◆ 如果pos.right(大藍點右方被按或滑到)：
dcMotor.value = (0, 1)	◆ GPIO5腳位被設定為LOW，輸出0V；GPIO6腳位被設定為HIGH，輸出3.3V，直流馬達逆時鐘轉動。
print('Counterclockwise')	◆ 螢幕輸出Counterclockwise字樣。
bd.when_pressed = move	◆ move定義為按壓動作
bd.when_moved = move	◆ move定義為滑動動作
pause()	◆ 程式會暫時停在此處，等待外部命令。

4. 功能驗證：

(1) 將樹莓派電源開啓。

(2) 手機與樹莓派以藍芽連線。

(3) 執行 Python 程式。

(4) 執行手機 Blue Dot 藍芽軟體。

(5) 需有下列輸出才算執行成功：

★ 螢幕輸出 Clockwise、STOP、Counterclockwise、STOP 等字樣如圖 10-47。

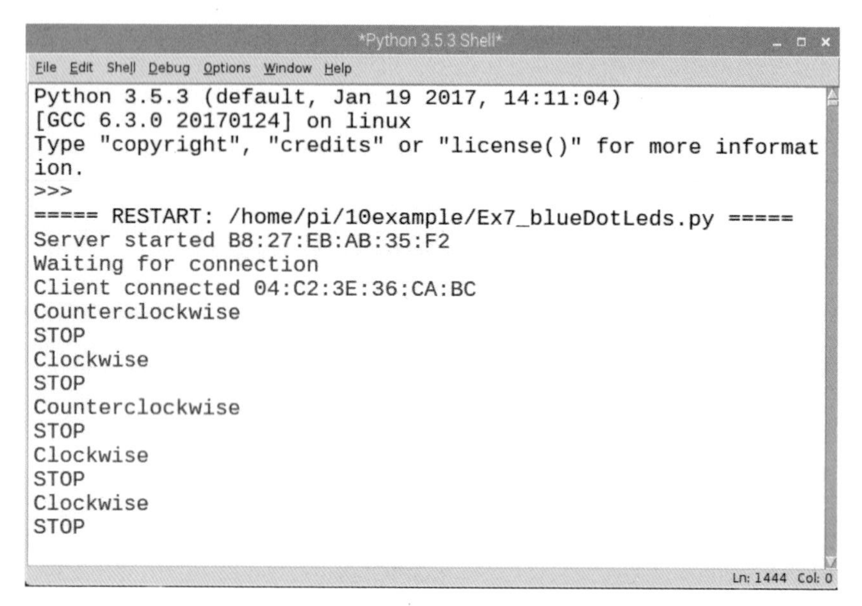

圖 10-47　手機藍芽遙控直流馬達程式執行結果

重點複習

1. 在 Linux 設備或一般的 PC 安裝完作業系統時，會先測試網路是否連通，傳統上測試網路是否連通外部網路，會使用 ping 指令。
2. PingServer('www.stu.edu.tw') 敘述句，使用 PingServer 函數 ping www.stu.edu.tw 網站。
3. LEDBoard(studentA = LEDBoard(red = 2, green = 3),studentB = LEDBoard(red = 4, green = 5) 敘述句，使用兩層的 LEDBoard 函數打包，第一層 LEDBoard 函數將 GPIO2、GPIO3、GPIO4 及 GPIO5 對應的紅、綠、紅、綠 LED 打包，第二層使用 PingServer 函數 LEDBoard 函數將 GPIO2、GPIO3 指定給 studentA；將 GPIO4、GPIO5 指定給 studentB。
4. leds.red.source = negated(leds.green.values) 敘述句，以 negated 函數將紅色 LED 的狀態與綠色 LED 的狀態，以反向狀態呈現，也就是當綠色 LED 點亮時，紅色 LED 就熄滅；當紅色 LED 點亮時，綠色 LED 就熄滅。
5. Pygame 是一套 Python 電玩遊戲開發程式庫，pygame.mixer.Sound 可以從檔案或 buffer 中讀取格式爲 .wav 的音樂檔案並發出聲音。
6. 樹莓派 /opt/sonic-pi/etc/samples 資料夾，於樹莓派安裝時，儲存許多格式爲 .flac 的音樂檔案。
7. pygame.mixer.Sound 目前僅能讀取 wav 格式檔案。
8. VLC 多媒體播放軟體，軟體轉檔 flac 格式檔案爲 wav 格式。
9. VLC 多媒體播放軟體非內建軟體，使用前需進行安裝。
10. 樹莓派作業系統開啓後，聲音會內定輸出至 HDMI 螢幕的喇叭；如要將聲音於電腦喇叭播放，必須於樹莓派開機時，先移除 HDMI 連接線，並將電腦喇叭訊號輸入線，連接至樹莓派的 A/V 輸出插座後再開機，電腦喇叭才會有聲音輸出，否則一旦偵測到 HDMI 後，電腦喇叭會被樹莓派斷線
11. TimeOfDay 函數的開啓時間 startTime 與停止時間 stopTime，其時區爲格林威治標準時間，時間單位爲小時。
12. Picamera 是樹莓派專用的攝影鏡頭，靜態影像解析度可以達到 8 百萬畫素，影片解析度可以達到 1080p@30fps。
13. 樹莓派系統組態的內定值是將 Picamera 功能關閉的，必須以 raspi-config 指令開啓 Picamera 功能。

課後評量

選擇題：

( ) 1. 測試網路是否連通外部網路，通常使用何種指令？

(A) ls-l (B) ping (C) ps-a (D) 以上皆非。

( ) 2. 何種函數可以將輸入與輸出結果呈現相反的狀態？

(A) negated() (B) signal() (C) LED() (D) BUTTON()。

( ) 3. PingServer 函數，需從何程式庫模組 import ？

(A) pygame (B) pygame.mixer (C) gpiozero (D) gpiozero.tools。

( ) 4. negated 函數，需從何程式庫模組 import ？

(A) pygame (B) pygame.mixer (C) gpiozero (D) gpiozero.tools。

( ) 5. Sound 函數，需從何程式庫模組 import ？

(A) pygame (B) pygame.mixer (C) gpiozero (D) gpiozero.tools。

( ) 6. 可以從檔案或 buffer 中讀取格式爲 .wav 的音樂檔案並發出聲音的函數是

(A) Sound (B) mixer (C) signal (D) pause。

( ) 7. 樹莓派安裝時，儲存許多音樂檔案的資料夾爲何？

(A) /opt/sonic-pi/etc/samples (B) /etc/sonic-pi/etc/samples

(C) /home/pi/sonic-pi/etc/samples (D) /media/pi/sonic-pi/etc/samples。

( ) 8. 樹莓派安裝時，儲存許多音樂檔案的格式爲何？

(A) mp3 (B) flac (C) wav (D) 以上皆非。

( ) 9. 何種音樂檔案的格式才可以被 Pygame 讀取？

(A) mp3 (B) flac (C) wav (D) 以上皆非。

( ) 10. 音樂檔案的格式轉換，可以使用何種軟體？

(A) VLC (B) SCRATCH (C) IDLE (D) 以上皆非。

( ) 11. TimeOfDay 函數的開啓時間 startTime 與停止時間 stopTime，使用何時區？

(A) 中原標準時間 (B) 格林威治標準時間 (C) 美東時區 (D) 美中時區。

( ) 12. TimeOfDay 函數的開啓時間 startTime 與停止時間 stopTime，時間單位爲何？

(A) 小時 (B) 分 (C) 秒 (D) 以上皆非。

(　　) 13. Picamera 是樹莓派專用的攝影鏡頭，靜態影像解析度可以達到多少畫素？
(A) 8 百萬　(B) 5 百萬　(C) 1 百萬　(D) 以上皆非。

(　　) 14. 樹莓派系統組態的內定值是將 Picamera 功能關閉的，必須以何指令開啓 Picamera 功能？
(A) sudo apt-get update　(B) sudo apt-get install　(C) sudo poweroff
(D) sudo raspi-config。

程式題：

1. 參考實驗一程式，增加以下功能：
當 pingServer ping 找不到 www.stu.edu.tw 時 (移除網路線)，螢幕輸出 www.stu.edu.tw is offline! 字樣如圖 10-48。

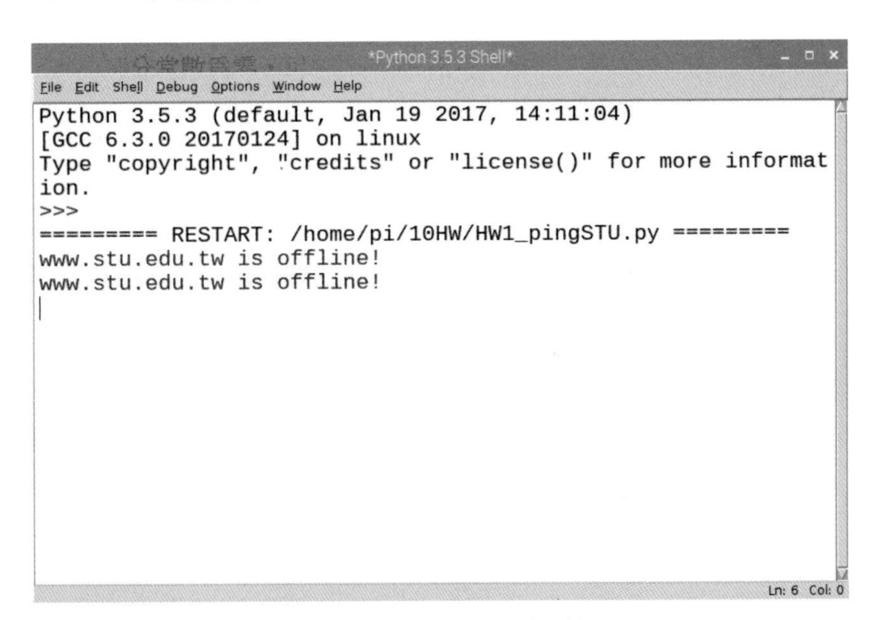

圖 10-48　第 1 題螢幕輸出結果

2. 參考實驗二程式，使用樹莓派 GPIO6 及 GPIO7 偵側第三部主機 192.168.0.5，若第三部主機爲開機狀態，則 GPIO6 對應的 LED 熄滅，若第三部主機爲關機狀態，則 GPIO7 對應的 LED 發亮。

3. 參考實驗三程式，使用樹莓派 GPIO2、GPIO3、GPIO5 及 GPIO6 分別連接至 4 個微動開關按鍵，當按下 GPIO2 連接的微動開關按鍵，會演奏第一首音樂 ambi_choir.wav，當按下 GPIO3 連接的微動開關按鍵，會演奏第二首音樂 ambi_dark_woosh.wav，當按下 GPIO5 連接的微動開關按鍵，會演奏第三首音樂 ambi_drone.wav，當按下 GPIO6 連接的微動開關按鍵，會演奏第 4 首音樂 ambi_grass_hum.wav。

4. 參考實驗四程式，使用本地端樹莓派定時器，控制遠端樹莓派 GPIO2 連接的 LED 亮滅。執行程式前，請先以以下敘述句確認時區是否正確：

```
import datetime
print(datetime.datetime.utcnow() + datetime.timedelta(hours = 8))
```

可以取得目前所在地 (中原標準時間) 時間如圖 10-49 所示。

當設定時段介於定時器開啓時段，螢幕輸出需輸出 led is on!

當設定時段不是介於定時器開啓時段，螢幕輸出需輸出 led is off! 如圖 10-50 所示。

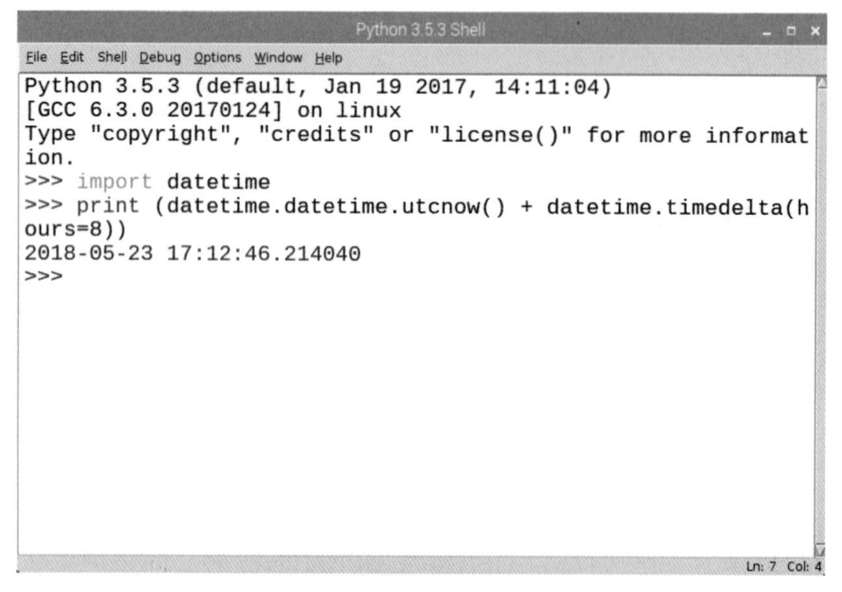

圖 10-49　檢查樹莓派目前系統時間

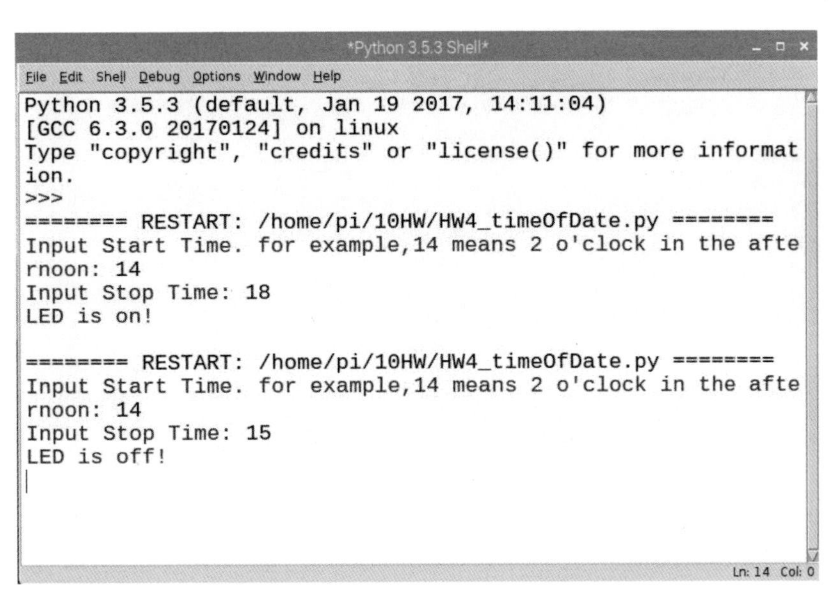

圖 10-50　第 4 題螢幕輸出結果

5. 參考實驗五程式，使用樹莓派 GPIO2 連接至微動開關按鍵，當按下 GPIO2 連接的微動開關按鍵，命令 Picamera 照一張照片，以拍照時間為檔名存檔，且於螢幕輸出 Picture is taken! 如圖 10-51 所示，也需以 LX 終端機檢查是否影像檔案是否已儲存如圖 10-52 所示。

```
*Python 3.5.3 Shell*
File Edit Shell Debug Options Window Help
Python 3.5.3 (default, Jan 19 2017, 14:11:04)
[GCC 6.3.0 20170124] on linux
Type "copyright", "credits" or "license()" for more informat
ion.
>>>
========= RESTART: /home/pi/10HW/HW5_picamera.py =========
Picture is taken
Picture is taken
Picture is taken

Ln: 6 Col: 0
```

圖 10-51　第 5 題螢幕輸出結果

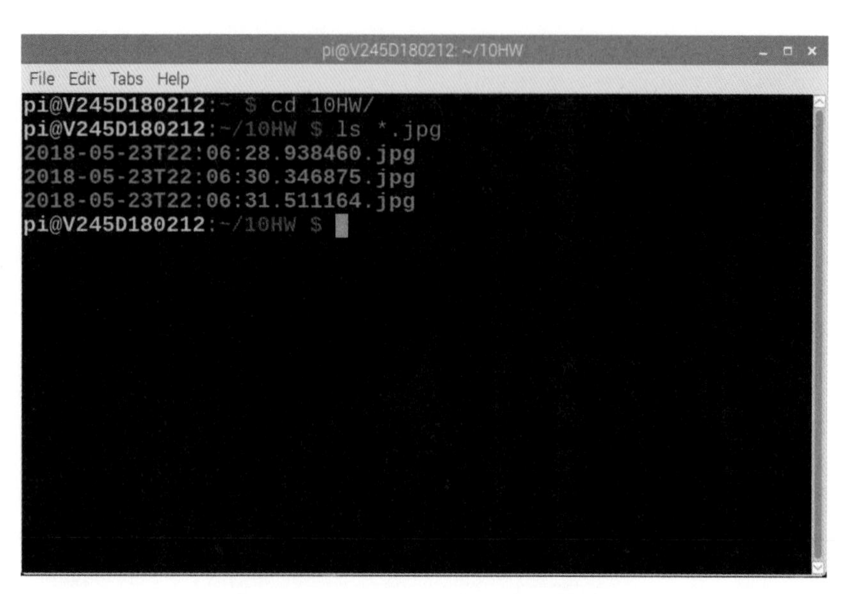

圖 10-52　Picamera 照相檔案驗證

A CHAPTER

附錄

本章重點

附錄 A1　實作材料清單

第 1 章

項次	組件名稱	規格	數量	
1	Raspberry Pi 3 優質組合包	1. Raspberry Pi 3 Model B (最新日本製) 2. USB to Micro USB 傳輸線樹莓派專用散熱片 (三入) 3. 5V 2A USB 充電器 4. Raspberry Pi 2/B + 壓克力外殼 (六片式) 5. Micro SD 16GB 超高速 (Class 10)	1	https://www.icshop.com.tw/product_info.php/products_id/25114
2	Raspberry Pi 4 Model B 全配套件包	1. Raspberry Pi 4 Model B (4GB) 2. 樹莓派 Pi 4 專用散熱片 (三入) 3. Raspberry Pi4 透明壓克力帶風扇外殼 4. 5V 3A Type-C 電源 5. Micro SD 16GB 超高速 (Class 10) 6. 樹莓派 Raspberry Pi 4B Micro HDMI 轉 VGA 轉接頭 (帶音頻)	1	https://www.icshop.com.tw/product_info.php/products_id/27760

第 6 章

項次	組件名稱	規格	數量	
1	Raspberry Pi 3 優質組合包	1. Raspberry Pi 3 Model B (最新日本製) 2. USB to Micro USB 傳輸線樹莓派專用散熱片 (三入) 3. 5V 2A USB 充電器 4. Raspberry Pi 2/B + 壓克力外殼 (六片式) 5. Micro SD 16GB 超高速 (Class 10)	1	https://www.icshop.com.tw/product_info.php/products_id/25114
2	電阻	插件式 470Ω，1/4W	20	https://www.dalin.com.tw/index.php?route=product/product&product_id=1035
3	LED	單色插件式，顏色不拘 5mm LED 紅色 / 圓頭	10	https://www.dalin.com.tw/index.php?route=product/product&product_id=1036
4	跳線	彩色杜邦雙頭線 (公 / 母)/20 cm	1	https://www.dalin.com.tw/index.php?route=product/product&product_id=1037
5	麵包板	165x55x10mm	1	https://www.dalin.com.tw/index.php?route=product/product&product_id=1038
6	溫濕度傳感器模組	DHT11 溫濕度傳感器模組 (送杜邦線)	1	https://www.icshop.com.tw/product_info.php/products_id/12418

項次	組件名稱	規格	數量	
7	光測距感測器	VL53L0X 光測距感測器 GY-530	1	https://www.icshop.com.tw/product_info.php/products_id/25637
8	DS3231 時鐘模塊	DS323	1	https://www.icshop.com.tw/product_info.php/products_id/15865
9	Raspberry Pi 4 Model B 全配套件包	1. Raspberry Pi 4 Model B (4GB) 2. 樹莓派 Pi 4 專用散熱片 (三入) 3. Raspberry Pi4 透明壓克力帶風扇外殼 4. 5V 3A Type-C 電源 5. Micro SD 16GB 超高速 (Class 10) 6. 樹莓派 Raspberry Pi 4B Micro HDMI 轉 VGA 轉接頭 (帶音頻)	1	https://www.icshop.com.tw/product_info.php/products_id/27760

第 7 章

項次	組件名稱	規格	數量	
1	Raspberry Pi 3 優質組合包	1. Raspberry Pi 3 Model B (最新日本製) 2. USB to Micro USB 傳輸線樹莓派專用散熱片 (三入) 3. 5V 2A USB 充電器 4. Raspberry Pi 2/B + 壓克力外殼 (六片式) 5. Micro SD 16GB 超高速 (Class 10)	1	https://www.icshop.com.tw/product_info.php/products_id/25114
2	電阻	插件式 470Ω，1/4W	20	https://www.dalin.com.tw/index.php?route=product/product&product_id=1035
3	LED	單色插件式，顏色不拘 5mm LED 紅色 / 圓頭	10	https://www.dalin.com.tw/index.php?route=product/product&product_id=1036
4	微動開關	TACK-SW2P 6x6x5mm	4	https://www.dalin.com.tw/index.php?route=product/product&product_id=1039
5	邏輯電平轉換器	3.3V 到 5V 的雙通道 (2 channel)T74 Logic Level Converter	1	https://www.dalin.com.tw/index.php?route=product/product&product_id=1040
6	1 路繼電器模組 5V	輸入 5V DC 輸出 250VAC，10A	2	https://www.dalin.com.tw/index.php?route=product/product&product_id=1041
7	電磁閥	12V 進水電磁閥 -1/2 吋	1	https://www.dalin.com.tw/index.php?route=product/product&product_id=1042

項次	組件名稱	規格	數量	
8	升壓電源模組	XL6009 DC-DC 直流升壓模組	1	https://www.dalin.com.tw/index.php?route=product/product&product_id=1043
9	直流馬達	1.0 ～ 3.0V 直流馬達	1	https://www.dalin.com.tw/index.php?route=product/product&product_id=1044
10	跳線	彩色杜邦雙頭線 (公 / 母)/20 cm	1	https://www.dalin.com.tw/index.php?route=product/product&product_id=1037
11	麵包板	165x55x10mm	1	https://www.dalin.com.tw/index.php?route=product/product&product_id=1038
12	Raspberry Pi 4 Model B 全配套件包	1. Raspberry Pi 4 Model B (4GB) 2. 樹莓派 Pi 4 專用散熱片 (三入) 3. Raspberry Pi4 透明壓克力帶風扇外殼 4. 5V 3A Type-C 電源 5. Micro SD 16GB 超高速 (Class 10) 6. 樹莓派 Raspberry Pi 4B Micro HDMI 轉 VGA 轉接頭 (帶音頻)		https://www.icshop.com.tw/product_info.php/products_id/27760

第 8 章

項次	組件名稱	規格	數量	
1	Raspberry Pi 3 優質組合包	1. Raspberry Pi 3 Model B(最新日本製) 2. USB to Micro USB 傳輸線樹莓派專用散熱片 (三入) 3. 5V 2A USB 充電器 4. Raspberry Pi 2/B + 壓克力外殼 (六片式) 5. Micro SD 16GB 超高速 (Class 10)	1	https://www.icshop.com.tw/product_info.php/products_id/25114
2	電阻	插件式 470Ω，1/4W	20	https://www.dalin.com.tw/index.php?route=product/product&product_id=1035
3	LED	單色插件式，顏色不拘 5mm LED 紅色 / 圓頭	10	https://www.dalin.com.tw/index.php?route=product/product&product_id=1036
4	全彩 LED	5mm RGB LED 4pin 共陰	1	https://www.dalin.com.tw/index.php?route=product/product&product_id=1045
5	微動開關	TACK-SW2P 6x6x5mm	4	https://www.dalin.com.tw/index.php?route=product/product&product_id=1039

項次	組件名稱	規格	數量	
6	邏輯電平轉換器	3.3V 到 5V 的雙通道 (2 channel) T74 Logic Level Converter	1	https://www.dalin.com.tw/index.php?route=product/product&product_id=1040
7	1 路繼電器模組 5V	輸入 5V DC 輸出 250VAC，10A	2	https://www.dalin.com.tw/index.php?route=product/product&product_id=1041
8	可變電阻	B 型旋轉式碳膜 10k 可變電阻	1	https://www.dalin.com.tw/index.php?route=product/product&product_id=1046
9	MCP3008	8 通道 A/DConverter	1	https://www.dalin.com.tw/index.php?route=product/product&product_id=1047
10	光敏電阻	CDS 光敏電阻 5mm CD5592	1	https://www.dalin.com.tw/index.php?route=product/product&product_id=1048
11	電容	1uF 電解電容	1	https://www.dalin.com.tw/index.php?route=product/product&product_id=1049
12	超音波感測器	HC-SR04P	1	https://www.dalin.com.tw/index.php?route=product/product&product_id=1050
13	電阻	插件式 330Ω，1/4W		https://www.dalin.com.tw/index.php?route=product/product&product_id=1034
14	紅外線接近傳感器	GP2Y0A21YK 紅外線接近傳感器		https://www.dalin.com.tw/index.php?route=product/product&product_id=1051
15	蜂鳴器	5V 電磁式有源蜂鳴器		https://www.dalin.com.tw/index.php?route=product/product&product_id=1052
16	跳線	彩色杜邦雙頭線 (公 / 母)/20 cm	1	https://www.dalin.com.tw/index.php?route=product/product&product_id=1037
17	麵包板	165x55x10mm	1	https://www.dalin.com.tw/index.php?route=product/product&product_id=1038
18	人體紅外線感應模塊	HC-SR501	1	https://www.icshop.com.tw/product_info.php/products_id/11464
19	微波雷達感應開關模組	RCWL-0516	1	https://www.icshop.com.tw/product_info.php/products_id/26297

項次	組件名稱	規格	數量	
20	Raspberry Pi 4 Model B 全配套件包	1. Raspberry Pi 4 Model B (4GB) 2. 樹莓派 Pi 4 專用散熱片 (三入) 3. Raspberry Pi4 透明壓克力帶風扇外殼 4. 5V 3A Type-C 電源 5. Micro SD 16GB 超高速 (Class 10) 6. 樹莓派 Raspberry Pi 4B Micro HDMI 轉 VGA 轉接頭 (帶音頻)	1	https://www.icshop.com.tw/product_info.php/products_id/27760

第 9 章

項次	組件名稱	規格	數量	
1	Raspberry Pi 3 優質組合包	1. Raspberry Pi 3 Model B(最新日本製) 2. USB to Micro USB 傳輸線樹莓派專用散熱片 (三入) 3. 5V 2A USB 充電器 4. Raspberry Pi 2/B + 壓克力外殼 (六片式) 5. Micro SD 16GB 超高速 (Class 10)	1	https://www.icshop.com.tw/product_info.php/products_id/25114
2	電阻	插件式 470Ω，1/4W	20	https://www.dalin.com.tw/index.php?route=product/product&product_id=1035
3	LED	單色插件式，顏色不拘 5mm LED 紅色 / 圓頭	10	https://www.dalin.com.tw/index.php?route=product/product&product_id=1036
4	微動開關	TACK-SW2P 6x6x5mm	4	https://www.dalin.com.tw/index.php?route=product/product&product_id=1039
5	邏輯電平轉換器	3.3V 到 5V 的 雙 通 道 (2 channel)T74 Logic Level Converter	1	https://www.dalin.com.tw/index.php?route=product/product&product_id=1040
6	1 路繼電器模組 5V	輸入 5V DC 輸出 250VAC，10A	2	https://www.dalin.com.tw/index.php?route=product/product&product_id=1041
7	光敏電阻	CDS 光敏電阻 5mm CD5592	1	https://www.dalin.com.tw/index.php?route=product/product&product_id=1048
8	電容	1uF 電解電容	1	https://www.dalin.com.tw/index.php?route=product/product&product_id=1049

項次	組件名稱	規格	數量	
9	紅外線接近傳感器	GP2Y0A21YK 紅外線接近傳感器		https://www.dalin.com.tw/index.php?route=product/product&product_id=1051
10	蜂鳴器	5V 電磁式有源蜂鳴器		https://www.dalin.com.tw/index.php?route=product/product&product_id=1052
11	跳線	彩色杜邦雙頭線 (公 / 母)/20 cm	1	https://www.dalin.com.tw/index.php?route=product/product&product_id=1037
12	麵包板	165x55x10mm	1	https://www.dalin.com.tw/index.php?route=product/product&product_id=1038
13	Raspberry Pi 4 Model B 全配套件包	1. Raspberry Pi 4 Model B (4GB) 2. 樹莓派 Pi 4 專用散熱片 (三入) 3. Raspberry Pi4 透明壓克力帶風扇外殼 4. 5V 3A Type-C 電源 5. Micro SD 16GB 超高速 (Class 10) 6. 樹莓派 Raspberry Pi 4B Micro HDMI 轉 VGA 轉接頭 (帶音頻)	1	https://www.icshop.com.tw/product_info.php/products_id/27760

第 10 章

項次	組件名稱	規格	數量	
1	Raspberry Pi 3 優質組合包	1. Raspberry Pi 3 Model B(最新日本製) 2. USB to Micro USB 傳輸線樹莓派專用散熱片 (三入) 3. 5V 2A USB 充電器 4. Raspberry Pi 2/B + 壓克力外殼 (六片式) 5. Micro SD 16GB 超高速 (Class 10)	1	https://www.icshop.com.tw/product_info.php/products_id/25114
2	電阻	插件式 470Ω，1/4W	20	https://www.dalin.com.tw/index.php?route=product/product&product_id=1035
3	LED	單色插件式，顏色不拘 5mm LED 紅色 / 圓頭	10	https://www.dalin.com.tw/index.php?route=product/product&product_id=1036

項次	組件名稱	規格	數量	
4	微動開關	TACK-SW2P 6x6x5mm	4	https://www.dalin.com.tw/index.php?route=product/product&product_id=1039
5	Picamera	Raspberry Pi Camera V2 Video Module	1	https://www.dalin.com.tw/index.php?route=product/product&product_id=1053
6	邏輯電平轉換器	3.3V 到 5V 的雙通道 (2 channel) T74 Logic Level Converter	1	https://www.dalin.com.tw/index.php?route=product/product&product_id=1040
7	1 路繼電器模組 5V	輸入 5V DC 輸出 250VAC，10A	2	https://www.dalin.com.tw/index.php?route=product/product&product_id=1041
8	蜂鳴器	5V 電磁式有源蜂鳴器		https://www.dalin.com.tw/index.php?route=product/product&product_id=1052
9	直流馬達	1.0 ～ 3.0V 直流馬達	1	https://www.dalin.com.tw/index.php?route=product/product&product_id=1044
10	跳線	彩色杜邦雙頭線 (公 / 母)/20 cm	1	https://www.dalin.com.tw/index.php?route=product/product&product_id=1037
11	麵包板	165x55x10mm	1	https://www.dalin.com.tw/index.php?route=product/product&product_id=1038
12	Raspberry Pi 4 Model B 全配套件包	1. Raspberry Pi 4 Model B (4GB) 2. 樹莓派 Pi 4 專用散熱片 (三入) 3. Raspberry Pi4 透明壓克力帶風扇外殼 4. 5V 3A Type-C 電源 5. Micro SD 16GB 超高速 (Class 10) 6. 樹莓派 Raspberry Pi 4B Micro HDMI 轉 VGA 轉接頭 (帶音頻)	1	https://www.icshop.com.tw/product_info.php/products_id/27760

附錄 A2　NOOBS 安裝程式下載

步驟 1：

在 google 瀏覽器中搜尋 noobs download 如圖 A-1

圖 A-1

步驟 2：

在 google 瀏覽器中點選第一個搜尋結果如圖 A-2

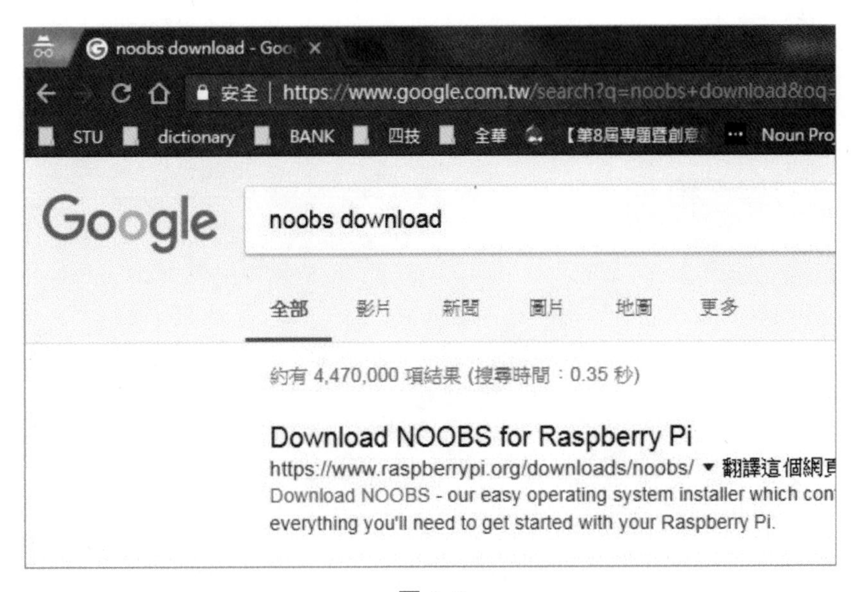

圖 A-2

步驟 3：

選擇 NOOBS，點選 Download ZIP 如圖 A-3 所示。

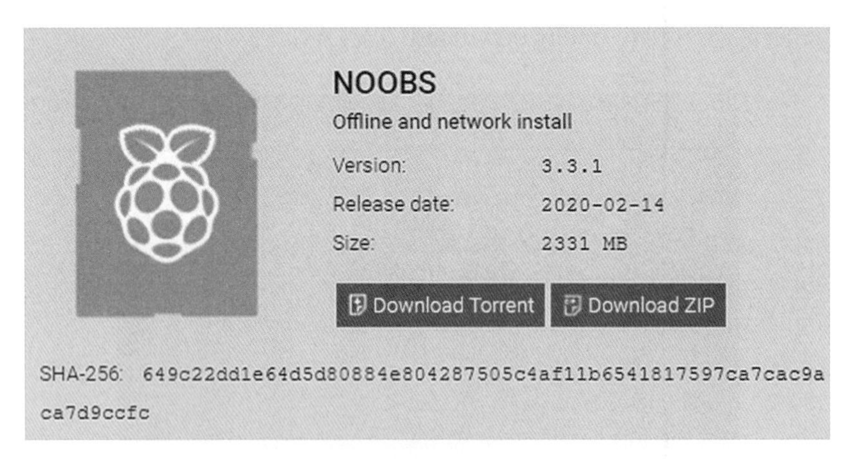

圖 A-3

附錄 A3　GPIO 腳位圖

呼叫 LX 終端機，輸入 pinout 指令，可於螢幕上顯示 GPIO 編號與位置及樹莓派開發板所有埠的名稱與位置如圖 A-4 及 A-5 所示。

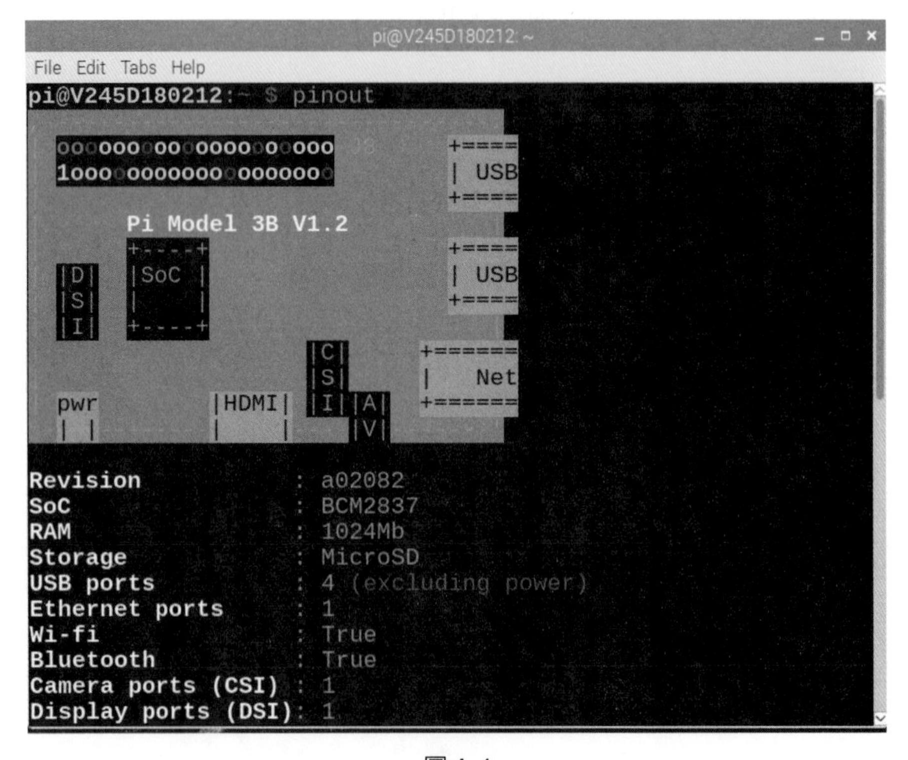

圖 A-4

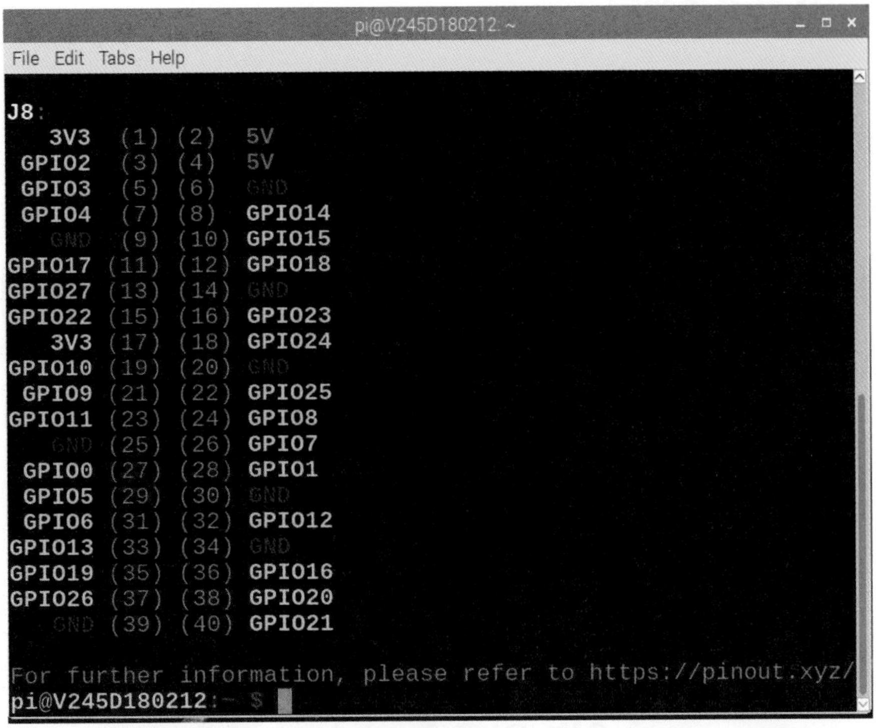

pi@V245D180212: ~

File Edit Tabs Help

```
J8:
   3V3  (1) (2)  5V
 GPIO2  (3) (4)  5V
 GPIO3  (5) (6)  GND
 GPIO4  (7) (8)  GPIO14
   GND  (9) (10) GPIO15
GPIO17 (11) (12) GPIO18
GPIO27 (13) (14) GND
GPIO22 (15) (16) GPIO23
   3V3 (17) (18) GPIO24
GPIO10 (19) (20) GND
 GPIO9 (21) (22) GPIO25
GPIO11 (23) (24) GPIO8
   GND (25) (26) GPIO7
 GPIO0 (27) (28) GPIO1
 GPIO5 (29) (30) GND
 GPIO6 (31) (32) GPIO12
GPIO13 (33) (34) GND
GPIO19 (35) (36) GPIO16
GPIO26 (37) (38) GPIO20
   GND (39) (40) GPIO21

For further information, please refer to https://pinout.xyz/
pi@V245D180212:~ $
```

圖 A-5

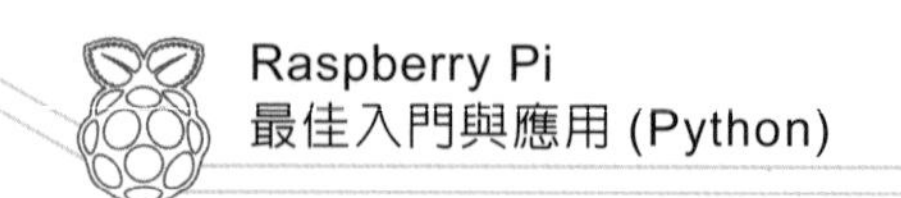

附錄 A4　樹莓派電路圖

樹莓派官方網站超連結如下：

https://www.raspberrypi.org

進入網站後，選擇 HELP → HARDWARE → Raspberry Pi → Schematics

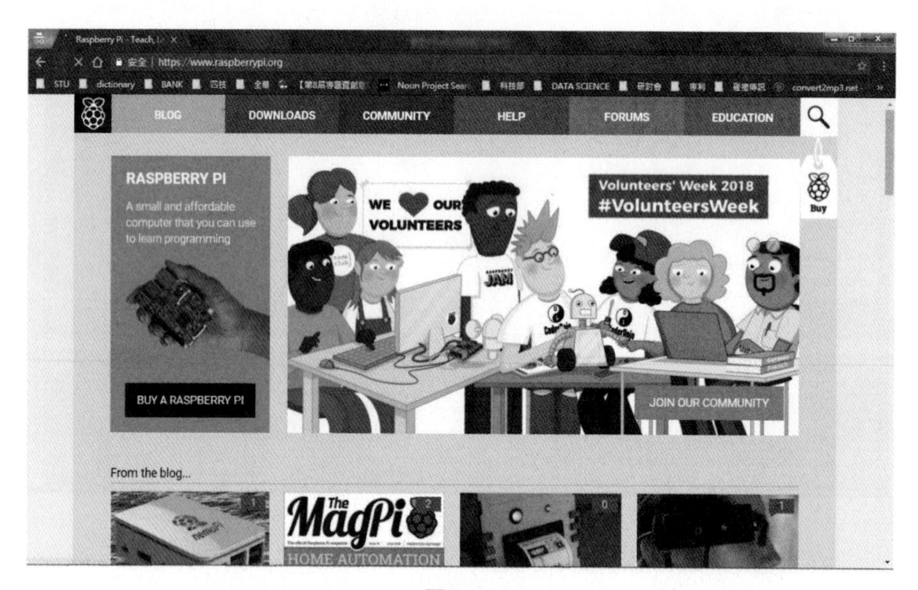

圖 A-6

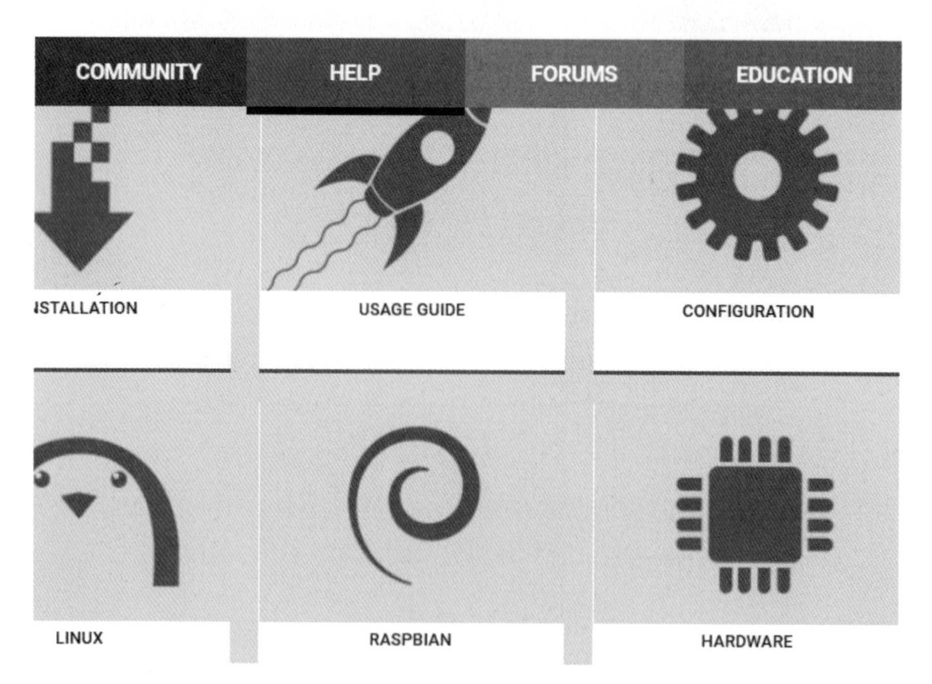

圖 A-7

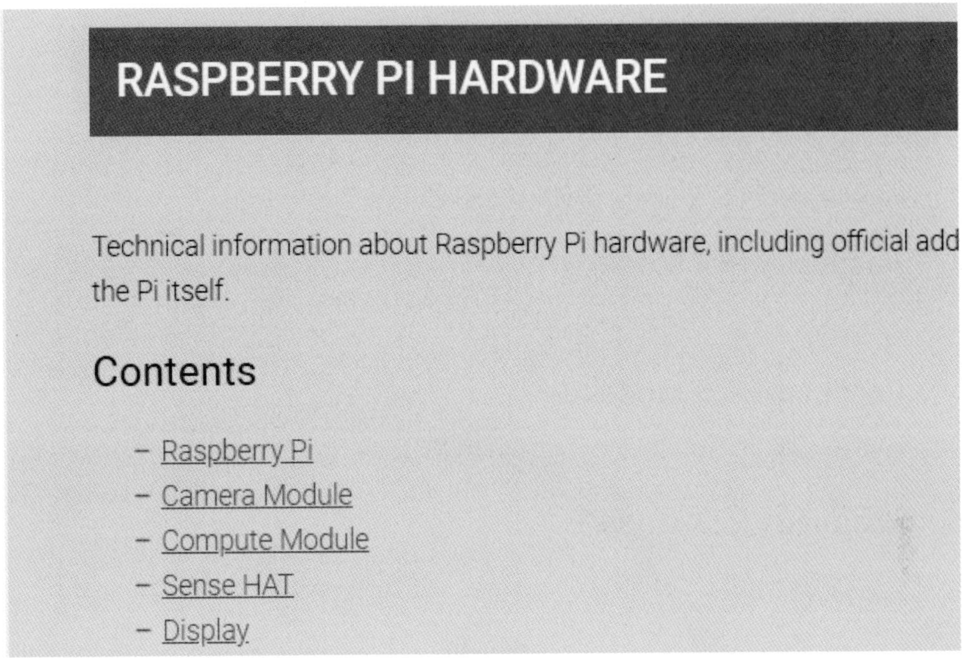

RASPBERRY PI HARDWARE

Technical information about Raspberry Pi hardware, including official add
the Pi itself.

Contents

- Raspberry Pi
- Camera Module
- Compute Module
- Sense HAT
- Display

圖 A-8

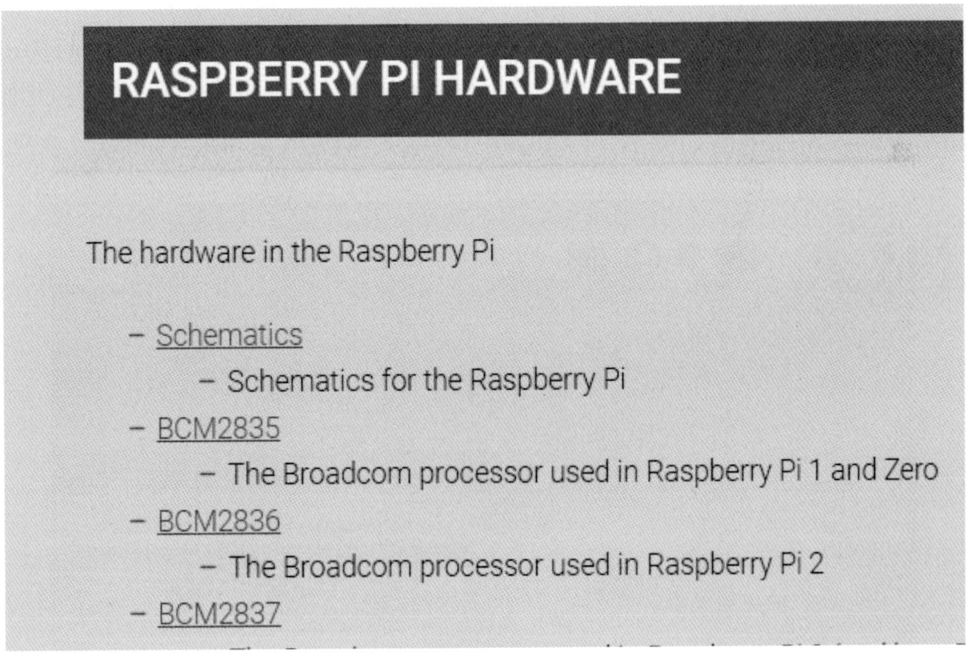

RASPBERRY PI HARDWARE

The hardware in the Raspberry Pi

- Schematics
  - Schematics for the Raspberry Pi
- BCM2835
  - The Broadcom processor used in Raspberry Pi 1 and Zero
- BCM2836
  - The Broadcom processor used in Raspberry Pi 2
- BCM2837

圖 A-9

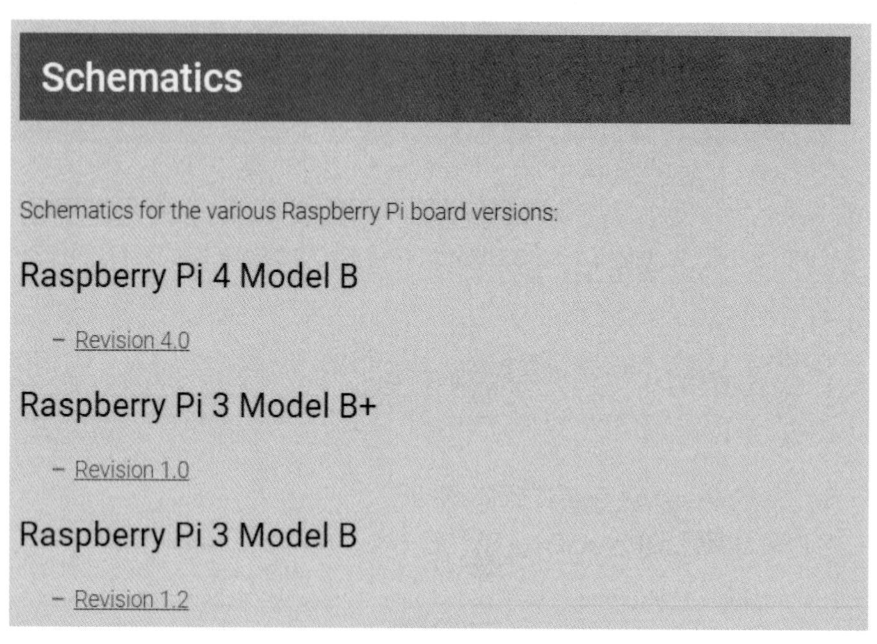

圖 A-10

附錄 A5　隨身碟及行動硬碟存取

隨身碟及行動硬碟存取均爲隨插即用，可將檔案拷貝至樹莓派，也可將樹莓派檔案拷貝至隨身碟及行動硬碟。以創見 1TB，USB3.0 的行動硬碟爲例，插入 USB 後螢幕會顯示需輸入密碼畫面如圖 A-11，此時所需輸入密碼爲 pi 開機時的登入密碼。

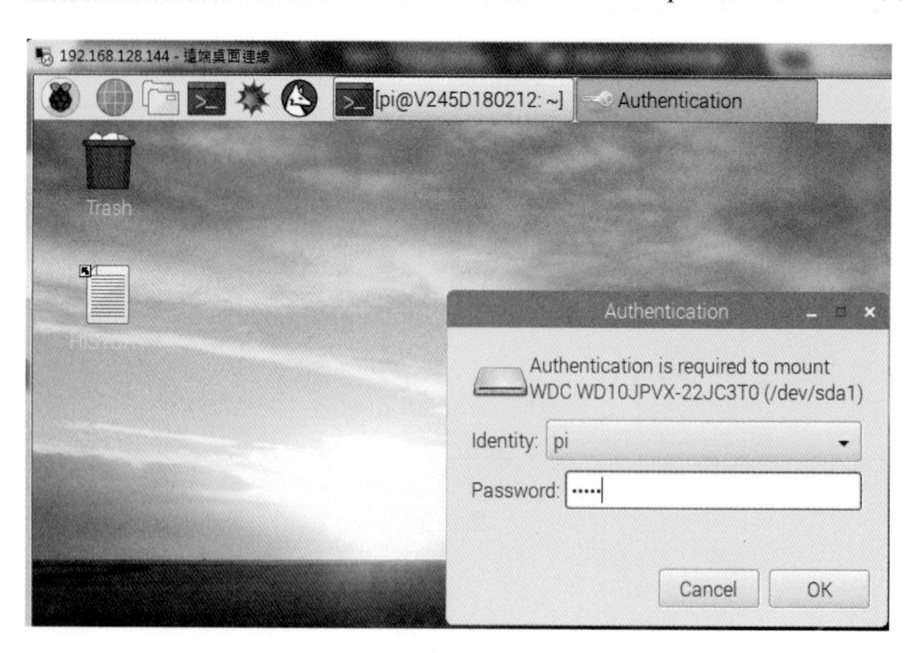

圖 A-11

接下來會出現如圖 A-12 的畫面，詢問是否需要以檔案總管開啓資夾，按 OK 後行動硬碟最上層的資料夾會全部顯示於畫面上如圖 A-13，退出行動硬碟則建議使用 LX 終端機的命令如圖 A-14 所示：

sudo umount /media/pi/Transcend1T

再次跳出系統符號即代表退出行動硬碟完成。

注意事項：

1. 請勿對隨身碟及行動硬碟加密，否則無法讀取隨身碟及行動硬碟。
2. sudo umount /media/pi/Transcend1T 其中 Transcend1T 需修改爲讀者的隨身碟及行動硬碟名稱。
3. 若需寫入 32G 以上的儲存裝置，安裝步驟可參考 https://blog.alexellis.io/attach-usb-storage/
4. 若爲 BUSTER 作業系統則無需進行上述的安裝步驟，可以直接讀寫。

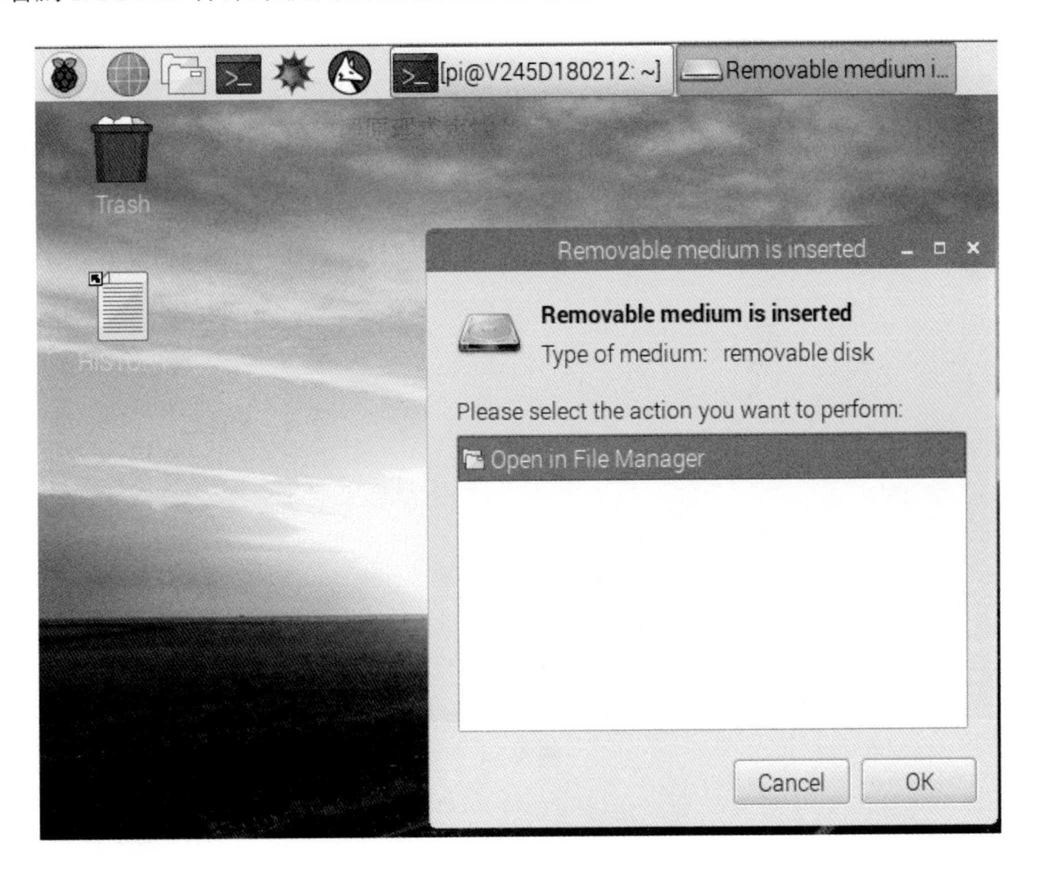

圖 A-12

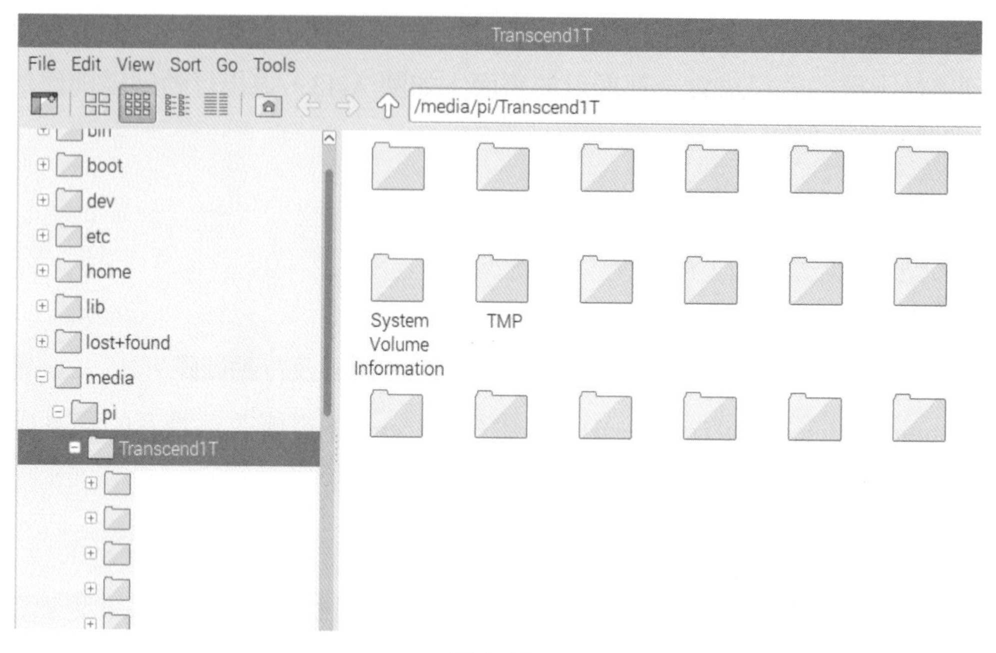

圖 A-13

```
pi@V245D180212:~ $ sudo umount /media/pi/Transcend1T
pi@V245D180212:~ $
```

圖 A-14

國家圖書館出版品預行編目資料

Raspberry Pi 最佳入門與應用(Python) / 王玉樹編著. -- 四版. -- 新北市：全華圖書股份有限公司, 2022.02

面 ； 公分

ISBN 978-626-328-080-9(平裝附光碟片)

1. CST: 電腦程式設計

312.2　　111001624

Raspberry Pi 最佳入門與應用(Python)

(附範例光碟)

作者 / 王玉樹
發行人 / 陳本源
執行編輯 / 張峻銘
出版者 / 全華圖書股份有限公司
郵政帳號 / 0100836-1 號
印刷者 / 宏懋打字印刷股份有限公司
圖書編號 / 05419037
四版一刷 / 2022 年 3 月
定價 / 新台幣 480 元
ISBN / 978-626-328-080-9(平裝)
全華圖書 / www.chwa.com.tw
全華網路書店 Open Tech / www.opentech.com.tw
若您對本書有任何問題，歡迎來信指導 book@chwa.com.tw

臺北總公司(北區營業處)
地址：23671 新北市土城區忠義路 21 號
電話：(02) 2262-5666
傳真：(02) 6637-3695、6637-3696

南區營業處
地址：80769 高雄市三民區應安街 12 號
電話：(07) 381-1377
傳真：(07) 862-5562

中區營業處
地址：40256 臺中市南區樹義一巷 26 號
電話：(04) 2261-8485
傳真：(04) 3600-9806(高中職)
(04) 3601-8600(大專)

讀者回函卡

掃 QRcode 線上填寫 ▶▶▶

姓名：________ 生日：西元____年____月____日 性別：□男 □女

電話：(　)________ 手機：________

e-mail：(必填)________

註：數字零，請用 Φ 表示，數字 1 與英文 L 請另註明並書寫端正，謝謝。

通訊處：□□□□□

學歷：□高中・職 □專科 □大學 □碩士 □博士

職業：□工程師 □教師 □學生 □軍・公 □其他

學校／公司：________ 科系／部門：________

・需求書類：

□ A. 電子 □ B. 電機 □ C. 資訊 □ D. 機械 □ E. 汽車 □ F. 工管 □ G. 土木 □ H. 化工 □ I. 設計

□ J. 商管 □ K. 日文 □ L. 美容 □ M. 休閒 □ N. 餐飲 □ O. 其他

・本次購買圖書為：________ 書號：________

・您對本書的評價：

封面設計：□非常滿意 □滿意 □尚可 □需改善，請說明________

內容表達：□非常滿意 □滿意 □尚可 □需改善，請說明________

版面編排：□非常滿意 □滿意 □尚可 □需改善，請說明________

印刷品質：□非常滿意 □滿意 □尚可 □需改善，請說明________

書籍定價：□非常滿意 □滿意 □尚可 □需改善，請說明________

整體評價：請說明________

・您在何處購買本書？

□書局 □網路書店 □書展 □團購 □其他________

・您購買本書的原因？（可複選）

□個人需要 □公司採購 □親友推薦 □老師指定用書 □其他________

・您希望全華以何種方式提供出版訊息及特惠活動？

□電子報 □ DM □廣告（媒體名稱________）

・您是否上過全華網路書店？（www.opentech.com.tw）

□是 □否 您的建議________

・您希望全華出版哪方面書籍？________

・您希望全華加強哪些服務？________

感謝您提供寶貴意見，全華將秉持服務的熱忱，出版更多好書，以饗讀者。

填寫日期：　/　/

2020.09 修訂

親愛的讀者：

感謝您對全華圖書的支持與愛護，雖然我們很慎重的處理每一本書，但恐仍有疏漏之處，若您發現本書有任何錯誤，請填寫於勘誤表內寄回，我們將於再版時修正，您的批評與指教是我們進步的原動力，謝謝！

全華圖書　敬上

勘誤表

書號		書名		作者	
頁數	行數	錯誤或不當之詞句		建議修改之詞句	

我有話要說：（其它之批評與建議，如封面、編排、內容、印刷品質等・・・）